民國建築工程期刊匯編

MINGUO JIANZHU GONGCHENG QIKAN HUIBIAN

④

《民國建築工程期刊匯編》編寫組 編

广西师范大学出版社
GUANGXI NORMAL UNIVERSITY PRESS
·桂林·

第四册目録

工程

中國工程學會會刊

THE JOURNAL OF THE CHINESE ENGINEERING SOCIETY

第二卷第二號 ◈ 民國十五年六月

Vol II, No. 2. June, 1926.

本號要目

中國工程學會發行

辦事處上海江西路四十三B號

◀中華郵政特准掛號認爲新聞紙類▶

啓新洋灰有限公司

管理華記湖北水泥廠

馬牌商標　　塔牌商標

國產老牌
貨質精美

行銷廿年
中外保證

本公司資本一千二百萬元公積金二百餘萬元每年出貨二百餘萬桶歷次各國賽會均得有最優獎牌並中外各工程師化驗保證書彙印成册索閱即寄近復擴充工廠務期精益求精

兼售各色花磚大方磚洋磚磁器等

如蒙惠顧無任歡迎

總公司：天津大海道

南部總批發所：上海北京路八十七號　電話中央七四七一號

上海花磚廠：南市王家碼頭

請聲明中國工程學會『工程』介紹

中國工程學會會刊

『工程』第二卷第二號目錄

（民國十五年六月發行）

中國工程學會總會章程摘要

第二章　宗旨　本會以聯絡工程界同志研究應用學術協力發展國內工程事業爲宗旨

第三章　會員(一)會員，凡具下列資格之一，由會員二人以上之介紹，再由董事部審查合格者，得爲本會會員：一(甲)經部認可之國內及國外工科大學或工業專門學校畢業生并有一年以上之工業研究或經驗者.(二)曾受中等工業教育并有五年以上之工業經驗者.(二)仲會員，凡具下列資格之一，由會員或仲會員二人之介紹，並經董事部審查合格者，得爲本會仲會員：一(甲)經部認可之國內或國外工科大學或工業專門學校畢業生，(二)曾受中等工業教育并有三年以上之經驗者.(三)學生會員，經部認可之工科大學或工業專門學校二年級以上之學生由會員或仲會員二人介紹經董事部審查合格者得爲本會學生會員.

第六章　會費(一)會員會費每年三元，入會費五元.(二)仲會員會費每年二元，入會費一元，(三)學生會會費每年一元.

◉ 前任會長 ◉

陳體誠　(1918—20)　吳承洛　(1920—23)
周明衡　(1923—34)　徐佩璜　(1924—25)

◀民國十四年至十五年職員錄▶

◉ 總會 ◉

董事部	張貽志　茅以昇	吳承洛	李熙謀	薛次莘	惲震
執行部	(會長)	徐佩璜	(副會長)		淩鴻勛
	(記錄書記)	徐名材	(通信書記)		周琦
	(會計)……	張延祥	(庶務)		徐恩曾

◉ 分會 ◉

民國十四年至十五年

美國分部	(會長)	莊秉權	(副會長)	許應期
	(書記)	徐宗漱	(會記)	丁嗣賢
北京分部	吳承洛　阮體誠	王季緒	時風書	張澤熙
上海分部	(部長)	徐恩曾	(副部長)	榮志惠
	(書記)	朱其清	(會計)	朱樹怡
天津分部	(部長)	胡光應	(副部長)	譚葆壽
	(書記)	方頤樸	(會計)	張自立
	(庶務)	李昶	(代表)	羅英
青島分部	(部長)	胡端行	(書記)	王節堯
	(會計)	侯家源		
杭州分部	(部長)	徐守楨	(副部長)	王璡
	(書記)	李俶	(會計)	鄭家覺

Ming Cheong Iron Works.

明錩機器廠

本廠開設上海海甯路北河南路西首，歷有年所，曾製造

和興鋼鐵廠之四百匹馬力蒸汽引擎……天利洋行

三千磅水力打包機……及其他

又代客裝置透平鍋爐等機，其中大者如

上海造幣廠……龍華上海水泥廠……常州電燈公司……京兆通縣電燈公司……上海華商電氣公司……及其他

又承包各公司洋行工程，如

愼昌洋行……怡和機器公司……安利英行……久勝洋行……天利洋行……開洛公司……來利洋行……開能達洋行……及其他

敝廠信用久孚，經驗豐富，如荷惠顧，無任歡迎。

請聲明中國工程學會「工程」介紹

大冶鐵廠圖

第一圖 機力房熱風爐

第二圖 化爐全圖

第三圖 廠門向內之景

第四圖 斜橋上部及爐頂圖中有吊桶

北京內外城簡明地圖

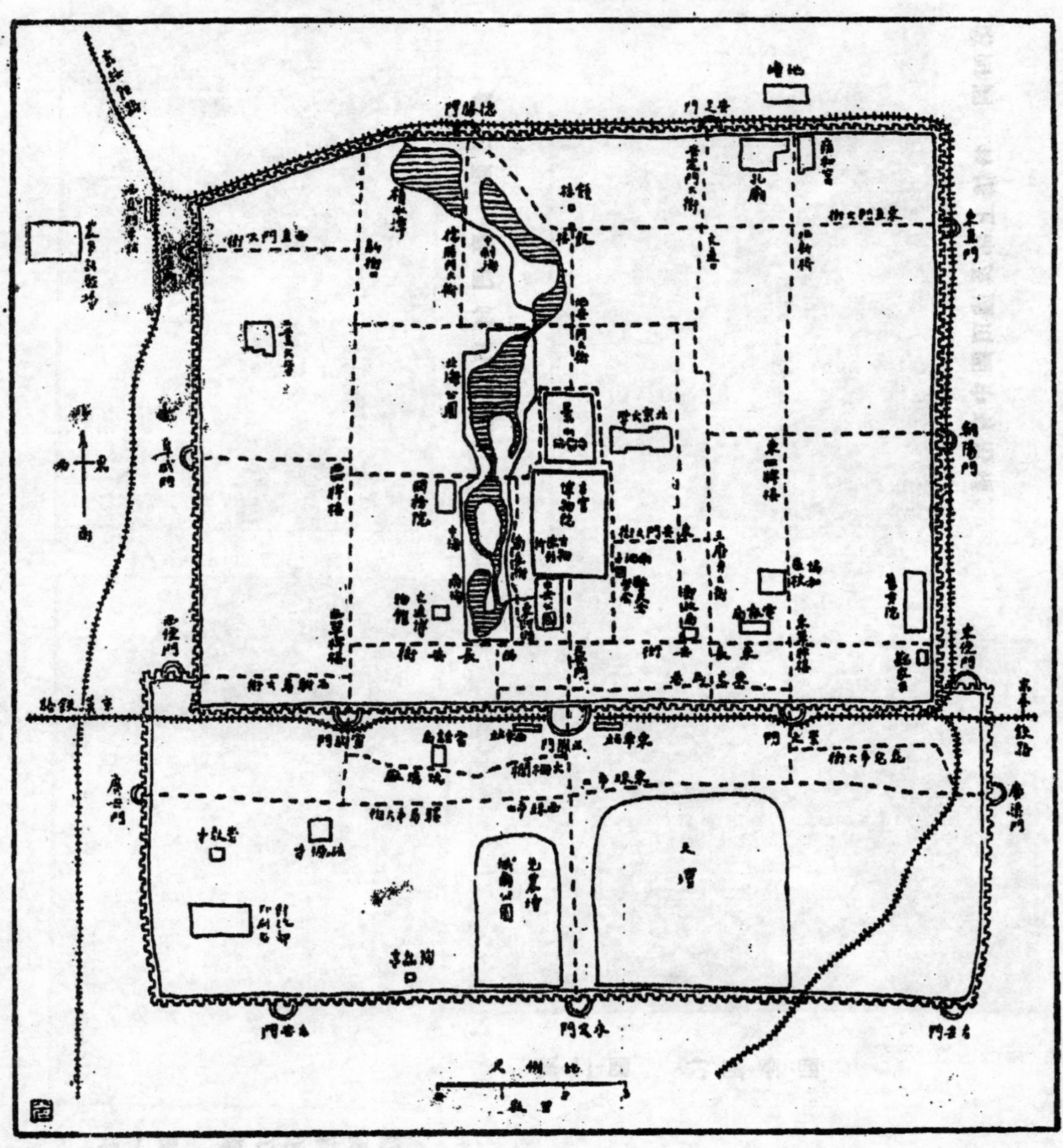

大冶鐵廠之設備及其煉鐵之法與成效

胡博淵

(一) 大冶鐵廠之位置

大冶鐵廠在湖北大冶縣石灰窰鎮東袁家湖地方,因最初計畫時,有化鐵爐八座及煉鋼廠之設備,故購地三千餘畝之廣,蜿延十餘里,包有袁湖舊址,建築時填沒過半,開爐後又用鐵碴填實,不久可成有用之平地矣.廠址南背山嶺,北臨楊子江,風景殊佳,東界西塞山,山腹有桃花洞,東坡詩西塞山前白鷺飛,桃花流水鱖魚肥,卽其地也.西界石灰窰鎮,爲大冶鐵礦裝運礦砂之碼頭.該鎮昔頗荒涼,現已人口稠密,市肆鱗毗,廠距漢皐二百七十里,距九江二百十里,除冬季外,海輪均可直達廠內碼頭.運水便利,範圍廣大,實沿江各廠之冠也.

(二) 廠中之設備

(一) 化鐵爐——廠中現有化鐵爐兩座,鍋爐房,機力房,機械修理廠,材料廠,出鐵場,化驗室,公事房等處,而辦事人住宅與寄宿舍,併工人住宅及市場,醫院,廠巡處,俱樂部等,皆位置于廠之西門外,佔地亦數百畝,今擇其要者述之.

化鐵爐兩座,一日夜間,每爐能出生鐵四百五十噸,在我國實首屈一指,除印度大達鋼鐵廠外,全亞化鐵爐,亦無出其右者,茲將爐身緊要尺寸圖表如下

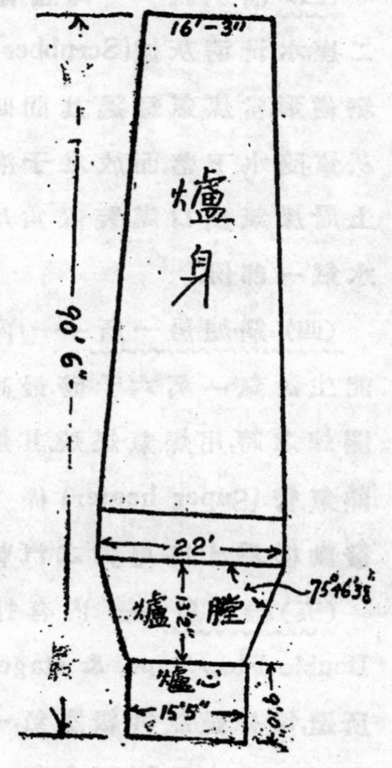

爐膛(Bosh)以下至爐底五尺半以上之處,其間多用十二寸寬寸半厚之鋼帶箍緊,爐膛以上全用鋼板包圍,爐底磚墻之外周圍,有豎立鐵水箱,中有寸半灣銅管,用每方寸二十五磅壓力之冷水,周流其中,以護爐墻.由此水箱之上,至爐膛之頂,其間有扁形銅水箱一百九十塊,平放磚墻內.爐膛之上,尚有鐵水箱四排.其用與銅水箱同.

(二)熱風爐—— 每化鐵爐有熱風爐三座,係麥克魯三道式,燃燒房在爐之中心.爐之直徑爲二十二尺.高九十尺.每爐收熱面積,(Heating surface)爲75350英方尺,爐內格子磚之眼孔,爲梯形,大小不一,此項火磚皆係特別製造,燃燒煤氣所需之空氣,用電動風扇打入,熱風爐之煙囱在爐頂,三座合而爲一.(見圖一)藉省工料.

(三)清灰爐——每爐有清灰爐(Dust cat cher)一座,旋式清灰爐(Whirler)二座,水洗清灰爐(Scrubber)二座,後列清灰爐內,有斜置白口鐵板數道,板邊鋸齒形,當煤氣經過其間時,上有細水點向下噴射,煤氣受其衝擊,其所挾之灰質,隨水下落,而放之于溝渠.經過水洗之煤氣內,含水氣甚多,故于此爐最上層煤氣出口處,裝置角尺形白口鐵一組.煤氣經過其中,因溫度下降,淅出水氣一部份.

(四)鍋爐房一所—— 內有勒扳爐(B.&W.)鍋爐五座,每座于一小時內,能生蒸氣一萬六千磅.最高氣壓,可至百八十磅.平日只用百五十磅.在化鐵開煉之時,用煤氣燃燒.其燃燒器係白勒得曉式(Bradshaw Gas Burner),超熱氣管(Super heater)係(B.&W.)式,抽水機(Feed pump)兩部,係離心式,其發動機爲十四馬力之汽輪機,每點鐘能抽水二十萬磅.

(五)機力房—— 內有打風機三部.風輪係離心雙流四級式(Centrifugal Double Flow Type, & stages),爲英國弗倫扇却麥司(Francher & Chalmers)所造,每分鐘能供給空氣,一千立方法尺.壓力每方寸爲7·11磅,或每分鐘七百五十立方公呎,壓力每方寸11·4磅,以上二者,可以互用,惟按諸實際,不足十分之一,其運轉風輪之氣輪爲勒吐均壓式(Rateau Uniform Pressure Type)有一千四百九十四馬力.每部打風機,有面積凝汽機一具,內有直徑六分之黃銅管一千〇六十條,其冷水周流機(Cooling water Circulating pump)抽空氣機(air pump)及抽汽水機(Condensate pump)俱係魏延敦式(Worthington Type)用拖利汽輪(Terry Turbine)一具轉之,打風機及氣輪所用機械油清濾機,係陛多生式(Peterson Power Plant oil Filter)每分鐘能濾清二十至三十伽倫.

發電機兩部,英國惟卡司(Vickers)所造每部發電力爲千五百基羅華特,電壓五千二百五十佛而脫(Volt),係三相交流式.引電機爲直流並列式(D.C. exciter, shunt wound)其凝汽機及附屬機件與打風機略同,茲不贅述.

(六)機件修理廠一所——內分修理鍋爐翻砂木模打鐵諸分廠.修理廠內有大小元車床十三部,大中小插車(Punching Machine)各一部,大小刨車(Planer)六部,大小絞螺絲車(Screw Cutting Machine)三部,大小鑽車(Drilling Machine)四部.六十四火車式引擎(Locomo bile)一部,五尺徑臥式汽機一輛,四尺半徑豎裝汽爐一座,二十四馬力機一部,並有做冰機洋灰機起重機等.

鍋爐廠有冷風機一部,大小鑽車兩部,銑眼機(Boring Machine)剪銑機(Plate shears Machine)二部.

打鐵廠有氣錘機燒鐵爐諸件.

翻砂廠有一噸半與半噸鎔鐵爐各一座.又有烘爐拑鍋鎔銅爐打風機等.

出鐵場一處在廠之東部,用鋼料建築,內有五噸摩根起重機(Morgan Crane)兩部.行于樑上軌道上搬運.生鐵場內有斷鐵機一部,位于場之西北隅,每小時能打斷生鐵六十噸.

在出鐵場之東有離心式抽水機兩部,輪流開用.全部機身籠置于江岸斜軌道上,依江水之漲落,隨時可以升降,該機每分鐘可抽水二十五立方法尺,由交流馬達轉動,水自江中抽出,先進積水池,池有面積五千方尺,深十五至十八尺,再由地下水渠流至水塔下井內,由抽水機送儲水塔分配各處應用,現于水塔未曾修理完成以前,由抽水機直接送至化鐵爐及他處應用.

儲料倉在兩座化鐵爐之後,計礦倉二,容量各爲4300立方法尺,白石倉一,容量2700立方法尺,係用鐵筋三合土建築,上有軌道,直達礦山,故化鐵爐應用之礦砂及白石,可由礦山直接運此儲藏.

上料斜橋爲化鐵爐之一部,係鋼料製成,斜橋下接儲礦倉,上連爐頂,爲華德金納式 (Ward Geonard system), 化鐵所用之原料,取之儲礦倉,由此橋用電力送達爐頂,倒入爐內,橋上空間,築有機房一所,內裝馬達發電機 (Motor Generator) 及直流馬達捲揚機 (D.C.Hoisting Motor) 各一部,專供上料之用.

(七) 煉焦爐——廠內所用焦炭,本取給于萍鄉煤礦,惟途程太遠,損耗頗鉅,故廠中設有煉焦爐共一百四十四座,與萍鄉土爐略同,每一晝夜,可煉焦九百噸,惟至今未曾開煉.

起煤機,設在江邊碼頭,係旋簸式,有儲煤倉,下有地道,每點鐘可起煤二百噸由皮帶運送機運至卸煤地點,倒入煤車,運送煉焦爐.

(三) 原料之來源及其成分

(一) 化鐵爐所用原料,以焦炭礦砂白石,及錳礦四項爲大宗,玆爲分別述之.

焦炭　由江西萍鄉安縣煤礦供給,萍煤屬于古生代煤炭紀,煤質極佳,積藏豐富,最適鍊焦之用,出煤最多時,每天可達五千噸,經機器洗滌後,即在當地烷焦爐煉成焦炭,先由株萍路運至株州,計百八十里,再由湘鄂路運至武昌,自此至冶廠,由漢冶萍公司自備拖駁運載,江水漲時,拖駁可直達株州,逕運冶廠,惟時日較久耳,萍焦成分如下:——

灰分	水	硫	磷
20·88	8·55	0·51	0·74

礦砂 取給于大冶鐵山及得道灣,該礦屬于古生代石灰岩紀,爲接觸礦牀之最顯著者,其礦生于黑花崗與大理石之間,有磁鐵礦與赭鐵礦兩種.歷年開採者,爲得道灣與鐵山兩處.但鐵山礦含硫及銅質稍多,煉翻砂鐵時,須與得道灣礦砂參合而用.鐵礦之成分如下:——

鐵Fe	矽Si	養化鋁Al_2O_3	硫S	燐P	銅Cu
62•41	6•69	1•18	0•200	0•111	0•39

石灰石 廠之左近皆山白石極多.取用極易.其成分如下:——

矽Si	養化鈣CaO	養化鋁及過養化鐵Al_2O_3 & Fe_2O_3	養化鎂MgO
2•18	53•04	1•29	0•35

錳礦 由湖南常甯來陽及湖北陽新兩礦供給,該兩處之礦床皆係袋式(Pocket),常來礦較陽新鑛含錳爲多.其成分如下:——

礦名 / 出產地	錳 Mn	矽 Si	鐵 Fe
陽新礦	18•23	16•06	23•36
常來礦	22•74	20•66	20•84

(四) 煉鐵之法及其成效

(一) 烘爐 化鐵爐內純用火磚砌成,內含濕氣甚多.故開煉之先,須行烘爐,惟火力宜逐漸增加,以免磚墻多生龜裂,烘爐時間,大約爲一二星期.

(二) 裝料 裝料爲開爐之第一步,若措置不愼,損失必大.然過于精工,多費工料,亦非所宜.普通裝料之法,用木柴鋪于爐底上置焦炭,及至風管左近,裝入乾燥輕鬆之木片,以便引火.其上再裝木柴數層,或直置或縱橫平置,高自八尺至十餘尺.視爐之情形而定.繼此以上,爲焦炭層,厚約十餘尺,併須加入適量之白石,及爐渣.此層以上可加鐵礦及錳礦少許.逐漸增多.惟詳細之法,因人而異,幾無二處一致者.有用廢木料鋪于爐底者,有用大木料在爐底築成平臺,再將木料置於其上者,亦有先裝焦炭于爐底,再將木料鋪于其上者,各處習慣,不暇枚舉,本廠去年四月間開一號爐所用之法如下:——

將四尺長之松木,直徑自二寸至六七寸,平置爐底中無空隙,直至風管爲止,每兩層之間,其木條俱成直角,礦門及各風管之前,皆置引火柴料,其上再置木條,排列之法同前.此層約高十尺.其時爐身下部之風門多已填塞,故不便再用人工遞進木料于爐內.乃由爐頂倒入一尺半至三尺長之杉木,至爐膛之上一尺而止.繼之以焦炭層,再繼之以輕礦料層,共分五十五批,較爐頂裝料綫低一尺而止.

批數	焦炭	鐵礦	錳礦	灰石	爐渣
26	9200磅	——	——	1850	2000
2	,,	2000	60	2000	1900
2	,,	2500	80	2100	1900
2	,,	3000	90	2150	1800
2	,,	3500	90	2210	1800
2	,,	4000	120	2300	1700
2	,,	4500	120	2400	1700
2	,,	5000	150	2500	1600
2	,,	5500	150	2550	1600
2	,,	6000	180	2650	1500
2	,,	6500	180	2700	1500
2	,,	7000	210	2800	1400
2	,,	7500	210	2900	1400
2	,,	8000	240	2950	1400
2	,,	8000	240	2950	1400

料裝滿後,即可預備開爐,除爐頂小煙囱,及爐蓋外,其餘煤氣管,熱風爐,及鍋爐各煤氣門,悉行封閉,併將蒸汽放入清灰爐,即可舉火.近來舉火之法,多用燒紅鐵桿,插入風管,每管一條,同時開入微風,風壓須在水銀柱一糎以下,

大則火熄.於是可見風管前之火柴,融融燃燒.各風管火色宜保齊勻,俟內部燃燒穩固,煙路已通,可將風暫停一二小時,以免爐牆因受熱過速,而生龜裂.倘停風後,煤氣從風管流出,則是爐內煙路蔽塞之證.此時宜用高壓(1—2磅)之風吹通之,再行停風,俟木料燃盡,風壓可逐漸遞增,至煤氣豐富時,宜將爐蓋及爐頂小煙管蓋好,同時將蒸氣放入煤氣管,併開放其末端之門,使煤氣經清灰爐,逐其內部之空氣及蒸汽而出,俟煤氣純變白色時,可將此門關好,同時引入煤氣至最遠一座熱風爐,使之燃燒.其法可在此爐煤氣門前,預燒木柴,或用鐵絲籃裝入已經燃着之柴片,置之煤氣門前.當煤氣引用之時,當保持其壓力,大約有水柱五至十寸已足,少則可加風量,多則可開放爐頂小烟囪蓋,蓋過少有煤氣爆炸之患,過多則到處漏烟,不便工作也.倘煤氣充裕,可即送入其他熱風爐及鍋爐燃燒.引用煤氣,爲開爐後之難關.主持之人,稍有疏忽,易肇炸裂之禍.蓋初開爐時,爐內焦炭特多,礦砂甚少,煤氣中富于養化炭(CO),其成分幾較無水炭酸(CO_2)多十倍,而此養化炭一觸養氣,即起化學作用而發爆炸,此劇裂爆炸之所以屢見也.因炸裂而損壞煤氣管,及其他要件,以致停爐者有之.上述在未開爐前,將蒸汽放入清灰爐,煤氣管等處,原因欲阻空氣之流入,以免其與煤氣接觸.

上料　開爐後爐頂空至三四尺時,當行上料.冶爐上料之法,用容積三百二十立方尺之吊桶,可裝焦炭乙萬磅,此係平均重量,無庸過磅.平時即用此數計配.應須之礦砂,白石,錳礦之數量,是謂一批.炭由碼頭裝入吊桶運至斜橋下,即將桶軸,掛于斜橋上之吊車頂上,用電力運至爐頂,倒入爐內.鐵礦與白石取之于儲料倉,倉下有地道,道內有電車來往,車上有旋轉盤二,可置吊桶二個,盤繫于磅.可權桶之容量,倉底有鐵門,設有板機,可以隨意開閉.桶承門下,俟取得足量礦石,立即閉門,由電車開至斜橋下.其上吊車鈎桶而上爐頂,倒入爐內,爐蓋之左右有鐵臂伸出,臂端懸有重錘,每臂之下,有氣缸一座,上料時藉以上梃,蓋即下墜而開,自原料入爐後,臂端因有重錘,自行降落而蓋閉.錳鐵與白石同置一桶.

出碴 含鐵最富之礦,鐵質亦不過七·二成,而于實際尚不及此數,餘皆雜質.其中以無水矽酸(SiO_2)爲多,養化鋁(Al_2O_3)次之.冶鐵之術,在從鐵礦中提取其鐵,而析出其無用雜質.惟雜質鎔度殊高,如無水矽酸鎔度,爲佛氏三一八〇度,白石鎔度更高,即在輕養吹管之白熱中,尚難鎔化.但將以上二者合併鎔化,則其鎔度降爲佛氏三一〇〇度,此冶鐵須用白石之一因也.凡鐵礦焦炭內所含雜質,既皆賴白石鎔成容易流動之渣滓,自鐵質面上放出爐外,則白石之量須準.各雜質之量適宜計配,加入,在使用料最少,而渣滓之鎔度及流動性,適得其宜,同時又能將有害于鐵性之各物除去,方爲經濟.此即冶金家之責任也.倘白石過量,則碴凝滯而難流.過少,則碴稀薄(即太酸)而呈玻璃狀,鎔度低,含養化鐵多,而鐵量損失,又因養化鈣不敷,吸收硫質之力弱,致鐵中硫之成分高,而鐵質不良.不寧惟是,碴如過稀,容易損壞爐牆.不可不愼也.又煉翻砂鐵時,碴可稍稀.(Acid 酸性)煉馬丁鐵時,碴宜稍乾,(Basic 鹹性)故察爐碴之形狀,即能知爐狀之佳否,過與不及,宜隨時糾正.開爐後數小時,即應試放碴滓,察其性狀,或酸或鹹,以定補救之方.平時習慣,放鐵之前,出碴一次.

放鐵 開爐後,按上法出碴二三次後,爐底已有積鐵,即宜放出,如出鐵門凝固難開,可用養氣助之,鐵由爐門放出,流入鐵桶,由火車頭拖至出鐵場,倒放於砂模或鐵模內,人工或斷鐵機打斷後,分號堆存,做翻砂鐵時亦可導鐵汁于爐前臨時出鐵場,範成豬鐵,(Pig iron)今將去年開一號爐第一次碴鐵開放時間及其分析列表於下.

	SiO_2	Al_2O_3	CaO	FeO	MnO
開爐後17·5小時第一次放碴成分	33·18	21·56	43·35	·68	·39

	Si	Mn	S	P	Cu
開爐後33小時第一次放鐵成分	4·46	1·50	·035	·505	·74

化鐵爐內化學作用之淺解　煉鐵之法,約略言之,不外用熱使原礦變成養化鐵,再使還原成鐵,磁礦與赤鐵礦,其原礦本爲養化鐵,故無須第一步之處置,儘入化鐵爐內,以完成還原作用可也.能使五金自其原礦中還原之物,當推炭與養化炭(CO)二者爲最有效;在煉鐵亦然.前者熱到攝氏400度時,即開始攝取礦中之養,而成養化炭,使鐵還原.熱度愈高,此作用愈強,其化學程式如下.

$2FeO+C=CO_2+2Fe$……………………………(一)

$FeO+C=CO+Fe$……………………………(二)

第一式多見於低熱度,第二式則於熱度高時見之.其所成養化炭,及無水炭酸,不僅恃熱度高低而定.尤須視還原時炭之多少,或礦內養之多寡爲斷,如爐內富于養氣,則無水炭酸易成.反之則成養化炭.如遇大塊養化鐵,則炭之作用亦弱,因接觸之面積少也.非二者皆甚細碎,則其還原作用終不迅速.養化炭之還原力,自攝氏二百度起卽顯著,逐漸增強,至千度以上復弱.礦砂初倒入爐,卽發生以下之變化.

$2Fe_2O_3+8CO=7CO_2+4Fe+C$……………………(三)

$2Fe_2O_3+CO=2Fe_2O_3+CO_2$……………………(四)

熱度漸高,其變化亦愈速,第三式所成之炭,細軟如燈炱,沉積於礦石之面,及其空隙之中,惟第四式受無水炭酸之反動作用,而鐵又起養化.

$Fe+CO_2=FeO+CO$……………………………(五)

$C+CO_2=2CO$……………………………(六)

第五式之變化,起於爐頂數尺下,溫度在攝氏三百度左右.第六式則須于二十尺下,溫度在攝氏五百餘度,始行發現.但一經活動,神速無比,至攝氏六百餘度,炭粉不復能沉積,自此以往,礦砂遇爐中上升之煤氣,多失其所含之養.在攝氏六百度以上,養化鐵(FeO)尙能存在,但養化第二鐵(Fe_2O_3)已不復見.至攝氏八百餘度時,礦中之鐵,悉經還原而成鬆碎如海綿之物,並吸收沉澱於其空隙之炭粉,而溶解之.故生鐵必含炭,而炭有底減生鐵溶度之功.至攝氏六百度左右,白石亦起分解.

$$CaCO_3 = CaO + CO_2 \cdots\cdots\cdots\cdots\cdots (七)$$

上項作用,熱度愈高,進行愈速,降至爐膛時,則白石悉成石灰(CaO),不復有無水炭酸矣.

鎔化帶 此帶起于爐膛,終于風管之上,各原料降入此帶,因熱度甚高,上述海棉狀之鐵塊,即溶爲流質,滴瀝下降,經過其中焦炭層,飽吸炭分.鐵中含炭約百分之四.上部吸收不足,即在此帶補充之,流于爐底.

焦炭灰內,富含無水矽酸,在爐之上部,因熱度不足,未經鎔化.至此有一部分之矽,因炭之作用而還原.

$$SiO_2 + 2C = Si + 2CO \cdots\cdots\cdots\cdots\cdots (八)$$

鐵內矽之多寡,視鐵汁流過此帶之快慢,與此帶矽分,還原力之強弱,碴滓收受無水矽酸之愛力而定.如矽滓乾燥,碴度高,而質稠,則鐵計之滲過慢,而收矽多.換言之,鎔化帶熱度高,即能增進第八式之變化.而使鎔滓乾燥,如碴內富于養化鈣,同時減底鎔化帶之溫度,因養化鈣與無水矽酸化合情濃,即反對第八式之進行,而鐵之矽分以少,欲煉含矽低之馬丁鐵實本此理.

硫之來源,多由于焦炭,其最普通者係黃硫化鐵,未經養化者現黃色.入爐後變爲硫化鐵.

$$FeS + CaO + C = CaS + Fe + CO \cdots\cdots\cdots\cdots\cdots (九)$$

硫化鈣入碴內,放碴時硫氣甚濃者,即此物也.

錳之還原

$$MnO_2 + 2C = Mn + 2CO \cdots\cdots\cdots\cdots\cdots (十)$$

鐵中錳之多少,視熱度之高下而異.但鐵碴與之亦有關係,如碴性酸則攫錳以去,而成 $MnSiO_3$(矽酸錳)

磷質 生鐵中磷分視礦砂內所含磷質之多少爲斷,因化鐵爐內,不能減少此質也.

化鐵爐平時之使用　化鐵爐平日之工作,最好一切保持常度.如所用之原料,空氣及其熱度與壓力,放礦放鐵之時間,種種畫一不變,則爐內工作必極順利,所出之鐵,亦必優良.但實際上則不能盡如人願,因空氣之乾濕,氣候之不齊,各原料成分之自相差異,權量之訛誤,機件之損壞,人事之叢脞,種種原因,難以預測.是以不得不變通辦法,隨機應變,觀察每次放出礦鐵之形狀及性質,爲下次補救之指導.如用礦砂太多,原料之降落率太大,熱風之溫度不高,致所出礦鐵兩項,皆現冷狀,則宜減少風量,或減少每批鑛砂,以救濟之.如爐內過熱則當增加風量,或礦砂,有時可應用冷風,以濟其窮.夏季空氣中水汽較冬秋爲多,每批鑛砂,亦當要減少,不可望其與秋冬兩季出同量之鐵.總之,煉鐵之術,首在使化爐平日進行順利,而每天出鐵得最高平勻之噸數.其道在能操縱爐心之熱量,適足以產生優良之礦鐵,而礦與鐵之成分亦當十分注意.如翻砂鐵須含矽百分之三,而煉鋼之馬丁鐵,須含百分之1·5以下,則更在原料之配合適宜也.

化鐵爐之病症及醫治之方法　化鐵爐最最普通之病症,爲爐內原料結滯於爐牆,久而不下,烟路蔽塞,是謂料掛.(Hanging) 凝滯爐墻之料,亦常自行脫落,是曰料溜.(Slip) 他如煤氣爆炸,爐底水箱破裂,鐵汁穿出爐絡,以上各種病症,其成因雖各不同,而其所造之惡果則一.惡果者何,卽爐墻之熱量,驟遭刼掠,不復能保其內部之物質,常在流動狀態也,此謂之心冷.(Chilled Hearth) 如物料懸掛時間甚久,忽而滑落,此未按程序熔化之物,卽攫取爐心之熱量,致其熱量不足,而有爐底凝結之現象.

料掛　爐內原料懸掛不下,煤氣又不能通過其中,風壓高漲.此時懸料之下面,仍有緩進的熔化作用,歷時愈久,空穴愈大,其上之圓頂亦愈堅.救治之法,初起時宜減少熱風溫度,卽混用冷風,倒懸之物漸卽自下.否則可停風片刻,除去下部之壓力,則倒懸之物,因其本體之重而下墮,如一次無效,繼續行之,至下降爲止,如此法終不見效,惟有應用炸藥以攻下之,但此種破落之原料,既未經自然步就,收熱未足,化學作用未完,勢必立卽消費爐底熱量,而使其中物質,艱于流動,甚至碴鐵諸門,凝凍不能開,出路全被堵塞,當此爐命危急存亡之秋,若主持者措置乖方,必至一竅不通,不可救藥,苟全班技士能協力合作,督率工人,日夜不懈,亦有挽救餘地,作者于前年冬,因焦炭缺乏,而限制爐之生產,因此工作失常,煤氣不足,熱風度甚低,爐大風少,物料降落不勻,亦成心冷之症,後竭兩晝夜之力,始得恢復原狀,實爲幸事,爐狀至上述情形,其惟一救治之法,在用少量高溫之風,併使爐內半熔化而富黏性之液質,儘量流出,(在實際上此點最難辦到)俟爐頂新加之焦炭,徐達爐底,補償所失之熱量而已,如人患結轖之症,須用疏散之方,然後可進補養之劑,其第一步辦法,則仍須長時開風,非至萬不得已,風不全停,因風一停,而其內部之黏液質多從風管流出而閉結,但此時鐵門與碴門,既不能開,祇可暫將風管作排洩之門,俟爐心熱度增高,凝結物漸漸熔化,碴鐵各門,不難依次恢復原狀,但如不慎,風管卽易塞沒,一至此境,則如人身氣閉不通,而無可救藥矣,此皆執事者之應極力注意者也.

總之無論何種工程,其危險發生時,無致慮之餘地,莫化鉄爐若爐之本身發病,已如上述,卽如其附屬機件,鍋爐,打風機,抽水機,上料機,捲揚機,出鐵場等處,有一失常,亦每成停爐之原因,事前毫無警告,從事斯役者,所宜加倍留意者也.

煉鐵之成效

倘使盡行列舉,篇幅太長,茲將冶廠去年八月份所出之鉄,及所用各種原料,與其成分等,詳載如下,俾知其生產力之一斑也.

日期	所出馬丁鐵噸數	用去原料噸數			
		鐵礦	焦炭	灰石	俸礦
八月一號	446·554	656·339	468·750	294·285	23·437
二號至八號	2977·938	4472·630	3258·925	1979·952	176·425
九號至十五號	2690·988	4095·710	2964·282	1905·532	177·854
十六號至廿二號	2826·165	4300·126	3210·390	2060·576	192·586
廿六號至廿九號	2620·034	4133·479	3058·604	1963·168	183·479
卅號至卅一號	805·496	1244·642	915·177	594·885	54·910
八月份全月總數	12367·175	18902·906	13876·128	8798·378	808·690

每噸鐵所需原料噸數				化學成分				
鐵礦	焦炭	白石	錳礦	矽	硫	錳	磷	銅
1·470	1·050	0·660	0·052	0·95	0·050	0·71	0·250	0·67
1·502	1·094	0·665	0·060	1·39	0·035	0·87	0·260	0·64
1·522	1·102	0·708	0·066	1·17	0·043	0·94	0·256	0·69
1·520	1·133	0·728	0·068	1·19	0·041	0·99	0·255	0·66
1·574	1·166	0·749	0·070	1·06	0·047	0·97	0·251	0·69
1·545	1·136	0·738	0·074	1·01	0·050	0·98	0·247	0·71
1·530	1·121	0·711	0·065	0·97	0·044	0·91	0·253	0·68

溝制工程

鄒恩泳

(一) 溝制工程之地位

市政工程中重要部份即衞生工程 Sanitary Engineering. 衞生工程中重要部份即自來水工程及溝制工程 Sewerage Engineering. 而普通所稱之衞生工程師 Sanitary Engineer 幾專指溝制工程師,可見溝制工程之地位非可輕視.再就工程門類言之,衞生工程乃土木工程之一支部.近世料學發達,各種專門學問日見進步,大有各樹一幟獨稱一門之勢.如房屋建築 Architecture 本爲土木工程者,居然漸漸獨立,工程界莫不另一工程門類目之,稱其工程師爲建築家或營造師 Architect.土木工程中有與此相類似而亦漸自獨闢一門者,尙有衞生工程焉.

我國習衞生工程者本少,而專攻溝制學者更寥寥無幾.因是溝制學在我國未能如他種工程之著名.其實歐美諸國無日不在研究,精益求精,專門從事溝制工程者不知凡幾,凡諸城市,幾無不建設溝制以求衞生,並且聘請溝制專家執司其事.我國與之相較,誠瞠乎其後,恥莫大焉.

(二) 我國溝制之狀況

我國固有溝渠,其建造簡單鄙陋,不合料學方法,而溝水之處理更不注意及之.所謂陰溝,乃掘壕於街道地下,蓋以石板,即已了事,溝之內面全係天然泥土.水由街入,賴天然之吸收而消滅.每遇雨降,常盈溢滿道,交通被阻,同時溝中污水.乘機流佈街面,雨後得免時疫者亦幸事耳.且溝水爲蚊蟲滋生之藪,亦染傳病疫媒介之物.屋內污水則多棄於庭中,庭下即有陰溝亦不與街溝相通,僅恃有限之天然吸收,濕氣充屋,不宜居住,良有自也.

此尤有溝可言者,如北京大半無溝之街,至天雨則滿道泥水,不能行走一步.屋內則須僱人每日挑髒水而棄之.以一首都,尚不講衞生工程至於如此,其他更不必論.是何緣故?曰相習相安,絕不一想改良耳.

凡至歐美者莫不異口同聲讚其起居舒適.所謂起居舒適者無他,其要點卽在浴盥室 Toilet Room. 浴盥室通於街中陰溝,專供身體上淸潔之用,盥洗及體內排洩均在斯室.凡在城市之住舍無家無之.所異者有非用正式之溝制,僅用暗坑 Cesspool. 但暗坑漸見淘汰,而正式之溝制日見普遍矣.

迴觀我國,任舉一人爲例,無論其家中設備如何奢華,屋舍如何美麗,入其寢室,至其臥床一端,必見糞桶,所謂馬桶者是.室中各物或甚寶貴,或甚潔淨,而乃將最臭最汚最危險之糞貯於桶內,與諸物並置於一室,豈不可奇!又每見大家宴會,賓客如雲,竟有趨庭隅而溺者.不亦太不文雅.而衆終相安之,從不一起疑問而思改良之方,怪哉!

有浴盥室則洗浴勤.中國舊式房屋各室均備,惟此室付諸闕如.臨時欲浴,則任擇一室暫爲浴室.在夏際身體易有汗汚,不得不浴.在冬季直疏忽不常浴矣.婦人終冬不一浴者不可勝計,以北方人爲尤甚,雖有時可赴商辦浴室洗浴,但限於經濟能力,得普及一班居民者殊不易易.

(三)料學的溝制工程

近世料學溝制,乃根據於衞生,安穩,經濟諸原則而產生.

平常住家之汚水應每日棄去者,爲廚用之水,洗滌浴盥之水,身內排洩之物.最後一項尤當特別注意.近今溝制學以傳染病菌發現後,愈形重要.糞中疫菌由人身中排洩出後,務使不與人接觸.接觸機會愈少愈妙,此惟科學的溝制能爲之.試思國內多數地方,莫不用糞桶制 Pail System, 其人與糞接觸之機會不知幾何!糞桶先由臥室携至廁所而倒之,接觸機會一.農夫次由廁所挑運而去,接觸機會又一.廁所蒼蠅飛遊廁廚之間,傳染病菌因此附於食物而入人腹,接觸機會又一.糞坑或有破漏則汚水浸入地下,又廚用之水常含有機體物質,棄之於地,亦流入地下,地中因是常含汚水,苟流入井中,又得而入人腹.接觸機會又一.即有數處無糞坑之制,每日由市政當道僱人至各居戶倒糞運去,然接觸之機會終所難免.新式溝制可除免此種接觸之危險.糞含病菌.厨用之水,滯留略久,可成毒質,與之接觸固極有害.然其臭味亦甚難堪,為衞生計,亦當使之立即流去,不使停留片刻,不使為人所見.故溝制須根據乎衞生原則.意義在此.

街道苟無溝渠,每至大雨,勢如氾濫,街可行舟,建築物因此而損壞,行旅因此而困難,雨小者亦滿地潴泥,徒步維艱.科學的溝制,有一定根據之斜度,大小,能將雨水立即輸送至棄洩之處,安穩之意義在此.

有數種實業,尤以糖廠染坊屠宰等為最,用水特多.用後之水,大半齷齪,設使棄之於地而不顧,不合衞生孰甚.而水之為量既大.欲遠棄之.頗非易事,有新溝制則輸運污水之困難解決;污水既由溝洩之于治溝水廠 Sewage Disposal Plant, 處理之後.再行棄之,亦衞生之道宜然.故運輸多量溝水最經濟之方法,無過於新溝制;處理溝水最經濟之方法,亦無過於新溝制.經濟之意義在此.

所有溝水既由各處洩出.由陰溝輸送於治溝水廠處理之.處理溝水之術已經發明者有數十種.曾經應用卓有成績者有之,甫經發明尚在試驗時期者有之.然就現在所已知之各種方法應用之.能使含糞之溝水.變為色清味鮮不含微菌之飲水.如此.自非大費金錢不辦.無論如何,處理溝水之術已經甚有進步,於此可見一斑.就實際上言之.固無須浪費巨款而設如此精緻之溝制.至普通之要求,祗須治後之水棄之於河,可供自來水廠之用,同時不至危及河中魚類或妨碍居民遊浴之用,可矣.

是以近世之溝制乃科學的溝制.其作用最為衞生.安穩.經濟.創辦雖費.但試一計算.社會上因無適當溝制,起居行旅之不便,人命死亡之損失,實業進行之困難,通盤計算.其等於金錢之價值幾何.毋甯早設溝制,一勞永逸.較之目前苟安,日受巨大之損失,豈不優勝多多乎?

(四)我國應用溝制之一大問題

我國欲辦市政,可直接應用歐美方法者多端.惟溝制是否可以立即採用西洋方法,尙有須研究者在,即糞之利用一問題,即有討論之必要.

用新溝制,糞隨溝水而並棄之,農夫不恃人糞爲肥料.中國數千年來田圃土質賴以培養以供種植者厥爲人糞.今苟採用新式溝制,人糞棄而不留,農夫肥料無着,其何以耕種乎?

現今西洋所用溝制,曾經多人研究,多年試驗,確實證明爲處理溝水最合科學方法.其他舊制不合科學原理,終久必經淘汰,不能苟存無疑.我國舊式溝制,絕不能與新法相競生存,終有消滅之日,可以斷言.此就溝制本身言之也.

至於肥料問題,亦非無另行解決方法.舊式溝制,决不能借肥料爲口實而苟延殘喘.現今科學發達,各國正在研究製造肥料,勸教農民應用.其効率較之多含雜質不經提煉之人糞,實大倍蓰.此種肥料經化學精煉,應用之收獲自旺.以收獲增加之所得,及人工時間之省減,與肥料價值之增加(內地人糞多須購買)之所費,互相比較計算,未必不經濟.如有機會,最妙得設兩種試驗:一用人糞爲肥料,一用製造肥料爲肥料,至種植收獲之後,將人工時間材料等各部份詳爲分析,參以本地特別情形,列表以相比較,必能得一究竟之結論.此一點,願我志共同勉之.

雖然人工肥料即使較糞爲經濟,但人糞棄之無何有之鄉,不加絲毫利用,豈不大可惜乎?斯亦一應研究之問題.余於此點有二層意見:一,如應用新式溝制及人工肥料之利益大,而放棄人糞之損失少,則棄小利而就大利,無用猶豫.二,衛生工程家亦不願棄此糞料之利益.現今各國尙在試驗溝水中肥料物質,冀得利用之,不至虛擲.試驗之成績頗佳.其較卓著者有能提出溝水渣滓中油質以製肥皂,又有能利用渣滓稍加化鍊作爲肥料者.多半以所獲不抵所費,致令試驗者失望,但並非無再事改良之餘地.

以上討論可簡括言之如下:

採用新溝制糞之問題必須解決

新式溝制本身之價值不成問題.

糞爲肥料應研究:

(甲) 糞料是否比製造肥料經濟?

(乙) 新溝制中糞料是否無恢復希望?

(五) 溝制工程之歷史

就歷史上言之,溝制工程尙在靑年時代.古時建築粗陋,無所謂溝制,更無所謂工程.羅馬興盛時代,固已有溝.然設於街中,與居戶不相連貫,僅用以承受街面之水,禁止糞類入溝.近世溝制產生於十九世紀,尤以在近五十年中特爲發達.採用此制最著名者爲美英二國,德法次之.於此制貢獻最多者首推美國,蓋美國試驗最廣,著作最富,進步最速,故學溝制工程者,莫不宗尙美邦焉.

治溝水術最古者卽直接棄溝水於水道,至今尙有用此法者,固有時甚有良効,但須有特別環境始宜,否則弊多利少.尙有灌田法,古時雅典及今中國用之.

美國紐約在一六七六年築一種木製箱溝,爲美國溝渠之始期.至十八世紀有私人用磚砌溝者,但不甚普通.城市之有公溝亦在此時,然仍多用木製.十九世紀初葉所築之木溝,至今尙有留存者.美國眞正溝制之發展時期自一八七二年始.當時麻省衞生部特別研究此問題.自後各城接踵而設溝制者有數處焉.此時化學澄淸法 Chemical Precipitation 多行採用.後至一八八八年麻省衞生部乃設試驗場於羅冷 (Lawrence), 從事試驗治溝水方法,研究濾法 Filtration 至今仍在進行.一八九〇年曾將研究結果刊印成書,詳證濾法與生物作用之關係,爲溝制學極有價値之貢獻.羅冷試驗之影響竟及歐洲,托拉微斯博士 Dr. W. Owen Travis 在英國漢卜登 Hampton

亦從事試驗,而發明所謂托拉徽斯池 Travis Tank,爲治溝水術進一大步[五]於是引起德國英何夫 Karl Imhoff 重要之發明.英氏將托拉徽斯之法擴而充之,而發明世界知名之英何夫池 Imhoff Tank.[六]現今美國應用此式之池者頗爲不少.

羅冷試驗場被人稱爲治溝工程之宗主 Mecca of Sewage Treatment,爲世界最有名之試驗場.符凹樂 Gilbert J. Fowler 自英國來美參觀此場,忽有心得,回國而發明現今最新式一種之治溝水術,即震動沉渣法 Activated Sludge Process,[七]或稱生物空氣法 Bio-areated Process.羅冷對於其他濾法試驗之貢獻亦甚多,而有價值.美國各城於濾法之信仰日見增進,未始非該試驗之功也.

英國至十八世紀初葉,始有所謂地下陰溝.[一]一八四二年至一八五七年祗知居戶污水必須遠棄之.而於溝水最後應如何處理,直置之不問.於是英國各城,街道積穢偏地,河水污臭不堪.一八五七年英政府始委一皇家溝水委員會 Royal Sewage Commission 研究處理溝水最妙方法.一年之後,該會報告書出現,對於溝水灌溉術 Sewage Irrigation 討論頗爲詳盡,所有灌溉術之危險,辯闢無遺.由一八五八年至一八七〇年,英國衛生工程界均以爲處理溝水捨此無他妙法.故自一八五八年以後,各地採用灌溉術者相繼而起.有人估計在一八八三年用此法者達二百餘處之多.當時歐洲亦紛紛效法英國.[八]然英國自一八八〇年至一八九〇年又注意化學澄清法.在此十年中所建築之治溝水廠,幾皆利用此一方法.[九]此後則因受美國羅冷試驗之影響,相繼試用接觸濾池 Contact Bed 及噴水濾池 Sprinkling Filter.至二十世紀自符凹樂博士發明生物空氣法後,英人又醉心此新穎方法,美人對之猶懷疑慮,而英人覺實用之.加拿大各城採用此法者不可勝數,上海公共租界亦用此法.

德國之有溝制自漢堡 Hamburg 始.漢堡在一八四二年聘英國工程師林

得利Lindley建設溝制.直至十八年以後,法蘭佛Frankfort設第二同式之溝制.柏林現今之溝制,始自一六六三年[十一].以前德國城市多用暗坑制及溝桶制.一九〇七年,德國各城市居民在五萬以上者僅四分之一,有正當之溝制,四分之一毫無溝制,其餘則有而不甚完全[十二].

英何夫發明一池,爲德國生色不少.其他有價值之貢獻計有二處:一爲漢堡省立衞生院Hamburg State Hygienic Institute,主理者爲丹巴博士 Dr. W. P. Dunbar.一爲柏林之皇家飲水溝水試驗院 Royal Testing Institute for Water and Sewage,主理者爲斯密孟博士 Dr. A. Schidtmann.但丹巴生長美國,曾著『治溝水原理』一書,甚爲著名[十三].

法國對於治溝水術最大之貢獻爲腐池 Septic Tank 原理之發明[十四].巴黎之雨溝在一六六三年始有之[十一].現今之巴黎溝制爲歐洲各國溝制之最精緻最著名者,自設計起至於建築完竣,共歷十年.(一八六〇至一八七〇.)溝之直經十餘呎,中可行舟,溝長計共七百二十五英里,其中七十五英里爲總溝道,工程代價爲美金三千五百萬元[十五].

在一九〇九年,法國城市居民在五萬人以上者有一半毫無溝制[十二],現今各城市多有溝制,惟於溝學工程之貢獻不甚多耳.

(六) 結論

本篇文章祗欲就溝制與中國有關係各點約略論之.因中國社會上知溝制爲何者尙不多覯,故先須討論大概,引其對於溝制發生興趣,覺溝制之利益果然甚大,各國於溝制之設備果如此之注意,我國相形見拙,不加以研究耳.

各國創辦溝制因自來水問題者居大半焉.大概一城先將溝水直接棄之於河,而河水又供某城自來水之用.結果非將溝水淸潔之後,不能任意棄於河中,以免有碍飲水.我國糞類旣用於田間,則因河水影響而設溝制者,必無之,惟溝制之利益不僅在淸潔河水而已.

設備近世溝制之前提條件爲自來水.無自來水則設新溝制立感困難.願一城市中施設衛生工程,先辦者必自來水,則溝制繼之而起可矣.溝制中雨溝一項可不賴自來水,一特例也.

溝制工程之設計及建造皆有專書.無庸贅述.惟如有新法發現.或於舊法有所發展,得有機會當再爲閱者介紹.至於各種溝制專書有價值者,就管見所及,列舉於下,以供參考之用:

American Sewerage Practice. Vols. I, II, III. (New York, 1916)

By Leonard Mecalf and Harrson P. Eddy

Sewerage and Sewage Disposal (New York, 1922)

By Leonard Mecalf and Harrison P. Eddy

Sewerage and Sewage Treatment (New York, 1922)

By Harold E. Babbitt

Sewage Disposal (New York, 1919)

By Leonard P. Kinnicutt, C.-E. A. Winslow, and R. Winthrop Pratt.

Sewerage (New York, 1918)

By A. Prescott Folwell

Sewage Disposal (New York, 1912)

By George W. Fuller.

Sewer and Drain (New York.)

By Mashton and Fleming

Sewer Construction (New York, 1908)

By Henry N. Ogden

Practical Methods of Sewage Disposal. (New York, 1913)

By H. N. Ogden and H. B. Cleveland.

Dunbars Principles of Sewage Treatment (London and Philadelphia, 1908)

Translated by H. T. Calvert

The Purification of Sewage and Water (London and New York, 1903)

By W. J. Dibdin

Recent Improvements in Methods for the Bacterial Treatment of Sewage. (London, 1904). By W. J. Dibdin.

Recent Improvements in Methods for the Biological Treatment of Sewage (London, 1907). By W. J. Dibdin.

一九二六年二月作於唐山大學

文中附註

(1) Munro's Principles and Methods of Municipal Administration, P.184

(2) Mecalf and Eddy's American Sewerage Practice P.8

(3) ,, ,, ,, ,, ,, ,, P.9

(4) ,, ,, ,, ,, ,, ,, PP9.-10

(5) Kinnicutt, Winslow and Pratt' Sewage Disposal P.176

(6) ,, ,, ,, ,, ,, ,, P.182

(7) ,, ,, ,, ,, ,, ,, P.382

(8) ,, ,, ,, ,, ,, ,, PP.205-207

(9) ,, ,, ,, ,, ,, ,, PP.114

(10) Mecalf and Eddy's Ameridan Sewerage Prrctice P.36

(11) Babbitt's Sewerage and Sewage Disposal P.3

(12) Engineering News April 21, 1910

(13) Mecalf and Eddy's American Sewerage Practice P.38

(14) ,, ,, ,, ,, ,, ,, P.12.

(15) Munros Principles and Methods of Municipal Administraton PP.191.192

美國畢志堡城西屋電機製造公司 KDKA 送音台之概況*

(KDKA Broadcasting Station of Westinghouse Electric and Mfg. Co., East Pittsburgh Pa. U. S. A.)

倪尙達

(一)引言

美國自1921年,盛行無線電傳佈事業以來,凡大規模電機製造廠,如奇異(General Electric Co.)西方(Western Eleceric Co.)西屋(Westinghouse Electric and Mtg. Co.)及美國無線電合組(Radio Coperation of America)等,相繼各就其公司所在地,建有送音台,以提倡無線電,並發揚本公司聲譽.此外通都大邑之大旅館,大戲院,及大商場等,亦築有送音台,以推廣營業,招攬顧客.四五年中,無線電事業之發達,風起雲湧,神乎其極.據一九二五年美國商務部報告,送音台之電力,自十瓦特起至數十基羅瓦止,大小台數.呈請商部,特準佈送者,約有六百所.其他非職業無線電學會會員之試驗送音台,尙不計也.就中電力較大.聲望較著者,爲奇異公司在司城之WGY,(Schenectady, N. Y. 波長爲380米突)美國電報及電話公司(American Telephone and Telegraph Co.)在紐約城之WEAF,(New Ywk City.N. N. Y.)波長爲492米突)及西屋電機製造公司在畢志堡城之KDKA,波長爲326米突)又因送音最早,且台長霍氏(C. W. Horne)皆信耶教,減少『秦衞』之聲,多佈教堂牧師禱告之故,而KDKA人更稱善之.尙達於一九二五年春,得西屋

*倪君此文,本備在南洋大學講演之用,後因暑假期迫,而倪君文不能卽時到申,致未果.日前蒙倪君以此文見示,捧讀之下,深悉其材料新穎,定爲國內愛好無線電者所樂道,用刊本論,公諸國人.　　一編者

電機製造廠無線電部實習之便,在該台實習一月,略知其梗概.今蒙貴校長(交通部立南洋大學)無線電科主任李教授振吾之招,以KDKA送音台爲題,囑講演之,不揣謭陋,臚述於下.惟無線電學進步之速,旣一日千里,而研究者精神,又孜孜不輟,一年中變化之多,改良之巨,自不待言.故下所述者,或爲已往之成績,亦未可知,幸諸君原諒.

(二) 小史

當1919年秋,西屋公司工程司康氏(Mr. Frank Conrad)始於其家,佈送無線電話音樂,成績優良.乃將其送音機件,遷至西屋公司製造廠.1920年十一月工竣,於同月四日,卽以美國大總統選舉票結果佈送.入後每半週佈送相當節目.至同年十二月一日卽按晚佈送迄今.最初台之臨時喚號爲8zz,射電力僅100瓦特,而畢城周圍五百英哩內之居民,對無線電接收興趣勃然而起.1921八月一日,電力加至500瓦特.同年十月一日又增至1000瓦特.夫建築無線電送音台後,能使人民滿意,服務優善,不特節目之選擇須精,反射電之能力當大,而佈送時候之可靠,以及佈送音調之清晰,均屬重要.KDKA一創設,而較美備,名譽之隆,其亦有自也.

(三) 地點

初KDKA建於東畢志堡之西屋公司K字房九層樓上.大小送音機件有三座.電力總數約一千基羅瓦特左右.天線地網依煙突之高,架在空際.距送音台爲九十呎,距地面爲二百十呎.一九二三年無線電傳佈,日益發達,所需電力漸患不足.機件之容量當增加,送音台之面積應擴充.惟高占九層樓樓頂,地位有限,甚難發展.乃於東畢志堡市之西一哩許,覓得小山頂上田三十餘畝,除西屋公會(Westinghouse Ceub)建有網球場六所外,除均作KDKA送音台之新基地.新屋二層,居於中部.上層置送音台機件,下層置發電機,變壓機,及其他重要物品等.入門爲應接室,是室之前爲司機員辦事室房.房之左有工作所,機匠及電工在內工作.前面爲長方大室,送音機件在焉.屋之東,爲高大天線,用以發326米突電波者也.西有直立之短小天線四座,用以發六十或六十四米突電波者也.

(四)送音機

送音機共有四座,二座發300至326米突之長電波,每日每夜佈送普通接收機所收得KDKA之節目者是.其結構完全相同,恐機件有損.中止佈送,徒起接收者惡感,故置二座焉.其餘二座送發60至65米突之短電波.日間爲西屋總公司與各地分公司互通電報之用.據云該公司通訊自用無線電報以來每年最少百省電報費五十萬金.於每星期二或五晚上,在東畢志堡西屋公司佈音室,(Studio)用西班牙語,佈送65米突波長之節目,至南亞美加洲之大規模送音台該台先接短波之節目,而後再藉相當機件,變成300至350之較長電波.而佈送之.是時長短波二座送音機,同時運用.各送其預定之節目,各達其欲到之地點,不相衝突,洵神妙之至者也.

長短波送音機之結構除變值或定值積勢器,及變值或定值電感圈之數量大小不同外,其學理上之組織,完全相同.茲用圖表之如下,

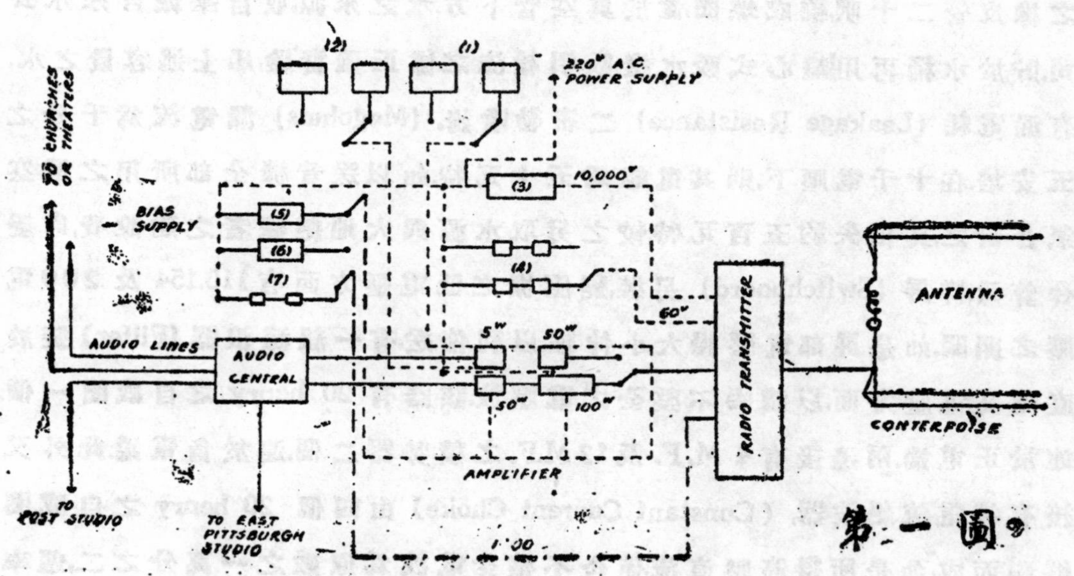

第一圖

1:—— Two Sets of 200 Volts Battery

2:—— ,, ,, ,, 8, Volts ,,

3, 5, 6;—— Rectifier

4, 7,—— Motor-generator Sets.

上圖僅表示各機件之聯結及電力供給路之大概.至其實際構造,分整流器(Rectifier)振動器(Oscillater)調幅器(Modulator)等,各占一隅,另立樺屏,玆分述之如下:——

(甲)整流器(Rectifier)

射電能力大,所用眞空管之容量亦大;每管所須之直流電壓必高,故用整流器改變低電壓之交流爲高電壓之直流,以供給之.此器爲二相式所用變壓機之低壓電力取自畢城電力廠.電壓爲二百二十,週率爲六十,四個二極眞空管.排到如第二圖,其(Filament)成横列式.以十五電壓,六十週率熾熱之.平均四管得供給10,000直流電壓,其曲線性質與尋常二極眞空管相似.每管每小時須冷水20加侖,以凉其屏.(Plate)冷水通路用四分之一吋直徑之橡皮管二十呎,繞成螺圈,置於眞空管下方.水之來源,取自畢城自來水公司.貯於水桶,再用離心式吸水機,吸引輪流之.據正確實驗,凡上述容量之水,有漏電耗(Leakage Resistance)二密勒歐姆.(Megohms)漏電流爲千分之五安培.在十千電壓下,則其電能爲五十瓦特.如以送音機全部所用之眞空氣合計之,其損失約五百瓦特.較之另取水源與大地絕緣者之建設費,尙屬合算云.樺屏(Switchboord)另裝,變壓機之低電壓方面有110,154及200電壓之開關.如是屏部電壓得大小伸縮.以利佈設.有一組濾浪器(Filter)裝於直流高電壓方面,以濾去不整全之電壓波.該器有20 henry之自感圈一個.連於正電端.兩邊接有4 M.F.及12 M.F.之積勢器二個,連於負電端.此外又接有等電流絕波器,(Constant Current Choke)由四個 20 henry之自感圈縱聯而成.如是所得高壓直流僅含不整全電波爲原數之一萬分之二,週率為五又十分之三,已在我人開度下矣.

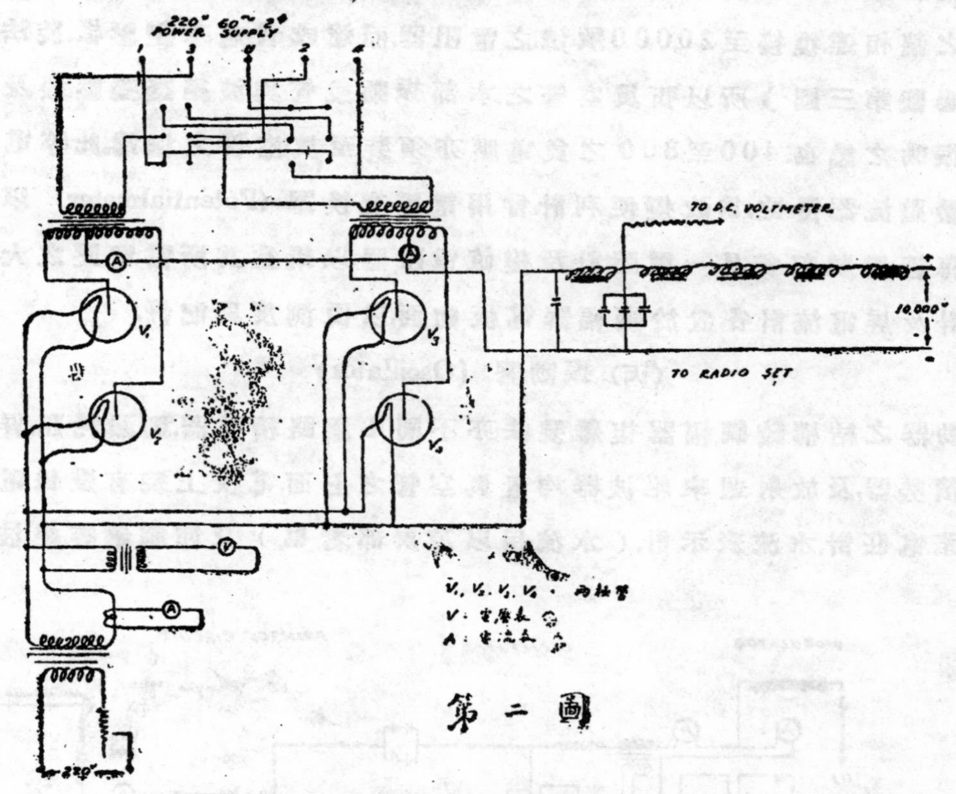

第二圖

(二) 調幅器](Modalator)

送音機之最要部分,為調幅器]與振動器.此二器之最要機件為三極眞空管.管亦用冷水以凉屏部.水量每小時自20至50加侖.視其所用電力而異.其各部常數如下:—— Ef=14—15 V. D. C. Ip=51 a. Ep=10,000 V. D. C. If=8 a. Ip=2.7 a. (at 1500 to 3000 V.) or Ip=1.25 (at 8000 V.) 平均壽命,為400小時至600小時.一管之值約美金二百五十元.効率為66%最大放射電能為十基羅瓦特,屏路交流總電阻為200歐姆.此管由西屋公司工程師監製之.

因管之總阻(Impedance)低,而管內積勢量大.故本部振動當設法阻止.屏電流之輸入,經一放射週率絕波器之中部.而器之兩端各接一眞空管.放時週率絕波器不僅用於屏電路,而柵電路亦有之.由二管之柵而接至絕波器,二器之端相連,復接至20,000歐姆之電阻器,而達成音週率變壓機.裝法如此.(參觀第三圖)所以弭眞空管之本部振動,或管與波絕器,變壓機及大地間振動之患也.400至800之負電壓亦須裝至眞空管之柵端,此等電壓用小量整流器得之.爲改變便利計,曾用電壓交換器(Potentialmeter)以伸縮之.每管燈絲部各具一電壓計,及變值電阻器,以揖益其所需電壓之大小,調幅計及屏電流計各置於調幅器電板前面,以便測度與記錄.

(丙) 振動器 (Oscillator)

振動器之結構較調幅器複雜,裝法亦不同.凡柵路積勢器,柵漏耗阻,屏路交連積勢器,及放射週率絕波器均置眞空管之上面.電板上裝有燈絲電壓計,屏路電流計,水流表示計.(水流用以凉屏部者也)及節制鑰等.絕波電

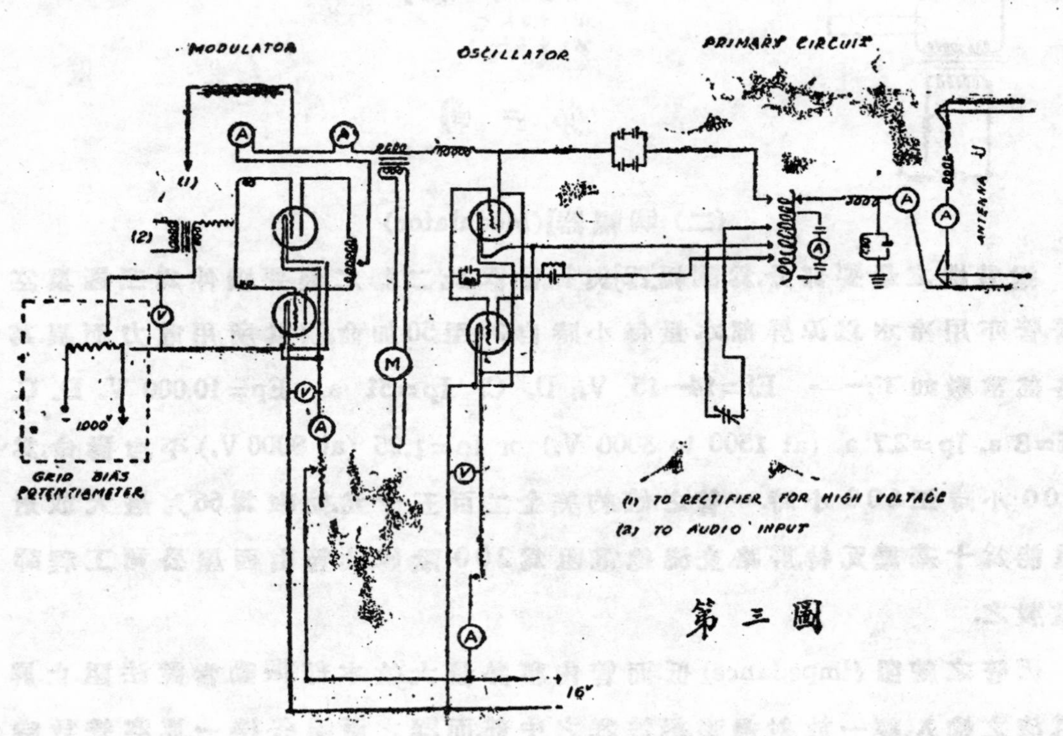

第三圖

路(Choke Circuit)與柵路相連防本部振動也。

至調幅器與振動器之電路如第三圖

A:— 電流表 V:— 電壓表

M:— 調幅表

十 瑞接地 (Westitghouse practise)

(丁) 振動原路 (primary Circuit)

振動原路由二個0.001 M.F.之油漬積勢器及電感圈阻成,又有200MF之變值積勢器橫接電感圈若干節,所以調盤原路振動數,爲920基羅週率(326米突波長)者也。

(五) 天線

天線有大小二座.小者直建,用以傳佈短電波聞於南亞美利加洲加歐洲各國.大者爲平頂建,用以傳佈309或326米突之電波.日晚佈送,聞於北美各地及較遠處.直建天線就現時無線電已有之學識,與夫已有之成績而論,效率爲最大.其本身週率(Natural Freguency)與佈送電波之週率甚近.故調諧之手續可省,電力之損失亦少.且其有效高度(Effective heizht)對現時所傳60至65米突之電波爲極大値.平頂建天線之效率亦甚優,其本身週率與佈送電波之週率相差較巨,高度之益,尚未全取,因支持天線者爲木幹非鋼塔.雖木之利,多於鋼.然未可升至極高度也.木幹爲天然絕緣體,再用相當藥品漬製,成不濕性後用之不但支持天線,且可絕緣其金屬線矣.小天線之長所傳電波之長之半略小.一座之外,更有同樣三四座相距半波長.(約32米突)而四方圍繞之.建築若較此,無非顧及方向作用,使射電時效率加大而已.若距離爲四分之一波長,結果適相反云.其金屬線爲銅管,依高大木幹而直立.(觀第四圖)距地四呎,連有地網,亦爲銅管,用瓷性絕緣器,平置堅支,以減少電能消失,天線之長雖較短于所傳電波之長之半,但加以地網及至送音機之導線等,適將其所短者補足,爲試驗上便于調諧起見,銅管中部接有電感圈,此圈稍稍損益,即可使其本身週率與其所傳電波週率却相等.平建天線未嘗不可仿直建之法,木幹之高須五百呎,似屬難能,故改爲四根百呎高之木幹,而以天線之金屬線支持其上.金屬線有五組,由每邊長百呎之兩個三等邊三角形相合而成.(觀第五圖)無地線以完全天線電路,惟建有地網成扇形,輻射而出,與天線上部金屬線直接連接,距地約八呎許.每組金屬線由八根十號銅線成八角形組合而成.線與線隔有六吋爲直徑雲母製(Micata)板,板與板之相距約叁呎,地網之金屬線,由四根十二號銅線如四角形組合而成.線與線隔有三吋爲直徑之雲母製板.

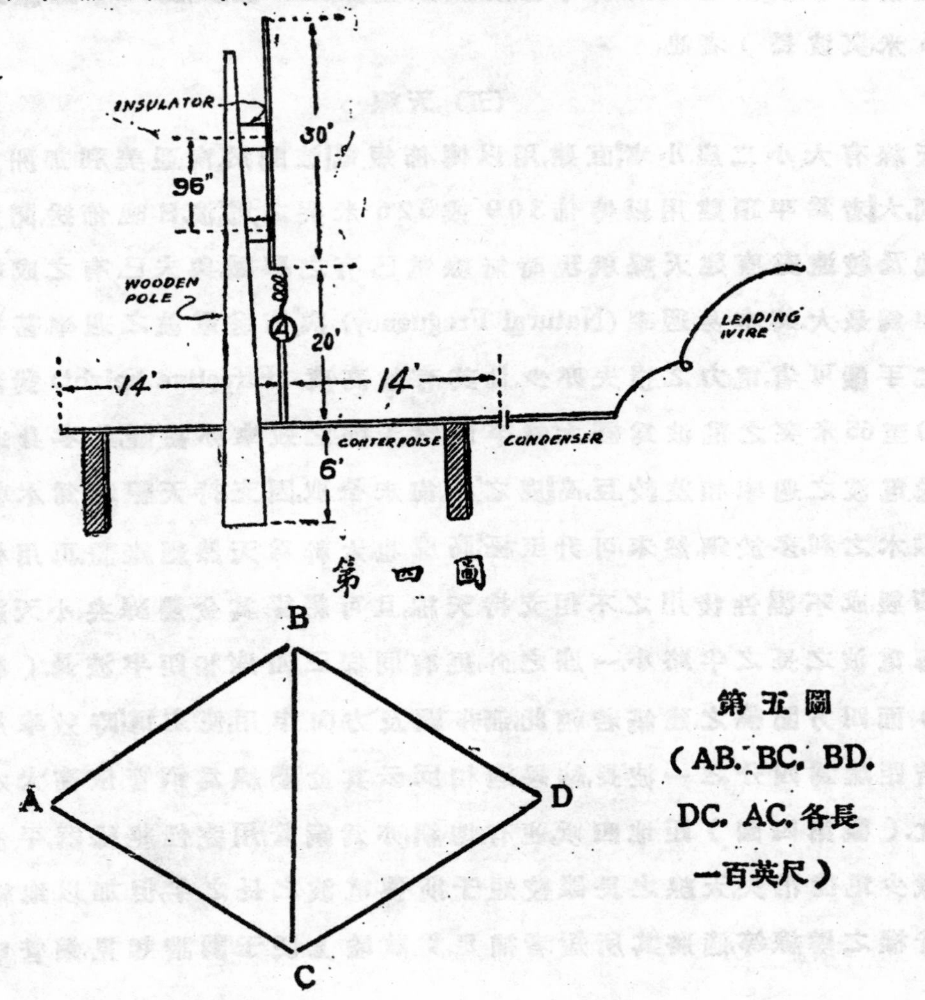

第四圖

第五圖
(AB. BC. BD. DC. AC. 各長一百英尺)

(六) 雜論

美國送音台之多,爲世界各國之冠.每台波長,僅差十米突,干涉之患,所在皆是.況接收機選音度尙未達完善之境,若各台所送電波波長,時有變化,干涉之患自當更甚.職是之故,商務部有電波波長之變化,不能過指定數一千分之一之規律. KDKA送音台,設有週率標準器.卽另置精細調諧器(Vernier Tuners)於振動電路.使所發波長相當節制,以符部章.試用年餘.成績有未能如所願者.後美國華盛頓標準局無線電學研究所某工程師,有石英振動器(Quartz Oscillator)之發明.哈佛大學無線電學教授片亞司 (Prof. G. W. Pierce) 藉其原理,製成石英電波計爲電波測量之標準.於是美國電話電報公司及 KDKA送音台之工程師,置石英於振動電路,所發電波之變化,更在原定數一千分之一下,有時覺絲毫不爽云.

326米突電波之送音機,共須六十四基羅瓦特.振動電路電流爲三十餘安培.65米突電波之送音機,共須三十基羅瓦特,振動電路電流爲九安培零屏路電壓爲一萬,所須電力之大,旣如彼.電壓之高復如此.機樺樺屏複雜棋布,更不待言.故遠距離制節之裝置,自當完善,方可省人工保安全也.制節總紐,設於司機者檯上.於運機之前,司機者先察機件是否接連妥善,而後按冷水節制紐 (Water Control Button) 使繼電器作用,合閉水開,通水于各部眞空管.水壓及度,則各樺屏線之綠燈光亮.如無水則屏部電流不通.再按電力紐(Power Button) 以發動供給燈絲電力之馬達發電機.此紐亦置於各電板,以便隨處給電或止電.燈絲燃明後,藉其電流,以作用一繼電器,此器能使整流器低壓方面開關閉上,俾整流器輸給高電壓於送音機.而送音機從此致用矣.至低電壓方面之開關閉上與否,另有一紅記號燈.以辨別之.整流器所給高電壓之負端,與一過負繼電器相連,而後達送音機.於屏路流過安全値時,此器得使送音機全部停止.若屏電壓過高,有損眞空管時,則有一繼電器,與燈絲電路連列,能使全部節制電路開,而整流器卽停止其供給.停止紐各電板均有之,以便隨時隨處停止全機運用.又有相互節制法,(Interlock Control)所以節制運機之順序,保護空管之安全焉.

送音室有二處,一在東畢志堡西屋公司本廠,一在畢志堡屋司脫(Post)晨報館.裝置與普通起居室不同,四周牆壁,附有厚絨罩,地板蓋以優等氈毯.上面平懸厚絨帳,所以減少回聲作用,及奏樂與司機者行走時之噪音.暗不透光,日晚均用電燈.中間陳列樂器如鋼琴洋琴等等.又有花卉桌椅等爲奏樂者娛目休息之用.傳話具有二種.一爲雙炭紐式,一爲積勢器式.(Double Carbon button and Condenser type)各各連至推挽式放大器(Push and Pull Amplifier)藏於木箱,置在節制檯,以便司機者臨時運用.按發音之高下,發音處之遠近,擇相當電話線與KDKA送音站相接佈送.節制檯除裝有開關及節制紐外,又有調幅計以察調幅度之多少.電話器以明用何線送音.收音機以度放大器之放大量,及結晶收音機以聞佈送之優劣.設計若此,不但佈送之差誤可除,而運機亦得靈便也.

成音放大器有三種,一爲5瓦特,一爲50瓦特,一爲100瓦特,彼此得相連運用其電路如第六圖.

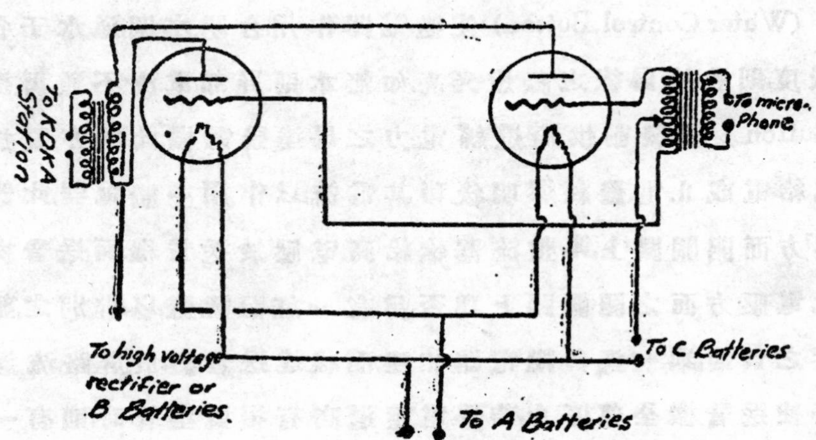

Plate Voltage:— 200 Volts for 5 watts set, 500 Volts for 50 watts set and 1000 Volts for 100 watts set

Filament Voltage:— 12 Volts for all sets.

Grip Voltage:— From 10 to 20 Volts

另有一組輕便放大器及傳話具,裝入木箱.得到處携帶,以便畢城大教堂,大學校,大戲院及各種公共機關臨時佈送時,收音接線之用.

全檯司機長一人,司機員三人,日晚輪值.電工三人,警察一人,實習生無定額.平均二人駐台,工程師一人.担任研究事.臨時無線電工程師由東畢志堡西屋公司來者無定額,參觀者非由西屋公司特別介紹,不准任意流覽.

研究主任爲康氏去年因短波佈送成績優良,得美國無線電學會獎金.試驗時與紐約美國無綫電合組公司之研究室送音台相通訊.每一次變換裝置而通訊後,即藉紐約,畢志堡間之長矩離電話以詢所得音訊之強弱.便利若此,何怪其日新月異,而精益加精也.

中國工程學會最近加入之新會員

民國十五年五月至七月

姓名	(字)		地址	專長
路秉元	(伯善)	P. Y. Loo.	(通)52 Jerningham Road, New Gross, London, S. E. England.	
陶　鈞	(勝百)	C. Tao.	(職)吳淞海岸巡防處	電機
黃　雄	(自強)	C. C. Wang	(職)上海北蘇州路卅號凱森建築公司 (住)上海白克路登賢里底四五四號	土木
沈泮元	(奎間)	P. Y. Sheng.	(通)Dobson and BarlowKay Street, Bolton, Yorxcashire, England.	紡織
劉振清	(振清)	C. C. Liv.	(職)蘇州電氣廠 (住)蘇州鈕家巷十七號	電機
劉賓偉		W. W. Lau.	(職)上海聖約翰大學	土木

鐵路與道路之運輸

徐文台

鐵路與道路,常相輔爲用.路政公有之國,築道路以接車站與鄉村之交通.凡商品之裝運Freight Traffic,行人之來往Passenger Traffic,均足以濟鐵路之不及.但近世道路,多爲商辦,常與鐵路駢枝,互爭運輸之雄長.在吾國道路建築之幼稚時代,經濟不裕,而政治又甚紊亂,此等情形,己數見不鮮,吾國交通部,復無詳細之計劃.政府亦無力以資執行,任彼短識之商家,隨意建築.鐵路旁之道路,若無適當之計劃,昧然從事,徒費土地,甚非經濟之道也.

短距離之運輸,道路每較鐵路爲經濟.商人建築道路與原有之鐵路競爭,卽基于此種觀念而起.據哥鮑Philip Cabot之計算,則謂十二英里爲汽車運輸與火車運輸之「分界線」換言之,過此距離,則火車運輸卽較經濟矣.

今有一公式,示其計算之方法:

m 爲汽車每噸貨每英里之運費.

r 爲火車每噸貨每英里之運費.

x 爲二者運費相等之英里數,是卽「分界線」也.

t 爲在第一站裝貨入火車及末站卸貨出車之費用.

汽車運貨　英里其運費爲mx;而火車以同樣之貨,運至同長之距離,其運費爲 rx＋t 今令二者相等,則

$$mx = rx + t$$

$$故\ x = \frac{t}{m-r}$$

哥鮑之計算,依汽車運輸費(m)每噸每英里爲五角;裝貨卸貨(r)每百磅需費一角五分,則最初最後二站,一噸之貨各需三元,共得六元;火車運費每噸每英里五分半(以上均依美金計算.)

$$x = \frac{6.00}{.50-.055} = 13.5\text{英里}$$

惟據美國汽車協會 Motor Truck Association of America 之報告,汽車運費平均每英里每噸僅二角五分,則

$$x = \frac{6.00}{.25-.50} = 30\text{英里}$$

是則三十英里爲其分界綫矣.

上列公式之缺點,將汽車在付貨人Consignor家之裝貨費及受貨人Consignee家之卸貨費,未曾計入,是頗堪注意者也.吾國人工低廉之國,時間觀念,尙未如西洋人之重視,此點是可不必計入.

自公式觀之:分界距離(x),與火車裝貨卸貨費(t)成正比,與汽車火車每英里運費之差反比.故英美二國之鐵路公司,欲與道路爭運輸之優勢,將裝貨卸貨費一概免去,并竭力減少每英里之運輸費,而汽車公司,亦設法使每英里運費減少,增其活動之範圍,俾多獲利.惟汽車運費,全視路面建築之良否,微聞寶山某公司,以雇車運貨取價過昂,乃自購備車輛,後因軍工路路面惡劣,竟不能獲利云云.公式中m,r,t,三個數字,其在吾國,須依各地情况另行估定,又購汽車之時,須選車身較大,耐久省油者,吾國各地,近盛行道濟車 Dodge.(公司名)該車修理之法,較他車爲易,西北諸路,皆捨福特車Ford 而購道濟車,此或一因歟.

有克烈西 Forrest Crissey 者,將其家具自波士敦 Boston 搬至克里扶蘭 Cleveland,克氏計算,謂汽車較火車能省,如此之長距離,而汽車尙能爭一日之短長,寧非大可注意者乎?

波梅鐵道 (Boston & Maine Railroae) 曾將火車運費盡量減少.但人民仍有願出較高之價,以汽車運輸,誠足令人長思者.

各國關于道路與鐵路運輸之考查甚詳,而吾國近年,軍事倥傯,百業停疲,尙未見有何人考慮及此,實足令人慨歎者也!

李升屯黃河決口調查記

張含英

十四年夏,山東黃流上游,臨濮集附近,李升屯民埝決口,致水流逼近大堤,壽張境官堤黃芯寺等十餘處之險,接踵而起,驚波駭浪,洶濤數十里,生命財產損失無算,河務局長,速派職員調查估工,以備修築,英曾參與其事,乃略記之.

余居曹州,距黃河僅五十餘里,十月十七日,適下游局長,率領各股長過曹,赴李升屯調查,準備估工,邀余同往,欣然諾焉.

此行也,受驚不小,出發之前一夜,曹州城內,突有搶掠,以多數軍隊駐防之地,尙復盜賊橫行,能不令人惴惴,及至離城二十五里小留集,又聞昨夜集內搶去錢店三家,煙店一家,並架票若干人,心中更覺惶恐,至臨濮,知集外遊人,亦時被架,幸匪亦有道,對河工人員,尙留餘地,前曾有王技師者被擄,卽行釋放,此一證也.

黃河之堤,分官民兩種,官堤歸政府修理,以保堤外之財產,其建築護獲,均歸政府,官堤相距甚遠,自十數里,至百里不等,其間亦多肥壤,故人民又築民堤于大堤之內,以禦河水,而墾良田,官堤民堤之間,寬自數里至六七十里不等,其間住戶,極形稠密,莊村集鎮,一如他處,李升屯之口,乃開自民堤,水流泛濫,災及濮鄆范東諸縣,其慘苦之狀,有不忍言者.

出臨濮寨門,稍北行卽黃河大堤,高約二十尺,頂寬約二十五尺,側斜約一比一,余雖極目所至,僅見半枯垂柳,據云:災民均已各奔親友,住戶大減,但送料(高粱)之馬車,仍比比焉.

登堤北望,則飛沙茫茫,白色映空,叢木枯樹,不見人形,大堤附近之水,雖已退去,而澱沙之多,實出意料,柳樹幹部,盡皆沒去,只餘柳條一二,現出地面,高.

梁則全身陷入,間有穗頭露出而已.昔日村莊,今成沙土,澤國之慘,良可悲己.

過大堤而北行,約三里,至李升屯口門,昔日之李升屯者,其地今適當急流之衝,民堤開後,水滔滔自西南來,直下東北.民堤決處約三四里,最深之處,有十五尺者;平均約在六七尺.水流分兩,一經故道,一則直流東北,但前者較少,大部份則由新道而流矣.

下游情形更險,距李升屯約二百餘里處,河決大堤于黃花寺等五處,決民堤于黃花寺等四處.危及黃河南岸,更無庸言.黃花寺諸處決口,雖爲漏隙,亦李升屯口門有以致之耳.

遊行李升屯口門數日,同人等均以引河,截流壩,挑水壩,等等諸策,皆可用以救急,茲就可能之口門修補法,略述如後:

一. 修引河于董口

水之故道,自董莊直向北流,漸近北民埝,折東南行而至董口,乃折而漸近南民埝.自口決李升屯後,東流則沙淤水淺,河面極廣,不如沿東北流道而近董口.穿過民埝,修一引河,以順水勢.惟董口附近,民埝官堤之間,水勢甚大,設堤防水,工程浩大,其長約二十里,而取土無由,殊困難耳.

二. 自胡寨掘直河道至王柳村

由曲道改宜,水勢可順,使水流直下東北,實爲上策.但三十里之引河,數十里之民埝,恐未易言之.

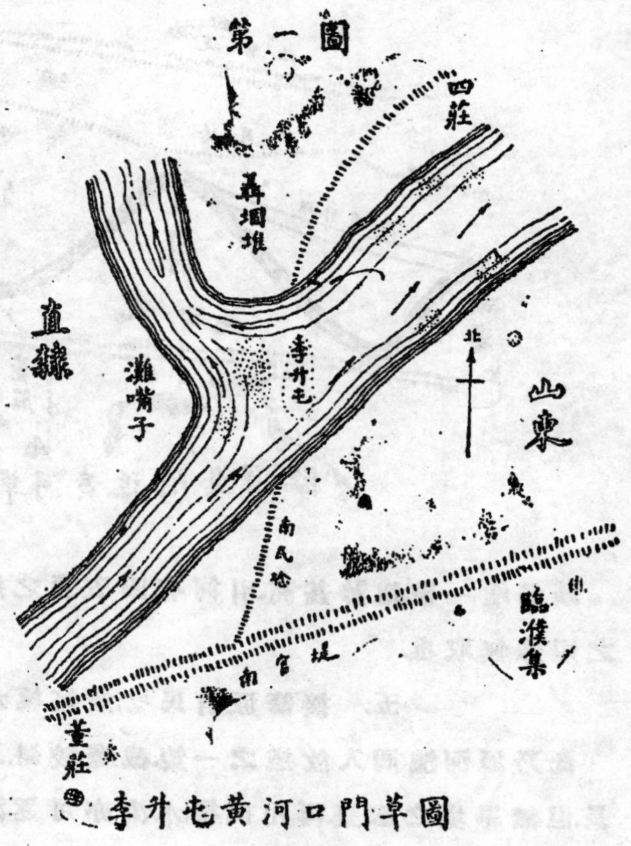

李升屯黃河口門草圖

三．設截水壩于四莊附近，並設水壩于河之東南岸

南壩以上，溜勢側注，至四莊，有回溜，漸歸故道，惟水流大部，仍趨東北，若壩截回莊，則磊堌堆之東，四莊之南，成爲死水，逐漸淤澱，水流勢必趨向舊道，若再由南壩以上，修挑壩數道，逼水趨向西北，使剝蝕對岸灘嘴，河流之弧度，亦可減少．惟截水壩須橫截水流，工程不易，稍有意外，便成險工．加之磊堌堆適當水流之衝，亦有冲刷之險．至于旱堤之修，地多新淤沙土，根基甚難穩固，此我人所急應注意者也．

四．退修截壩于四莊之北，而掘引河于磊堌堆，及四莊一帶

第二圖

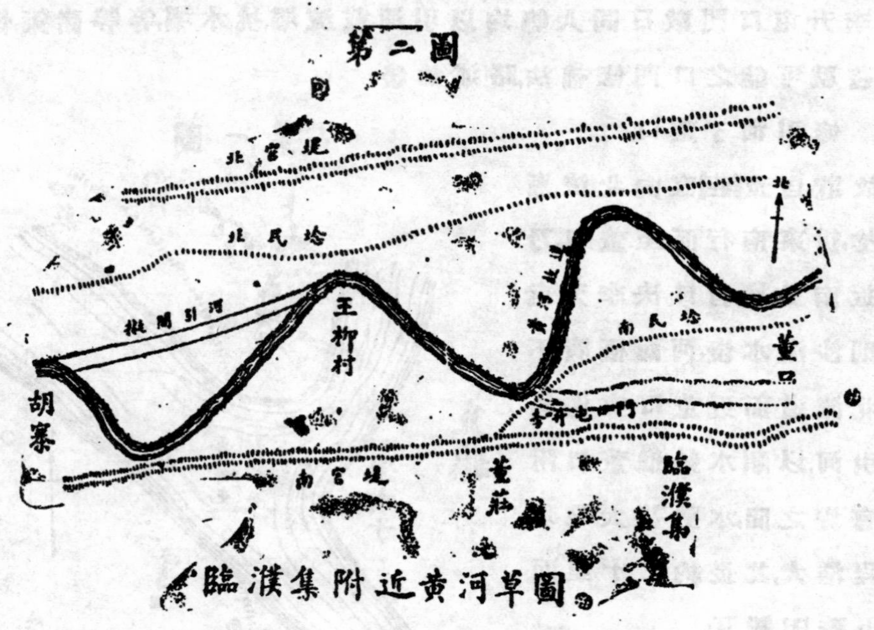

臨濮集附近黃河草圖

磊堌堆一帶，地勢甚高．引河有四五里之遙．既有第三法之害．復多第二法之短殊無取也．

五．接修原有民埝，兼築挑水壩于河之上游

此乃逼河流回入故道之一策．截壩較斜，工程較第三法，自屬易舉．壩雖較長，但無旱堤之修築．再用挑壩，水流亦可逐漸冲刷新淤灘，而漸復舊觀，此法

所用截水壩較長,時日必久,材料亦多,有足考慮者.

六. 挖引河于灘嘴子,加設截水壩

自小劉屯一帶,修挖引河.河長四五里挖掘尙易.惟地屬直隸,間有莊村,交涉困難,當可想見.

上述各法,利害參半.最後決定,尙待來日.黃河爲患,無歲無之.我國治河之法,有防無導,似非善策.加之治水省自爲謀,各不相助,欲加通盤籌算,事有未能,更有甚者,記錄全無,詳圖待測無曲突徙薪之智,遭焦頭爛額之快,不亦重可哀乎.

十四年十一月

中國工程學會最近加入之新會員 (91)

民國十五年五月至七月

姓名	(字)		地址	專長
趙曾珏	(真覺)	T. C. Tsao,	(通)112 Derbyshire Lane, Stretford, Manchester, England.	電機
駱景山	(師止)	Y. S. Leck.	(通)16 Rushter Road Bolton, Engln	紡織
張承祜	(孟粢)	Z.W. Chang,	(通)趙君曾珏轉	電機
邢國協	(韞曦)	K. Y. Hsin.	(職)青島港政局工務科	土木
蔣以鐸	(達徵)	E. D. Tsiang.	(職)鄭州豫豐紗廠	土木
劉晉鈺	(祖榮)	T. Y. Lieon.	(住)上海法租界天文台路興業里28號	電機
陳祖琨		T. K. Chen.	(通)112 Derbyshire Lane, Stretford, Mahchester, England.	電機
洪傳炯		C. C. Hung.	(通)112 Derbyshire Lane, Stretford Manchester, England.	電機
李開第		K. D. Lee	(通)c/o Education Dept, Metro-vick Elec. Co. Manchester England.	
孫繼丁	(丙炎)	C. T. Sun.	(通)青島膠濟鐵路機務處	電機
仲志英		T. Y. Zoon.	(通)廣東台山縣工務局	土木
鄭炳銘		P. M. Cheng.	(通)廣西柳州柳慶公路局	土木

通俗工程

橋梁防火之設備

聶肇靈

木橋及棧道,每因機車遺落之火星,客車或行人擲下之煙頭,及路界附近燃燒紙錢之飛燼,往往致發火險.防禦之法,約舉數端如下:

(1) 路線所經之地,初夏草木繁茂,入秋乾枯易燃.故在木橋20公尺內之雜草,應隨時剷除.路界內之樹木,叢林,廢物等,概須清除盡淨.工後無人照料時,不得餘留火星於木橋附近.

(2) 橋上枕木間,用鐵皮或木板填塞,再鋪薄層之礫石,碎石,或爐碴,以免一切火星投射,此爲最有效之防禦法.

(3) 橋上枕木,及軌桁之露出部份,以防火漆油之.油時用注射法,並於未乾前灑上細砂,使油料盡量吸入.乾後木面成一層之硬殼,有防火之功效.

(4) 重要木橋上,應每距20公尺,備一水桶,並於附近道房,儲存水桶,及一切消防器具.

(5) 如棧道甚長,取水便宜時,軌道中間,應接水管.各方鑽孔,使水足以遍灑全橋.

(6) 在長而且高之棧道,可於機車後之煤水車上,設灑水器.經過棧道時,開機灑水,以潤濕之.

(7) 在長棧道之附近車站,備一水櫃車 (Tank Car),車上裝設蒸汽唧筒,水龍軟管,及一切消防器具.停留於適當軌道上,隨時可以出發.

以上各法,曾經美國南太平洋鐵路試用,視各地之情形,爲相當之設備.因該路共有木棧道一百三十英哩,故對於防火設施,力求完備.自施行後,成績甚佳.我國鐵路之有木橋,或機道者,亦可準酌採擇.

鐵橋上之枕木,關係行車安全甚巨.除由機務方面,嚴禁機車隨意排灰外,工務方面,亦應有防火設備.如橋上鋪碴,橋中鋪鐵皮,或鐵筋洋灰板.用防火漆油刷枕木等,均可防禦火患.至究以何種設備為經濟,則又視各路情形而定.

中國工程學會最近加入之新會員 (續97)

民國十五年五月至七月

姓名	(字)		地址	專長
馮汝縣	(颺雲)	Z. M. Feng.	(通)杭州報國寺工業專門學校	電機
湯貽湘	(擁伯)	Y. S. Tong.	(通)杭州報國寺公立工業專門學校	化學
葉熙春	(如松)	H. C. Yeh.	(通)杭州報國寺工業專門學校	紡織
趙祖康		T. K. Chao.	(通)上海南洋大學 (住)松江城內三公街	土木
湯天棟		T. T. Tong.	(通)上海麥根路二十七號電料局 (住)西門文廟路五十七號	電機
韋國傑	(叔逵)	K. C. Wei.	(通)青島湖南路廿號三樓	電機
王傳義	(少逸)	C. S. Wong.	(通)青島膠濟鐵路機務處	機械
陳靖宇		C. Y. Chen.	(通)四方膠濟鐵路四方機廠	電機
沈嗣芳	(馥菴)	Z. F. Shen.	(職)湖州吳興電氣公司	電機
殷之輅	(紹乘)	D. L. Ying.	(通)江蘇鎮江滬甯路工程處	土木
郭承恩	(伯良)	Z. U. Kwauk.	(職)杭州城站工程處	電土機
王孝華	Wang, H. H.		b/ Ferdinade, Hektorstr. 6, Bln.-Halensee Germany	
湯騰漢	Tang, T. H.		Kaiser-Friedrichstr. 382, Berlin-Charlottenburg Germany	
莫庸	Mo, Y.		c/o Chinese Legation, Barlin, Germany	
譚翊	Tan, Y.		Gieselerstr, 16, I. Berlin, Wilmersdorg, Germany	
楊繼曾	Yang, C. T.		Berlin, Grunewald, Auerbachstr, 5. Germany.	
陸君和	Lu, C. H.		Kaiserallee, 131 I, Friedenau, Germany,	
趙英	Chau, Y.		Kaiserallee 131, Friedenau, Germany	
周承佑	Chou, C. Y.		Berlin, Charlottenburg. Kaiserdamm 11 III, Germany.	

雜　俎

抽空機之排氣管

鮑國寶

豫豐紗廠發電室.共有抽空機 (Dry Vacuum pump) 四部,位置在汽輪(Turbine)室內.汽輪室之樓下爲凝汽缸 (Condenser) 室.抽空機之排氣管 (Discharge pipe) 穿汽輪室地板,經凝汽缸室,排空氣於發電室外,如第一圖.

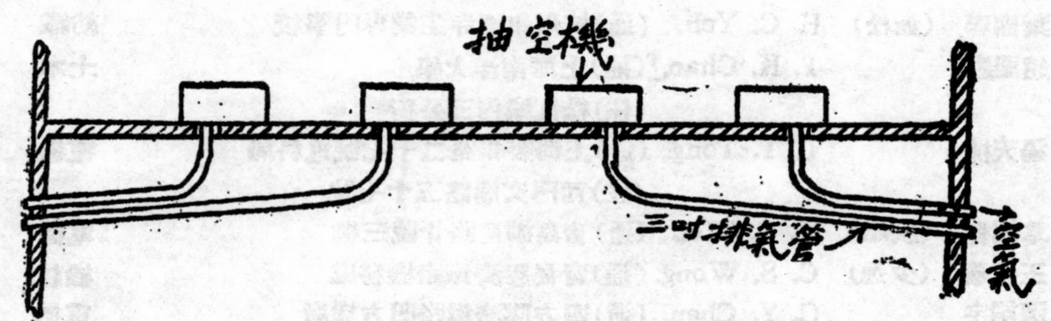

經詳細之檢察後,覺排汽管口之聲浪細而不勻,似有阻礙者.去多依願問工程師脫男 (A. W. Turner) 君之提議改如第二圖.

從抽空機排空氣入凝汽缸室內,空氣祇經尺餘之鐵管,而不經過數十尺

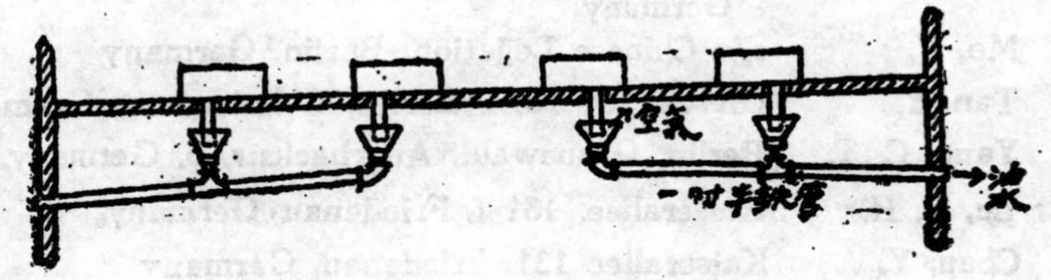

之鐵管,如第一圖之接法.故排氣管之阻力大減.排氣所含之液體排入漏斗

(生鐵製成.)經鐵管而流出室外.

自更改排氣管後,排氣之聲浪響亮而勻.抽空機之工作,似較前輕鬆.且以前用一百二十餘尺之三吋鐵管,現祗用八十餘尺之吋半鐵管.價値亦較廉也.

汽壓力表拔針器

鮑國寶

壓力表(Pressure gage)內之機件,須時常加油,庶機件無黏着之患.且常用之表經,過若干時間,必須用較準之表或壓力表測驗器(gage tester)核準,方能正確.故表上之針,時須拔出.通常機匠拔針之法,係以刀或螺絲旋(Screw driver)挑出,每易損壞針盤或針,下圖所表示之拔針器,則所以免去此種損壞者.

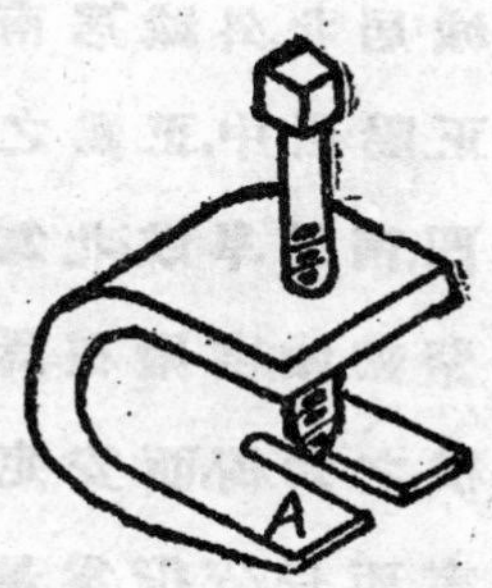

其製法至簡易.取鐵片一,灣之成形,鐵片上鑽孔及螺紋,再取一指頭螺絲(Set screw)配上,則成矣.用時將A部放在針下,螺絲之尖頂正對針軸,螺絲向下旋,則針出矣.

1591

年會特刊

北京遊覽指南

黃叔培

中國工程學會第九次年會,將于八月杪在京舉行.本報總編輯王君崇植,以本會會員多未涉足都門,囑培記其勝蹟梗概,用輯是篇,聊作指南. 述者識

北京位于直隸之中部,東環渤海,西擁太行,北枕長城,南臨河洛,地勢險要,交通便利,久爲我國重鎮.遼金元明清相繼都此,統治中原,垂千餘載.民國因之,仍爲都首.遂使我國精華,薈萃於斯.故凡古今中外好遊之士,必以一覩北京爲快焉.

內城 北京分內外二城.內城居北.外城居南.內城成正方形,面積約一百一十方里.設門九,南有三門,曰正陽居中.正陽之東爲崇文,西爲宣武.東有二門,南爲朝陽,北爲東直.西有二門,南爲阜成,北爲西直,北有二門,東爲安定,西爲德勝.皇城居中而偏南,內有紫禁城,宮殿在焉.街道寬闊.其最長者,南北爲自宣武門及崇文門直至北城根之大街,而安定門大街,王府井大街,德勝門大街次之.東西以東直門大街,東西長安街爲最長,而西直門大街.阜成門大街,朝陽門大街次之.行政公署多在南半城,如財政部,交通部,司法部,市政公所,及鹽務署等是也.海陸軍部,外交部,內務部,均在東城.教育部,農商部,均在西城.外國使署及其商業,則多在東交民巷,及崇文門內一帶.各大學校多在西城,如工業大學,交通大學,美術大學,女子大學,陸軍大學,法政大學,等是也.而北京大學則在城之中區.商務則東四牌樓,西單牌樓等處爲最盛,而西直門內之新街口,東直門內之北新橋,東安門外之王府井大街等處次之.至於

東安市場雖含娛樂性質,但比年來百貨雲集,商務日興,其繁盛幾爲內城之冠矣.

外城　外城包內城之南,成長方形,面積約八十方里.設門七.南曰永定,曰左安,曰右安.東曰廣渠,曰東便.西曰廣安,曰西便.南北幹路以自正陽門至永定門者爲最長,而崇文宣武兩門外大街次之.東西幹路以自廣安門經菜市口,珠市口,磁市口,至朱家營者爲最長.二年前內外城各幹路始有裝設電車軌道之舉.如宣武門內外大街,崇文門內外大街,正陽門外大街,騾馬市大街等處,則於去歲已行通車矣.外城商業繁盛之處,以正陽門外大街,及其附近各巷爲最,商肆林立,遊人如鯽.他如花兒市大街,騾馬市大街,及東西珠市口等處,亦爲商業薈萃之區.至於普通娛樂之所,則有新世界,城南游藝園,及第一勸業場等處.京奉京漢兩車站則分設於正陽門左右,爲出入京畿所必經之樞紐焉.

城內勝蹟

紫禁城　城內名勝首推紫禁城,爲歷朝帝王宮殿所在地.位於皇城之中.周圍約一千八百餘丈,高三丈有奇.有四門,南曰午門,北曰神武,東曰東華,西曰西華.城之四隅皆有角樓.玆再將城內各宮殿分述如下.

太和殿　午門之北爲太和門.太和門之北太和殿在焉.殿高十一丈.橫十一間.縱五間.雄壯宏偉.望之凜然,誠爲我國建築之大觀也.上爲重檐,瓦皆黃色.殿前丹陛,石欄環之.陛五出,各三成,列鼎十八及銅龜銅鶴各一.丹墀內爲百官禮位,每逢元旦冬至諸節及國家大典,皇帝則御殿受賀.殿內現陳宋元明三朝帝后遺像及寶座.

中和殿保和殿　二殿疊連於太和殿北.黃瓦朱門,巍峨可觀.然其規模則遜太和殿.保和殿後爲乾淸門.門外有殿三,爲外朝.門內卽宮禁也.

乾淸宮　宮在乾淸門內,南向廣九楹,構造頗似太和殿.召對臣工及引見僚庶皆御之.蓋爲先朝發施政令之所也.後楹爲五經萃室,藏岳珂所刊五經,宮左爲昭仁殿,貯宋金元舊版書籍四百餘部.宮右爲弘德殿.

交泰殿坤寧宮 二者compressed連於乾清宮之後.交泰殿縱廣三間,方檐圓頂,制如中和殿.凡御用寶璽藏於此殿者,二十有五.兩廡左出者爲景和門,右出者爲隆福門.坤寧宮廣九楹,重檐垂脊.左爲東暖殿,右爲西暖殿,宮後爲坤寧門.

御花園 園在坤寧門北.南向之門三,中爲天一門,前列金麟二,而瓊苑東西二門,則分設於天一門左右.在天一門北南向者爲欽安殿.殿東壘石爲山,上有亭曰御景亭,再東則爲摛藻堂.內藏四庫全書薈要.殿西有延暉閣,絳翠亭,澄瑞亭,及千秋亭等.園內建築之精巧,花木之華麗,皆足怡情而悅目.由欽安殿北進爲承光門.再北則爲順貞門.過此則爲神武門.即紫禁城之北門也.

文華殿武英殿 二殿平列於太和殿之左右,皆南向.爲清帝御經及藏貯書版之處.民國成立改爲古物陳列所.內陳我國歷朝之所珍藏.蓋數千年來帝王據爲己有之珍珠寶玉,以及一切貴重物品,至是國民始有一瞥之快焉.

文淵閣 閣在文華殿後.凡三重.上下各六楹層階兩折,前甃方池,通玉河水,跨石梁一.而我國最負盛名之四庫全書即藏於此.

其他宮殿.如養心殿.寧壽宮.慈寧宮.壽康宮.咸安宮.英華殿.及寶華殿等,大都爲先朝帝王后妃起居之所.其建築類皆宏壯華麗.修潔可觀.

景山 在紫禁城北,大內之鎮山也.相傳其下儲煤以備不虞,故俗名曰煤山.爲明懷宗殉社稷處.山高約百丈.凡五峯.峯各有亭,均供佛像.山南之正門爲北上門.門內有綺望樓.山北一帶風景頗佳.

三海 禁城之西爲大液池.池分三部.南包瀛臺者爲南海.中繞蕉園者爲中海.而在御河橋北者爲北海.總稱曰三海.池水源出玉泉山,從德勝門水關流入,匯以爲湖.每當盛夏,菱荷菱芡,舒紅卷綠.雲影波光,渾如一色.誠勝境也.瀛臺爲南海之一土股.明爲南臺.殿宇甚多.先朝帝皇夏日常避暑於此.南有村舍水田,用以觀稼,爲城內之一特景.蕉園四面環水,爲中海之一大島.民國總統府即在此地.園中有明崇智殿舊址.東爲延祥館,西爲集瑞館,南有萬善殿千秋殿.園內松檜蒼翠,果樹羅列,夏日遊觀最稱樂事.北海之勝以瓊島之白塔山爲最.山以塔名.塔建於順治年間.山之四面佛寺林立,不可勝記,爲北京城內佛寺薈萃之區域.

十刹海　在北海之北,分前後二海.前海在地安門外迤西,復分二區.中隔一堤.堤北半有小橋,爲東西二區相通之處.俗稱響閘,以水自西來至此傾注而下,有大聲故名.兩區環岸皆垂柳,池內東多菱荷,西則水稻,爲消夏之勝境.後海在德勝門內迤東,面積較前海略大而境稍遜.前後相通處有橋曰銀錠,地勢最高,登之可望　京西各山.

淨業湖　在德勝門內迤西,卽積水潭,以北岸淨業寺得名.湖之面積約與十刹海等.當盛暑時,都中人士多攜樽酒壺茗,盤桓其間.湖西北壘土爲山,明永樂詔建鎭水觀音菴於其上.清乾隆十六年重修,改名匯通祠.祠後牆外有石,高丈許,層壘如雲,承以石盤,上鐫雞獅各一,相傳以爲隕石.下坡伏石獸一,俗曰分水獸.水關穴城址,密置鐵檻,其水匯西山諸泉,循長河經高梁橋而入,爲京城水源來路.

中央公園　在紫禁城南,天安門右,爲社稷壇故址.園南門通西長安街,入門北行數步,巍然峙立者,協約國戰勝紀念碑也.上刻公理戰勝四字.自是循馬路東行,爲水法池.池形渾圓,上蹲四獅,中有噴水塔,白石雕製.水法池北爲行健會會所.會所之北有殿五楹,爲來今雨軒,中有華星餐館.軒後山石羅列,頗得天然之妙.北端有亭形如十字,夏日品茗者座爲之滿,再北有假山,上建六角亭.假山之北有花廠,沿花廠行經門兩重而西爲園之北部.甬道之兩旁多古柏,中立雍劍秋所建藥石,形如圓亭,下有八柱,柱刻先賢格言.行及西端,有木橋跨御河.過橋北行卽西華門,可通古物陳列所.由橋南行爲園西面.路右側有方亭,粗木所構,頗得野趣.亭西爲鹿圃.圃南爲溜冰場,再南有土山.土山之南,華屋相連,中有餐館茶社.其在路之左側與茶社餐館相對者,除方亭外,皆蒼松古柏.每當盛夏,士女麕集,蓋納涼品茗最大聚處也.方亭之南爲繪影樓.由樓東轉爲園之南.路右側有殿三楹.內有動物標本.殿東數十武有玻璃房,南面水,結構精巧,中多奇花異卉.玻璃房之東爲習禮亭.由亭南行爲象禽所.再南爲孔雀室,售花厰.西折渡橋有水榭,北半居水,南半跨路,朱欄畫棟,紅窗彩壁.爲園中第一勝處.水榭之西爲土山.山隈有亭.亭東小洲有屋三楹,南北各有花架,精緻絕倫.園之中央爲社稷壇,環以高牆,周圍百五十三丈有奇.壇式正方,高四尺,方五丈三尺.上按方向築五色土.北有拜殿二重.舊制陰歷每年春秋仲月,皇帝祀社稷於此.拜殿之西有哈丁總統紀念碑.壇南則有丁香林,芍藥圃.花開時節,遊人甚多.

天壇　在正陽門外天橋南.明永樂十八年建.圜丘象天.南向三成,成高五尺餘,下成徑二十一丈.凡四出陛,白石建成.前有三杆,曰三才杆,旁有翠磚爐一,鐵爐八.外環高牆,周約九里.中有祈年殿,皇乾殿,皇穹宇,無量殿,皆極恢宏.北京之無線電台卽設於此.壇內松柏參天,臺碣森列,且產益母草,龍鬚菜,天門冬,傘兒草等.舊制每年冬至祀皇天於此.民國仍之.

地壇　在安定門外里許.明嘉靖九年建.淸代屢加擴充,益昭隆備.方丘象地.北向二成.成高六尺,下成方十丈六尺.凡四出陛,白石建成.環以高牆,周七百六十五丈.丘南左右設五嶽五鎭石座,鑿爲山形.丘北左右,設四海四瀆石座,鑿爲水形.丘之北有方澤貯水.南有地祇室.舊制每年夏至祀后土於此.

先農壇　在正陽門外與天壇相對.壇形正方.南向一成,高四尺五寸,方四丈七尺.四出陛,各八級.垣周六里.中有慶成宮,觀耕臺,天神壇,地祇壇,太歲壇,神祇壇.舊制淸帝行耕籍禮,則祭先農於此.天神壇北設青白石龕,鐫雲形,以祀雲雨雷神.地祇壇南左右亦設青白石龕,有鐫山形者,有鐫水形者,並有鑿池貯水者.以祀名山大川.民國成立改爲城南公園,任人遊覽.園中地廣樹多,松蔭廊影,夏日最爲宜人.園之東北爲城南遊藝園,內具電戲京劇及種種娛樂場所,爲城南熱鬧之區.

觀象臺　在內城東南隅之城上.元至元十六年建.臺舊有元郭守敬所製

之渾天儀,簡儀,量天尺諸器.清康熙十二年,以舊儀不適用,乃別製之.儀凡六,曰天體儀,赤道儀,黃道儀,地平經儀,地平緯儀,紀限儀.其舊儀則移置臺下.五十四年製地平經緯儀.乾隆九年製璣衡撫辰儀.有滴漏堂,測量所,晷影堂諸處.庚子聯軍入都,儀器多受損失.今臺下存簡儀一座,爲明代仿製.臺上存赤道儀,黃道儀,紀限儀,地平經緯儀各一座,均康熙時物.另有天體儀一座,則爲光緒三十一年改製.民國成立加設測候諸器,改名曰中央觀象臺.

雍和宮　爲章嘉呼圖喇嘛諷經之所.內有喇嘛數百.在安定門內北新橋東北.清世宗潛邸也.前爲昭泰門,中爲雍和門,內爲天王殿,中爲雍和宮.宮後爲永祐殿.殿後爲法輪殿.宮西爲萬福閣,永康閣,延寧綏成殿,觀音殿,關帝廟,及戒壇,宮東爲書院.書院之後有佛堂,內有大小佛像甚多.最後之殿有檀木大佛,高可七八丈,奇偉無比.庭中有銅獅二,銅爐一,雕刻均極精緻.

法源寺　在宣武門外西磚胡同.唐憫忠寺也.唐貞觀十九年,太宗收征遼陣亡將士遺骸,葬於幽州城西十餘里,爲哀忠墓.又於幽州城內建寺,曰憫忠寺.寺中東西兩塔高可十丈,爲安祿山史思明所建,有蘇靈芝所書寶塔頌.又有閣甚高,爲李匡威所建.明正統時重修,改名崇福寺.萬歷三十五年又修,有諭德公鼐碑.雍正九年又修,改今名.有世宗御製法源寺碑,及高宗御書心經碑,至乾隆四十三年又加修葺.寺有石壇,栽丁香花頗盛.戒壇前有遼應歷七年石幢一.後有石函一,四周刻字亦遼時物.此外尚有知常所書景福元年沙門尚敍重藏舍利記,及黨懷英所記金大定朝禮部令史題名碑.

城外勝蹟

頤和園　在京城西北,距西直門約二十餘里.內有萬壽山,舊名甕山.清乾隆十六年就山麓建大報恩延壽寺,改今名.且導西山玉泉之水,即舊所謂西湖者,廣濬之,賜名昆明湖.湖周約三十里,皆白石砌成.畔有元丞相耶律楚材墓.湖有十七孔橋,八風亭,石舫,長廊諸勝.湖北山麓舊爲清猗園.咸豐十年同遭兵燹.光緒初年重修之,括爲一園,賜名頤和.有排雲殿,佛香閣等建築,規模宏壯,窮極精奇,故京士女咸以一遊爲快.

西山　在京西三十餘里,爲太行山之首.支派極多,得稱名勝者數十處.如香山,覺山,盧師山,玉泉山.五峯山,馬鞍山,及翠微山等皆是.因居京師右輔,故統稱之曰西山.山間廟寺無慮數十,與山陰青靄相間.春夏之交,晴雲碧樹,花香鳥聲,秋則亂葉飄丹,冬則積雪如玉,皆足賞心悅目.近年汽車可達山麓,每值盛夏,京城人士多入西山而避炎暑.

玉泉山　在萬壽山西北可三里許.金章宗曾建行宮於此.元明以來皆爲遊幸地.淸康熙初即金行宮故址重葺之,賜名靜明園.山頂有塔,高約十丈,塔端植佛一尊.山之以泉得名者,京師各水,以此爲最甘冽,故曰玉泉.泉發處鑿石象螭頭,泉自螭吻噴出,爲燕京八景之一.泉上有碑二,左刊天下第一泉五字.右刊高宗天下第一泉記.記曰「水味貴甘.水質貴輕.會製金斗較量玉泉之水,每斗一兩.塞上伊遜相同.濟南珍珠泉較重二釐.揚子金山重三釐.惠山虎跑重四釐.平山重六釐.淸涼白沙虎邱各重一分.惟雪水較輕三釐.顧雪水不恆得,則凡出山下者無過玉泉,故曰天下第一泉」云云.靜明園繞山之東南麓,有十六景.

香山　在玉泉山西約十里.形如椅背,坐西北,向東南.遍山皆古柏老檜,爲數百年物.周圍有低垣.垣內即靜宜園也.園之東南宮殿甚多,爲先朝行宮.內有勤政殿,爲先朝皇帝夏日諮訪要政之所.宮之東西南北各設宮門.自此而北,有翠微亭.亭西爲瓔珞岩.岩西爲香山寺.寺建於金世宗大定間.依岩駕壑.爲殿五層.自下望之,層級可數.寺前石橋之下有方池,曰知樂濠,水甚淸冽.寺北爲觀音閣,後爲海棠院.寺西北由盤道上爲洪光寺.山門東北向,中建毘盧閣殿.正殿爲太虛室.左右爲香嵓室.寺前盤道間敞宇爲霞蹬.宇北爲玉乳泉.時噓雲霧,類匡廬香爐峯.泉西稍南爲絢秋林.林北爲雨香館.按自勤政殿至雨香館爲內垣,有景二十.自雨香館而西北爲外垣,有景八,曰晞陽河,朝陽洞,觀音閣,芙蓉坪,靜如太古,香霧窟,竹爐精舍,及山岩間淸高宗御書西山晴雪石幢.再北爲栖月崖.距崖半里有石樓門,題曰雲關,崖北爲重翠庵.庵之東南有泉曰玉華泉.西南有峯曰森玉笏.峯上有亭曰隔雲鐘.登之可以遙聞大覺寺及勝華寺之鐘聲.蓋至是已爲靜宜園最高之點矣.

碧雲寺　在香山西北.自洪光寺折而東,取道松杉間二里許,從槐徑入,一谿橫之.谿右即寺也.寺門東向,內殿四重.南爲羅漢堂,爲藏經閣.北爲涵碧齋,爲雲容水態,爲洗心亭.再北爲試泉悅性山房.皆臨幸休息之所.寺有大理石塔,十里外即見之.按寺爲元耶律楚材之裔阿利吉捨宅所建.歷代時有葺修.孫中山先生靈柩即停於此.

八大處　合八大名勝而成.距城西約三十里.已具歷史價值,復爲避暑佳地,故當炎夏之日,游人特多.一曰長安寺,在翠微山之麓.寺有元之白虎皮松及明之古鐘.二曰靈光寺.山後有元之美人墓,清之金魚池.三曰三山庵.庵有平似棹面之巨石,及古木數十畝.四曰大悲寺.寺有文光果樹,夾竹桃,銀杏樹,及蒼萃茂盛之竹林.五曰龍王堂.堂有上中下三池,及籠罩池面之老松.六曰香界寺.寺有娑羅樹,及古鼎古瑟各一.七曰寶珠洞.洞口有黑白點滲之岩石.八曰秘魔崖.中有䟡碑鐵鐘翠柏之屬.八處之中最妙者莫如寶珠洞.登高遠眺,則頤和園玉泉山盧溝橋及門頭溝等處,皆歷歷在目前矣.

戒壇寺　在西山之馬鞍山,唐武德朝建.寺盤旋山谷中,登獅子嶺十八轉而始至.有白石戒壇,凡三級,周圍皆列戒神,閣前有臥龍九龍諸松,蔭被一院,爲明如幻律師說戒之所.寺有高閣,可遠眺.又有石塔,高十一級.花木則以櫻爲多.寺後有洞五.曰太古,曰觀音,曰化陽,曰龐涓,曰孫臏,皆極幽邃.

石景山　在京西三家店車站東南七里.一名石經山.孤峯峭拔,石洞甚多.相傳爲明劉瑾督園營時所鑿.山巔有寺,俯視永定河環繞如帶.又山北峽中有沒字碑二幢,初亦瑾所勒.山麓有龍烟鐵廠,及北京電燈公司電廠.

農事試驗場　在西直門外西二里許.爲三貝子花園舊址,即俗所謂萬牲園也.中分動物植物兩園.動物園畜禽獸鱗介數十百種.植物園花木可數百種,夾道植之.而温室中之花卉種類尤多,皆來自東西洋.此外有果樹五穀蔬菜各試驗地,皆於播種選種肥料各法,分別區叚,詳細標明.場中清流曲通,山石峙立,亭橋樓閣,佈置得法.登暢觀樓遠眺全場風景,一覽無餘.休息品茗則有豳風堂,觀稼軒,萬字樓,來遠樓,宴賓樓等處.他如鬯春堂,薈芳軒構造亦皆精巧,夏日納涼最爲得所.

大鐘寺 即覺生寺.在德勝門西北六里許.寺後有樓,上圓下方,高五丈.中懸大鐘,遂以得名.鐘爲明永樂時姚廣孝鑄.內外鐫全部華嚴經,高一丈五尺,徑一丈四尺,紐高七尺,重八萬七千斤,爲世界第一大鐘.鐘有氣眼二,大如拳,中懸小鈴.游人以錢投之,中者鏗然,謂之打金錢眼.

湯山 在京城北約八十里.山有二,曰大湯山,曰小湯山.大湯山三峯形如筆架.小湯山則僅怪石一邱而已.俱以泉名.泉在小湯山南平壤中.其水含硫質,故熱度高,因名湯泉.浴之可療皮膚病.清康熙時曾就泉鑿長方池,深廣丈餘,外圍白石雕欄.近更築浴室於左右,各導以水道,仿日本式.其地舊有行宮,乾隆時建,今改爲旅館,有汽車路直達京師,遊人稱便.

其他勝蹟,如妙峯山之清幽,蘆溝橋之精巧,明陵之恢宏,長城之雄偉,皆爲世界僅有之大觀.雖距京都較遠,交通尚稱便利.誠爲旅京士女不可不登臨遊覽者也.

會刊辦事處：上海江西路四十三號B字
編輯部：總編輯　王崇植
土木工程及建築：李屋身　鄒恩泳　孫寶墀
電機工程：裘維裕　謝仁　陸法曾
無線電工程：張廷金　李熙謀　朱其清
採鑛工程：李俶　張廣輿　王錫蕃
機械工程：孫雲霄　錢昌祚　顧穀成
化學工程：徐名材　吳承洛　侯德榜
通俗工程：馮雄　惲震　楊肇燫
廣告部：主任張延祥
印刷部：主任徐紀澤
發行部：主任吳達模

寄售處：上海商務印書館
上海中華書局
上海世界書局
分售處：北京工業大學吳承洛君
天津津浦路局方頤樸君
青島膠濟鐵路王節堯君
杭州工業專門學校李俶君
美國Mr. P. C. Chang. 500 Riverside Drive, New York, N. Y.
定價：每期大洋二角，六期大洋一元.
郵費：每期本埠一分，外埠二分.
廣告刊例○惠詢即覆

中國唯一有學理有經驗電器製造廠

益中機器公司製造

包用六年六個月

內修理不取分文

變壓器　電動機

我國人心理對于我國自製機器向來多抱狐疑未敢信用此自有故因向來我國製造機器者多由工人出身學理不諳祇知仿造依樣畫葫蘆終不免濫竽出醜且所見又小祇圖目前之利工料唯求便宜出品日趨日下敝公司有鑒于此特聘留學外國工程師曾充外國電器製造名廠工程師富有經驗多年者數人專門製造電料電機學識既富採用原料又極精美故電料一門出品以來頗受社會歡迎馳名一時電機一門如電動機（馬達）變壓器（方棚）閘刀開關考究試驗于茲四載自知耐用可靠始敢問世望愛用國貨諸君勿以敝公司出品與普通機器廠所造之機器一律看待焉如蒙賜顧自當竭力效勞以副雅意

事務所　上海江西路B字四十三號

工廠　上海浦東洋涇凌家木橋

請聲明由中國工程學會『工程』介紹

請吸超等國貨
金龍牌香烟
香烟種類
多如河沙
若論品質
金龍最佳
色妍味永
美玉無瑕
諸君儘當
吾言非誇
白金龍 紅金龍
中國南洋兄弟烟草公司出品
50 CIGARETTES
CIGARETTES
GOLDEN DRAGON
CIGARETTES
50 CIGARETTES

DEUTZ

AIRLESSIN JECTION DIESEL ENGINES

as Prime Movers
for Stationary Plants as
Electric Light and Power Plants, Factories of all Kinds
for direct coupling or belt drive
in sizes from 80 to 1500 H. P.

牌驰道

無空氣注射 狄思爾引擎

作爲岸上原動力廠之發動機。 合用於電燈動力及一切實業廠家。
可直接聯合或用皮帶拖動他機，馬力八十匹至一千五百匹均備。

Type V. M. of unrivalled Economy, Reliability, and Efficiency, more than 25 Engines of 100 to 525 H. P. are running in China and may be inspected by buyers

VM式樣

效率 經濟 結構 無敵

大小引擎裝設在中國廠家者已有二十餘部，如荷參觀，不勝歡迎。

Ttocks to 350 H. P. carried by
THE HAN YUNG CO., SHANGHAI.

三百五十匹馬力以下均有現貨

上海 德商漢運洋行

本會第十次年會　日期：八月十六日至廿一日
地點：南京金陵大學大禮堂

中國工程學會會刊

工程

中華郵政特准掛號認爲新聞紙類

THE JOURNAL OF THE CHINESE ENGINEERING SOCIETY

第三卷第一號 ★ 民國十六年三月

Vol III No. 1　　March 1927

中國工程學會發行

總辦事處上海中一郵區江西路四十三B號

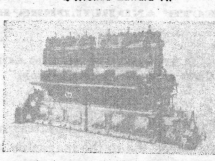

中國工程學會會刊

季刊第三卷第一號目錄 ★ 民國十六年三月發行

中國工程學會發行

總辦事處：— 上海中一郵區江西路四十三B號

寄售處：— 上海商務印書館 上海中華書局 上海世界書局

定價：— 零售每冊二角 預定六冊一元

郵費每冊本埠一分 外埠二分

中國工程學會總會章程摘要

第二章　宗旨　本會以聯絡工程界同志研究應用學術協力發展國內工程事業爲宗旨

第三章　會員　(一)會員，凡具下列資格之一，由會員二人以上之介紹，再由董事部審查合格者，得爲本會會員：—(甲)經部認可之國內及國外工科大學或工業專門學校畢業生并有一年以上之工業研究或經驗者。(乙)曾受中等工業教育并有五年以上之工業經驗者。(二)仲會員，凡具下列資格之一，由會員或仲會員二人之介紹，並經董事部審查合格者，得爲本會仲會員：—(甲)經部認可之國內或國外工科大學或工業專門學校畢業生。(乙)曾受中等工業教育并有三年以上之經驗者。(三)學生會員，經部認可之工科大學或工業專門學校二年級以上之學生，由會員或仲會員二人介紹，經董事部審查合格者，得爲本會學生會員。(四)機關會員，凡具下列資格之一，由會員或其他機關會員二會員之介紹，並經董事部審查合格者，得爲本會機關會員：—(甲)經部認可之國內工科大學或工業專門學校，或設有工科之大學。(乙)國內實業機關或團體，對於工程事業確有貢獻者。

第六章　會費　(一)會員會費每年三元，入會費五元。(二)仲會員會費每年二元，入會費三元。(三)學生會員會費每年一元。(四)永久會員會費一次繳一百元，保存爲本會基金。(五)機關會員會費每年十元，入會費二十元。

前任會長

陳體誠(1918—20)　吳承洛(1920—23)　周明衡(1923—24)　徐佩璜(1924—26)

民國十五年至十六年職員錄

總會

董事部　(董事)　吳承洛　茅以昇　惲震　淩鴻勛　徐佩璜　周琦

執行部　(會長)李屋身　(副會長)薛次莘　(記錄書記)趙祖康　(通信書記)徐名材　(會計)裘燮鈞　(庶務)榮志惠

分會

美國分部　(部長)陳廣沅　(副部長)李書田　(書記)沈惠元　(會計)張潤田

北京分部　(幹事)　吳承洛　陳體誠　王季緒　時鳳鳴　張澤熙

上海分部　(部長)胡庶華　(副部長)李鏗　(書記)施孔懷　(會計)朱樹怡

天津分部　(部長)胡光麃　(副部長)譚葆壽　(書記)方頤樸　(會計)張自立　(庶務)李昶　(代表)羅英

青島分部　(部長)王節堯　(書記)胡端行　(會計)侯家源

總辦事處：　上海中一郵區江西路四十三B號

請聲明由中國工程學會『工程』介紹

M. A. N. DIESEL=ENGINE

孟阿恩帝賽柴油引擎之今昔

帝賽柴油引擎之起源　於一八九三年時有德國閔興城工程師名帝賽其人者與孟阿恩機器工廠總理定一合同該廠照帝賽氏理論計劃造一柴油引擎作爲試驗第一部機器于一八九七年造成經閔興城工業大學教授謝汝特爾詳密之考驗認爲當時執力機中最經濟之發動機此機現成列于閔興城工業博物院中一則紀念帝賽氏發明之功二則表揚孟阿恩廠爲製造帝賽引擎之發祥地

孟阿恩最新式無空氣注射柴油帝賽引擎之優點

開車迅速　機身堅固

工作安穩　燃料經濟

機行無聲　無有火險

構造靈巧　管理容易

Gutehoffnungshuette=M.A.N.=Works

China Branch

孟阿恩橋梁機器公司　德商　喜望機器鐵工礦廠

上海分行黃浦灘六號

請聲明由中國工程學會『工程』介紹

三十公尺下承式板梁橋在德廠製造時之攝影

大沽河橋工進行時之狀況

新橋落成後之試重

上海之基椿

馬賢(H. F. Meyer)著，黃炎譯

此篇係本埠濬浦局建築科工程師馬賢君所著.近在西人留華工程學會發表.茲為供獻於我國工程界起見,特命鄙人譯成中文,寄登本刊,以廣流傳.此篇為久經實驗之談,對於本土極重要而不明瞭之基椿問題,多所發明,誠一富有研究價值之作品也.　　黃炎識

緒言　吾人所托足之全上海區域,係經揚子江中之浮泥,漸積而成.揚子每年挾(100,0000,0000 Cu. Yds.)一百萬萬立方碼之泥土,放入海中.致江口之海岸綫,日漸伸張,約每百年可漲出一英哩之數.附近上海之區域,地面與尋常大潮水位等高.地土為粘土與細砂之混合物,隨地不同.近黃浦江口,沙之成分較上游為多,然即在數尺以內,成分之變易,顯而易見,或因從前水流速率不同所致,亦未可知.

泥土之體性　上海泥土濕時每立方呎重117磅.乾時比重為2.7,所含之水,約計全體百分之廿八,28％(或乾土39％).最顯著之特性,為富有彈縮力.其因受震動而軟化之性,亦甚特異.內阻力之角度,Angle of internal friction,視所承之重壓而殊.壓愈大,角度愈小.經作者長時期之試驗,得下列之結果:

壓力		內阻角之正切	內阻角度
每平方呎磅數 lbs/sq. ft.	每平方公尺公斤數 Kg/m²	Tan. of friction angle	Angle
500	2550	0.57	29.4°
1000	5100	0.48	25.4°
2000	1,0200	0.42	22.4°
3000	1,5300	0.37	20.2°
5000	2,5500	0.32	17.4°
7000	3,5700	0.28	15.4°
1,0000	5,1000	0.26	14.4°

由此可見本地之泥,在極高壓力之下,必將化軟而流.故大面積在重壓之下,較小面積爲險,雖其每平方尺之壓力,彼此相同,而小面積所承之重,易於分散也.

沿革　集中重壓下之泥土,每被擠而旁流,致中心陷落,四週浮起.此種特徵,早經昔人覺察,故每於石橋礅及其他巨工之下,排釘短樁無數,用以包圍樁間之土,使不得向外潛移.此法沿用已久,功效甚著.

租界伊始,西方人士,採用昔人之成規.八年前黃浦灘一帶洋房,其下多安排自八尺以至一丈長之福建杉木樁,距離甚密,大牆之下,釘二三行不等.

洎乎近來,商務日盛,房屋之建築,日臻鉅大,而新式之作基方法,於是輸入.昔用福建杉木者,今以方長之花旗松樁代之.新近洋樓之高,達八九層,基礎之問題,更爲緊要.於是他式樁子隨之而興,如鐵筋三和土長樁,整支連皮之花旗松長樁等.及去年更有數種專利的隨地鑄成之三和土樁出現.

在泥土地中下樁,歐洲已有數處,研究甚深.非各地之土性,相差甚遠,故自一地所研究而得之結果,勢難直捷援用於他地.

斯篇所述,根據於濬浦局近七年來之實地試驗,參以本埠各處建築之承重量與沉降之觀察,以期對於此建築家相關之要題,共同討論.所論各節,不敢謂爲詳盡,惟望本埠建築師工程師,各出其所經歷而增益之,俾此繁複之問題,得適當處理之方法.

打樁　打樁入地,其阻力可分二種.一爲樁尖上之阻力,二爲樁子四週與泥土間之磨擦力.

在堅硬之土層中,樁尖之頂力甚巨.如遇沙礫層或石層,所承受之全部重載,經過樁子,直達於底,樁子四週之磨擦力,在所不計.但是上海的泥土,能向旁擠開,如是其易,樁子尖頭阻力,微不足道,而其負荷之量,全屬樁子表皮之磨擦.今有一種特式樁名法蘭基者,身子甚短而其底脚甚大,故其頂力亦殊可觀.

在粘土中打樁,較諸在他種土質中,更多變幻,以其中所含蓄之水常呈特殊變動故.打樁時之震動,能撼搖附近之泥土,使每粒份子,移其地位,與其鄰離鬆,而內阻力遂減.倘使同時樁子之四週與泥土緊貼,泥中水素,排擠而出,使泥土變成厚膠體,其阻力更大減殺.待樁子打下後,俟泥土份子從新擺定,則內阻力亦可恢復舊觀.

上述特徵,可以藍煙囪碼頭建築打樁情形證之.樁子經打擊若干時間後,祇須用錘子壓上,便能下去.然後夾撐起來,置之不問,一月之後,阻力大增,便能負荷巨載.

由此可知,多而輕之打擊,能使泥土常在動搖之中,實勝少而重之錘擊也.再兩頭大小不同之圓錐體樁子,插下時,四週緊壓泥土,其使泥化膠體之功用更大,故較之直柱體之樁子,容易打下.

打樁公式 晚近百年,許多人想創立公式,祇須從打樁時觀察,便可推算樁子能承負的力量.如是無須多費金錢與光陰,以從事於載重之實地試驗.

在此公式中,末次打擊樁子入地之距離,錘之重量,鐵錘下落之程,等項,包容在內.在粘土地,有出水化膠之可能性者,公式之價值,遠不及在他種泥土之可靠也.

亨利愛但姆斯 Henry Adams 曾採三十九個不同的公式,應用於一個試樁,得三十九個不同的結果.算得之最巨負重量,從三十七噸 (Hurtzig) 以至三百三十三噸(Rankine).平安負重量,從五噸(Rivington)以至六十七噸(Rankine).其差異竟如是之巨,並非公式有不可通處,實示人無一公式可以到處應用.須知某公式僅能用於某種泥土,不可不慎也.

愛扣門 Ackerman 在其打樁試驗中,一鈑売 Simpley 樁,長三丈,徑十六寸,重二噸又十分之一,用三十八位半之鉄錘,落程五尺.樁上裝設一自動紀錄儀,故能求得鉄錘下落時其能力之分配如下.

樁與錘接觸能力消耗 . 25.7 噸寸 = 22.3%

壓力之回彈能力消耗	36.6 噸寸	= 33.4%
打樁入地之能力	51.2 噸寸	= 44.3%
共	115.5 噸寸	= 100 %

落下之錘子,其動的能力,消耗於有用與無用之工作.公式之成立,即本於此,其演算步驟姑從略.

公式中最著名者爲魏靈呑式 Wellington,一名工程雜誌式如下

$$P=K\times\frac{Wh}{S+C}$$ (此公式風行美國).

P = 靜的平安負重量

W = 鉄錘之重

h = 末次錘落程

S = „ „ 樁子入地程

C, K = 系數

在歐洲大陸,則勃立克斯 Brix之公式,較切實用,式如下:

$$P=\frac{hW^2G}{S(W+G)^2}$$

上式中之G爲樁子本身之重,餘同前.

種種理論與公式,不過對於基樁問題,指示一些意義.工程家每到一處新境地,遇一種新土質,必須詳細審察,任何公式,能否切合.或檢定一個公式中之系數,使舊公式得應用於新土質而適當無謬.

用威靈呑公式推算樁子平安負重量,(平安分數 = 2)其系數如下:

用平常落錘打樁機	K=2.	C=1
用蒸汽郎頭能打多而輕的擊數,如一秒一擊	K=2.	C=0.1

每到一處新地,系數須從新估定.例如華舍斯倫 Worcester (Journal, Boston Society of Civil Engineer 1914) 謂K=3, C=1 爲美國波斯頓 Boston之確當系數.

若從上海泥土言,用尋常落錘擊下之方木樁子,其平安負重量之推算,可用 K=5, C=1. 因立公式如下: $P=\frac{5Wh}{S+1}$

雙行的蒸汽打樁鄉頭,爲本土最合用的機器;以其接連的擊數,能使樁子週圍的泥,受顫動而化爲滑膠故.圓錐式的樁子是最合宜的形體;以其身子,迫擠泥土,助成膠化故.且歷經試驗,此形體之樁子,其負重量較平常直柱體爲巨.

傾覆之點　一個負重的樁子,其不勝任而傾覆之界點,定斷之難,出乎意表.試載一個單獨的樁子,當其沉陷四分之一吋,1/4,"之時,可斷定爲傾覆失敗.因在巨大建築基礎下,每個樁子不容有四分之一吋陷落.不然,基礎失其平衡,而傾毀隨之.

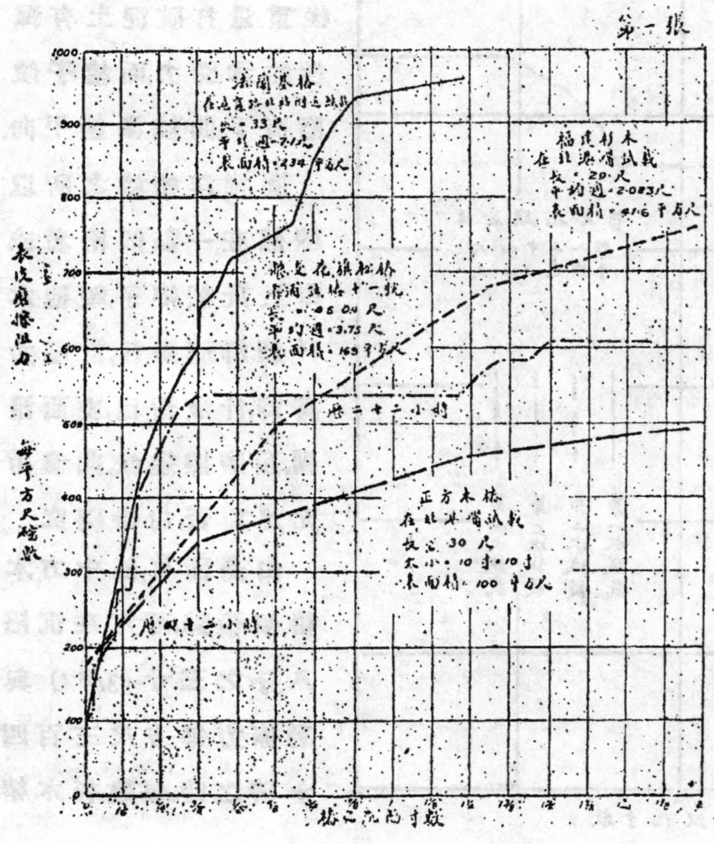

單獨的樁子,在巨量試載之下,沉陷之始,源於樁子週圍泥土的有彈性變狀.然而在上海大基礎的底下,此有彈性的沉陷之度,常超過一尺之數.若依據單獨樁子小量的有彈性的沉陷,而斷定傾覆之點,其不當可知.

第一張將四種樁子試載結果,繪成曲綫,以資比較.橫格記樁子陷沉之寸數.直格示當時樁子表皮所發生之磨擦力.表皮磨擦力云者,即以樁子所負之總重,以樁身四週與泥土貼接之面積除得之平均數也.圖中三種木樁,尖頭甚小,故圖綫所示之表皮磨擦力,當無大謬.然法蘭基樁之表面,甚難估定准確,因樁幹粗笨多節,底脚甚大故.是以眞正表面所發生之磨擦力,當甚小於圖中所示之數.此樁之曲綫,係本地製造者所惠借者.

圓錐體之洋松樁子,有顯著之傾覆點可尋,即在每方尺五百三十磅處,斯時所負之重,過於表面磨擦力所能任,故卽傾陷.

方樁與短圓樁二綫之形性,與世界各處粘土之地,同類試驗所發明者相似.負重至每方尺二百磅時,陷下極微,嗣後四週泥土被緊壓,作有彈性的沉縮,而曲綫改其趨向.再後重量打破泥土有彈性的承受力,而樁子傾陷直下,曲綫漸趨平向.

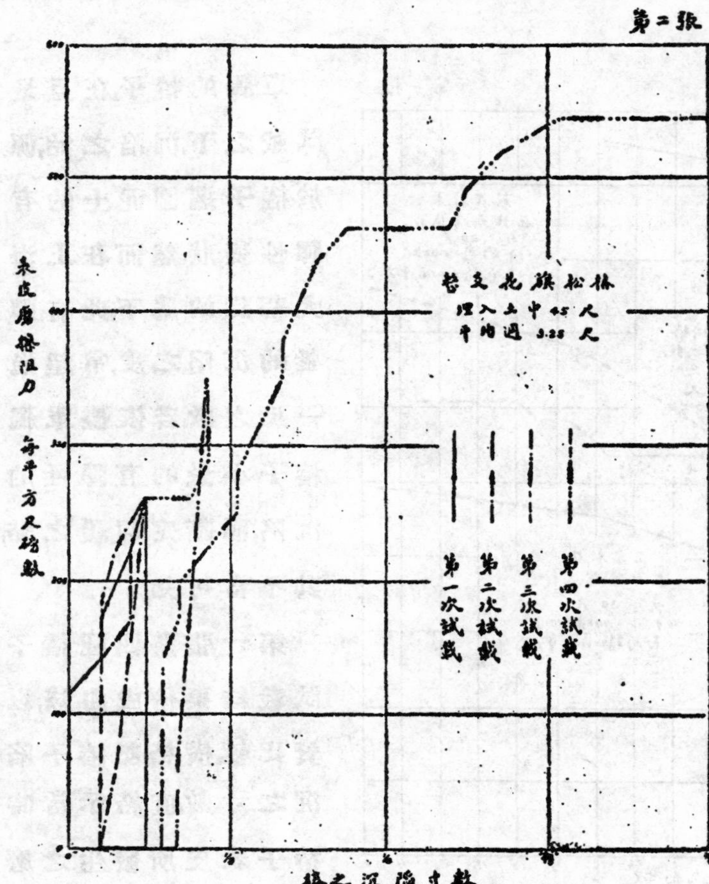

圓錐洋松樁之所以驟然在一點傾陷者,或由於此類樁子,較他木料新鮮而多汁,當壓力高時,汁液留出,表面滑潤,而磨擦遂減.此理由充足與否,尙待研究.

由是而言,圖中方木樁傾覆點,可定在沉陷八分之三寸 (3/8") 與磨擦力每方尺三百四十磅之時.福建杉木樁之傾覆點,在八分之五寸與五百磅之時.

建築材料中如鋼條及其他富有彈性的物料,若受間斷的活動的壓力,其傾毀較易,此爲世人所公認的物理.經濬浦局試驗之所發明,則知粘土中之樁子,亦同具此理.第二張示一樁在黃浦邊虬江口灘地上試驗之結果.此樁受過數次加到每方尺三百磅之重量,而數次回復到第二次載重前之原狀.再加到每方尺四百磅重量之時,數次加重及卸重後,均留少許永久的陷沉而不能回復.換言之,此樁在靜的載重之下,能勝任至每方尺五百三十磅之數而始傾陷者,今在間斷的多次的重載下,至四百磅之數,即以傾陷矣.

歷年來,濬浦局共計經過八十次打下及載重之試驗.由是證實圓錐體自然狀態的木樁,尖頭向下,大頭向上,其負重量較同等表面積之方木樁,大百分之二十五.圓木樁之靜載極量　　表面每方尺五百磅 500/lbs. sq. ft.

„ „ 間斷載 „ „ „　　„ „ „ „ „ 四百磅 400 „ „ „

如假定平安分數爲 1,5, 得樁子之平安負重量如下:

靜定載重	圓樁	每方尺三百磅	300/lbs.sq. ft.
	方樁	„ „ „ 二百廿五磅	225 „ „ „
間斷載重	圓樁	„ „ „ 二百七十磅	270 „ „ „
	方樁	„ „ „ 二百磅	200 „ „ „

若在貨棧下之樁子,受間斷活動的重載,自以採用較小數字爲宜.

濬浦局之試樁,大多數長自一丈至四丈五尺.惟亦試過幾支較長的樁子.其結果長樁每方尺負重量較短樁似乎微小.此亦與世界他處所發明者同橡.

今將在上海所通行之各式樁子臚舉於下:

木樁　永久性質之建築,其基礎如非長在地水面以下者,木樁易於腐爛,自不相宜.然而本地粘土,質點極細,透水量極微,土中濕氣極重,木料埋入地面數尺,即能永保不朽,以是木樁仍可採用.

黃浦灘舊房屋下之木樁,歷十五年之久者,其上端有朽壞之跡,然僅於樁之週圍塡以石礫者見之.若完全埋在泥土之中者,則無所損毀.鋸截之後,尙有木質氣味,馥馥可聞,如新木然.

較小之基礎,如須用椿,福建杉木,可以應用,其通行之廣,一如往昔.

若夫崇樓巨廈,可用花旗盤根松木爲椿,其値亦非甚昂,長且及八丈.其皮旣粗糙,與地土嚙合,其力更強.且椿之大小頭不等,興工之時,監察較易.良以包工人偸怠者居多,打擊方直木椿,往往蒙蔽監工,乘其不備僅打入一半,而裁去一半,監工無法査究也.今用盤木,則大頭之徑,監工人所素知,偸截與否,一驗卽得.

鐵筋三和土椿　如建基之地,乾濕不常,木椿有腐朽之虞者,則三和土椿尙矣.三和土椿重而且脆,起落較難.上端受錘,易於毀損,極須留意.椿體旣巨,錘之效力,亦較微薄.綜上數因,三和土椿之打工,遠過於木椿.

三和土椿更有二項短處:自鑄造之始以至凝結堅硬能任錘擊,其間耗時甚長,又鑄造三和土椿,須有廣大之場所.反之凡能受錘擊者,必是良好堅實之明證.而偸截不易,監察更簡,此其優點也.

法蘭基椿　Franki Piles 先用半寸厚大鐵管數段,其接筍如千里鏡一般,打入地中,至相當深度.此管伸展最長之時,可達四丈五尺.(參看第十一頁第四圖)

在乾地,硬地,或恐遇舊址之斷石殘塊者,管之尖端,以鋼爲之.於澆灌三和土時取出.

飽含濕氣之土如上海者,管之端繫三和土盔,盔以生鐵鑄成尖鋒.入地時,管口被塞,地水軟泥,均不致擠入.以後此盔遺留地中.

鑄椿身,用 1: 3: 5 一份水門汀,三份黃沙,五份石子之比例,水甚少.先灌入三和土約計二立方尺.以重鐵錘下入管中擊之,使擠出管底入於泥中.此時須注意管口,常留少許三和土,以防泥水之侵入.

照上述手續,一而再,再而三,至底脚造成適當之大小爲度.底脚旣成,將管拔起一段,灌入三和土而錘擊之.再拔再灌再擊,以達地面.錘之重可二噸,錘落之程,約六尺.

在本土試載,其結果足證表面磨擦阻力,遠過於木樁所有者,以樁身極粗糙故.此法作基,省時而價亦廉,功效之巨,地球上已有數區,可以借鑑.但椿鑄地中,其實在情形,無從覺察,故其任重之力,吾人須謹愼計算.

樁徑巨,樁質脆,故樁間之距離,不宜太少.再此樁較他種樁子爲短,故在甚重大而集中之載重下,或不甚相合.

雷蒙樁 Raymond Piles (一)三和土樁 做樁之法,用一鋼製圓錐體可收卸的空心樁模,外套鐵皮做成的売子,売子上纏繞盤香鐵絲,使固.殼子分若干短段,套在樁模上,接成長樁.此鋼質樁模與鐵殼,用特製之打樁錘,擊入地中,至預定之深度,將鋼模拔起,鐵殼留存.拌和之三和土,從上傾入.俟其堅硬,便可應用.

(二) 和合樁 上海市上,發現一種和合樁.其下部爲整根木樁,上部爲三和土樁,造法與上節所述同.(參觀第十一頁第三圖)

木樁先打入地,將其上端削成適當形狀,可與鋼模接筍,然後將鐵殼套鋼模上,連同木樁,一起打入地中,至預定之深度.鋼模收小拔起後,樁子之鐵筋,放入殼內,接於木樁頭上.再將三和土從上灌下,滿頂乃止.

全三和土雷蒙樁,不甚長.和合樁之下部,可用最長之木樁.其上部不過一丈五尺,故最重大之建築下,亦堪採用.

至於此種就地灌鑄之樁子,概須有極周詳之監察與甚可靠之監工人員.每簡三和土之傾入,必須經過督察.不然,全功盡棄矣.

據實地載重之試驗,如附圖.法蘭基樁之負重量,遠在其他各種樁子之上.此與透實溪博士 Dr. C. Terzaghi 之理論及最近在歐洲之試驗相吻合.平常樁子,打入地中,原有泥土,被擠而離其本位.所含蓄之水,承受大部份之壓力,泥土質點間之內阻力大減.須經過甚長之時間,俟擠出之水,逐漸消散,方能排成原狀.故此種樁子,須經過數年之後,方能發展其全部負重之力.然在法蘭基或其他類似就地鑄成之樁子則不同.未澆三和土前,地中打成深洞,擠出之水,可聚洞中,以後復爲三和土所吸收.故得於鑄成之始,即發生充足之磨擦力.法蘭基樁旣有廣大底脚,粗糙樁幹,并具上述之理由,故其負重之力,非他樁所能及也.

除上述數種,在上海通用之特別式樣,尙不勝枚舉.本埠之顧問師多有其自信之式樣,以爲較平常樁子爲優,例如木樁外面,加釘木塊,或三和土樁另加節紋,以助長其負重之量.此類特式樁,大致較同面積之光方三和土樁,輕而易舉,便於打下.

碼頭 木樁之宜於碼頭建築,早已於『黃浦江中之深水碼頭』一文(Proc. Eng. Soc. of China 1923-24.)詳論之.上海港內,木樁勝過他樁之處甚多,搬運,打下,夾撐,均較易爲.且港內無蛀木之蟲虫,木樁在低潮位四尺以下者,無腐敗之虞.碼頭上部之三和土結構鑄造極便,無水下工作之困難.

椿子間之距離 欲知單個椿子之負重量,則從本地歷來之試驗中,可得信實之消息.苟依據此單獨試載之結果,推而計算大基礎下一簇椿子之負重量,而不注意於椿子間之距離,則未免大謬.

每一個椿子.或每一個基礎,其圍繞附着之泥土,直接承受椿子基礎所負荷之重量.在歐美各國曾有研究此直接受力泥土之範圍者.法以小規模之試驗椿打入各層顏色不同之粘土中,再察驗各層之變狀,而定打椿力在泥中之分散.下頁第一圖見坭層變狀之大概.如同時打下二個椿子,距離接近,則二個變狀泥體,互相遮掩,或并爲一個,而負重之問題,遂不如前之簡明矣.

受影響之泥體,範圍旣廣,即在尋常境地,亦彼此隣庇相侵.故數個椿子中間之泥土,受到數方面所發生之影響,負重之量,自較受單個椿子之力爲巨.外力旣重,內阻角度遂減,而表皮磨擦力亦隨之而低.

二個椿子並打在一處,如欲盡用椿子表面積,則其間之距離,祇少須爲單

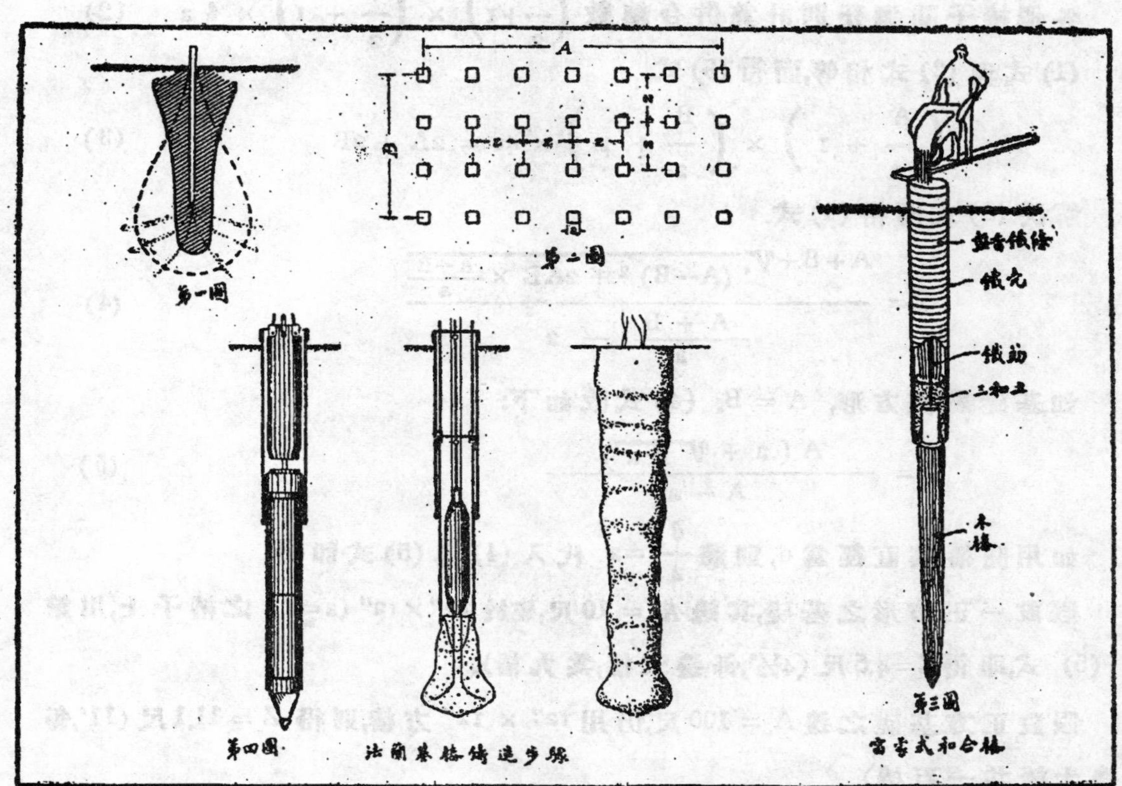

個椿子圍週之半.如是則將二椿并其間泥土作一個長方形計算,與二椿分別計算,其圍週相等.如為二個以上之椿子,則整簇的椿子之外週,務須與各個椿子分別計算圍週之總數相等或過之.今試為算式如下:

今有長方形基礎一處,下用方椿,椿間距離相等.今欲儘量利用椿子之表面,椿間之距離,至少若干. 參觀上列第二圖.

A = 長方基礎外週之長.

B = 　„　　„　　寬.

a = 方椿之邊.

Z = 椿間至少之距離.

全體椿子之外週　　= $2A+2B$　　(1)

各個樁子圓週分別計算併合總數 $\left(\frac{A}{2}+1\right)\times\left(\frac{B}{2}+1\right)\times 4a$ (2)

(1) 式與 (2) 式相等,而得 (3) 式.

$$\left(\frac{A}{2}+1\right)\times\left(\frac{B}{2}+1\right)\times 4a=2A+2B \qquad (3)$$

解決 (3) 式而得 (4) 式.

$$Z=\frac{A+B+\sqrt{(A-B)^2+2AB\times\frac{A+B}{a}}}{\frac{A+B}{a}-2} \qquad (4)$$

如基礎屬正方形, A = B. (4) 式改如下:

$$Z=\frac{A(a+\sqrt{Aa})}{A-a} \qquad (5)$$

如用圓樁,其直徑爲d,則將 $\frac{d}{4}=a$ 代入 (4) 與 (5) 式即得.

假設一正方形之基礎,其邊 A = 10 尺,建於 12"×12" (a=1) 之樁子上,用第 (5) 式,即得 Z=4.6 尺 (4½',每邊三樁,共九樁).

假設正方基礎之邊 A = 100 尺,仍用 12" × 12" 方樁,則得 Z = 11.1 尺 (11',每邊十樁,共一百樁).

又假設長方形之基礎, A = 100 尺, B = 40', 用 12"×12" 方樁,從第 (4) 式,得 Z = 8.7 尺.

由上推算,可見小數而長之樁基,實較多數而短之樁基爲佳.將樁子加多,樁間距離比由上法算得者小,則終無補於基礎之沉陷.以是往往有建築家於興工之始,打一試樁,載重至表面積每方尺四百磅時,樁子下沉僅 ¼", 及建築工成,基下密而且多之樁子,尙未受到預定之重,而基礎全部,竟沉陷至一尺以下.豈非大可驚異者耶.

向使有一種樁子,其樁子表面與泥土間之磨擦力,竟比泥土與泥土間之磨擦力爲大,則樁間距離,自可較用上法推算者爲短矣.在上海附近,短樁之磨擦力雖較長樁爲高,然而數少且長適用上法所算之距離者,實較當也.

透費溪博士以爲在粘土中釘下密密切切的樁子,緣於一種人之誤解,依據單個樁子之負重量而推及於全部,而不知此因不可能者也.

作者之意,非謂密佈之基樁,其距離較所算得爲近,即爲全無效力也.假使基礎之地面,支配緊密的基樁,則其中任何樁子,勢不能單獨穿破坭層,以至下陷,必也全部基礎,及基樁間被圍圍之泥土,以及基上面之建築,整個的向下陷沉,保其平衡之姿,而無傾斜之虞.此種過剩的樁子,能帮着將基上重量,傳送到樁子尖下之低層泥中,換言之,能將基礎重量垂直向下.

低層泥土負重力之強弱,實一疑問.試思地底深處,泥土不易向四週擠開移動,則其負重力,當然愈深愈大.此說與誘費溪之論相反,彼信底層半流質之粘土,負重力且不及地面層也.欲實其說,引證如下.有一處廣大之引擎室,佔地 2,4000 平方尺,基礎係整片的平板,壓重每平方尺 1700 磅,全部基礎沉陷甚深,而且與時俱進.厥後,引擎室擴充,欲救其弊,於新平板基之下,排釘 450 根三和土樁,每樁長廿三尺.事前試驗,每根單獨能任重四噸而不陷.然而新屋落成,其沉陷之度量與參差不平之狀,與前無異云.此證之可恃與否,姑置不論,而上海摩天洋樓之下,靡不有沉陷之跡,顯然可尋.且其沉陷之度,全視重載集中之度與基礎之大小爲比例,絕不關其基礎之有無樁子也.以此可知現在之沉陷,純爲地土彈縮性之特象.果使地層愈深,負載愈重之說㦲立,則最良作基法,又需乎最長之樁子矣.

兹有一言,君須記取.凡大基礎下樁子,距離較照 (4) 與 (5) 式推算者爲小,則單獨樁子試載之結果,不得引用於叢簇.而全部基礎的負量與性態,立入於猜擬之中,而失所依據.

椿筏兼備之基礎　若在一方基地,除安設樁子負重外,再分一部份之重載於基筏,使之直接傳達於地面上之泥土,此實另一冒險之辦法,不可爲訓.其故有三.此項地面直接承受之壓力,足以使其下泥土之內阻角減低,因之樁子之負重力減低,一也.同時樁間之大塊泥土,被壓而有潛移默化之虞,如是則平衡之勢破,二也.樁與筏二種傳施重載及於地土之方法,截然不同,故非經過度限不同之原始沉陷後,難望二者有通力合作之可能,三也.以是世界各國中,多有不准兼用樁筏二物之負重力者.如建築之量過巨,非筏基所能勝任,則排打樁子,使全部重量,擱在樁上,如是則所築底脚,不過視爲傳重之介物而已.世人不察,竟有將大部份重量,經筏基而施於地面,其餘重量,則另於筏下,加樁若干以擔承之.以爲筏之力能任若干,樁之力能任若干,二者合并,足以勝任而有餘;而不知此如意打算,似是而實非也,觀於透實溪所引之引證室,可瞭然矣.

各式基樁價值之比較 試舉一例以明之:設有一處洋樓,寬十丈,深三丈,高十一層.每平方尺之地址,載重四千七百磅.

如斯形狀之高樓,未必能見之事實.今爲顯明樁基問題,將選此最小之基址,與最重之建築,以資討論.

本地市上可得之各式樁子,製造包工者之估價,以及其他種種,開列附表中.

此表之作,並非對於各樁,有所軒輕.所估價值,力求眞切,然亦非作者所能担保無訛.斯表之作,用以示本埠建築師以作算之途徑.一旦遇重要基工,不必奔走詢問,多耗光陰,便可立定主見,進行無阻.

表中可見樁子間實在距離,均較照公式算得者爲小,故以基礎全部言,非絕對穩固而不沉陷者.良以基礎之週圍,爲四百六十尺;一百八十四根之十六寸方木樁,共有週圍九百八十尺,其他樁子亦近是.全體基礎之週既過小,則全體下沉之度,必遠過於單獨試樁之沉陷無疑.今從此點着想.則樁子愈長愈佳而愈穩健.例如用八丈圓木樁,基下衆樁并附土,成長十丈寬三丈高八丈之大柱礅,四週有八丈高之面積,發生摩擦力以負重.若用六丈樁,則面積高僅六丈,僅及前者百分之七五.至用法蘭基樁,則高僅三丈三尺,僅及前者百分之四十一而巳.

各式基樁比較表

用以承負寬十丈深三丈高十一層之洋樓

樁之種類		木樁	花旗鑿支松木樁			鐵筋三和土樁		雷蒙樁		法蘭基樁
樁之形體		正方	圓錐體			正方	竹節式	圓錐體	和合式	圓形
樁　長	尺數	60'	60'	70'	80"	60'	6'0	61'	木樁 39' 三和土22	33'
樁之大小	寸數	16"×16"	尖 10" 根 16"	10" 17"	10" 18"	18"×18"	18"×18"	尖 10" 根 22"	10" 22"	18" 30"
平安的表面摩擦力	每方尺磅數	225	300	300	300	225	225'	300	300	350
每樁表皮面積	平方尺	320	204	247	294	360	360	225	225	234
每樁負重量	磅數	7,2000	6,1200	7,4100	8,8300	8,1000	8,1000	6,7500	6,7500	8,2000
所需樁子	根數	184	210	174	147	161	161	191	192	158
樁間實在距離	尺數	4.3	4.1	4.5	4.8	4.6	4.6	4.2	4.2	4.6
樁間理想距離（照公式算）	”	9.4	8.1	8.5	8.75	10.1	10.1	9.7	9.7	11.7
距離之比例	實在的/理想的	.46	.51	.53	.55	.45	.45	.43	.43	.39
每樁打下後之價值	銀兩	115	66	85	106	190	150	180	99	130
全部工程之價值	”	2,1160	1,3860	1,4780	1,5582	3,0590	2.4150	2,4830	1,9008	1,9540
開工日期	月/日	4/1	7/1	7/1	7/1	4/15	4/15	4/15	7/1	4/1
完工日期	月/日	6/15	10/1	10/7	10/1	7/1	7/1	7/1	10/1	7/1

八丈與六丈兩種圓木樁價值之比,長者貴百分之十一,若以基週摩擦面積比較,則多百分之二十五.故當捨六丈而取八丈焉.

八丈圓木樁與法蘭基樁價值作八與十之比,基週之面積,則八十與三十三之比.然而法蘭基樁,立可興工,得省去三個月之時間.此段光陰,有時代價甚昂,或足以彌補其他之短處.苟地址之上,原有建築,則折去舊物而興新工,大費時日,乘此時間,運取樁木於美利堅,無慮不及.則法蘭基樁省時之說,又失所依據矣.

次之密切而笨大之法蘭基樁,實加基礎以重量,輕而能浮之木樁則反是.在上例中,法蘭基樁,所加之重平均每方尺基址得二百七十五磅,而木樁之浮力,爲二百十五磅.此亦不可忽視者也.

結論　綜上所論各點,在上海區域採用基樁,不可不深思審察.

有數種建築,如臨深水之碼頭,與在無負重力之新土上建立基礎等,則樁子爲不可少之物.然而在各種情景之下,須記得地下層泥土之負重力,能否較地面層爲佳,不可得知,而不匀且密的樁基,未免爲徒耗金錢之妄舉.

長的樁子與疏間的距離,較優於短的樁子與密接的距離.

大基礎下,打了無數的樁子,其惟一功效,爲造成一深下之基筏,以是凡作筏基時所當嚴守之定義,於樁基全體觀亦當嚴守.第一定義卽上部建築物之重心,應與基礎面積之重心相合而不離.苟樓之一隅,重量逾恆,如樓鑵銀庫之類,將使建築之重心,偏倚一旁,則全基面積,當分作數段以處理之.

假使地中深淺不同之各層泥土,其負重之量,巳爲吾人所深知;則一隅過分之重,可用特別長樁以任之.樁之長短疎密,亦可隨心選排,使樁基負重力之中心,與建築之重心合.無奈此項智識,世之所無,且亦不能從單個樁子或一簇樁子之試驗而得之者.以是基下之樁,以長短一律,疎密無間爲安.

在上海區域以內,樁之形體,最近理想者,爲長而細之圓錐體;樁之質料莫過於木;打樁機械,莫如蒸汽雙行式的自動氣錘.此皆合乎本地土質之特性者也.

美國鈕傑水省公衆服務電氣公司之密樂街自動支電廠 (Miller Street Automatic Substation of the Public Service Electric & Gas Co. of New Jersey, U.S.A.)

張　惠　康　(美國公衆事業建造公司助理電機工程師)

第一圖　密樂街自動支電廠之正面

美國鈕傑水省公衆服務電氣公司有自動支電廠多所,惟以密樂街支電廠爲最著.該支電廠爲公衆事業建造公司所計劃建造,其廠屋樣式,可於第一圖見之.

該支電廠在鈕華克城,所處地點,目前雖爲住所,但不久將成市塵.是以各種機器均設置屋內;所有電動發電機,裝置於避聲室內,並以磚牆,隔絕他室,俾不致妨擾市衆也.

該支電廠供給電車電燈及電力之需.所用機器,均爲奇異公司所製造,可稱完全自動.玆將主要機器,開列如下:

一套6000啓羅伏安(kva)變壓器;以三只自涼的

2000 啓羅伏安，13,200/2400 伏爾，60 循環，單相變壓器組成之．高壓方面爲三稜形（delta）連結，低壓方面爲星形（star）連結．

一套 3000 啓羅伏安變壓器，以三只 1000 啓羅伏安變壓器組成之．其模樣及連結法，悉如上述一套．

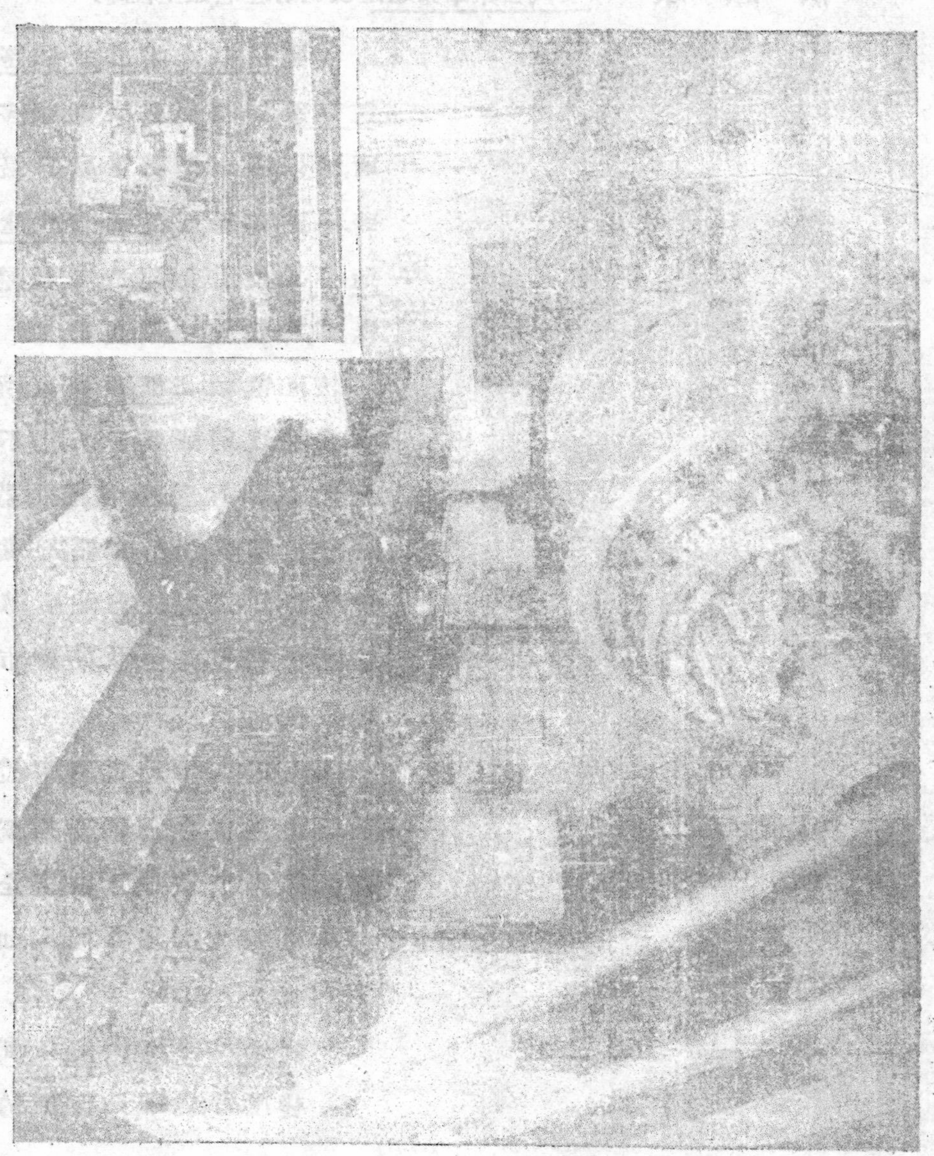

第二圖　電動發電機室

插入小圖：迅速斷路器，裝在鑰板後開

二只1500啓羅瓦特600週/分電動發電機（Motor-Generator Set）。每只有一600伏爾複繞（Compound-wound）直流發電機，與一4150伏爾60循環三相交流同步電動機，同駕一軸。該同步電動機之計劃，能在適量荷負，得70%電力因數；（Power Factor）又在兩小時內50%過負，得80%電力因數。

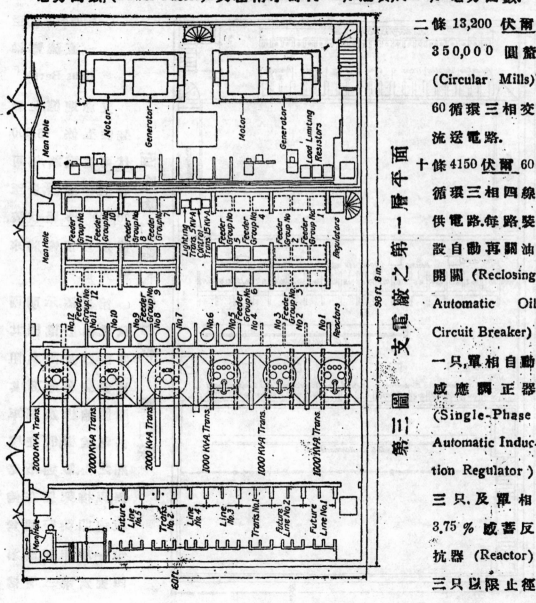

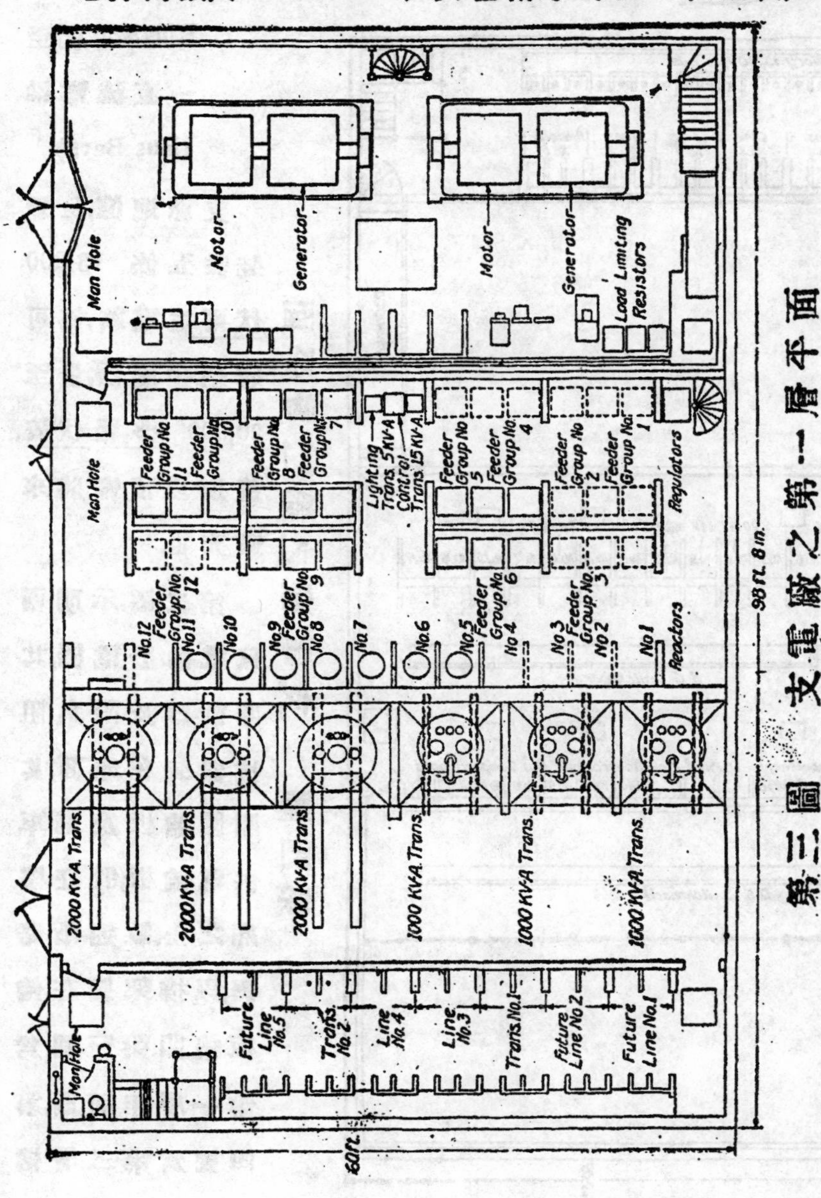

第三圖　支電廠之第一層平面

二條13,200伏爾350,000圓簾（Circular Mills）60循環三相交流送電路。

十條4150伏爾60循環三相四線供電路。每路裝設自動再關油開關（Reclosing Automatic Oil Circuit Breaker）一只，單相自動感應調正器（Single-Phase Automatic Induction Regulator）三只，及單相3.75%感蓄反抗器（Reactor）三只以限止徑

流(Short-Circuit Current)使不過油開關器之量也.

九條600伏爾電車供電路,每路裝有自動敏速斷路器(High-Speed Automatic Circuit Breaker)一只.其中六條之量爲1200安培,三條之量爲2000安培.

一只60蓄池,樣"E-5"80安培一鐘點,蓄電池組,接過柵形阻抗器(Grid-Type Rheostat)至一直流電梁(Bus Bars).

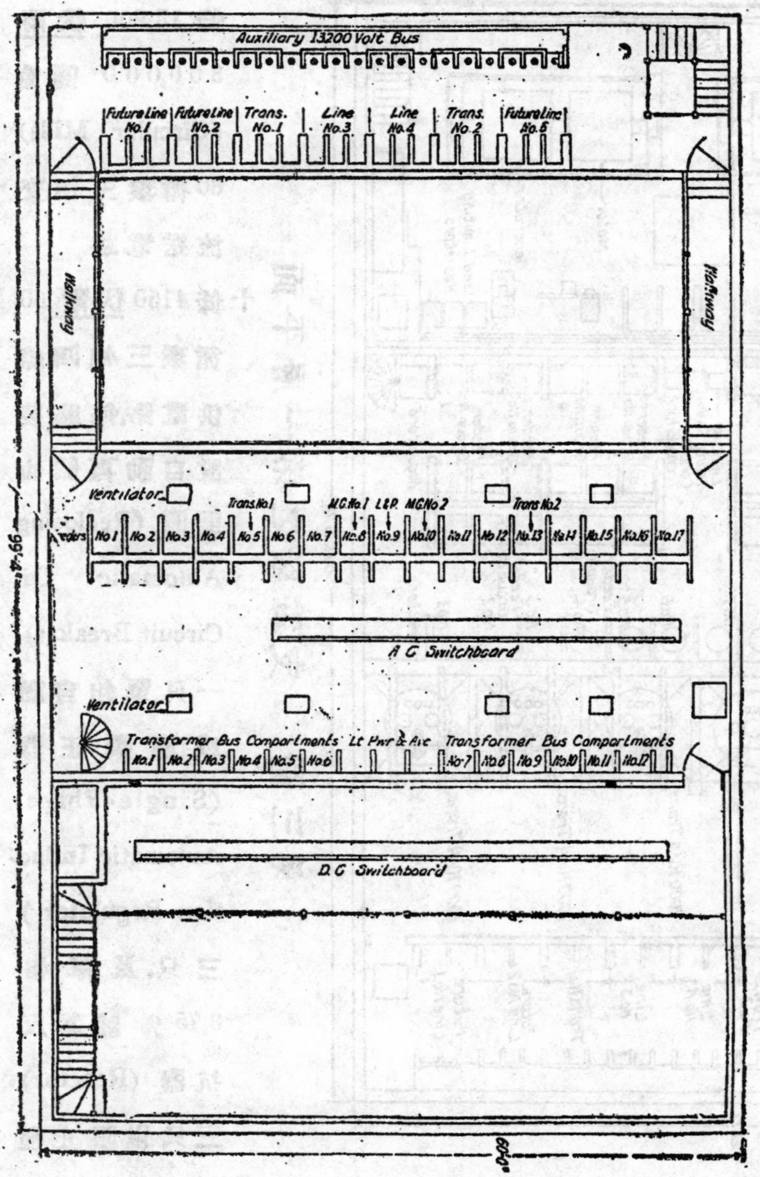

第四圖 支電廠之第二層平面

支廠地位,足以裝設五條 13,200 伏爾送電路,並可容納變壓器,量至20,000 啓羅伏安,蓋所以預備將來擴充也.

第二圖示明兩只電動發電機,其開動器及限負阻抗器裝在地面,其開關鑰板及電車供電鑰板,置在樓廂之上.敏速斷路器,以撐架裝在鑰板後閣.第三圖爲第一層平面圖,第四圖爲第二層樓

平面圖,第五圖爲支廠直切圖;廠中佈置,於此三圖中推尋索之,當能瞭然.

廠屋兩層,計闊60英尺,長100 英尺,高30英尺.屋分四間,一間裝置高壓器,一間裝置變壓器,一間裝置4150 伏爾供電器,尚有一間裝置電動發電機及直流鍵板.如此佈置,蓋便於建造運用也.

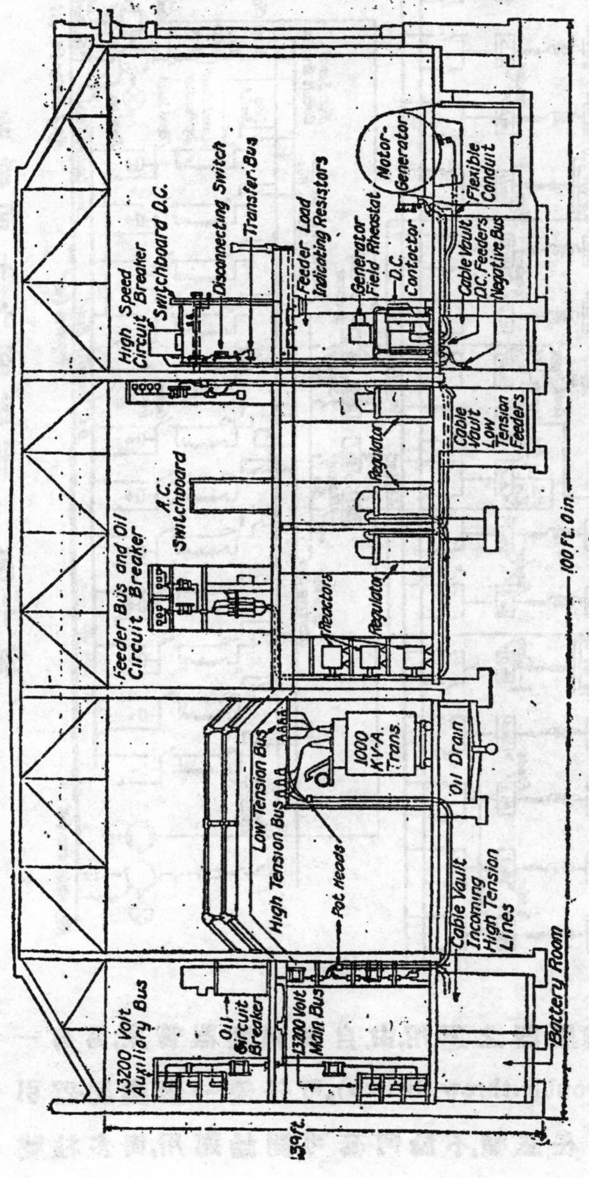

第五圖　支電廠之直切圖

支廠與電組體之連接電路,概由混凝土地坑引入.地下設地坑三只,分置13,200 伏爾送電路,4150 伏爾供電路及電車供電路.地坑各相間隔,藉以減少災患.

主要電路,可於第六圖見之.13,200 伏爾與4150 伏爾電梁,均重複設備,俾得連接簡易,修理便利也.兩只發電機,各有直流電梁一付,兩付電梁可以斷路器連接,但平時兩電梁之電壓不同.轉遷電梁(Transfer Bus),亦設兩付,一付備電燈電力供電路之用,其他一付備電車供電路之需.尚有一付1385 伏爾電梁,可與一套或兩套變壓器之支頭相連接,用以開動同步電動機也.

兩套變壓器之高壓低壓

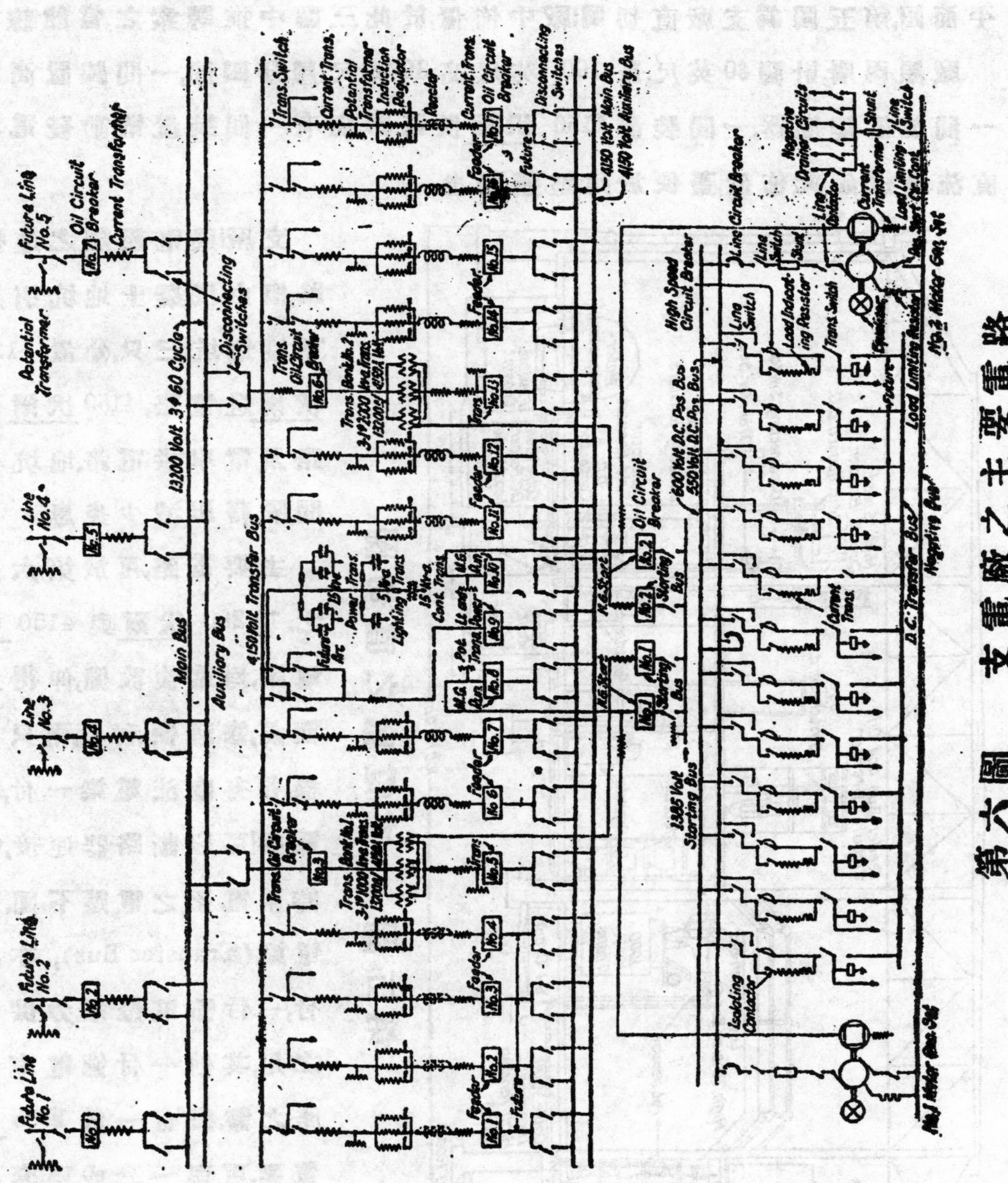

第六圖　支電廠之主要電路

兩邊，均相連接，故可歸並統運用。變壓器之運用，由自動開關器管束；另有一只多柱雙擲開關器(Multiple-Pole Double-throw Switch)，可任使一套變壓器引領，其他一套追踪。當兩套變壓器同在息職，不論何套可開始運用；與多柱雙擲開關器之位置,不相關涉.但當引領一套變壓器運用,倘負過其量,追踪一套,立即運用幫助.又當兩套同在供職,倘總負跌至引領一套器量百分之九十,追踪一套變壓器,即行停職.

兩套變壓器,另備保護機器,以防下列各種不測災患:

(1) 荷負過量;

(2) 捲繞 (Winding) 觸地或徑路;

(3) 捲繞過熱;

(4) 引領一套失誤;

(5) 多柱雙擲開關器之改向.

兩只電動發電機之運用,亦由自動開關器管束,且可任使其一引領其他追踪.一只發電機,平時發 500 伏爾之電,以供給電力至近方電車;而其他一機,平時發 600 伏爾之電,以供給電力至較遠電車.當兩機同時轉動,其電動機常並連運用.引領一機,以梁壓低落而開動;倘該機負至其量之百五十分,追踪一機即以接觸量流器 (Contact-Making Ammeter) 主使而開動.

電動發電機,備有自動保護機器甚多,以防各種災患.若過過負,發電機之串捲磁場,即行斷止,同時插入抗阻器於電路,以限止負荷.限負抗阻器兩只,各有熱度器保護,倘限負抗阻器過熱,熱度器即使該過負電機卸職.電動發電機之各種保護,可開列如下:

(1) 發電機衔觸地;

(2) 電力轉向;

(3) 發電機極性錯誤;

(4) 發電機失去磁場;

(5) 電動機捲繞觸地或徑路;

(6) 電動機失去磁場;

(7) 單相開動;

(8) 電動機捲繞過熱;

(9) 交流電壓過低;

(10) 速度過高;

(11) 開動未全;

(12) 軸負 (Bearings) 過熱.

送電路及供電路,皆備自動保護器. 13,200 伏爾送電路,以電力反向主動器 (Reverse-Power Relay) 保護之. 4150 伏爾供電路,其再關油開關器,各有開關主動器;若一路徑流,其開關器以主動器之運用而開,惟於五秒鐘之後自關,不成,過三十秒後再關,再不成,再過三分後再關,若再不成則從此禁鎖不再關,須待主動器以人工整正後,方能運用.電車供電路,其迅速斷路器,遂徑流而開,一俟徑流息止,即行自動關入;各路尚有一只溫度主動器,若過負持久然未及斷路器之定限,則賴該主動器以斷路,及熱度退消,該主動器又能自動關入斷路器.

於第一圖可見該支廠無窗眼.流通電動發電機之空氣,由屋頂百葉窗而入,先經過數片麻布,再經過一大空間,空間以屋頂及電動發電機室之天板構成;後經過一氣管,直通至下層通氣電風扇,裝在電動發電機之下,驅逐空氣過電動發電機而達正室.正室天板有孔洞,受熱空氣由此達天窗,再過數片麻布而出.

電動發電機室之牆裏,鑲附琴牌式麻板,于凸部釘住.牆壁與麻板相隔之空隙約二英寸,麻板外面,粉塗灰泥,厚至半英寸;電動發電機室之天板,亦如此構築,以避機聲外傳.出入門戶,僅有一扇,樣如冰箱之門.

電動發電機之裝置,各在一塊水泥基之上,該基高約七英尺,築在二英寸厚磚席之面,並以四英寸厚磚席,與正室地板相連接,蓋所以減少震動及聲音也.

變壓器及感應調正器之消熱空氣,自後牆百葉窗吸入,由屋頂通氣器而出.

該支電廠,自一九二四年春以來,供職未停.自動機器之運用,可稱完全滿意.

該支電廠詳情,曾登載于一九二五年第六期奇異雜誌 (General Electric Review, June 1925),作者爲公衆事業建造公司顧問電機工程師包蘭氏 (Mr. N. L. Pollard, Consulting Electrical Engineer). 此篇材料,多採自該文.此篇中照片圖畫之銅板,蒙奇異雜誌送給,特此鳴謝.作述此篇時,多承公衆事業建造公司顧問電機工程師包蘭氏及經理機電工程師史密士氏(Mr. W. R. Smith, Managing Electrical Engineer) 指教,謹誌之以表謝忱.

歐美都市最近之鋪石路法誌略

劉崇謹

中國市道,近日雖有修築之說,而車輛未改良以前,斷不宜用軟質材料,(如瀝青之類). 在南方山陵起伏之區,受石極易,故修築市道,自以鋪石爲最宜.舊時各城街道,多鋪石版,乃其先例.現時正可翻修,以資利用.今略述歐美鋪石路之近狀,以資借鑒.

市街建築,關於材料之選擇,及交通之情形,均須特別注意.美國則因交通車輛之故,故多用軟質材料,如瀝青路等;而或因地域關係,有不能不用他種材料者,如倉庫附近,碼頭,轉貨所等處,常多重載.而鐵輪車聚集之處,尤不得不鋪築石路.如舊金山市之鋪石路,約二十三萬平方公尺,占全面積百分之七十.波士頓市約二十二萬平方公尺,占全面積百分之二十一,而紐約之滿哈登區,認爲最宜於瀝青路之處,然尙不能缺少石路.復觀歐洲各市,其石路之多,實堪驚駭.此種鋪石路,雖以地方關係,有因必要而建築者;而或以經費關係,即在住宅商販等街道,亦多用之.

柏林市工程師雷布洛克(Leobroks)之言曰,大戰以前,樞要街道,悉屬碗瀝青,惟重載集聚之處,加鋪石路.自大戰以後,道路經費,竟不滿前此十分之一,因之石路增加,至與瀝青路相等.里昂市工程師沙呂曼(Chalumean)之言曰,戰後經費缺乏,不得已就市內舊路,加以沙礫,隨即鋪石.近日市內街道,石路占百分之九十,木路占百分之七,其他不過百分之三耳.

歐洲各都市之石路,多者常占百分之五六十,故石路在歐美各都市中,已成必需.其占各市街之大部,可一望而知之.茲略述各國鋪石路之構造法如下.

一.紐約 紐約市滿哈登區石路之建築,可分四期.第一期爲一八七〇年以前,第二期爲一八七〇年至一八九〇年,第三期爲一八九〇年至一九一〇年,第四期爲一九一〇年以後.第一期所用之石,爲六吋至九吋之正方形,大多爲花崗石.第二期約與第一期相同,惟石形稍小,約四五吋;其石質則多火成岩.第三期一八九〇年初期所用之石,長八吋至十二吋,幅三吋半至四吋半,厚七吋至八吋,所謂舊式鋪石法也.故一九一〇年以前之石路,極不一律;其厚亦無限制;路基極草率;路床亦不過三四吋厚之沙礫耳;夾縫寬度,竟有至七分;且因其路床不固,稍經歲月,遂生凸凹之形,夾縫損壞,全路遂毀.故一九一〇年之初,改用新式花崗石鋪道,其工程規範大略如下.

『鋪石須爲富於耐久性而且質料勻淨之花崗石.長七吋以上,十一吋以下,幅三吋半至四吋半,厚六吋,雖有增減,不得逾四分吋之一.鋪石上下兩面均爲長方形,兩端之厚亦須相等.鋪石之時,夾縫不得逾八分吋之一』.縫泥爲煤膠(tar),瀝青(Asphalt),及洗淨沙子之混合物.沙床厚一吋半以上.此與一九一〇年以前之沙床三四吋,夾沙縫四分吋之三者相較,則已改善多矣.據一九一〇年之規定,鋪石當厚四吋又四分吋之三至五吋又四分吋之一,夾縫八分吋之三.沙床厚一吋.至用於縫泥之淨沙,須經過八分之三吋之篩.煤膠與瀝青,概用熱裝法.此種鋪石法,非僅該區行之,別處都市,亦多用之.近日之規定,則爲長六吋以上十吋以下,幅三吋半至四吋半,厚四吋半至五吋半者.

一九一二年,曾用二種石路,卽花崗石鋪路,及特別花崗石鋪路.後者先築混凝土路基,鋪石時,亦有嚴密之規範,其路如下.

『石塊鋪設時,其夾縫應爲八分之三吋.路面須極平坦,不得顯四分之一以上之凹痕.石幅相差不得逾四分吋之一』.

『三和土路基,去路面約六吋.工竣時,不得顯四分吋之一以上之凹痕.路基上鋪沙床一層,厚約一吋.石塊鋪定以後,夾縫之下部,塡以乾沙,離路面三吋而止.其上更注入煤膠瀝青等之混合物,或僅注濕青亦可』.

以上之規範,於三和土基甚爲重要,至沙床之厚薄,則無嚴守規範之必要也.

一九一三年中,其構造無大變更.惟縫泥則改用熱沙,先與瀝青混和,然後注入夾縫.此法原爲英國所用,近則通行於美國,成績極佳.

至一九一四年,始公認細沙及純瀝青(Bitumen.)之混合物爲最好縫泥,遂定爲該定之標準.蓋因多年之經驗,用粗沙時,於工作上極不便利,改用細沙,較爲優良也,此外則沙床改用一·三之水泥沙可矣.

一九一四年以前,專用煤膠及瀝青之混合物爲縫泥,(加煤膠者,蓋爲防止低溫時之臘裂).其後煤膠之製法漸變,其成效不佳.故一九一五年以後,僅用瀝青.至一九一六年鋪道時,其縫泥悉改用瀝青及細沙之混合物矣.

自一九一四年以後,迄於近日,鋪石之工作法,大體當無變更,今述其規範如次.

一.石長六吋以上十吋以下,幅三吋五以上四吋五以下,厚四吋又四分之三以上五吋半以下.

二.軌道間所鋪之石,長不得逾十一吋半,厚不得逾五吋又四分之三.

三.當實行施工作時,當事者可於前所規定之限度內,擇定石幅,但就已擇定之尺寸,不得有四分之一吋以上之出入.

四.石之正反兩面,須爲均一之長方形.鋪設石塊時,夾縫不得逾八分吋之三.石塊對面路,不得顯四分之一吋以上之凸凹痕.

五.混凝土路基之上,常鋪厚一吋許之水泥沙一層.

六.當鋪石於沙床時,石塊當橫鋪,使與路線恰成直角.橫頭夾縫,亦不得相去太遠.同一列之石幅,相差不得逾四分之一吋.

七.鋪石以後,尙須築實.如或過低,當以鉗取出.稍加灰泥,然後放入,以求其平坦.

八.縫泥之配合爲瀝青六與沙四.沙當經過十孔篩.其中百分之八十五

爲經過二十孔篩者.當加熱混合之時,沙當在華氏三四十度之間,瀝青則當在華氏三百二十五度以上四百度以下,同入混和機和之.混合後先撒布於路面,然後注入夾縫,待其充溢,不復能入始止.

九.瀝青當合於以下之規範:

(1)質料均淨.(2)溶點在華氏一一五度以上一百三十度以下.(3)能溶解於四鹽化炭素中,且含百分之九八五以上之純瀝青(Bitumen)者.(4)當攝氏二十五度時,針入度在六十以上,一百以下.但施工以前,主任工程師,可就前定限度內,指定度數,雖偶有增減,不得逾十度以上.(5)彭漲度四十Cm以上.(6)蒸發量(五點鐘之內,當三二五度時),當在百分之三以下.殘滓之針入度,當在原質二分之一以上.

十.縫泥注妥後,路面須撒布淨沙一層.

二.紐約市滿哈登區之養路 爲欲減少石路音響之故,有主張用瀝青沙泥,塗布路面者.然此種方法,卒無大效.惟縫泥日久漸次磨耗,依交通狀况,於一定期之內,補充縫泥,以免損傷全體.因此路面常加瀝青沙,約厚四分之一吋,以碾壓機軋之,使得透入夾縫.惟施工之前,路面務須洗淨.夾縫中尤不容殘留餘滓.砂泥洗去後,當待其乾透,然後可施工作.用瀝青沙泥者,可五年一次,用河沙則須一年一度行之.

三.美國都市舊石路之翻修法 石路經年太久,易致磨損.一九〇九年,紐約試行翻修舊路,其後全國效法,施行遂廣.

凡一八九〇年以前之石路,均無混凝土基,只於地面添鋪沙床,徑行鋪石,故石厚有至七八吋者,因此可以利用原石,斷爲整塊,重行鋪設.一九〇九年時翻修者,先將原石拔出,橫斷爲二片.原石約長十二吋至十四吋,厚七八吋,今則改爲長六寸至八吋,幅三吋半至四吋半,厚五吋半至六吋半.原石長不滿尺者,概仍舊貫.

紐約托羅臣市之實例,則爲原石長九吋至十四吋,幅五六吋,厚七八吋,悉數改鑿爲長七吋至九吋,幅四吋至五吋,厚四吋至五吋之石塊,然後重鋪之.

又紐約阿爾巴尼市,則凡長不滿十吋者,不復鑿斷,仍用原石重鋪.其有長六吋以上,幅三吋半至四吋半,厚五吋至六吋者,則均鑿爲兩片,即以新斷面爲正面而鋪築之.至翻修路費,約當新建築費百分之五十至七十云.

此種舊石路,石塊之大小不一律,故舊石較小者,既不能鑿爲整塊,其不適於翻修,不言可知矣.

四.英國之石路　倫敦地方,於一八五〇年以前,多卵石路,即用天然卵石,滿布路上.至一八五〇年始用碎石瓦屑等硬材料,築爲路基,普通約厚九吋至十二吋.即交通最繁之街道,其厚亦不過十五吋.路基上常鋪沙床.然後再鋪石塊.石長無定度,以幅六吋厚九吋者爲最多.因此種石幅,其費甚小,而且耐久,故公認爲最良者.然究嫌石幅過大,非僅於馬匹有害,即運輸之力,亦因之減少.故其後漸加改正,六吋者改爲五吋或四吋,或竟有用三吋者,於是厚九吋幅三吋之石塊,價值增高,對於馬匹亦甚適宜.直至一八四〇年仍用之.茲將一八四八年倫敦近郊道路之種類及其面積,列表如左.

卵石路	一哩	石版路	十六哩半
幅六吋,五吋,四吋,之花崗石路	六哩餘	馬格當路	¼哩
幅三吋之鋪石路	三哩	鋪木路	¾哩

至是時幅三吋之花崗石路,日漸增多,蓋非僅於馬匹最安全,且車輛之損壞,音響之煩燥,皆可減少,而路面亦最平坦,爲當時所公認也.

今日倫敦各市,各種道路均有之.但於交通繁劇之區,所用之石,多厚六吋又四分之一至七吋又四分之一,幅三吋四分之一,長五吋至七吋者.其他則有三吋又四分之一之立方形者,有四吋之立方形者,有厚四吋幅四吋長六吋者.有厚三吋又四分之一,幅三吋又四分之一,長六吋又四分之一者.其尺寸極不一律.縫泥多用灰泥煤膠瀝青三種.各市中於一九二二年所鋪之石路,計十處,其構造略如左.(一)司迭弟列市 St. George Street. 路基爲三和土厚二吋.石厚四吋半幅三吋長七吋.縫泥用水泥或瀝青之二種. Upper East Smithfield 路基爲三和土厚三吋,石厚四吋半幅三吋長七吋.縫泥用水泥沙子. St. Cathrines Way 路基爲一.六之三和厚六吋.石厚四吋半幅七泥至四吋長七吋.縫泥用瀝青. Rhodeswell Road 路基爲三和土厚九寸.石厚五吋幅四吋長七吋.縫泥用水泥沙子. 商務街 路基爲三和土厚九吋.石厚四吋半幅三吋長七吋.縫泥用水泥沙子.(二)摩巴克拉司市 Mornington Road 路基爲水泥碎磚三和土.石幅五吋厚四吋.縫泥用水泥沙子. Chalk Farm Road 路基爲洋灰磚屑混凝土.石幅五吋厚四吋.縫泥用洋灰沙子.(三)遠別司市 Vauxhall Cross 石長四吋至六吋幅四吋厚五吋.縫泥用油滓沙子及粗沙. Wandsworth Road 石長六吋幅四吋.縫泥用油滓沙子及粗沙,或用水泥沙子. Albert Embankment 路基爲三和土厘九吋.石長五吋至六吋幅四吋.縫泥用油滓沙子及粗沙或用水泥沙子.

五.瑞士之石路　瑞士都市之石路,多就巳有之碎石路,加以修葺,以爲路基,更於其上,加鋪十五 Cm 至二十 Cm 之沙床.至築新路時,則先築碎石路基,厚十五 Cm 至二十 Cm.就路基上鋪十 Cm 至十五 Cm.之沙床,然後正式鋪石.玆將通常所用之尺度,記於下.

一.幅十四至十六 Cm、長二十至廿六 Cm 厚二十至廿四 Cm 石之各面不得有凸凹之處. 二.幅十四至十六 Cm 長二十至廿六 Cm 厚二十至廿四 Cm.幅之增減不得逾二分之一 Cm,底面凸凹之處不得逾一 Cm. 三.幅十至十二 Cm 長十六至廿 Cm.各面不得有凸凹之處.

六.奧大利之石路　巴達司特市石路,其石路約分爲三種.第一種爲十八 Cm 之立方形;第二種上下二面均爲十八 Cm 之平方形,厚十三至十四 Cm,第三種上面爲十八 Cm 之平方,下面當正面三分之二,厚十三至十四 Cm.石塊原爲縱鋪,與路線平行.其後以平行之夾縫易於損壞,故改爲斜鋪.縫泥多用水泥細厚,有時亦混入粗沙少許.路基如遇堅硬之地面,則鋪十 Cm 之碎石,以機輾之.如爲新築路線,則先鋪十五 Cm 沙礫以爲基礎.再於其上鋪六至八 Cm 之沙床,然後鋪石.

七.意大利之石路　意境產石極富,而工資亦低.昔日已多石路,今更有加無已.至所用石幅之大小,各市極不一致.羅馬市用十五 Cm 之立方石.其他都市如米蘭,拉阿利等處,則用幅四十 Cm 長五十 Cm 厚十五 Cm 者.此種石幅,較爲笨重,鋪築時應特別注意.其用之之故,則爲他日翻修之預備.通常於路基上先鋪沙床,卽撒水其上,以防石塊下壓,故使沙粒上浮.意大利各都市之鋪石路方法,均爲斜鋪,與其他各國不同.其理由蓋石與路線平行,則車輛往來,夾縫每易磨損,常生轍跡.今斜鋪之,則車輪與夾縫接觸之處甚少,而夾縫不易損壞矣.但石與路線成四十五度角,則鋪築時沿邊既須正三角形之石塊,所費石料,較常法必多.故米蘭市爲節省料費及時間計,改用 $\tan A=2$ 之角度,如是之鋪法,石料之耐久力亦較爲增加也.如下圖.

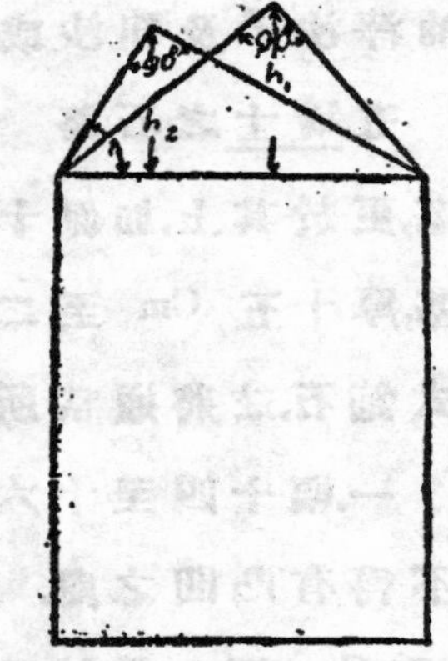

八.德國之石路　德國都市,通常鋪石之尺寸,厚自十四至二十一 Cm,幅自十至十八 Cm,路基連礬石碎石兩層共二十至三十 Cm,縫泥用水泥沙子時少,多以純瀝青充之.柏林市一九二三年九月修築之石路,所用之石,長十五 Cm,幅十五 Cm,厚二十 Cm.更以十五至二十 Cm 之礬石,平列爲基.其上再加碎石一層,厚十 Cm.市外則礬石層厚十 Cm,碎石層亦厚十 Cm.所鋪則爲十五 Cm 之立方石塊.

九.法國之石路　法之里昂市,石路極多,自交通繁劇之區,至小店閑巷之處止,無一非石路.該市築路之法,只就原有地面,用機輾壓後卽徑鋪沙床,厚約十五 Cm,沙粒之徑,限一 Cm 以下者,石則用長十四至十六 Cm,幅十二至十四 Cm,厚十四 Cm 者.市中所用,向爲花崗石.該市天氣無常,燥濕之度,相差過甚,故不宜於鋪木路.大戰前多瀝青塊路,戰後則多築石路云.

大上海建設芻議

黃炎

引言　無論何人,一聞上海之名詞,其心目中所存,必爲英法二租界.此無他,人人心目中以租界爲主體,以華界爲附屬品故也.夫租界以外之地,如是其廣,租界以外之人,如是其衆,而均在不足輕重之列,非至足驚異者乎.

一般西人之言曰,租界草創之始,不過一片荒涼地耳.經西人數十年之經營,而得今日之繁盛,乃者民氣日張,收回租界之聲浪日高,按之事實得毋類於垂涎租界之利,而思染指乎.如果熱心爲國,則中國幅員,若是其廣,何不力事經營,自建一最大之口岸.卽不然,何不於與租界毗連之華界,照樣辦理,同臻繁盛?斯言也,驟聞之殊無以應也.

然則租界之興盛,果爲少數西人之力所造成乎?吾知其大謬不然也.今日之租界,衆人之力所造成者也,中西人士所共同造成者也.且以吾國人所盡之力爲多.雖然,國人不盡其力以經營自主之城市而必盡力於租界,則又何故.滿淸時代,歸咎於官僚之腐敗,民國以來,委過於軍閥之昏庸.今者,靑天白日之旗,飛揚滬上,秉政諸公,均一時俊彥,而黨治所及之地,與辦市政,便利交通,早已成績卓著.推此而論,自今以後,上海之建設,必將勃興,使成世界最新式都市之一.至少亦必能剷除積弊,籌設新工,以一改從前萎靡不振,污穢滿途之局面.

行之匪艱,知之維艱,先總理中山先生之學說也.上海將來建設諸端,苟實心實力以爲之,無不迎刃可解.惟黨政施行伊始,對於地方利害,而尤關於技術諸問題,容或來遑考慮.作者不敏,竭其經驗觀察,著此芻議,以質當世.

現在所稱爲上海者,係指定閘北,租界,南市而言,此爲狹義的上海.本篇所論,乃合浦東浦西龍華吳淞而爲廣義的大上海,苟大上海之經營而奏效,則租界在包圍中.其商務之重心,四面分散,其存在與否,自可不成問題.今將各區論列於下.

南市　南市及龍華一帶之特勢,列舉於下,

(1)與城廂及法租界接壤,(2)有甚長之河岸,(3)有鉄道運輸之便利.因此,是區頗佔重要.城內原爲住居之區,而近年商務,亦甚可觀.現在空曠之地,可供將來發展者,在南車站及鉄道之西南向一帶.再西與法租界並行之一帶,苟適當發展,實爲最相宜之住居地段.

沿浦河岸,自法界起迄龍華港止.共計長二萬六千餘尺.下游一段,早已用作輪船碼頭,起卸貨物,異常擁擠.稍上則工廠林立,地無遺利.再上一長段,則多未闢.至日暉港口,滬杭路之貨棧在焉.

全區域,自龍華至南站鐵道橫貫其間.水陸二面,均稱便利,故南市之發達,勢所必至.新西區已開放馬路多條,現所亟宜興辦者,厥惟沿浦江自甯紹碼頭起,至龍華止,在各廠家之後面,增闢甚寬廣之馬路一條,再從此幹路,添出直達法界與城內廣寬大路數條.則區域內地及上段浦岸,自能逐漸發達矣.

自南市至閘北,除鐵路外,無直接可通之路.將來租界收回,自無問題.現今此步尚無端倪,則南北兩市之溝通,實有不容緩者.其中最易舉行者,莫如沿鐵路修造廣寬馬路一條,從龍華附近起,過徐家匯,梵王渡,麥根路,以至閘北.將滬閔長途汽車路與滬太長途汽車路接通.不獨南北政治區域,軍事運輸,往來無阻,即南北兩市與瀏河閔行間,亦可直達.鉄路之旁,原多隙地.利用而鋪築之,輕而易舉者也.且租界以西,馬路縱橫,主權日喪,均由自己怠惰不振之所致.將來租界無論存在與否,而今日必須有所舉行亦彰彰矣.

閘北　閘北之爲要區,無待贅言.南臨蘇州河,北有鉄道,運輸稱便,宜興工業.且與公共租界接連,商務亦盛.此區內部之改良,首推放寬道路,在蘇州河多建橋梁.此端早已爲地方人士所注意,而今之市北工巡捐局亦已顧慮及此矣.

閘北區域,可分爲鉄路以南與鉄路以北二段.路北之商務,遠遜路南.致此之故,因鉄路爲之梗,使往還大感不便.查現在穿過滬寧路之馬路,僅有二處,穿過滬淞路之馬路,以寶山路爲最要,其北尙有二三處.可通之路,如是缺少,故鉄道不啻鴻溝,使全區不通聲氣.且鐵路與馬路均屬平過,火車通行之時,馬路上車輛,立即停頓,擁擠不堪,此象尤以寶山路爲最甚.故鉄道之存在,固地方之利,今則反爲發展之障礙.救濟之方,厥惟於車站以西,新建旱橋三四處,務須在衝要之地,寬闊坦坡,汽車行人,均得往來無阻.再寶山路之交义處,亦宜改造,使鉄路在馬路上面通過,旣避危險,尤便行旅.

閘北區域內,馬路自來水電力三者,均遠不如南市.馬路之改建,路下陰溝與路面,當兼營並顧.自來水向取給於蘇州河,水質污濁,水量不足.於衛生與火險二端,均極有礙,今則新埋水管,取水黃浦,從依周塘剪淞橋引入.路途旣遠,工程浩大,當督促進行,早日竣事.電力夙向公共租界販賣,區內工廠林立,需電甚多,又將來通行電車,供給尤巨,籌設新式宏大之發電廠,亦屬不可緩者.

閘北北部,廣大無垠,儘可發展.導之向東,直達黃浦,實最合用,單向北方及沿鐵路發展,似非計之上者.是以沿租界東區界綫當廣闢馬路一條,直通河岸.再縱橫闢馬路數條,聯絡各要鎭如江灣吳淞引翔港等處以及現成之各路.上海商港,輪舶輻湊,已極壅塞,日後勢必向下游進展,則軍工路一帶自必成爲繁盛之區域矣.

浦東：浦東沿岸,深水之碼頭甚多,停泊輪船,較浦西反佔優勢.然不能曾盡用其利如浦西者,約有下列諸因:(1)上海市場在浦西.(2)浦東無市政機關(3)兩岸之間,無新式的交通方法.

浦東中部,對於市場,近在咫尺,而臨浦江,獨擅優勝,理宜繁盛發達,與上海並峙東西.今以江海關爲中心點,試繪三個圓圈,以一英里二英里三英里爲各圈之半徑,則浦東方面,在圓圈內者如下:

	河岸綫	地面
在一英里內者	8200尺	1750畝
„二„„„	1,9800尺	8000畝
„三„„„	3,3000尺	2,1700畝

浦東方面,在三英里內之河岸,幾盡利用,而地面之經發展為工商之用者,不過百分之十五耳.反觀浦西,則地無遺利,價昂無比矣.

浦東之接近市場金融中心,并有優深之河岸,實為工商業發展之如意地點.吾人於此,宜特別加意.果能措置得當,發達必甚迅速,前程正無限量.浦西所能興辦者,浦東亦能辦之.是以先總理中山先生之建國大綱中,亦有遷徙黃浦江,發展浦東之計劃焉.

欲謀建設,須分步驟.第一步於浦東區域設立健全之市政機關,使負切實規劃建設之責.然後細測地勢,繪為詳圖規定大綱,何處為工業區,何處為居住區,何者應先,何者應緩.按序漸進,逐年興辦,則事可成.

目前建設中所最要者,即道路之交通是已,故第二步即須着手於道路.從高昌廟對江和興鐵廠起,沿浦江而下,迄高橋港止.原有堤塘,以防水患.今當依其舊址,削直加寬,築為大路,以聯絡沿浦一帶之工廠碼頭,并貫通上南川與上川兩條已經通車之長途汽車路,呵成一氣.然後在浦東角上開闢縱橫馬路多條,使平地化為市廛.

第三步為籌設黃浦江中之交通.目下浦東與浦西間之往還,大公司自備小火輪,按時開行,以輸送各公司之人員顧客,他人亦得借乘,如是者十餘隻.黃浦輪渡公司每時有小輪開往浦東各碼頭.此外有班頭小輪開駛上海與東溝及高橋之間.除上述者外,則惟恃舢板渡船而已.建設之始,須在適要處如十六鋪一帶,設立輪渡.輪船不宜太小,如長十二丈,吃水六七尺者,亦可應用.輪上可容納多數之渡客,并汽車貨車等.輪數往來二隻;兩岸建造適當之碼頭,總計所費,不過十五萬元左右.每次過渡,可收渡費,以兩地現勢及班頭之生意推之,輪渡建設,不惟便民,且可獲利焉.

以上所言,爲急切可施行者,日後地方逐漸興隆,各項建設,隨時增加.浦江中之交通,輪渡一處不足,可增設之.再不足可造橋以通之.橋之費,在二百萬元以上.或穿隧道從黃浦底下通過之,隧之費,往來二路,計八百萬元以上.如再求發展,則將滬杭鐵路在龍華架橋直通浦東各處.如是則浦東之發達,當與浦西並駕齊驅矣.

吳淞　吳淞居黃浦江之出口處,河岸長而深,合于巨輪之停泊.後有淞滬鐵路,與滬寧滬杭通軌.以言交通地勢,均較上海爲優.然自光緒年間,開闢商埠以來,商務上毫無發展.吳淞江岸,仍不過爲小船停泊之所.往年張南通有吳淞商埠之組織,而未見成效.去歲孫傳芳有淞滬特別區之規劃,亦無所建白.名雖淞滬並稱,實則淞僅一不足重輕之鄉鎮而已.

然則吳淞一隅,果足以開築港口,發展經營以成爲工商繁盛之區域否,何以上海日臻興盛,至不能容足,而吳淞則蕭條零落全無生氣,此非地勢使然,實人力未盡也.按目下吳淞無市政,無棧房,無碼頭,又無其他公共用品,如自來水,煤氣,電話,電報等等.所以輪船入口,先經吳淞,以無各種供應及停泊處所之故,不得不直趨上海.向使吳淞有深廣之碼頭,以容巨舶,寬大之儲棧,以積貨物,并有各種新式器具,以便交通.則輪船何苦而必欲多勞往返,耗費時間,擔冒險阻而來上海乎.

六年以前,濬浦局鑒於上海商務日隆,從事推究,港務發展技術上各種可能方法:以爲吳淞一區,宜作爲東方大商港之基址.如何經營處理,皆有詳細之圖繪與方策.厥後聘請六國著名工程家,組技術委員會,以討論之.當有英之代表名樸滿者以吳淞離上海太遠,一旦發展,上海商務,首受影響.特建異議,謂將來商港,以租界附近爲佳.故將該局經數年籌備而成之各項計劃,悉行廢棄,而指定揚樹浦周家嘴以下,浦江中一片淺淤灘地,深不盈尺者,爲新港建設之基,其處心有不堪問者.

試思吳淞果闢爲商埠,建造種種近世大港所應有之設備.來滬輪船,必泊吳淞,斯時上海不將變爲古城,而彼英人之利益,不將大受打擊乎.

今者上海港內自周家嘴以至高昌廟,兩旁無隙地.商業日興,港內不能容,不得向外擴展.應時勢之所需,莫妙於開拓吳淞,使成輪埠,以助長上海大商港之發展.

設備進行,須預定程序,按步爲之.第一設立一市政商埠機關,負責建設一切事宜.次之將自砲台灣三夾水起至依週塘蘊淞橋止,一帶沿浦河岸,宜建深水碼頭者,一概收爲國有,或歸商埠機關節制.復次在砲台灣建造水深三丈以上之碼頭一座,同時能容洋海中最大之輪船二隻.岸上建貨棧房屋以及各種新式交通器,便舉行各項市政工程.海輪之來停泊者按噸按時以取費.此步辦竣,若干時後,按形勢之所需,設法推廣,一面市政交通工藝商場等相輔進行.如能經營合度,井井有條,數年之間,不難在揚子江旁建立一簇新之大市場,使今日之租界,降列於第二等之地位.

蘇州河 蘇州河爲上海通達內地之要道,故於上海各問題中,實佔相當之位置.近年以來,河身日就淤塞,船隻日益增多,以致河中航務,壅塞不通者,常歷數月以至十餘日不等,商務上所蒙之損失,不可數計.

蘇州河之管理權,絕不統一,江南水利局,滬北工巡捐局,租界工部局,海關理船廳,以及濬浦局,均有一部份之權力.管理者愈多,河務愈無頓理之望矣.

欲謀整頓,須確定一管理機關,一面規定保守與改善河道之路線,以求水流暢達,一面疏濬河底,以求航行之順利.

數載以還,河中亦嘗用機濬淤,由江南水利局主其事.惜其工程係局部的,而非通盤籌劃的,措置亦未盡合度,經費亦不充足,未能竟其功.

整理蘇州河方案,集中管理權於一機關一也.籌措可靠款項二也.聘任正直而有經驗之人才三也.購置挖泥機器,常年興工,使不壅塞四也.

試以馬路爲例;凡路上之車輛,均須捐照納費,以供修繕之所需.河中之船隻,猶夫車也,河之疏濬保養,猶夫路之修繕也.濬蘇州河而需巨欵,則河中往來直接蒙利之船隻,理宜負大部份之費用.果創設船捐以資工程,則其數當亦可觀.

上海港務　上海爲中外通商之口岸,爲遠東之門戶,其能成立繁盛,全賴黃浦江中之商港,足以容納海外之巨舶.上海租界,以不平等條約,而讓與外人治理,而上海所托命之上海港,則並未租給與任何國也.雖於辛丑城下之盟,載明吾國應負開濬黃浦之義務,然仍爲吾國主權範圍以內者也.爲今之計,亟宜乘自由意志行使主權,以從事港政之設施.至於如何進行,如何更張,則頭緒紛繁,非本篇所能容.且以作者地位與職務所關,直言不無所牴觸.如有討論,請俟異日.

以上各節,不過就目下情形,可立即舉辦者,舉而出之,作爲建設之起點,非謂大上海之規劃,如是而已也.

商榷電機工程譯名問題

孔祥鵝

譯名是最難的一件事,尤其是譯新發明的事物;因爲新名辭因有新發明而產生,卽外國原造的名辭,讀着且覺生硬,不消說,用中文新譯過去,更不知要怎麽費解了.

電機工程的書,在中國還是寥若晨星,不是社會不需要這一類的書,原是編譯的人太少了.作者和幾個朋友,幾次動議,要編幾種通俗的,社會需要的電機工程書,無奈一動筆便感覺一個極大的困難,就是沒有相當的中文名,可以代表外國文的名稱;因此也便幾次中輟了.

辭最近作者試譯了幾個電工名辭,並且也指出幾條譯名原理;願和國內外學者,商榷商榷.

譯學名比不得譯人名地名;因爲一個學名,不但代表某種意義的自身,同時也和他個名辭有學理上的關連.所以譯學名時,不要單對單的直譯,務必和牠有關係的他種名辭,同時並譯.我相信最近中國科學社美洲分社編譯英漢物理學名詞一書,是不可多得的善本,而且也是我們所亟需要的.有幾個電學名辭,似乎是單對單的翻譯了—— 讀者不要誤會,我特意指摘人家的錯;我是極不贊成吹毛求疵的:這裏不過是借來,以便說明.例如 Electrical resistance 譯作電抵抗(見四十七頁), Reactance 譯作感蓄反抗,(見四十六頁), Impedance 譯作變流抵抗,(見廿八頁).我極贊成『感蓄反抗』這個名辭,因爲『感』字含有感應的意義,『蓄』字含有電蓄的意義,而『反抗』二字恰可代表英文字 Reactance 一字.不過一經聯想這三個名辭的相互關係,便覺似乎可以稍爲變通一下.作者擬採用下邊的譯名:—(1)電阻代表 Resistance. (2)電抗代表 Reactance. (3)電阻抗代表 Impedance.

上列三個名辭,在學理上的關係,可以下列數式表明牠:—

$$電阻抗=\sqrt{(電阻)^2+(電抗)^2}$$

電抗(reactance)含有兩種成分;一個是Capacity reactance,可以譯作『電蓄抗』;他個是Inductive reactance,可以譯作『電感抗』或『電誘抗』.假設我們用中文說明這兩道定律,可以說,電阻抵自乘,等於電阻自乘加電抗自乘.又電抗分兩種;一種是電蓄抗,他種是電誘抗.此外,在變流電工程還有幾個和上述相仿的關係的新名辭,自然也不難照這個原理譯出.這裏因限於篇幅,不能備載了.

Radio這個字在美國幾乎儘人皆曉了,可是在中國還不曾有適合的譯名.一般人把牠譯作『無綫電』;我不很贊成這種譯名.起初無綫電術,剛產生的時候,英國人用Wireless一字代表牠,德國人用Drahtloss,美國人偏喜歡用Radio這個字.到現在美國變成世界第一個強國,無綫電事業,亦佔首席,以故Radio一字,在德英及其他各國,也漸廣行了.事實上兩個字是代表一件事物.不過為便利起見,我們應當找出一個相當的譯名,好和無綫電分示區別.作者起初用譯音法,把Radio譯作『銳遞物』.後來兼用譯意法,而作『銳電』.銳字國音,恰合前兩字母的拼音,電字譯意,也帶些譯音.更用『銳電物』三字代表普通民間所用的Radio set.作者相信,如果我們肯採用這個譯名,那麼譯電工書的時,便容易的多了.下是幾個新譯法的好例.(1)Wireless無綫電.(2)Radio銳電.(3)Radio communication 銳電交通.(4)Radio receiving set. 銳電收信器或銳電物.(5)Radio wave 銳電波.(6)Radio broadcasting Station銳電廣播局.(7)Radio frequency銳電週期率或頻率.(8)Radio telephone 銳電話.(9)Radio telegraphy 銳電報術.(10)Radio communication law or law of radio regulation 銳電交通律或銳電管理法.

照此類推,隨便什麼處所,我們可以照這樣翻譯,一則是意音兼譯,容易記,容易讀;二則和無綫電一辭,劃出區別.

Carrier current 也是近幾年來產生的新名辭,在美國已漸遍普的實用起這種電流了;可是在中文還不曾看見過牠的譯名.作者用譯意法,把牠叫做『疊流』,或『疊電流』或倒稱『疊流電』.做詩有所謂疊韻疊句之類,分明是示表重疊的意思.比如在一副電路上,已經有一電流通過,同時又有一種電流,也從那副電路前進;分明是重疊的了.把牠叫做『疊流電』,似乎沒有什麼大謬的地方.照原理我們譯名辭時,要採容易寫的字,這疊字共有廿三劃,要等於寫四個單字的時間,很覺有些不方便.假如採用俗寫,『叠』字,便可減至十四劃,也似乎不太費時了.

把這個譯名作根,又可以產生幾個新譯名,有如下列:—(1)Carrier current telephone 叠流電話.(2)Carrier current telegraphy 叠流電報.(3)Carrier current frequency 叠流電頻.(4)Carrier current wave length 叠流電波長.

照此類推,隨便在任何書報,遇到這個名辭和牠的聯合字,都不難翻譯的了.

Telephotography 一字,有兩種不同的意義;一個是指遠距離照像術,例如攝取火山噴發的影,是應用望遠鏡式的鏡頭,攝取遠方的景物;他個是指用電力傳送照像或圖畫,從甲地到乙地去.有時有人寫作 Phototelegraphy 的.雖然英美兩國人,時常把牠用混了,依作者的意思,是應當分別使用的.牠的譯名和用法如下:—

1. Telephotography;遠距攝影術;指特製的一種鏡頭,用以攝取遠處的景物.

2. Phototelegraphy;電傳像術,或傳像術,或電像術;是指用某種機器及電流,把像片從甲地傳到乙地,時間要快,且需保持原形.*

作者編有電傳像與電傳影一書,現已草就,不久即可脫稿,托國內書局印行.

此外,如英文 Television, 德文 Telesehen 可以譯作電傳影,或電傳活影,或電傳動影;簡稱可以用『電景』二字,所以別於電影一辭.電傳像,簡稱可用『電像』二字,正如電傳說話,我們叫做『電話』,電傳符號,我們叫做『電報』,都是為便利起見的.

關於譯人名地名,我主張凡有可能性的,都使牠中國化了.正如同時髦人物,要添一個外國式的名子,在原有中國姓名之前;無非是為便利起見.我們知道外國人強記中國人姓名,是極感困難的,假使添一個外國原有的人名,他們便覺容易記憶並稱呼了.我們強記譯成中文的人名地名,是極費力的;假如使牠中國化了,便容易的多了.為證明起見,隨便舉幾個例.

試翻商務出版的外國人名地名表,第二一六頁,用盧森堡譯 Luxemburg,何等容易記憶,照死的譯法,是盧森不爾厄,便難記了.又如同頁 Luttringhausen 譯作『呂特靈豪禮』,極覺不容易讀出.不過是舉例說明;其實那本書,是每個譯書的人都應當參考的.

譯人名亦是如此.譯美總統 Coolidge 為顧理治,是何等冠冕堂皇,假如譯作『庫勒及』便覺欠妥,若譯作『苦力極』更嫌不鄭重了.

對於譯名問題,作者主張應根據下列數項原理:—

(一) 譯學名不可祇照一個字單譯,要顧到牠和其他學名的關係,使各個譯名,於文字間表示牠們的連貫.

(二) 譯學名最好用音意兼譯法,即使稍微在發音上有些勉強,也不妨事.

(三) 在不能實用第二項時,只好譯音或譯意法.

(四) 凡譯外國人音人名地名,除已習見者外,都可以使牠中國化了;換句話說,就是使牠變成中國式的人名地名.

(五) 外國地名,凡有譯意的可能者,不必用譯法.如 Green Hill, 可譯作『青山』或『綠邱』;不必譯作『格靈喜爾』.

(六) 譯名用字要雅;含有粗俗的字眼,務宜避去.

(七) 譯學名,要使牠容易理會,可以從字面上推解牠的意義.譯人名地名,要使牠容易發音,記憶,並書寫.

上述七項,似乎是每個譯者都要留意的;因爲果眞每個名譯都能照上列原理譯出,將來用中國文字著科學書,便不是一件困難的事了.當否,尙須有待於學者的數正.

十五年,九月十四號,在美國普渡大學院.

MATERIAL TESTING LABORATORIES IN CHINA

By JAMESON Y. CHANG (張延祥)

The first step to develop the natural resources of China is to find out the specific properties of the various raw materials according to recognized standards. China has abundant coal supply, but people have little idea of the calorific power of the various grades. This handicaps the operation of the boiler plant, and gives opportunity to unfair competition of the inferior quality. China has timbers, but engineers are afraid to specify them in their design and construction work, for they do not know the tensile and compressive strengths of these materials. The products of a number of modern factories and mills in China are comparable with the imported foreign articles, yet people do not have confidence in them for lack of unbiased testimonials and tests. For these and other reasons, Material Testing Laboratories come into urgent demand in the present day of China.

In foreign countries, such work being far in advance, is supported by the Governments and public institutions. In United States, there are the Bureau of Standards, the American Society of Testing Materials; in Great Britain, the National Physical Laboratory, the British Engineering Standardization Association; etc. Here we have none of such organizations on a national basis, except the project put forward by the Chinese Engineering Society, which is the most prominent engineering organization in China, at present with over 800 full members, wholly Chinese.

Seeing the urgent need of such an establishment to test the native products by modern methods, the Chinese Engineering Society, in 1924, organized a Material Testing Committee with Mr. H. H. Ling, President of Nanyang University, Shanghai, as chairman, and Mr. S. C. Hsu, President of Chekiang Institute of Technology, Hangchow, as Vice-chairman. Through the co-operation of the said Society with these two techanical institutions a great record has been achieved. The following is part of the work done by them up to November, 1926:—

Tested for	Material Tested
Ho Shun Steel Works, Pootung, Shanghai;	Corrugated Steel Bars.
Yui Hwa Development Co., Tung-ta, Kiangsu;	Brick, Sand and Cement.
Lee Noong Brick & Kiln Works, Wusih;	Red Building Bricks.
Shanghai Municipal Council, Shanghai;	Corrugated Steel Bars and Plain Bars

Y. C. Lu, Architects, Shanghai; Granite, Cement, Stones, Sand and Corrugated Steel Bars for the construction of Dr. Sun Yat-sen's tomb.

Yee Tuck Kee, Brick Works, Shanghai; Cinder Concrete Bricks.

Shen Mei Lumber Co., Shanghai; Railway Sleepers.

C. Chuang, Architects, Shanghai; Corrugated Steel Bars for the Building of Kinching Bank, on Kiangse Road, Shanghai.

Standard Oil Co. of New York, Shanghai; Soldering Materials.

China Portland Cement Co., Ltd., Shanghai; Cement.

Yao Sing Kee, Contractor, Shanghai; Steel Bars.

Wei Shen Silk Filatures, Kaishing, Chekiang; Coal and Water.

Wu Shing Electric Power Station, Wu-chow, Chekiang; Crude Oil.

Chun Foo Silk Filature, Shanghai; Waste Water and its improvements.

Chinese National Engineering & Manufacturing Co., Ltd., Shanghai; Electric Motor and Transformer.

Kitchen Radio Co., Shanghai; Crystal Radio Receiver Set.

The Hangchow Tannery, Ltd., Hangchow, Leather.

The most interesting pieces of work seen from the record are the corrugated steel bars tested for the Shanghai Municipal Council, and the soldering material for the Standard Oil Co. of New York, which prove the fact that a well-equipped testing laboratory is very useful for both foreigners and Chinese. Here, we have in Shanghai, chemical laboratories run by foreigners on business basis, but their work is limited to the chemical analysis, and can not meet the demand for mechanical and electrical testings. The Public Health Department of the Shanghai Municipal Council, and the Public Works Department, have done some testing work for clients in their laboratories, but the field is very narrow. What we need is an adequate laboratory along all of the engineering lines; viz, civil, mechanical, electrical, chemical, and matellurgical testing, for the benefit of the community at large, not for clients only. Therefore the Chinese Engineering Society proposes to do research work besides the commercial testing in their own laboratory when completed.

Industrial research will improve the industries of the country; for by testing only, not by propaganda work, that the quality is known. I select the following three examples which may be of interest to all industries, as representatives of the Chinese own-made products.

(1) Corrugated Steel Bar for Re-inforced concrete, rolled by the Ho Shen Steel Works, Pootung, Shanghai.

Ultimate tensile Strength 60360 lbs. per sq. in.

Modulas of Elasticity	29,800,000 lb. per sq. in.
Elastic limit	42774 lbs. per sq. in.
Elongation in 8"	29.1 %
Cross Section Reduction	70.2 %
Cold Bending Testing	Bent 180,° without Brick :ng,
Bond Stress	332 lbs. per sq. in.

(2) Red Brick manufactured by the Lee Noong Brick & Kiln Works, North Gate, Wusih, Kiangsu.

Absorption	14.4 %
Compression strength	2137 lbs. per sq. in.
Flexure Stress	570 "

Classified as the "Medium Brick" according to the A. S. M. T. Standards.

(3) Electric Motor and Transformer manufactured by the Chinese National Engineering & Manufacturing Co., Ltd., Shanghai.

10 H. P., three phase squirrel cage type induction motor, 350 volts, 50 cycle, 4 poles, protected type enclosure:—

Efficiency full load	85.4 %
Starting Torque to full Load Torque	2.12
Maximum Torque to Full Load Torque	3.28
Slip at full load	4.0%
Starting Current to Full Load Current	3.04

5 K. V. A. Single Phase Transformer, Oil immersed, self-cooled type 50 cycles.

Voltage Regulation	2.73 %
Efficiency at full load	96.5 %

Realizing the importance of industrial researches, attempts have been made by some public and private organizations in China to establish laboratories for such work. The State Government of Szechuen, the province in West China rich in her mineral resources, established a Szechuen Industrial Laboratory in Chengtu in 1914 undertaking mining survey and ore analysis. Record of this Loboratory has been published in the **Chinese Economic Bulletin**, of June 19th., 1926 and it is not necessary to dwell any further here except to mention the fact that it is very difficult for them to carry on their work on account of limited funds and lack of equipment. Mineral analysis had also been undertaken by the laboratory of the Nan Kai College, Tientsin, but they had to discontinue the work in 1926 owing to their Mining Course being suspended for one reason or other.

The writer has visited the laboratories of several Cement Mills at Tongshan, Nanking, Hupeh, and Shanghai, and that of the Pacific Alkali Co. at Tangku. Tientsin, but regret to say that most manufacturing concerns do not consider the problem of testing and research seriously at present.

The Material Testing Laboratory of the Chinese Engineering Society that I am referring to here has different aims from the Research Laboratory of a big industrial concern, nor is it the same as a state laboratory whose activities are usually limited to one province only. This has already aroused widespread interest among both foreign and Chinese circles. Many Chinese firms have pledged to contribute cement, bricks, steel bars, electrical machinery and cash money. Dr. Werner Amsler, the famous Swiss Testing Machine specialist, of J. Amsler & Co., has donoted a 30-kg. Impact Testing Machine for the proposed laboratory to be built in Shanghai. The Society is now actively compaigning for $50,000 for this scheme, and they will be pleased to receive suggestions and contributions from the public. (Office at 43B, Kiangse Road, Shanghai, with Mr. H. S. Lee of the S. N. & S. H. N. Railways, 257 Range Road, as President, (1926-27) It is the hope of the writer that more such laboratories should be established in the country as one cannot accomplish much in a vast country.

本會對於我國工程出版事業所負之責任

陳　章

我國出版事業，素不發達，要以工程界爲尤甚。推其故，泰半由於工程事業之衰微，工程人材之寡少，要亦由我工程界人士放棄其重大責任，爲最大原因。本會爲我國工程界最大之結合，人數達七八百，包含國內外工程學子，誠爲國內有數之團體。近年以來，對於建築會所，創設材料試驗所等事，進行不遺餘力，雖尚未收效，而成功可期，不可謂非此紛亂時代之大好現象。然則對於工程出版事業，本會究應負若何之責任，確爲本會所亟宜起而研究者，此乃章本文之所命意，而欲與全體會員鄭重商榷者也。

論者或謂工程出版事業，條理紛繁，措辦匪易。際此本會經濟竭蹶，會所未成，基礎未固之時，尙談不及此。而章則以爲出版事業，固端賴各會員個人，而本會實負提倡與協助之責。依本會現時狀況，可以盡力者，至少有下列三端焉：—

一則速審定工程學譯名統一標準，以便出版家有所遵循也。譯名不統一，最爲編譯者所苦，而審定標準，在工程界最爲急務，已爲吾人所共見，無待贅論。本會既爲國內工程界團體之巨擘，則責無旁貸，彰彰明甚。幸承本會前屆職員之先見，已從事於此；設立審查會，期於最短時期內竣事。審查會諸員，類皆工程前輩飽學熱心之士，必能早日饜本會員之望。惟章不揣感陋，敢爲此略述意見，俾委員諸君之採納，及同人之商榷焉。審查科學名詞，我國辦之多年，迄未畢事；迂緩之咎難辭。工程名詞審訂之聲，洋溢於國內者，亦非一日，若遷延迂緩，重蹈他人之覆轍，則我工程編譯者，仍無所遵循；而我工程出版品凌亂紛雜，益無底止。工程名詞一日不統一，則工程出版界發達之阻礙，一日不除。我委員諸君，類多羈於公私，未能儘時犧牲，自屬常理。惟希望於可能範圍以內,於最短時期中,完畢全稿.此其一.我國文字不適用於科學,無可諱言.惟決不可因此廢除國文.故如何將我國文使適合於科學工程之用,為當代學者之大任.譯名之法,最好譯意.次為譯音.然或音意兩難,則用相近之字以代之;或竟造新字以用.蓋譯名貴在統一,即稍有不切,無妨大體.外國科學名詞頗多不切者,新字之建造,隨新物而漸增.一經通用,無復問題.且工程名詞之一部份,與科學名詞相異,已審定者大可採用,免有複雜淩亂之弊.故工程名詞,不必拘泥,但求統一,以收實效.此其二.工程名詞,一旦審定,宜交國內大書局,如商務或中華者,印一工程名詞審定標準字典,頒行全國,以資遵守;每五年增訂再版一次,以便新名詞之加入,與舊名詞之改訂.故印行工程名詞之大詞典,亦不容緩.此其三.凡此種種,想多為委員諸君子鑒及,本不容章之嘵嘵,徒根於責備賢者之意,當不以妄論為忤也.

二則全體會員宜竭全力以維持季報之刊行,而兼謀日後擴充與增添也.本會所辦季刊,為國內工程界不可多得之刊物,凡為會員均有愛護與協助之責.辦理二年,雖經主其事者,慘淡經營,成績斐然.徒以經費之拮据,稿件之罕少,尚不能與其他刊物相頡頏.推原其故,會員對之缺乏興趣,亦一大原因.設吾會員之能文者,能每期或二期,投稿一次,則季刊稿件,無虞竭蹶.且季刊為日相去太久,影響於社會信仰,與工程界及本會前途宣傳,為害不小.稿件一多,改為月刊,亦至易事.且工程範圍綦廣,粗分之可五六種,細分之十數種而不止.將來事業發達,稿件繁多,實非一刊所能容納.故將來彙刊必須各門分立,又為必然之趨勢.其他會務特刊,視會務之忙閒而定期刊行.事雖較小,而亦非會員之合作不為功.此外如經濟一項,凡我會員,能於所服務機關及各該地之學校圖書館及個人,設法勸之定閱,銷數必能激增,收入自豐.銷數既增,廣告易招,收入更多.除去印刷發行所費,餘款可為潤稿之用.是經濟豐而稿件亦不虞缺乏矣.總言之,季刊事雖小,而為吾會員唯一之出版品,宜如何珍惜之.深望吾同人注意及之三則本會亟宜設立編輯工程叢書委員會,提倡與協助會員之編譯,以植我國工程學術獨立之基本也.我國工程科學,完全應用外國文字,爲世界文明各國所無.大學專門學校之教授科學工程,盡用外國文字,固無論矣.甚至於中學及各種同等學校,教授基本科學,莫不以外國文.以致學子之研究科學者,先忙迫於外國文字之運用,反無餘力以探搜科學眞理.其不進學校之平民,雖對於科學興趣,求知甚切,更無由以進.故日言提倡科學教育,而人民之對於科學,茫然無知者如故.救此弊端,惟有趕編科學工程叢書.先重事於根本,後推及高深.此種責任,純粹科學家,不能推諉.而吾儕號稱實用科學之工程界,又焉能放棄.本會在美同人,有鑒於此,當由陳君廣沅,首先發起本會作大規模之編輯工程叢書運動.當時贊成共十人,章亦附驥於內.該案內容,爲本會設立一編輯工程叢書委員會.主任敦請會員擔任編輯,及印刷發行之事.委員中各分任一科,以專責任.編輯步序則分二種.一則由委員會提出書名種類,請人編輯.一則由編者心得所在,自由編輯.書成則交大書局印行,合作辦理.誠以編輯叢書,事在各個人,而本會實負提倡協助之責.且此事重大,非鹵莽草率所能就,不期速成,但求漸進.編輯固有待於名詞之審定,而亦未可以名詞之不審定,遂遲於編輯.蓋名詞一定,前此出版之書,可於再版時更訂之,絕無困難.委員會之設立,不致加本會經濟之負擔.本會人才濟濟,若能誠意合作,必有成效.此本案之大意也.該案去年卽過通於美分會之董事會.中間因事延擱,始於本年秋章還國之便,將全案面交新會長李君.李君當允在下屆董事會,提出討論.想此文發表之時,董事會或有贊否之表示.此案如已通過,則我全會同人,不乏學識兼富之士,必能通力合作,爲本會前途發一線曙光,爲我國工程界樹一不拔之業.萬一竟遭否決,則吾會員之熱心於此事者,仍不妨由個人名義,毅力進行.雖無學會之提倡與指導,若能行之不輟,亦必有效.況議案卽遭否決,或關於時期之尙未成熟,則安知不能行之於他日.事在人爲,章不敏,願與同人共勉之.　十六年一月十七日稿

新中國無線電工程建設芻議

倪尚達

當此百廢待舉萬象更新之際,無線電工程之亟宜提倡,實刻不容緩.茲就管見所及,對新中國無線電工程建設,敢供芻議於後,與國人商榷之.

(一)廢除一切專售專建權之種種秘約　鴉片戰敗後,我國人受帝國主義之侵略,而困頓於不平等條約中,如水之深,如火之熱者,垂數十年矣.無線電本為新事業,倘執事者,早有卓見,決不至私訂美人專售,及日人專辦之約,而束縛其發達也.日美紛爭於前,各國奪辦於後.一台之建,必餌與借款.一器之售,必估以重價.其他儀器不合時,運用不靈便,猶其餘事.或曰北京雙橋無線電台,竣工經年,仍不能照原定電能通報.噫是何言耶?倘我國而無無線電建築權之秘約也,設計估價,均可聽各國無線電製造廠,自由投標.國家聘任專門人材.別其新舊,度其標準,而取捨之.他國人安從止限,安從顧問.初則到廠監製,繼則驗過接收,而後照標價全償之.嘗觀日人之向美國西屋公司訂購如「開田開衰」式樣之無線電佈音機也,特派專門技師到廠監視者二人.不特得訂購者之圖樣為標準,且索其餘各台之圖樣而參證之.其他運用時之參觀,裝置時之疑問,一若有特許權,毫無困難.噫民間造屋,尚須投標.況無線電為國家通訊大事業,而可任人支配乎.故不曰無線電工程建設則已,苟曰建設,當自廢除一切專售專建權之種種秘約始.

(二)無線電事業當歸國辦　吾國無線電報局,經交通部興辦管理,已垂卅餘年.故對於無線電報局國辦之說,無容置議.惟記者所謂國辦云者,指一切無線電事業,而最近無線電佈音亦包括焉.無線電佈音開始上海,奉天廣州等地次第倣行.奉廣二地,佈音台之辦法若何,未見有確切之記載與報告,故不詳其究竟.滬濱為餬口地,寄居經年,察其紊亂情形,時有無窮之憾.查滬上佈音台,佈送波長,照公例而差十米突者固多,而相差僅在三四米突者亦有.其他非職業無線電佈音台之試驗,無波長規律,任意施行.附近無線電報機大都採用電隙式,擾亂甚大.且滬上流行之無線電收音機以阿氏單管再生式爲最多數,其選度固不高.在此波長紊亂之空氣中,欲接收完全無擾之佈音節目,除於特別時間及優良接收機不計外,恐難如登天.夫奏器成樂貴於有節.即以有節之二調,雜出爲音浪,其紛擾不足以娛人,與噪音等.故曰以上各題不先行解決,而圖無線電佈音之發達,乃南轅而北轍也.解决之方,可參酌英國國立無線電佈音公司辦法,由政府設立專局,釐訂規律,管理而實施之.凡已設立佈音台估價收回.未建而似必須者,由政府次第興辦.波長可自一百米突起五百米突止.百米突以下,規定爲非職業無線電學者試驗之用.非職業無線電學會,亦可由政府督促組織.學者試驗當經學會保證,政府許可,未便隨意施行.辦法若此,非謂限止人民研究學術自由.而阻無線電充分發展也.要知自由云者,乃羣己權限之義.無線電爲宇宙間最自由之能力,不加止限必將自由無紀而肇紊亂.况列觀英國無線電發達之往史,得力於非職業無線電學會員之研究者固多,而最大効率尤收於學會與政府間之充分聯絡.今也學者研究,先有學會保證書,又具政府許可狀,斑斑可考,燭照靡遺.成績卓著而可効力國家者,不患無進身之階.政府須要,而擬借重於學會會員者,可一召即來.彼此呼應誰不曰如臂之使指哉?其他機件之零售,收音機之販賣,均須由政府設肆經營.每收音機一具按其收音距離之長短,而釐訂應納年稅之大小.可自一元起至十元止.此項稅額充作國立無線電台經費.凡人民樂於收音而購零件裝製者,以一具或二具爲限,杜絕私製私販之弊.國人或國外人設立無線電機件零售店,應一一收歸國辦,俾價格劃一,欺詐無從.國外無線電製造廠之經理公司,可由國立機關直接承辦.教育機關,或學會會員,購器研究,取價從廉,藉以補助而滋提倡.蓋當此國無定紀,外貨充斥之際.七瓦特又半之三極管,索價念五元.點零二二五之高壓定量積夥器,非國幣十二圓不售.甚至一釘一鉚,各種小件,無一不抬高奇價而估.故人民視無線電收發音機爲貴族玩具,即欲欣賞,因荷而阻.不特此也.昔在軍閥懸禁酷律之下.外人有私運權,販賣權,而國人獨無.國外學生間有帶收音機返鄉者,關員見之,必爲沒收.即學校購置少數機件,手續繁多,周折難堪.偶一不愼,非藉口延擱,即托故充公.故嘗謂同志曰,處此時局高談研究,鼓吹提倡,無異戴盆望天而已.更有進者,無線電台之建設,爲獨立國家專有之權利.我國無線電事業之受外人干涉,已屬罕聞.且於繁盛商埠,外人竟擅自建築,侵我利權,實爲國際公法所不許.執事者未嘗不據義力爭,然如上海顧家宅無線電台事,未聞有若何効力.噫!臥榻之側,安容他人酣睡哉?

(三)通都大邑建設高能無線電台 據前年科學雜誌無線電專號之記載,國立無線電報局分建於通都大邑,如北京上海天津等地者,不下五十餘所.電能多少,通訊遠近,局外人固無從探知,局內人亦難於保證.惟於甲子盧齊交戰後,奉執滬政.吳淞無線電報局即另立無線電報機,與奉天局試驗通報.一旦成功,分載各報,傳爲美談,吳淞局成立已久,且爲東方最大商埠上海之咽喉.海輪往返,通報必多.電能機件必不較小較劣於內地各局敢斷言也.奉省政府對無線電事業奮於建設.其電能不弱,可無疑義.奉滬距離不過二千五百里.以二千五百里間之通報,須待特別試驗而後成.然則其他各局之電能量,通報距,不能適合於新中國無線電事業之大建設,甚屬昭彰.故鄙意先就十八行省爲範圍,漢口爲中心點,再於上海廣州重慶蘭州北京等四處,建立高能無線電台.電能爲十千瓦特,波長爲五十米突.採用三極管以提高效率,並便於佈音.倘上述各埠已有電局而向用電隙式者,則從事改建.移下之電隙式電報機,可移至其他省會及工商繁盛之區.不敷分佈,再建小機.其電能以五十瓦特爲最低限度,按省會距離而妥爲規劃.再就五族領土爲範圍,以甘肅之蘭州爲中心點.再於雲南之昆明,西藏之拉薩,新疆之迪化,吉林之吉林等四處,同前述電台之大小而建築之.如是電能高,而通報遠.一呼百應,息息相通.若為一處佈音,全國易收.計.則於漢口蘭州二中點特建百千瓦特之佈音機,傳佈之.卽於海角國隅,或因天氣與地位關係,不能傳達.則於中央電台用短波傳佈至各電台,各電台用普通音波長「200m.至500m.」佈送之.如是語於一地,聞遍全國.政令之施,禍福之報,達於燕者不患不傳於粵矣.普及教育,統一言語,均得藉此大電台而利行之.且與各埠電話局合作,得免許多長距離電話線之建設.如是電台多,需材衆.昔之因習無線電學而賦閒者,不特不敷錄用,且將宏爲培植.今之電局冗員,亦得量材擇用,不致坐食公家.爲益之大,可勝言哉?

(四) 設立中央無線電製造廠　無線電料之由政府專售,無線電台之廣爲建設,已如上述.而無線電台各種機件之需要,自不待言.若專恃舶來品爲挹注,漏卮甚巨,豈足爲民生之福?況就機件言,複雜如眞空管,無精良機械,敏巧技工,固難於製造.苟有大資本,購自動機而製之,亦屬易易.定値或變値積勢器,定値或變値電圈等等稍具手術者,爲之甚易精良.卽云銅鑛不多,原料缺乏,近取日本,豈不甚便.旣有製造廠,研究所卽從而附設之.羅致國內外專門學者,先試驗,繼仿造,而後設法改良製精之.若處國材不濟,未嘗不可僱用外人,特須注意於大權之不應旁落耳.近聞國民政府早有無線電製造廠之籌辦.甚盼執其事者,努力勇爲,早底於成.將來有利於國內無線電事業之建設,實非淺鮮.

以上四端,不過就犖犖大者而論.至執行細則倘執政者有意施行,自不難會萃材而厘訂之.其他如國界間與國外無線電波相干涉.應入萬國無線電協會,參酌美國與加拿大及歐洲列强間之國際辦法,以便另立規程.人材不足,可就現有國立機關,充分培植.名詞不統一得托國內學術研究會組織審查委員會訂正.總之爲上者提倡,爲下者易力.三四年間,無線電事業,不難與其他各種新建設並駕齊驅,不禁企予望之.

膠濟鐵路之更換橋梁聲

王節堯

膠濟鐵路創辦於德人,沿路橋梁荷重力量,原爲軸重十五公噸.惟以現行國有鐵路鋼橋規範書相繩,則各橋荷重力量,有僅至古柏氏E十級左右者(Cooper's E 10 Loading).故自日管時代,行駛美式機車以來,(機車載重約合古柏氏E三十五級)所有沿路鋼橋,其負荷力頓形竭蹶.吾國接收後總工程師薩福均氏,有鑒於各橋之薄弱情形,萬難任重持久,爲現時及將來運輸前途計,非根本改造不足以迎合時代之需求.再四籌畫於民國十二年秋,得交通部之批准,以三百八十五萬元爲全路幹線各橋改建之需,幾經研究,新橋荷重量始定爲古柏氏E五十級,預期於五年內一律改建完竣.

第一批改建工程始於民國十四年二月,承辦者爲上海裕慶公司.計更換華倫式桁橋路度十五公尺及三十公尺間者十七座(Through warren Truss).新橋梁統爲板梁橋,製自德國 Maschinenfabrik Augsburg-Nürnberg A. G. 工廠,計總重約一千四百五十噸左右,工料總價約三十六萬元,凡四閱月蕆事.

第二批改建工程預定於十四年冬即行動工,嗣因受時局影響,購運鋼料延滯,未能按照定期進行,以致迄今方克實現,蓋已蹉跎年餘矣.此次改建工事連建築便道便線等各項費用在內,預估計需銀六十萬元左右,共計抽換舊橋路度十公尺至三十公尺間者凡三十八座,內有五座改建爲鋼筋混凝土拱橋,係就原有鋼橋下建造.施工期內於列車運行,絲毫無礙.建築上頗多特殊之點,堪資研究者也.內有一座其路度淨孔爲二十公尺,(約合英尺六十五尺餘)實爲國內鐵路上空前之拱橋.其餘橋梁除路度十公尺者,改建爲工字梁凝土板橋外,餘均改造爲板梁橋,統計廢棄舊橋約重一千一百餘噸,裝置新鋼橋約一千六百餘噸,定明年五月底以前一律告竣.此外尚有零量更換者.計有跨度一公尺至五公尺工字梁小橋改建爲工字梁凝土版梁橋者三十七座,跨度十五公尺至三十公尺鋼橋改建爲板梁橋或混凝土拱橋者計四座.綜計膠路接收四年內,除經補修養及新添工程不計外,薄弱橋梁之已經完全改造者計五十八座,建築正在進行中者計三十八座,現在採購材料中者計二百數十餘座.預計十六年底以前,至少當有大小新橋一百五十座以上,安置妥貼,以應運輸上之需要也.抑尤有進而希冀者,此數年倘能無時局影響,按照預定秩序進行,則其成就,當更有可觀.際此遍地烽火,交通事業之維持,不絕如縷.膠路自接收以還,雖一切設施,未能盡饜國人之期望,而時勢艱危之會,尙有如此刷新,工程當局之慘澹經營,其苦心孤詣,誠不可沒矣.至改建工事詳細情形,另篇記述,玆不復贅云.

緯成公司裕嘉分廠原動室修治煤氣引擎底脚改裝洩氣管記要

楊耀德

該廠原動室,設置英國 Premier（新通公司經理）三百匹馬力,四汽缸,橫臥式,煤氣引擎兩部.其洩氣管之裝置,洩氣管位在引擎前面之槽內,引擎底脚建築.當初未能盡善,致槽底常有水漏入,雖用水泥塡補槽底,仍屬無濟,若任水升高,將浸着洩氣管,不得已設法將水源源抽去.槽內橫洩氣管通過甬道而與廢熱爐相接,甬道之底壁及橫洩氣管間初本留有空隙,後亦被水泥塡塞,洩氣管之上面彎頭及垂直洩氣管之上端近接頭 (Flange) 處,因洩氣管受熱伸縮,鑄鐵脆弱,時常破裂,（引擎有時關去一隻或兩隻汽缸,四支垂直洩氣管,漲縮不均,發生撓力,加以在甬道中之一部分橫洩氣管,四週大半被水泥塡實,不能絲毫伸縮,爲破裂之大原因),爲免除上述兩層弊害起見,將洩氣管全部改裝,且將引擎底脚修治之.

原有之洩氣管爲鑄鐵所製,今則改用熟鐵,四支垂直之洩氣管,一律改短,俾可將橫洩氣管升高.用水泥填高槽底十八英吋,將洩氣管槽及甬道,妥爲修理,以防止漏水.又垂直洩氣管之上下兩端,均裝伸縮接筍.(Expansion Joint)俾上下左右,皆能伸縮活動,以免洩氣管受熱膨脹時,彎頭等處被擠而破裂也.

自引擎底脚修治.洩氣管改裝後,迄今將及期年,成效甚著.槽內既無漏水滲入,洩氣管亦從無破裂之虞矣.

原稿附有圖樣兩幅,因係鉛筆所繪,未便製版.且該圖與本文關係甚少,故從略.　　　　——編者

北洋大學擴充土木模型室之計劃

編　者

天津北洋大學,成立甚早,實爲中國工科大學中之傑出者.本年該校畢業同學,有擴充土木模型室之議,集資建築,以資參攷;而重實學,茲探得其計劃如下:

本模型室陳列之物品約分下列四大類:

(甲)圖畫照片類

(一)地勢圖.(二)地面模型.(三)鳥瞰圖.(四)各種建築圖.(五)鐵路汽車路運河河流改良及海口等之建築計畫圖.(六)關於土木工之各種照片.

(乙)建築機械及器具類

(一)木工用具.(二)泥土用具.(三)石工用具.(四)鐵工用具.(五)洋灰與混凝土工具.(六)挖掘土石用具.(七)各種挖泥機.(實物或模型)(八)坡度標準器.(九)打樁機.(實物或模型)(十)機力鑽.(十一)碎石機.(十二)運輸

手車.(十三)起重機.(十四)升降機.(實物或模型)(十五)傾卸車.

(丙)建築模型類

(一)鐵筋混凝土橋模型.(二)活動橋模型.(拍斯格式與升開式)(三)各種活動壩閘模型.(四)複式拱形壩堤模型.(五)河流分道模型.(六)各種護堤模型.(七)鐵路道叉.(八)鐵路號誌系統.(九)水塔模型.(十)自來水澄淸法系統.(十一)房頂及橋樑構架.(十二)汽車路模型.(十三)鐵路模型.(十四)鐵路山洞模型.(十五)電車模型.(十六)建築物各部詳細模型.

(丁)建築材料類

(一)各種鋼絲繩索及電線.(二)各種鋼釘.(三)各種木料.(四)各種石料.(五)各種磚瓦.(六)各種石灰灰泥及洋灰.(七)各種粘土出品.(八)各種金屬出品.(九)各種玻璃出品.(十)各種皮革出品.(十一)各種橡皮出品.

新刊紹介

本會會員陳章君,工餘之暇,從事著譯.已脫稿者有下列三種.將由商務印書館陸續出版.各書之內容略述如下:

(一) 無線電工程概要 該書爲初學及業餘無線電學者而編.說理淺顯,而於各種基本學理,解釋頗詳.都六萬餘言.搜羅關於無線電工程原版照相甚多,合各種圖案,有百三十餘圖之譜.其內容各章如下:—

(一)無線電工程大意(二)電學基本原理淺解(三)振盪電路及諧振(四)傳受線及地線(五)聽筒與晶體收受器(六)三極真空管(七)成音週率放大之收受法(八)射電週率放大之收受法(九)無線電報及電話之傳送(十)無線電工程之將來

附錄有五 (一)國際摩司無線電碼表(二)國際協定各國無線電站呼號表(三)無線電發達史年鑑(四)英文無線電考書目(五)無線電學名詞中英對照表

(二) 論電機鐵道 此書爲關於本問題之概論.都二萬餘言.搜羅關於美國本事業之原版照片若干,以爲解釋.內容共分七章:—

(一)緒論.(二)電機鐵道發達史.(三)電機鐵鐵工程大意.(四)電機鐵道與蒸汽機鐵道之比較.(五)美國電機鐵道概況.(六)歐洲各國日本及其他各國電機鐵道概況.(七)結論—— 我國交通當局對於本問題應取之態度.

(三) 電力事業概論 本書共分三篇,爲近代電學大家史太姆茲博士(Dr. C. P. Steimetz) 遺著.經陳君譯入中文.上篇題爲電力事業與人生.中篇題爲電力事業與實業.下篇題爲電力事業與市政.都萬五千言.議論至爲明晰切實,凡電學家及一般人士注意公用事業者,均可備作參考之用.

——編者

附錄

中國國有鐵路建築標準及規則（續）

凡超高度之分配應於介曲綫全長內自始迄終逐漸增高俾直綫上並無超高度而圓曲綫上則均有充分超高度

介曲綫之種類或爲三次方程拋物綫或爲螺形曲綫或其他式樣應由工程司自行選用之

第十條　豎曲綫　凡坡度變更爲自百分之〇・二或更大者其兩斜坡之交角應採用豎曲綫使成弧形此項豎曲綫之長度應依坡度變更之大小爲比例每百分之〇・一之坡度變更其交角如係凸形豎曲綫之長度不得短于二十公尺其交角如係凹形不得短於四十公尺交角兩邊切綫之長度宜使各爲二十公尺之整倍數其曲綫應用拋物綫其起訖點與兩端切綫相聯接

第十一條　曲綫上之坡度折減率　尋常之坡度折減率每曲度一度（二十公尺弦）應減百分之〇・〇六凡六度及六度以上之曲綫每度減百分之〇・〇五

凡列車例停之地點如車站岔道煤水站重要橋樑及隧道等處所其最大坡度應減少百分之〇・四在此種地點如遇有曲綫仍須用坡度折減率

第三章　路綫橫截面

第十二條　凡路堤或路塹之橫截面如係單綫或雙綫之幹路應與第一二三四各圖所載之尺寸相合如係次要路應與第五圖所載之尺寸相合但無論單綫或雙綫幹路或次要路如遇路塹其

餘土堆至少應離坡頂三公尺如遇路堤其坡足離取土坑之

隣近坡頂應至少三・六〇公尺

第四章　標準建築限

第十三條　除隧道及鐵路橋外凡固定建築物如跨線橋及貼近或下臨軌道之建築物等之最小淨空均應與第六圖相合

第十四條　單綫隧道之最小淨空應如第七圖雙綫隧道之最小淨空應如第八圖

第十五條　凡鐵路橋之最小淨空應如鐵路鋼橋規範書第一附則之圖

第十六條　曲綫上淨空限之加寬應按照鐵路鋼橋規範書第五條辦理

第十七條　車輛最大限應如第九圖

第十八條　載積限應如第十圖

第五章　標準載重

第十九條　凡鐵路橋如其鐵路為幹路或可改為幹路者其載重最須等於古柏氏之E50標準載重如係次要路其鐵路橋之載重量不得小於古柏氏之E35載重此項載重詳見鋼橋規範書附則第二

註　為便利設計起見鋼橋規範書附則第六附有甲乙兩表足供計畫橋樑及他項建築物之用

第六章　鐵路鋼橋

第二十條　凡鐵路之固定鋼橋其設計材料工作等規範悉應遵照交通部核准之標準規範書辦理此項規範書附於本規則之後

第七章　軌距及摺緣槽

第二十一條　凡軌距應在兩軌頭裏側面由軌頂以下十五公厘處量之

第二十二條　直綫上之標標軌距定為一千四百三十五公厘或多或少相差不得過三公厘

第二十三條　曲綫內之軌距應按照下表加寬

曲線之度數(弦長二十公尺)	½	1	1½	2	2½	3	3½	4	4½	5	5½	6	6½	7	7½	8	8½	九度及九度以上
加寬之公厘數	2	3	5	7	8	10	12	13	15	17	18	20	22	23	25	27	28	30

第二十四條　凡交道叉及正軌與護軌間之摺綠槽在軌距綫處之淨寬定爲四十五公厘凡在曲綫上之交道叉如其軌距應加寬時其摺綠槽亦須加寬俾相抵補

第八章　軌道

（甲）　軌條

第二十五條　截面　幹路應用之鋼軌標準截面應如第十一圖所示每長一公尺重四十三公斤

第二十六條　長度　鋼軌標準長度爲十公尺或十二公尺由工程師斟酌當地氣候寒暖相差之情形選定之

第二十七條　接縫　無論在曲綫上或直綫上兩邊軌條之接縫應互相間錯

第二十八條　軌條之欹置　軌條應用二十分之一之傾度向內欹置使與輪箍錐度相合欹置軌條之法可用斲削軌枕法或用斜頂墊鈑

第二十九條　本規則所附之鋼軌標準規範書適用於每長一公尺重四十三公斤之鋼軌凡在國內外招標承辦幹路鋼軌均應用之

（乙）　軌條之扣件

第三十條　魚尾鈑　魚尾鈑之適用於每長一公尺重四十三公斤之鋼軌者其長度及截面均應如第十二圖所示

第三十一條　螺栓及螺帽　螺栓及螺帽之適用於每長一公尺重四十三

公斤之鋼軌者其尺寸應如第十二圖所示

第三十二條 道釘 道釘可用尋常鈎頭釘或螺紋釘由各路總工程司選定之惟每種道釘之尺寸應如第十二圖所示

第三十三條 規範書 本規則所附適用於幹路之鋼軌扣件標準規範書在國內外招標均應用之

（丙） 軌枕

第三十四條 木質軌枕 木質軌枕無論其質地軟硬應寬二十三公分厚十五公分長二•四四公尺

（丁） 墊鈑

第三十五條 軟性木質軌枕以用墊鈑爲宜

第九章 幹路車站內之設備

（甲） 車站內軌道

第三十六條 凡車站內之軌道如無困難時均應設在平直綫上如有坡度亦不得大於第十一條所規定者如有曲度亦不得大於三度但無論如何凡車站內之軌道爲停留旅客列車之一段不得設於坡度百分之〇•二以上之斜坡上或曲度一度以上之曲綫

第三十七條 車站內曲綫軌道得酌量情形免用超高度

第三十八條 兩岔道中心綫之最小距離以四•五〇公尺爲宜

第三十九條 軌尖之擺度不得小於一百公厘

本期：本會第十次年會論文專刊

中國工程學會會刊

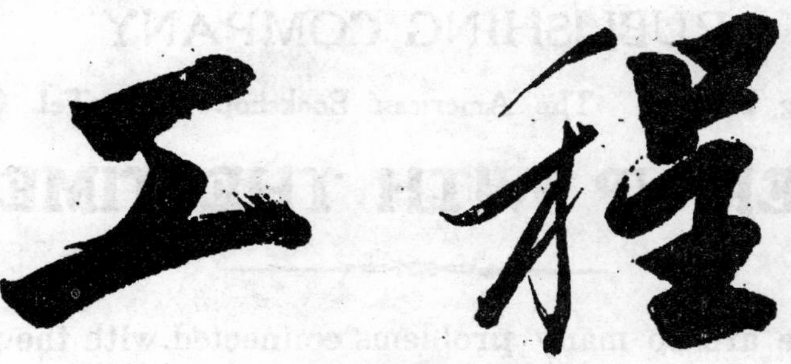

THE JOURNAL OF THE CHINESE ENGINEERING SOCIETY

第三卷 第二號 ★ 民國十七年一月

Vol. III, No. 2.   January, 1928

中國工程學會發行

總會註册通訊處：上海中一郵區江西路四十三B號

▲中華郵政特准掛號認爲新聞紙類▼

中國工程學會會刊

工程

季刊第三卷第二號目錄 ★ 民國十七年一月發行

中 國 工 程 學 會 發 行

總會通訊處：— 上海中一郵區江西路四十三號B字
總會辦事處：— 上海中一郵區寧波路七號三樓二〇七號室
電 話：— 一九八二四號
寄 售 處：— 上海商務印書館 上海中華書局
定 價：— 零售每册二角 預定六册一元
郵費每册本埠一分 外埠二分 國外八分

中國工程學會總會章程摘要

第二章　宗旨　本會以聯絡工程界同志研究應用學術協力發展國內工程事業爲宗旨

第三章　會員　(一)會員，凡具下列資格之一，由會員二人以上之介紹，再由董事部審查合格者，得爲本會會員：—(甲)經部認可之國內及國外工科大學或工業專門學校畢業生并有一年以上之工業研究或經驗者。(乙)曾受中等工業教育并有五年以上之工業經驗者。(二)仲會員，凡具下列資格之一，由會員或仲會員二人之介紹，並經董事部審查合格者，得爲本會仲會員：—(甲)經部認可之國內或國外工科大學或工業專門學校畢業生。(乙)曾受中等工業教育并有三年以上之經驗者。(三)學生會員，經部認可之工科大學或工業專門學校二年級以上之學生，由會員或仲會員二人介紹，經董事部審查合格者，得爲本會學生會員。(四)機關會員，凡具下列資格之一，由會員或其他機關會員二會員之介紹，並經董事部審查合格者，得爲本會機關會員：—(甲)經部認可之國內工科大學或工業專門學校，或設有工科之大學。(乙)國內實業機關或團體，對於工程事業確有貢獻者。

第六章　會費　(一)會員會費每年五元，入會費五元。(二)仲會員會費每年二元，入會費三元。(三)學生會員會費每年一元。(四)永久會員會費一次繳一百元，保存爲本會基金。(五)機關會員會費每年十元，入會費二十元。

前任會長

陳體誠(1918—20)　吳承洛(1920—23)　周明衡(1923—24)　徐佩璜(1924—26)

李屋身(1926—27)

民國十六年至十七年職員錄

總會

董事部　(董事)惲震　周琦　李屋身　李熙謀　吳承洛　茅以昇

執行部　(會長)徐佩璜　(副會長)薛次莘　(記錄書記)胡庶　(通信書記)胡端行

(會計)裘燮鈞

分會

美國分部　(部長)李運華　(副部長)張潤田　(書記)孔祥鵝　(會計)王庠

北京分部　(幹事)陳體誠　王季緒　陸鳳書

上海分部　(部長)黄伯樵　(副部長)支秉淵　(書記)施孔懷　(會計)馮寶齡

天津分部　(部長)楊毅　(副部長)李昶　(書記)顧毅成　(會計)邱凌雲

青島分部　(部長)王節堯　(書記)嚴宏溎　(會計)張含英

杭州分部　(部長)李熙謀　(副部長)朱耀廷　(書記)楊耀德　(會計)鄭家覺

南京分部　(委員)吳承洛　徐恩曾　陳立夫

武漢分部　(委員)繆恩釗　周公樸　張自立　胡庶華　吳國良

奉天分部　(委員)方頤樸　盛紹章

太原分部　(部長)唐之肅　(副部長)董登山　(文牘)劉文藝

中國工程學會第十次年會攝影

廣州無線電臺

圖一 外景

(1) General View of the Canton Wireless Station

圖二 發報機房設備圖

(2) Transmitting Equipment of the Canton Wireless Station

上海河港工程

舂箕式挖泥機

柴排一編織已成

(參看104頁)

上海河港工程

抽泥機

吸泥狀況

（參看104頁）

關於吉敦鐵路松花江冰上敷設鐵道之實驗並臨時列車運轉之記錄

著者：張沙堤

嘗考鐵道路線之構成，於陸則有土工鑿石隧道之施築，於水則有橋梁涵洞之架設。凡此要端，苟稍習鐵路工程學者，類能道之。且專書所載，言之彌詳，無須贅述。惟冰上鐵道之構築，則固鮮有言之者。間有記載，則亦語焉不詳。此為特殊之工事，非當極寒之氣候，及至極北之地帶，則未之或見焉。此種工事，無論中國鐵路工程界絡鮮經驗。即在東西洋各國土木工學家，亦不數見。誠以應施之機甚寡，而研究之方亦殊故也。去冬吉敦鐵路工程局為運送工程材料及車輛起見，利用結冰期間，於松花江冰上，敷設路線，運轉用料列車，竟告成功。實足為鐵路工程界放一異彩，為鐵路工程學上作一新紀錄。編者躬任其事，計自本年一月六日至一月廿日為冰力試驗時期。自一月廿四日至二月五日，為路線敷試時期。自二月六日至二月廿五日，為列車運轉時期。共計五十日間，竟畢乃事。竊思此事為稀有之特舉，似有記述之必要，並供我工程界之參考焉。但實驗時，因忙於事，未克詳作學理的施行，不免有難解費思之處。復以作此記錄時，迫於時間，倉猝草就，不無恨憾。所望高明君子，惠而教之，則幸甚矣。爰錄其事，參以鄙見，述之如下：

(一) 總論

(二) 冰力之試驗

(三) 冰上線路之架設及列車運轉之實況

(四) 結論

(一) 總論

吉敦鐵路,西起於吉長鐵路之吉林車站（即吉林省城),而東止於距吉林二一五公里之敦化（縣名).將來苟由敦化向東南再延長二百餘公里,則可成爲東西横斷滿洲中部之一幹線,而達朝鮮國境,本路地形,與滿洲南部之安奉線及北部之中東線相似,通過滿洲東部之山地.其土工橋梁隧道等各種工程之數量浩大,故建設期限,自不得不需久長之時日也（預定二年間爲建築期限).

本路於去年一月廿一日着手籌辦.二月一日正式成立工程局,開始業務.二月下旬出發測量.六月一日,於吉林舉行開工典禮.同時先由吉林起點,至6Km.處一律興工.豫定明年冬季,完成全線工程云.

全線中之最大工程,首推吉林起點,至2.4Km.處之松花江鐵橋,(1×10.36m+9×48.15.8m,全長=443.782m),及距起點64Km.處之老爺嶺隧道.(延長1820 Km,以上二大工程,需費各爲百二三十萬日金).松花江鐵橋,於去年六月着手,豫定於本年八月竣工（現定九月一日舉行江橋開通式,同時車行可通46 Km.區域).老爺嶺隧道,於去年八月着手,豫定於明秋竣工（現在開洞鑿石已進至1200 m,竣工期間,可在明年六月).二者均爲工程之性質及線路之開通之重要工事焉.

吉林老爺嶺間46Km.之土工橋梁,於去年六月興工.除松花江外,今春業已依次完成.敷設軌道,亦即繼續進行.不待松花江橋之竣工,即乘多季結冰期間,於江上冰面,敷設臨時軌道,將工事所要材料及車輛等,豫運對岸,以促敷設軌道之利行.則於松花江鐵橋竣工之日,同時即得46 Km.之開通線.於工事進行上,實獲益便.由是列車通行,運料益便.預定本年十一月,可達老爺嶺隧道之西口.若此區間線路開通後,非惟於老爺嶺開鑿山洞工事甚感便利,卽於老爺嶺以東之一切工事,亦莫不均受其益,而於促進工事之完成,亦屬有效之想像.是知上述區間,雖屬一部分開通之線路,然使鐵道開通之速成,乃爲一般人心所期望,可信無疑.故於冰上敷設線路運轉列車,實有不容緩者也.

(二)冰力之試驗

A.試驗之準備　冰之組成之原因,各有不同,故其強度亦因之而異.尤以廣大冰面之冰,其膨脹時,起凹凸之狀,而生不規則之罅裂,故難認作冰盤,而算出其強度爲幾何也.

據「美國土木工程一覽」(American Civil Engineering Hand Book)所載,一八八五年德國工程專家,實驗冰之抗張強度,每平方英寸爲一四二磅乃至二二三磅.又一八八〇年,美國工兵隊,實驗冰之抗壓強度,爲每平方英寸一〇〇至一〇〇〇磅,其差異之原因,在於冰之組織,均非一致故也.又謂冰於破壞之前,起6—30%之收縮.冰之支持力,雖不能明確斷定其實數,但經實驗後所得結果如下:

冰厚2英寸　行人則可安然通過其上.

„　„　6　„　„　其上可以運行野炮.

„　„　8　„　„　其上以駛欄.(載重每平方英尺1000 lbs以下者).

„　„　15　„　„　可以敷設鐵路運行列車於其上.

松花江之冰,每年平均約有70 cm之厚(今春測驗自一月十一日至廿三日冰厚爲53 cm—82 cm).若依上述實驗而論,似可耐列車之運轉,自屬意中事.但無詳細之先例可考,其支持力至何程度,殊難臆測,乃施行重載之試驗,述之如後.

B.試驗一　一月六日,用一二五貫(約七八〇斤)之鐵錘(底面積=10 cm),從4 m之高處落下,一墜即破33 cm厚之冰.再以同一之錘,繼續施於40 cm, 42 cm, 53 cm等之厚冰處.其第一次之墜落時,外觀上並無何等之異狀.迨至第二次墜落時,則一墜冰即破,錘穿透水面而入江中.惟破碎之狀態,祇穿一與錘同大之孔而已,餘則不見有何別狀也.

一月八日,用同一之錘由2 m之高處,墜落於45 cm之冰上.第一次落下時,不見發見何等異狀.第二次落下時,則錘陷入 12 cm 之冰中.

C. 試驗二 一月八日於55 cm 之厚冰上,建立 10 cm 方形木柱四根.作四隅狀,柱與柱之間隔爲9 m,上載80 lbs鋼軌五六條 (22·3 Kilogr. ton).經過二十小時後驗之,則各柱陷入冰中,深及2 cm—5 cm.再加載鋼軌一二條,其全重爲 27·9 Kilogr. ton.經過廿八小時,各柱之陷入爲 3 cm—17 cm.再加鋼軌十條,合重爲32 Kilogr. ton 復經廿四小時後,則見其陷入爲 12 cm—18 cm.柱之周圍冰面,顯生有2 mm之極細龜裂,然冰面全體之沈下,則極稀微而已.

載重卸去後,將安柱部分之冰,切取而驗之,則見其下端,有如鐘乳狀之突出物.其突出之最大者爲 45 mm,其寬約 50 cm.此鐘乳狀之部分,與方柱陷入下部之間,起無數白色不透明之條紋,與他部易於識別.

D. 試驗三 一月七日,於厚59 cm之冰上,鋪枕木 (23 cm×15 cm×260 cm) 十六根,依標準軌間 (即 4 ft—8½ in) 置 80 lbs 鋼軌二條於其上.軌上復鋪枕木十六根.枕木上載以一百條以上之80 lbs.鋼軌時,則冰面漸次下沈.增載至一三八條鋼軌時 (57·4 Kilogr. ton),周圍發生龜裂.增載至一五〇條時 (62 Kilogr. ton),中央冰面低下24 cm.及經十七小時後驗之,則中央冰面達62 cm之低下,周圍龜裂,亦形顯著,其寬竟有達 10 mm 以上者.後再增載鋼軌九條,(合重 =65·8 Kilogr. ton),經十八小時後,冰面破裂,載重沒於水中.

E. 試驗四 一月十四日,於 63 cm 之厚冰上,以 8 m 之間隔,置枕木 (20 cm ×30 cm×300 cm) 二條,其上載80 lbs.鋼軌凡一五〇條 (60 Kilogr. ton).經五小時後,冰面沈下達20 cm.再經十七小時後,則達 30 cm.其後無大顯著之變化,祇二枕木間之冰面,起水平的沈下,周圍並生寬5 mm之罅裂已耳.

F. 試驗五 一月十二日,於 75 cm 之冰上,以8 m 之間隔,置四枕木於四隅 (枕木寸法 =20 cm×30 cm×50 cm),堆80 lbs.鋼軌一五〇條 (60 Kilogr. ton) 於其上.經二十小時之後驗之,冰面沈下不過8 cm.其後依樣放置廿四小時,却亦無甚變化.惟各支點間之內部,起水平的沈下.至周圍之罅裂,則極稀微也.

G.試驗六　一月十五日,於70 cm之厚冰上,以5 m之間隔,用短枕木(30 cm×20 cm×36 cm)九根布成方形,壘80 lbs.鋼軌一百條(40 Kilogr. ton)於其上.經三小時後,測知冰面沈下爲2 cm.經十八小時後,則爲6 cm.後再加鋼軌五十條(20 Kilogr. ton),經廿四小時後,則其沈下爲9 cm.其後則無甚變化.至冰面沈下及罅裂之狀態,則與試驗五所示者相似.

H.試驗七　一月十八日,於77 cm之厚冰,及10 m之四方面積上,直接壘載80 lbs.鋼軌一五十條(60 Kilogr. ton).經二十小時後,測知冰面之中央沈下爲5 cm.其後無甚變化,龜裂亦無發見於其周圍云.

綜上所述,試驗一爲測驗冰之於衝擊力之應剪力.試驗二乃測冰之壓碎狀態.試驗三以下,爲測冰盤之彎曲抵抗力.試驗三之結果,與試驗四略相類似.試驗五,六,七之成績,亦略相同.惟試驗五,六,七比諸試驗三,四因冰厚增大,及載重支持點之範圍擴張,故其彎曲抵抗力,亦因而益形增大也.

由此觀之,冰因載重而生壓碎,彎曲變形諸現象,與時間之長短,有密切之關係.

附錄.(一)氣温測定:—

月日	最低	最高	月日	最低	最高
一月6日	—13°	+2°	一月16日	—34°	—20°
7	—2	+4	17	—21	—14
8	—15	—11	18	—22	—20
9	—24	—7	19	—28	—13
10	—24	—3	20	—35	—16
11	—13	—7	21	—34	—18
12	—22	—7	22	—31	—21
13	—31	—10	23	—32	—13

14	—31	—11	24	—30	—16
15	—30	—20			

（二）冰之溫度. 一月十九日,氣溫—19度時,以 Register Pyrometer 向 65 cm之厚冰上,而測其內部之溫度,則得結果如次:

插入冰面之深度	溫度
10 cm.	—8·9°
30 cm	—8·1
37 cm	—6·2
49 cm	—4·8
60 cm	—6·2

(三) 冰上線路之架設,及臨時列車運轉之實況:

按前節所述載重試驗之結果,則知於廣大水面上之冰之載重,其支持力似覺微弱.故對於線路之構造務宜使載重分布於廣大之面積上,方為安全.又因江岸之坡度和緩,乃以鋼軌及枕木,構成路基,敷設軌道於其上.

冰面上以2 m之間隔,橫置重80 lbs.長10 m之鋼軌,滿布江面,用枕木縱橫並架於其上,江之中央,枕木架至五層,兩岸傾斜部,最高者為十六層.此項載重,於軌道延長每10 m間為10 ton—24 ton.故在未通車以前,軌道已起6 cm—20 cm之彎曲低下,頗足使人疑慮.

二月六日,施行列車試運轉.是日天氣晴朗,中外之技術家自遠方來觀者甚衆.於天寒地凍之候,足不常踏之區,忽而冠蓋相望,雲集一時,洵稱千載一時之盛會,空前未有之創舉,功告厥成,得無幸歟.

其施行程序,先以吉長局所用之最小機關車(Saddle tank type. wt =40 ton)行單車運轉.作一往復後,則見冰面之沈下甚微,並無何等異狀.次以Morgal Type, 80 ton 機車,單獨運轉.則冰起破裂聲而生無數之龜裂,其中以距軌道中心約 9 m之兩側冰面,所生之罅裂為最大,與綫路平行,成一直線,橫斷江面.而軌道下左右冰面之沈下,約達15 cm.冰面上下之波動,兩側均及100 m以外.然此種沈下,於列車通過後,復回近於原位.由此觀之,足知冰爲具有半彈性之物質者也.

本試運轉雖已知其對於小單位之列車運行,確安無虞.然每經載重通過後,冰面均增加少許之永久性的變形沈下.是以對於豫定所要之材料車輛,能否完全渡江,殊不能無慮焉.

渡江計畫,最初本擬以最重(80 ton)之Morgal機車三輛,先行單機渡江.其他則以40 ton Saddle tank機車牽引30 ton貨車二輛,共成重120 Kilogr. ton之列車.預定一日間之運行,作七次之往復.自二月七日起實施,至二月廿五日告終.此十九日間,於初擬之計畫,安然實現.而考驗累月之目的,亦終得如願以償,而大業亦於此告成焉.玆將各種材料車輛渡達彼岸者,列之如次:

材料合計					202 車	
各　計:	鋼　軌	80 lbs	46 km	份	136 車	
	,,　,,	60 lbs	6 km	,,	12 車	
	鋼軌附屬品及分歧材料		16	組	21 車	
	煤　炭		990	ton	33 車	
車　輛:	機關車		Morgal		3 輛	27 輛
	平　車		30 ton	載重.	18 ,,	
	碎石車		15 ton	,, ,,	2 ,,	
	守　車				4 ,,	

在本運轉實施中,列車通過冰上之速度,雖已定每小時行20 Km.爲限制,後將達近於限制之速度時,冰面沈下之程度逐日增大,遂至軌道中心之冰面,發生縱行裂罅,其寬度亦逐形擴大,重以天氣日見溫暖,頗有不能盡量渡送之憂.差幸終得安達目的,此不能不引以爲自慰者也.

輸送終結後,卽將路線撤去,並驗冰面罅裂.則見軌道兩側及中央之部分,罅裂皆成V字形,深約45 cm.而中央之裂罅,則比左右之兩側爲大.其上面裂口,達2 cm—3 cm之寬.但在45 cm以下之部分,不見有何異狀也.又其餘部分,因冰面深入45 cm內外處,亦生無數細微之龜裂,裂隙中被冰面污水之浸入而呈薄褐色.然在50 cm以下者,則透明而不見有龜裂也.

備考:臨時列車運轉時期之氣溫測定.

月 日	最低溫度	最高溫度	月 日	最低溫度	最高溫度
二月 6 日	—24°	—5°	二月 16 日	—3°	0°
7	—25	—8	17	—15	0
8	—27	—8	18	—17	—0
9	—24	—8	19	—17	—1
10	—23	—6	20	—17	0
11	—17	—3	21	—16	+2
12	—18	—4	22	—16	—2
13	—13	+1	23	—14	+2
14	—3	+8	24	—12	+5
15	—11	0	25	—5	—2

(四) 結論.

按此實驗,於廣大水面上之冰上,積載載重時之力學的理解資料,堪資考究者,列舉如次:

1. 冰之支持力,與載重積載時間,有密切之關係.冰之壓碎深度,依負載時間而增大.因其爲半彈性故,載重負擔時間長,則其永久變形亦大.

2. 關於冰之厚度,須達如何範圍,始能認爲板平作用,以及在若何狀態,因載重而生之彎曲變形,始能與下面之水之反力共同合作,而與載重保持平衡,則請細參前述之實驗記事可也.

3. 冰面發生裂罅之解釋:

a. 寬廣冰面上之冰,在未加載重時,則因氣溫下降而增其厚,下面新成之冰,則比原面積膨大促成表面突起之狀.是以裂罅祇生於上面,而不多生於下面也.復以上面之冰,比下面之溫度爲低,而起收縮,此種傾向,所以愈形增大也.故冰在未負載重以前,其上面係起一種 Initial Tension, 下面起一種 Initial Compression, 可想而知.

b. 本實驗之橫截面,呈波狀形.在左右隆起之部上面,所生之罅裂,極爲明瞭.然在低下曲線部下面,則無罅裂者,因有橫列鋼軌及枕木之補其強,并低下曲線之半徑,大於左右隆起曲線之半徑故也.同時又如上項所述冰之組成,此亦其一大原因也.

c. 關於冰之中部表面罅裂之解釋,則頗感困難.然於一截面上,有列車正行至其上時,則冰面自比靜止時低下.然列車行至該截面前或後若干距離時,則此靜止狀態隆起,因而有如此複雜縱橫上下之波動,并及上項述冰之組成,關係於上面發生罅裂之原因,此固當然之想像也.

繅絨(人造絲)工業略論

A CONCISE REVIEW OF THE RAYON INDUSTRY

著者: 陳德元

(一) 導言

人類進化之途徑不一,最顯而易見者,莫如衣食住.故謂衣食住之進化,能代表人類之進化,亦無不可.衣食住簡陋者,謂之鄙野之人.衣食住完美者,謂之文明之族.古者茹毛飲血,穴居野處,章身禦寒之具,惟樹葉獸皮是賴.迨後文化日進,燧人鑽木取火而熟食,有巢構木爲巢而室居,黃帝之妃嫘祖教民育蠶,而有黼黻文章之盛.此我國歷史之榮光,創製之人,皆有大功於我民族,當時尊爲帝后,後世推爲聖哲,不亦宜乎?

易稱黃帝堯舜垂衣裳而天下治,古昔文人,恆自稱衣冠之族,以別於夷狄,苟遇亂離之痛,則稱衣冠淪於塗炭.由此可見,衣食住三者,雖同爲民生之要素,然一民族之禮教,精神,藝術,莫不賴衣服爲發揮與表現之工具,其重要殆駕乎食與住之上也!

衣被人類之原料有五:曰棉 Cotton,曰蠶絲 Silk,曰亞蔴 Linen,曰苧蔴 Ramie,曰羊毛 Wool. 各國偉大雄厚之紡織工業,悉取材於此.然五者之來源,皆仰給於天產之動植物.苟遇水旱之災,疾癘之禍,則產額減少,價格增長,影響於紡織業者非淺.況科學萬能,人定勝天,僅賴天產之供給,不謀人工之製造,詎非科學家之羞?歐西之豪商碩儒,有鑒於此,費三十年之研究經營,卒以人力,巧奪天工,製成一種紡織原料,名曰繅絨 Rayon, 即俗所謂人造絲是.近年暢銷盛行,斯業之發達,幾與影戲業,自動車業,無綫電信業相伯仲,作始者之功,豈在有巢燧人嫘祖之下哉?

近年綠絨業蒸蒸日上,產額已超過蠶絲,觀下表即可知其發達之程度矣:

一九二三年全世界紡織料產額

棉花	9000 兆磅(Million pounds)	65.16%
羊毛	2600 „ „	18.83%
亞麻	2000 „ „	14.45%
綠絨	97 „ „	0.71%
蠶絲	87 „ „	0.63%
苧蔴	29 „ „	0.22%
共計	13,813 兆磅	100.00%

製造綠絨之方法,實効蠶之吐絲.蠶絲本爲由蠶身分泌之「蠶絲質」Fibroine與「蠶膠質」Sericine兩種液體所組成.液體由蠶之「吐絲管」吐出,遇空氣卽變硬而成絲.製綠絨者卽本此意,以化學品溶解「纖維質」Cellulose使成富粘性之溶液,然後用壓力將纖維溶液壓過極細之孔,使成細絲,再經過一種凝固劑,則纖維溶液復凝成固體而綠絨成矣.

綠絨價值低廉,色澤光亮,交織獨用,無往不宜.歐戰之後,棉業衰落,而綠絨業反日增興盛,且賴有綠絨之交織,棉業始得復蘇,其造福於紡織界,豈淺鮮哉!或謂綠絨爲一時新奇之品,不久必形衰落,豈知言乎?

頗有人疑綠絨將侵奪蠶絲地位,殊不知綠絨在紡織界獨樹一幟,旣不屑影射蠶絲,以增光榮,更不必排擠蠶絲,以廣銷路.其特長全在乎外觀美而價値廉,適合平民審美之需要,不若蠶絲專爲貴族富豪之奢侈品.綠絨旣非蠶絲之代替者,是以美人毅然棄人造絲之舊稱,而另錫以綠絨佳名也.日本夙以產絲著,初極反對綠絨.今則急起直追,紛紛設廠自造.綠絨之無害於蠶絲,由此足以證明矣.

綠絨用途廣博,非短文所能盡,姑抄錄美人所調査一九二五年綠絨用途之分配如下:

襪　　襪	20%
針織外衣 Knit outer wear	10%
蠶絲交織物	18%
棉交織物	21%
裏　　衣	15%
編　　繩	8%
室內裝飾品 Upholstery goods	2%
羊毛交織物	1%
毛　　絨 Plush	2%
雜　　用	3%

製造棉絨之方法有四:(一)硝酸纖維法 Nitrocellulose Process,(二)銅錏法 Cuprammonium Process,(三)粘液法 Viscose Process,(四)醋酸纖維法 Cellulose Acetate Process.一九二四年各法所產棉絨之量與百分率大略如下:

硝酸纖維法	4900 噸	7.80%
銅錏法	900 噸	1.43%
粘液法	55167 噸	87.90%
醋酸纖維法	1800 噸	2.87%

(二) 硝酸纖維法 Nitro-cellulose Process

創「硝酸纖維」法者為法人栲洞奈伯爵Count Hilaire de Chardonnet,於一八八四年請求專利.越五年(一八八九年)即以手製之品賽會於巴黎.在栲氏之前,雖亦有人以「硝酸纖維」試製棉絨,然出品未臻盡善,機械尤欠完美,經栲氏數年之研究,始大告功成.栲氏發明之機械,與今日所用者,原理猶多符合,後人尊之為棉絨業之父,宜也.

是法所用之「纖維質」Cellulose 為廢棉花,但棉中雜質,宜用「苛性鈉」Sodium hydroxide 液精製之,再以漂白劑漂白之,烘乾水份,然後可用.

棉精製後,入「硝化器」Nitrator 施行硝化工作 Nitration, 每棉一份,加混合酸二十五份至三十份,混合酸即「硫酸」Sulphuric Acid 48%,「硝酸」Nitric 2Acd 37%, 水 15% 之混合品也.硝化時須不絕攪動,溫度宜在 40°C 上下,不得超過 50°C.約一小時至一小時半,工作即可完全,成「硝酸纖維」Nitro-cellulose.

「硝酸纖維」旣成之後,須經過壓乾,洗淨,切碎,去濕諸手續,然後以「乙醇」Alcohol 40%「乙烷基醚」Ether 60% 之混合溶劑溶解之,得「硝酸纖維」溶液,濾清二三次後,將溶液靜置若干時,卽可供製線用.

製線方法有二,(A)乾法,(B)濕法,分論於下:

用乾法時,將製線溶液壓過「噴線管」Spinnerettes, 射入熱空氣中,線卽凝成固體.若用濕法製線,則線出「噴線管」後在水中凝結.用乾法時,須用大於氣壓五十至六十倍之壓力,將製線溶液壓入「噴線管」.用濕法則壓力可較低,機器構造亦可略簡.然用乾法可用較濃之溶液,凝固較快,出品較速,近時大規模製造廠,都樂用之.

棟絨線凝固後,立卽繞於「繞線筒」Bobbin 上,繞好後,上「扭線機」Twisling Mechine 扭轉之,每公尺 Meter 扭一百至二百轉.若不用「繞線筒」,則可將線納入「離心罐」Centrifugal Pot 中,罐旋轉極速,每分鐘轉五千至六千次.棟絨線出「噴線管」後,經過一引導機關,作垂直狀態而入「離心罐」,因離心力之關係,線粘於罐壁,依次堆積而成「綫餅」Cake. 線入罐時,受一種扭轉作用故用「離心罐」時,可省扭轉之手續.線扭轉之後,運入「架線機」Reeling Mechine, 架成大絞 Skein, 以後再施去硝工作 Denitration.

去硝工作者,去「硝酸纖維」Nitro-cellulose 之硝酸根,使復成「纖維質」Cellolose 也.以棟絨線絞浸入 5%「輕硫化鈉」Sodium hydrosulphide 液中,卽可將硝酸根除去,再經洗淨 Washing,漂白 Bleaching, 烘乾 Drying, 諸手續,便成商品.

以「硝酸纖維」法製造棟絨,易生發火炸裂之危險,且所用藥品,如「乙醇」Alcohol,「乙烷基醚」Ether, 價值不廉,雖可收回一部份,畢竟損失太巨,故近時應用此法之廠,已極少矣.

(三) 銅錏法 Cuprammonium Process

枴洞奈伯爵陳列「硝酸纖維」法所製棣絨於巴黎之翌年,(一八九〇年)法人台斯培賽 L. H. Despeisses 首創「銅錏」法,後經包賽 H. Pauly 等,逐漸改良,遂成製造棣絨重要方法之一.

是法所用「纖維質」,亦以廢棉爲主,木漿 Wood pulp 雖可用,終不若廢棉爲宜,棉須精製,與「硝酸纖維」法同.

棉巳精製之後,須溶解於「銅錏液」,亦名許法則液 Schweitzer Reagent,「銅錏液」之製造方法甚多,姑述一通行之法如下:

將碎「銅」片置一巨鐵罐中,灌入「安摩尼亞」水 Anmonia Solution.射進壓迫空氣,使「銅」漸漸養化溶解,成藍色之液.製此液時,通冰水入鐵罐夾層,以操縱溫度,毋使過高,待濃淡適中,卽可取出應用.

以棉花與「銅錏液」放入「混合機」中攪拌之.該機備有相反旋轉之利刃兩組,轉動不巳.「纖維質」破裂與「銅錏液」混合均勻後,「纖維質」逐漸膨脹,終至化成膠狀之液,待粘度 Viscosity 適合,卽將纖維溶液運送過一鐵篩 Strainer,再壓過「壓濾機」Filter press 數次,以去遺留之固體,務使纖維溶液不含些微渣滓.溶解纖維時,於溫度一端,尤須再三注意,混合機身,必備進出冰水之機關,以便溫度之操縱焉.

將纖維溶液用高壓壓入「製線機」Spinning Mechine 之「噴線管」Spinnerates 而射出,成膠狀細絲,經過凝固溶液 Fixing Solution 還原,而成固體「纖維質」,以之纏繞於「繞線筒」Bobbin, 或收藏入「離心罐」Centrifugal pot.

凝固溶液共有三種;(一)酸類,(二)鹼類,(三)鹽類,均有使纖維溶液還原爲固體「纖維質」之功用.酸類以「硫酸」Sulphuric Acid 爲最佳,大約百分之三五至六十爲宜.鹼類以「苛性鈉」Sodium hydroxide 爲主,大約含百分之三十.鹹類所產之線,較酸液所產者更堅韌.但用鹼液處理後,仍須用弱酸水洗之,以去線中之「銅」,鹽類名目繁多,如「亞硫酸化合物」Sulphites,「次亞硫酸化合物」Bisulphites 等均可用姑不詳述.

線凝固後,所經洗淨,漂白,烘乾諸手續,與「硝酸纖維」法同.

德國倍姆盤克公司 J. P. Bemberg A. G. in Barmen 用「銅錏」法製嫘絨,而在緊張狀態,凝結成線,故名緊張製線法 Stretch Spinning Process. 其大概情形如下:

製線溶液出「噴線管」後,所成膠狀之線分入許多小漏斗中,同時凝固液亦繼續入漏斗,借其自上流下之力,將線拉細,比初出「噴線管」時加長數倍,故製成之線,小於「噴線管」細孔之對徑.所用凝固液比尋常稀薄,以防凝結過速,不及拉緊.緊張法比普通法較爲煩難,須有嚴密精確之管理,然出品佳良,得足償失.

是法所製嫘絨,優點甚多,其細幾與蠶絲相同,外貌亦類蠶絲,無過亮之光彩,且濕時拉力頗強,極耐洗滌,不易破裂.蓋緊張法所製嫘絨,實爲嫘絨中最像蠶絲者.故德國紡織業研究所 Deutsche Forschungsinstitute fuer Textilindustrie at Dresden 報告,亦云用緊張方法製成之銅錏嫘絨,性質近似已去膠之之蠶絲 Degummed Silk.

近年銅錏法雖不通行,然自有特長,不可消滅.況吸收空中淡氣之法已告成功,「安摩尼亞」價值漸低,倘再加功研究,或有振興之望歟?

(四)粘液法 VISCOSE PROCESS

自銅錏法誕生後三年(一八九二年),又有粘液法出而問世發明者爲英人克洛斯 C. F. Cross 倍文 E. J. Bevan 皮特而 C. Beadle 三君.斯法之步驟如下;(a)用「苛性鈉」Sodium hydroxide 浸製「纖維質」Cellulose, 使成「鹼質維」Alkali Cellulose (b) 用「二硫化炭」Carbon bisulphide 處置「鹼纖維」使成「黃酸纖維」Cellulose Xanthate. (c) 將「苛性鈉」液溶解「黃酸纖維」使成粘液. (d) 將粘液壓過「噴線管」Spinnerettes 入凝固液而凝結成線.(e) 拷

淨,漂白,烘乾,包裝分論之如下;

(a) 製「鹼纖維」——斯法雖可用廢棉,以用木漿 Wood pulp 者爲多.木漿爲片狀,必須大小合度,水份適宜,以之立置於一浸煉箱 Steep box 傾入「苛性鈉」液(約含「苛性鈉」百分之十七半)而浸透之,約需一小時半,是爲滿氏製法 Mercerisation. 此箱備有「水力閘」Hydraulic ram,木漿浸透後,卽開動此閘,將木漿片在橫臥地位壓緊,一端頂於一格板 grid, 壓至一預定地位而止,壓畢後,每木漿一磅約吸收「苛性鈉」二磅.壓出之液爲廢液 run-off, 廢液中酌加新鮮「苛性鈉」液仍可再用,至廢液含雜質太多時,則不可復用.用滿氏法製煉後,卽將木漿片搬入「切碎機」Pfleiderers, 此機備有旋轉之刀,可切至極細,并有夾層通涼水,使溫度保持在百度表十八度.切成碎片後,置於嚴密之有蓋錫筒中,每筒可容七十五磅.蓋好後擱置使成熟 Ageing, 溫度須常在十八度,時間視木漿性質而定.尋常樅樹木漿 Spruce Pulp, 需七十二小時.在成熟期中有化學作用,由發生之熱證明之.

(b) 製造「黃酸纖維」Xanthation——碎片形之「鹼纖維」成熟後,傾入「旋轉機」Churns, 徐徐旋轉,從空軸中加入「二硫化炭」,使氣體之「二硫化炭」與固體之「鹼纖維」發生變化.若將「鹼纖維」浸入液體「二硫化炭」,則無論濃淡如何,結果不能滿意,故必須旋轉.旋轉之時間,視室中溫度而定,大約爲一小時半.白色之「鹼纖維」變成棕黃色後,物體成橡皮狀,卽爲作用完全之證,此非「黃酸纖維」之色,乃同時所成雜質之色.以上所經化學作用,可表示如下:

$$C_6H_9O_4O\boxed{H+OH}Na = C_6H_9O_4ONa + H_2O$$

$$C_6H_9O_4ONa + CS_2 = C\begin{cases} O-(C_6H_9O_4) \\ =S \\ Na \end{cases}$$

(c) 溶解「黃酸纖維」——將「黃酸纖維」運入「混合機」,卽備有攪拌絲與通水夾層之鐵桶.每「黃酸纖維」一份,加百分之四或五「苛性鈉」液三份,在此桶中溶解之.加「苛性鈉」太多則成熟遲緩,太少則不能得滿意之溶液,此溶液即謂之粘液.在製線以前,須將粘液靜置約四晝夜,使之成熟 Ageing. 成熟期之長短,依原料性質與工作情形而定,成熟溫度須常在百度表十八度.

在成熟期內,須用「濾清機」將粘液濾清三四過,務使塵土及未化之纖維等濾至極淨,以免將來堵塞「噴線管」.試粘液之粘度是否合宜之法,須以三公厘 Millimeter 對徑之鋼球置粘液中,如三十秒時沉下二十公厘,則可用.

(d) 製線——粘液經過最後之濾清後,由「噴線管」噴出,入凝固液凝成細線狀.尋常凝固液爲「硫酸」與「硫酸鈉」之混合液,有加「葡萄糖」Glucose 還原爲劑者,有加「硫酸鋅」者,尙有加他種藥品者.

線凝固後,經過「導線輪」,或藏入罐 Pot spinning,或繞在筒 Bobbin Spinning.

(e) 提淨漂白等——線製成後再以酸洗之,使凝固完全,繞成大絞.如係繞在筒上之線,須扭轉後,始架成大絞.再用「硫化鈉」Sodium Sulphide 液洗之,以去複雜之硫化物,復用水洗之,用「次亞綠酸鈉」Sodium hypochlorite 或「綠氣」Chlorine 漂白之,漂白烘乾後,須加濕 Humidification, 使含濕氣約百分之十,然後檢查裝箱.

粘液法爲當今最盛行之法,全球所產縲絨十之九爲粘液法產品.其發達之原因,大半由於原料價值低廉,雖有損失,不足重輕.況用之者既多,熟練此法者自衆,新建之廠爲便於延攬人材計,自樂捨彼就此.

(五) 醋酸纖維法 ACETATE PROCESS

「醋酸維纖」法之成功,尙不及十年.歐戰之後,英國維纖公司British Cellulose Co. 始就掘來脈斯 Dreyfuss 專利之法改善之,製成縲絨,稱曰「賽來奈斯」Celonese, 自樹一幟而與他法所製者,角逐於市場.距(一八九四年)克洛斯

C. F. Cross 倍文E. J. Beven 以是法請專利時,已二十餘年矣.在克倍二氏餘後研究是法者,頗不乏人,篇短恕不盡述.

「纖「醋酸」Acetic Acit與「醋酸酐」Acetic Anhydride及一煤介劑Catalyser處置以維質」,則成「醋酸纖維」Cellulose Acetate.「醋酸纖維」之化學公式,猶未確定.但可假設有「一醋酸纖維」Cellulose Monoacetate $C_6H_9O_4(O.CO.CH_3)$,「兩醋酸纖維」Cellulose Diacetate $C_6H_8O_3(O.CO.CH_3)_2$,「三醋酸纖維」Cellulose Triacetate $C_6H_7O_2(O.CO.CH_3)_3$之分.因醋化 Acetylization 時狀況之不同,製造之結果,往往得各種「醋酸纖維」之混合物,而不易得純粹品.且雜有「醋酸輕養纖維」Acetylhydrocellulose,故性質不能一致,此亦製造難點之一.

就溶解性而論,製造「醋酸纖維」時,可得以下四種不同之結果;

(a) 不溶於「醋酮」Aceone,溶解於「三綠代甲燒」Chloroform,是爲「三醋酸纖維」,乃醋化之正當結果.

(b) 可溶於「乙醇」Alcohol,用「醋酸酐」Acetic Anhydride過多時產之.

(c) 可溶於「醋酮」,但分子未破裂.

(d) 可溶於「醋酮」,而分子已破裂.

木漿 Wood Pulp 與提淨之廢棉 Purified Collon Linters'他種方法製造之廢棉絨.(即還原之纖維質 Regenerated cellulose,) 均可製造「醋酸纖維」.

變性「纖維質」,如「輕養纖維」Hydrated Cellulose,「養化纖維」Oxy-cellulose,均可製成佳良之「醋酸纖維」溶液,爲斯法之特長,與他法不同.蓋醋化時有煤介劑存在,「纖維質」必先變性,縱用最優之甲種「纖維質」AlphaCellulose亦不能免也.

欲製溶度合宜之「醋酸纖維」,必經過第一種階級,即先製成可溶於「三綠代甲燒」Chloroform之「醋酸纖維」,經過成熟期後,即能變爲可溶於「醋酮」Acetone之「醋酸纖維」.當成熟之時,或發生加水分解 Hydration,或分子內部有更動,失去醋酸根 Acetyl Group.

製造時以「醋酸酐」或冰形「醋酸」處理「纖維質」以「硫酸」或「綠化硫醯基」Sulphuryl Chloride SO_2 Cl_2 爲媒介劑,須在鍍琺瑯之桶中行之,桶有夾層,以便操縱溫度.

成熟後加水,使「醋酸纖維」沉澱爲白色粒狀,濾清,洗淨,烘乾之,溶解於「醋酮」用「壓濾機」濾清之,入「儲液桶」儲藏之.「醋酸纖維」之「醋酮」液極爲穩固,可久藏不變.但各種溶液之粘度,極不相同.故廠家必備極多之儲蓄桶,以便調和迭次所得之溶液.蓋醋化工作,幾絕對不能均勻也.

醋酸法所用「製線機」與他法相同.線由下垂地位射出「噴線管」四圍另有一管,中通熱空氣,以蒸發「醋酮」,使線凝固,以後手續與他法相同.

「醋酸纖維」法所製練絨,與他法所製者.異點甚多,條舉如後:

(1) 是法所製者爲「纖維質」之化合物即「醋酸纖維」,他法所製者爲還原之「纖維質」Regenenated ceilulose.

(2) 醋酸法練絨濕時拉力,勝於其他三種練絨,故極耐洗濯.以濕時拉力抵乾時拉力之百分數而表示之:則醋酸法練絨有65至70%,銅錏法練絨有50至60%,粘液法練絨有45至55%,硝酸法練絨有30至40%.(見一九二六年德國應化雜誌)

(3) 醋酸法練絨所含水份 Moisture regain, 比他種練絨均低.在濕度84%時,醋酸法練絨含水份8.59%,棉花含水份12.50%,粘液法練絨含水份15.69%.

(4) 醋酸法練絨着水不易,故染色極難,是其不及他種練絨之處,故需用特製顏料,如英國染料會社 The British Dyestuffs Corp.Ltd 所製之 Ionamines, 及英國賽來奈斯公司 The British Celanese Co 所製 S. R. A. Colors 皆是也.

在練絨製造界,醋酸法爲新進,出品有特別優點,雖問世未久,可已立於不敗之地.惜原料價昂,染色不易,故尙不能與他法並駕齊驅,苟再努力改善,前途未可限量也.

(六) 製造練絨工作之要點

製造棣絨方法雖有四種,工作上應注意之要點,頗多相同之處,茲擇其最重大者討論如下:

(1) 愼選原料 ——製造棣絨爲靈巧複雜之有機化學工業,工作之順逆,出品之美惡,大半視原料良否而定,故選擇原料不可不十分謹愼.然各法所用之化學藥品,挑選尙非難事.最難選擇者,爲主要原料「纖維質」Cellulose,「纖維質」本爲組成植物之骨幹,係自然界之產物,而非人工製品,故極不純粹而夾有雜質,如蠟類 Waxes,色素 Coloring Matters,樹脂 Resine,礦物質 Mineral Matters,含淡物質 Nitrogenous bodies; 及混合纖維質,如木材纖維質 Ligno-cellulose,菓蔬纖維質 Pecto-cellulose 皆是也.

「纖維質」既不純粹,自當精製.然精製時所用品物,雖能將雜質除去,同時對於「纖維質」本身不免有多少損害.苟損害過度,則成變性纖維質,如「養化纖維質」Oxy-cellulose,及「輕養化纖維質」Hydro-cellulose 等.

棣絨廠所用「纖維質」最普通者,爲廢棉 Cotton Linters 及樅樹木漿 Spruce pupl 兩種.精製廢棉都用「苛性鈉」Sodium hydroxide,製煉木漿則以「重亞硫酸鈣」Calcium Bisulphite 爲宜.精製時必須嚴密管理者爲:(a) 溫度 (b) 壓力 (c) 時間 (d) 溶液之濃淡 (e) 原料之水份.以上各點,均規定當度,不使逾越.精製後之漂白工作,亦須受同樣之注意.

用廢棉者都自製,用木漿者每外購,木漿宜從原料固定設備完美之木漿製造廠採買,并規定必要之條件而與之互助合作.現在木漿最大來源爲瑞典,挪威,美國,坎拿大四處.

宜於造紙之木漿,未必宜於製棣絨.近來製造木漿廠,皆特製木漿,以供棣絨製造家之用.木漿之成份,務須均勻,所含水份,亦不可忽高忽下.故在製棣絨之前,必須將木漿中水份烘至規定度數.

同一方法同一原料精製之「纖維質」,有時尙不能製成同樣之棣絨,致發生工作上之變動與困難.蓋「纖維質」之化學,雖經名師宿儒數十年之研究,猶未透澈了解.故知其當然而不知其所以然者甚多,選擇原料者,可不慎歟?

(2) 收回藥品——製造棉絨時所用藥品,如硝酸法之「乙醇」「乙烷基醚」,銅錏法之「銅」及「安摩尼亞」,醋酸法之「醋酮」等,均可收回復用.且價值不賤;能多收回一份,成本即減輕一份,更有收回之必要.事業之成敗,半繫於此,故此點萬不可忽視!粘液法之「苛性鈉」,價本不昂,尚有人議收回之者,其重要可想而知.

藥品有一部份揮發在空氣中者,如「乙醇」「醋酮」,「乙烷基醚」,「安摩尼亞」,爲節用與衛生計,不得不收回.用「吸氣機」將空氣導入「吸收塔」,以水淋之,即可收回.在溶液中之藥品,苟有揮發性,蒸溜之,即可分出.「銅」在液中,置入鐵片,「銅」即析出成粉狀.如有固定「安摩尼亞」Fixed Ammonia,則須加石灰乳 Milk of Lime 然後蒸溜.

近年棉絨業競爭漸烈,科學家絞腦嘔心,爲減低成本之謀.收回藥品,實減輕生產費之一大問題,千萬注意!

(3) 善製溶液——「纖維質」溶液爲一種膠性液 Colloidal Solution,製造不易,合宜之溶液,爲製造棉絨之根本,必須有韌力,富粘性,在未凝固之前,可拉成極長之線,而不中斷,又須極易凝固變硬,製成線後,須具相當之拉力與彈性.以便染織等工作.在一定狀況之下,溶液之粘度,宜固定不變,而能以人力操縱.若溶液過粘,則雖有高壓,不易從「噴線管」細孔擠出.即使擠出,速率過慢,不便於製造.大概最佳之溶液,粘度必適中,易成線而有力,一方面又有相當流動性,庶製線可以迅速.

溶液之粘性與濃度大有關係.最合理想之情形,須永遠有一定濃度與一定粘性之溶液,若能如此,則製線手續可簡省不少,出品亦可均勻,無粗細強弱參差不齊之患.惜實際上極難繼續製造成分一定之溶液,欲使溶液粘度永遠有恆,更不可能,製造者縱十分注意,原料總不免有差別,即同用一種棉花或木漿,亦不能一律,初時相差雖微,化製之後,區別更大,製成溶液,性質自不相同.

原料既根本上不能統一,補救之法,惟有從製造方面着手,若司工作者,忘其責任之重而忽視之,則製成溶液之差別更巨,出品大受影響矣.

(4) 注意成熟——成熟 Maturing or Ageing 爲一種遲緩之化學作用.將物品在適宜狀況擱置若干時,使其中已起始之化學作用,達到吾人想望之程度,謂之成熟.除銅錏法外,硝酸法,醋酸法,粘液法之「纖維質」溶液均須經過成熟時期粘液法中除「黃酸纖維」液外,「鹼纖維」亦須成熟若干時.故對此點尤關緊要.成熟時最重要者爲温度,務須切實管理,勿使時升時降.成熟時間之長短,亦須酌量規定,太短則作用不完,太長則費時耗財,物品變性.例如「黃酸纖維」本不穩定,隨時變化,茲詳述如下:

(a) 原有之「黃酸纖維」,所含「鈉」「硫」「纖維質」三種之比例爲一與二與一之比,其公式中可假定有四個「纖維質」原子如下圖:

$$
\begin{array}{cccc}
O\text{—}C_6H_9O_4\text{—} & O\text{—}C_6H_9O_4\text{—} & O\text{—}C_6H_9O_4\text{—} & O\text{—}C_6H_9O_4 \\
| & | & | & | \\
C{=}S & C{=}S & C{=}S & C{=}S \\
| & | & | & | \\
S\text{—}Na & S\text{—}Na & S\text{—}Na & S\text{—}Na
\end{array}
$$

(b) 若靜置二十四小時,則分出兩個「二硫炭酸根」Dithiocarbonate radical S=C—SNa 與「水」化合而成,「苛性鈉」與「二硫化炭」,所含之「鈉」「硫」「質纖維」三種之比例,變爲一與二與二之比,公式如後:

$$
\begin{array}{cccc}
O\text{—}C_6H_9O_4\text{—} & O\text{—}C_6H_9O_4\text{—} & O\text{—}C_6H_{10}O_4\text{—} & O\text{—}C_6H_{10}O_4 \\
| & | & & \\
C{=}S & C{=}S & & \\
| & | & & \\
S\text{—}Na & S\text{—}Na & &
\end{array}
$$

(c) 隔六或七天後,則分出三個「二硫炭酸根」,而「鈉」「硫」「纖維質」三種之比例,爲一與二與四之比,其公式如下:

$$O—C_6H_9O_4—O—C_6H_{10}O_4—O—C_6H_{10}O_4—O—C_6H_{10}O_4$$
$$|$$
$$C=S$$
$$|$$
$$S—Na$$

(d) 如擱置更久,則所有「二硫炭酸根」均分離而還原為「纖維質」$(C^6H_{10}O_5)_4$

「黃酸纖維」初成時.不適於製造縲絨,必靜置使成熟,待分出三個「二硫炭酸根」後,始可製成合度之粘液.若成熟過當,則「纖維質」還原矣.故成熟之工作,必須十分慎重也!

(5) 濾清溶液——製線溶液必謹慎濾清,以去雜質及未化之物.溶液必經過「噴線管」之細孔,孔徑萬分之三十至萬分之四十五英寸,倘有固體,孔必被塞而線斷矣.液富粘性,濾清不易,宜用「真空濾清機」Vacuum Filter 或「壓濾機」Filter Press. 過濾物之選擇宜慎,須視溶液之性質而定,各法所用過濾物,不能一律.硝酸法及粘液法之溶液,宜以棉紗布中夾棉花濾之.硝酸法之液,又往往先用鍍錫鐵紗濾之,再用絲絹濾之.銅錏法之液,能侵蝕以上諸物,不合用,須以石棉及金屬紗布濾之.溶液至少濾三次,過濾物先粗後細,最後經過「製線機」上之「小濾器」,然後入「噴線管」,每一「噴線管」必備一小「濾器」.

(6) 除去氣泡——「纖維質」溶液,性質稠粘,含氣泡甚多,不易除去,以有氣泡之溶液製線,常易中斷,故氣泡務必除淨.如將溶液久置,則氣泡漸漸上升而消滅,但此法甚緩,必借真空之力抽盡之.

(7) 事有常度——精密之化學工廠,極類人體.吾人軀幹,脈絡貫通,牽一髮則全身震動,傷一指則滿體不舒.化學工廠亦然.健康之人,全部機關,動作有常,健康之工廠,亦當如此.故『凡事有常度』Every thing must be constant 一語,為製縲絨者及其他工業家最佳之座右銘,縲絨廠中應守常度之事,不勝枚舉,擇要錄後;

(a) 溫度——人身溫度有定,過高過低,皆成病象.棟絨廠各處溫度,亦不宜時有變動,機器中如「製棉鍋」「漂白器」「溶解纖維器」「溶液製造器」「溶液儲蓄桶」及「製線機」之「凝固液桶」等,房屋中如儲料室,成熟室,製線室,烘乾室等,均有規定之溫度,溫度高則加冷,溫度低則燒熱,司事者奔走操縱,務使合度,觀察寒熱表之勤,勝於醫者診重病之時,其關係之重要可知.棟絨廠需低溫之處頗多,故「製冰機」為必要之附屬品.

(b) 壓力——當注意壓力之處,為「煮棉鍋」「輸纖維壓榨機」「濾清機」等.最重要者,為壓送「纖維質」溶液入「噴線管」之「製線唧筒」Spinning Pump,其壓力必須有常度,倘忽高忽低,則進「噴線管」之溶液忽多忽少,噴出之線,即忽粗忽細,不能均勻,而時有中斷之虞.故「製線唧筒」送液之壓力,與心臟輸血之壓力,有同等之重要,幸毋忽視!

(c) 濃度——凡精煉,漂白,溶解「纖維質」之溶液必濃度適宜,始得良好產品.「纖維質」溶液之濃度,關係尤大,所產棟絨之強弱美惡,全賴乎此.太濃則成線遲緩,太稀則線力不強,必得中而後可.人血中必有一定數之紅血輪.「纖維質」溶液,棟絨廠之血也,可無一定之濃度歟?

(d) 速率——各處機械速率,不但宜有常度,尤須彼此聯絡協調,否則工作幾不可能,遑論成績美惡.最重要者,為「製線機」之各部,如「製線唧筒」與「繞線筒」之速率不能協調,則線忽粗忽細,時時中斷,為害非淺.「繞線筒」上之線層逐漸增厚,筒之對徑即逐漸增大,因此拉線之速率不能始終如一,故必備自動機關,以調節速率焉.

(e) 濕度——棟絨之原料與成品,均為「纖維質」.「纖維質」極易吸收空中水份,所吸之水量,依空中濕度為升降.故「纖維質」在溶解以前,必須置於濕度 Humidity 有定之室若干時,使之含一定之水量,然後方合製造溶液之用.棟絨烘乾之後,須置於濕度有常之處,使再吸入一定水份,是名再得水份 Moisture regain. 其餘需要規定濕度之處甚多,不備述.

(8)　繼續工作——化學工業中如煉鐵廠,硫酸廠,製鹼廠等,均爲繼續工作之工廠,人造絲廠亦然.『川流不息,不舍晝夜』八字,足以代表繼續工作之情形.即每天二十四小時,每年三百六十五天,永不停工之謂也.所以必須繼續工作之原因有四;

(a)　開工時不能說開即開,停工時亦不可欲停便停,均須經過長時期之預備.例如人造絲廠開工之前,必先製多量之「纖維質」溶液,待其成熟.停工之前,必將「纖維質」溶液用盡,否則分解而不能再用.器具,管子中之餘液,又須設法除去,否則粘附而不可脫.若停工一天,事前之籌備,事後之整理,須費兼旬之久,豈非得不償失?

(b)　忽開忽停,廠中事事反常.前文既言凡事宜有常度,今適背道而馳,安得不受其害.故停工前開工後必產低劣之品,廉價而沽,損失頗甚.

(c)　停工則不生產.然人工雜費,機器折舊,貸款利息等等,則無一日可停.故經濟上收入停止,而支出依舊.

(d)　停工後機器極易銹損,日後開用,每多障礙,重行修整,益滋銷耗.

人造絲廠既非繼續工作不可,當局者宜事事爲未雨綢繆之計,勿使工作發生障礙,致被迫而停工.機械均有備用者,可以輪流掉換修理.另星小件,容易破壞,須預備尺寸合式者,以便更易.自設修理廠,以應本廠之需要.除此之外,更須有隨機應變之才幹,努力奮鬥之精神,方可維持工作而無中斷之虞.

吾人雖知人造絲廠當繼續工作,然欲絕對永遠不停,爲事實所不許.不過停工之舉,愈少愈妙.倘不得已而停工,則事前從容預備有計劃有步驟之停工,比忽然發生障礙被迫而停工,猶勝過萬萬也.經營斯業者其注意之!

(七)人造絲廠應用之機械

人造絲製造方法雖不相同,所應用之機械,大半可以通用,就其性質而論,可分三類;

(1)　化學機械與其他化學工業可通用,無須特製,例如:

「煮煑鍋」Boiling Kiers 「漂白器」Bleaching Apparatus

「去水機」Extractors 「烘乾機」Dryers

「壓榨機」Presses 「切碎機」Shredders

「混合機」Mixers 「攪拌機」 Agitators

「壓濾機」Filter Presses

(2) 爲練絨特創之機械,經長時間之研究,始發展至今日地位.例如,

「製線機」及其附屬品 Spinning Machine

「噴線管」Spinnerettes

「線筒」Bobbins 或「線圈」Spools

「離心鑵」Centrifugal Pots

特別冲洗設備 Washing Devices

特別「烘乾器」Dryers

(3) 紡織業通用之機械,略爲變更,以適合於製造練絨.例如:

「繞線機」Spoolers 「扭線機」Twisters

「架線機」Reelers 冲洗設備 Washing Devices

「烘乾器」Dryers

以上均爲製造上直接需要之機械.其他間接機械如汽鍋,汽機,發電機,電動機,製冰機,壓氣機,抽水機等等,均未列入.

茲分論各種重要機械如下:

(a) 「製線機」——「製線機」Spinning Machine 分兩種:(一)線筒式 Bobbin Spinning Type, (二)線罐式 Pot Spinning Machine,「製線機」有三大職務:(a) 在定時內輸送定量之製線溶液入「噴線管」,使成線狀,不得忽少忽多.(b) 使「噴線管」中噴出之膠狀細綫,經過凝固溶液,而凝成固體.(c) 將已凝結之固體綫作平行狀而繞上「繞線筒」,或作扭轉狀而收入「離心罐」.佳良之「製線機」,必具以下之品性:(一)堅固耐用,可抵抗化學品之侵蝕.(二)

各部之連鎖機關,結實靈巧,且易管理.(三)各部份有調節速率機關,故速率永遠有恆.(四)大小機件,均易接近,無深藏固閉之部份,免修理時耗工費力.

(b)「製綫唧筒」——「製線唧筒」Spinning Pump 附屬於「製線機」,須能在定時內輸送定量之「製綫溶液」入「噴綫管」,故速度必有恆,使壓力永遠不變.然「製線溶液」之粘度,不能絕對不變,故不得不將壓力隨粘度而更變.操縱壓力,須格外留意,管子中阻力有變動時,每發生困難,在「噴線管」與「壓力唧筒」中間之「小濾器」Candle Filter,宜常常更換洗淨.「壓力唧筒」構造甚小,輸送溶液之量亦甚少,有一分鐘僅送一公撮 Cubic Centimeter 者,故構造頗難.每一「噴線管」必備一專用之「製線唧筒」,庶可連帶工作.

(c)「噴線管」——「噴線管」Spinnerettes 爲「製線機」最重要之部份,「纖維質」溶液由管中噴出,卽成線狀.「噴線管」有兩種,一種爲單孔式,僅有一細孔.一種爲多孔式,普通之管,有二十孔或四十四孔,然亦有十六孔,十八孔,二十四孔,三十六孔,四十二孔,六十六孔,八十孔,一百孔,二百孔者,孔之對徑最普通者,爲萬分之三十,萬分之三十五,萬分之四十至萬分之四十五英寸.細孔須正直不偏,孔邊不可粗糙.

玻璃製之單孔「噴線管」常用於硝酸纖維法.玻璃製多孔「噴線管」常用於銅錏法.玻璃製者,價廉而能抵抗化學品之侵蝕,然已漸歸消滅,改用金屬製者.

物勞孫 Brausen「噴線管」,往往用賤金屬或合金爲之.賤金屬製者,可用於醋酸法.但粘液法須用「金」與「鉑」Platinum 合製之管,含「金」約百分之七十至九十,含「鉑」百分之三十至十.最近有用「金」百分之八十,「鈀」Palladium 百分之二十,合製「噴線管」者,此種合金,能禦酸,與「金」「鉑」合金之拉力硬性相同,質輕而價賤,人咸歡迎之.

金屬「噴線管」製成帽形,細孔皆在帽頂,成線粗細,不全賴孔之大小與唧筒壓力,凝液狀況,繞線速度等,均有關係.故用一種對徑之孔,可製數種不銅之線,若用前文所述,緊張拉線法,則線之對徑小於孔之對徑多矣.

玻璃「噴線管」.破碎即無用.金屬「噴線管」損壞後,可送回原廠作價.除上述兩種噴線管外,有用磁或他物製者,但無成效.

(d)「繞線器」——「繞線器」有「線筒」Bobbin「線圈」Spool「線架」之別.繞線須均勻而有規則,庶幾將來解下時,不致紊亂損傷.「線筒」之轉動機關在「製線機」之一端,能自動增減速率,筒上繞線愈多,筒之對徑愈增,繞線之速率愈高,必自動減低速率以調節之,使繞線速率始終如一,否則棉絨粗細不能均勻.製繞線器之材料亦有多種,「線筒」與「線圈」太都以玻璃金屬或紙爲之.「線架」之大部份,以木或金屬爲之.近時通用之「線圈」,第有孔式 Perforated 或瓦楞式 Corrugated.

繞線有兩法: (a) 直繞法 Straight winding, (b) 交义法 Cross Winding, 交叉法時,「線筒」上部有一導線臂,左右移動,臂向一方行動時,則線向一方面傾斜,向反對方面行動時,則線亦向另一面傾斜,如此左右互易,則解下時不易紊亂,故勝於直繞法也.

(e)「離心罐」——收藏棉絨之法除用「繞線筒」Bobbin 外,有用「離心罐」Centrifugal Pot 者.棉絨線由下而上,繞過一輪,復往下墜,經過一玻璃漏斗而入「離心罐」.罐之旋轉率,每分鐘五千至六千轉,借離心力將線納入罐中,玻璃漏斗能上下移動,以操縱罐中積線之狀况.在離開「導線輪」之後,入「離心罐」之前,因離心力之關係,各細絲扭轉而成線,故用此法與線筒法不同,不必另施扭轉工作.扭轉之多少,關於「噴線管」出線之快慢,及「離心罐」之旋轉速度.線罐旋轉時,線即作螺旋形繞於罐之內壁,成一線餅,罐中充滿後,即將線罐從軸上取下,將線餅取出,置於板上.線罐之轉動機關,必須可靠,各部重量必均,因速率甚大,若不平均,震動極甚.線罐須易折卸,罐之各部須能交換.每罐有一單獨電動機轉動之.「導線輪」及「漏斗」均玻璃製.線罐用鋁製,內層鍍硬橡皮.完全用橡皮製之罐,頗能抵抗酸之侵蝕.近人有以假樹脂 Bakelite 製罐者,不知成效如何?

(6) 動力廠——縑絨既非繼續工作不可,附屬之發生動力機關,爲工作之始點,亦須有種種預備,以達永不停止之目的.若動力廠忽生不測,則全廠將完全停頓,其關係之重大可知.

動力廠除供給動力外,尙須供給各部所需熱力,故宜以高壓蒸汽轉動機械,而以餘汽 Exhaust Steam 中之熱力供給各處,换言之,原動機須用不凝汽之蒸汽械 Non-condensing Steam Engine,或放汽式之汽輪 Bleeder or Back Pressure Turbine,以汽機或汽輪帶動發電機,送電於電動機以轉動各處機關,是爲最便利之方法.

今將二十四小時出產粘液法縑絨一噸之廠,每小時所需熱量,彙錄如下:

(A) 纖維質儲藏室	32,430 千標準熱量 Kilo Calories.
(B) 鹼纖維成熟室	11,400
(C) 凝固溶液	294,000
(D) 熱空氣之供給	356,000
(E) 最後之處理	218,400
(F) 乾燥部共需之熱	186,146
	1,098,376

冬季天寒所用熱量須加 25% 至 40%.又傳熱時必有損失,至少須加 10%.

每二十四小時產粘液法縑絨一噸之廠,所需動力,可計算如後:

(1) 1纖維切碎機	5馬力	(2) 2浸壓機	14馬力
(3) 2鹼纖維切碎機	25 „ „	(4) 2硫化桶	6 „ „
(5) 4速溶器	20 „ „	(6) 2混合機	16 „ „
(7) 10製線機	130 „ „	(8) 13架線機	20 „ „
(9) 1洗刷機	2 „ „	(10) 1初乾機	10 „ „
(11) 1洗滌漂白機	10 „ „	(12) 2去水機	6 „ „

(13)	1綫乾機	10 „ „	(14)	各種喞筒	100 „ „
(15)	1眞空喞筒	10 „ „	(16)	1錏氣壓迫機	60 „ „
(17)	1空氣壓迫機	25 „ „	(18)	各種風扇	100 „ „
(19)	電燈,電解,修理廠	100 „ „			

共需669馬力H.P.

各種機器均用電力轉動,從寬籌備,須有發生700馬力之電機兩座,以一座應用,一座作預備,以便隨時更換.若僅有電機一座,則偶逢損壞,全廠便須停頓,不可不切實注意之!

(八) 各國練絨業之狀況

世界練絨廠,推英國柯爾他茲公司Courtaulds, Ltd.爲巨擘,資本二千萬英磅,握有美國粘液公司The Viscose Co股份百分之八十五,他國各廠,頗有與之生密切關係而受其支配者,誠不愧爲全球大工廠之一.美國於斯道爲新進,然進步特速,一九一三年僅產一兆五十萬磅,一九二六年產六十五兆磅,十四年中增四十三倍,近年產額一躍而爲各國冠.雖初創時,資本人材均賴歐人助,至今歐人猶握股份之大半,然猛進不巳,漸有青出於藍之勢,深堪敬佩.意大利人工廉,原料富,勵力賤,故年來頗有進步.德國戰後斯業恢復亦甚速.日本素以產蠶絲著,近鑑於練絨需要之殷,提倡不遺餘力.一九一八年產不及十萬磅,今巳增至年產七兆磅以上,洵亞東後起之秀也.

欲觀各國斯業盛衰之勢,宜考歷年之產額,爰錄於後;(以兆磅爲單位Millon Pounds)

國別	1913年	1922年	1923年	1924年	1925年
美	1.5	24.4	35.4	38.8	52.2
英	11.4	15.3	17.0	23.9	26.4
德	7.8	12.5	16.0	23.6	24.2
意	2.2	6.3	10.0	18.4	30.8

比	3.0	6.3	8.0	8.8	12.1
法	3.0	6.3	7.7	12.3	14.5
荷		2.5	3.9	3.4	4.4
瑞士	0.3	1.8	3.7	4.0	5.5
奧	1.5	1.5	2.5	2.6	3.3
捷克		0.6	2.0	1.3	2.6
波蘭		0.9	1.2	1.5	3.3
匈牙利		1.8	1.0	0.6	
日本		0.25	0.8	1.1	2.5
其他				0.4	
總計	30.7	85.45	109.2	140.7	182.1

一九二五年十一月鄧氏萬國評論報Dun's International Review估計全球各國縑絨廠如下:

英	13	比	10	捷克	7
法	31	德	30	匈牙利	2
意大利	12	日本	5	波蘭	3
荷蘭	3	西班牙	3	瑞士	6
瑞典	1	坎拿大	1	奧	1
美	15	中華民國	無	共計	143

近有人云全球已開工之廠,約有二百所.

各國最大之縑絨廠,列舉如下:

國別	公司名稱	工廠所在地	資本總數	日產磅數
英	柯爾他茲公司 Courtaulds, Ltd.	(1)鄉文屈來(Coventry) (2)(3)(福林脫Flint)兩廠 (4)伏爾阜海姆潑頓 (Wolverhampton)	20,000,000 英磅	

英	英國「賽來奈斯」公司 British Celanese, Ltd.	(1)威爾來斯屯(Willesdon, London N. W.) (2)斯巴屯(Spondon, near Derby)	5,400,000 金磅	
美	粘液公司 The Viscose Co.	(1)馬克斯霍克(Marcus Hook, Pa) (2)利威斯頓(Lewistown, Pa) (3)洛諾克(Roanoke, Va) (4)派塔司盤克(Parkersburg, W, Va	85,014,500 美金	125,000磅
美	竇彭棘絨公司 Du Pont Rayon Co.	(1)勃番洛(Buffalo N. Y.) (2)屋而黑各來(Old Hickory, Tenn)		44,400磅
德	聯合光質公司 Vereintgte Glanestoff-fabriken A. G.	(1)屋倍而勃路哈 Oberbruck Bez. Aachen	42,600,000 馬克	
德	倍姆盤克公司 J. P. Bemberg, A. G.	(1)勃挨孟(Bermen) (2)曷特(Oehde) (3)挨克斯盤克(Augsburg-Pfersee) (4)克來泛特(Krefeld)	16,000,000 馬克	
法	叶佛假絲會社 La Société la Soie Artificielle, Givet	(1)叶佛(Givet, Ardennes)	1,500,000 佛郎	7700磅
法	衣自屋會社 La Socié é la Soie d'Izieux	(1)衣自屋(Izieux, Loire)	7,900,000 佛郎	6600磅
比	探別茲假絲製造廠 Fabrique de Soie Artificielle de Tubize	(1)探別茲(Tubize)	25,200,000 佛郎	13,200磅(硝酸法) 2,200磅(粘液法) 880磅(醋酸法)
意	斯力埃粘液會社 Snia—Viscosa	(1)巴維埃(Pavia) (2)西賽諾馬台諾(Cesano Maderno) (3)凡拿力埃李而(Venaria Reale) (4)探合(Turin)	1,000,000,000 意金	55,000磅

意	枵鐵隆絲會社 S. A. I. la Soie de Châtillon	(1)枵鐵隆(Châtillon) (2)衣佛利埃(Ivrea) (3)阜賽里(Vercelli)	200,000,000 意金	36,500磅
日	帝國人造絹絲株式會社	(1)米澤　(2)廣島	12,500,000 日金	22,000磅
日	朝日人造絹絲株式會社	(1)賓賀縣		3,000磅
日	三井物產株式會社			12,000磅

各國棘絨廠發達雖速,初時僅供國內需要.不甚注意輸出,迨後出品日多,彼此競爭漸烈,競爭之趨向有兩途,一爲設分廠於銷路旺盛之國,以供各地需要,二爲各廠攜手,交換技術,劃分銷地,以免跌價過甚,兩敗俱傷.故近來新設之廠,大都與老廠有聯絡,舊有之廠,復有互相握手之趨向,不久世界棘絨廠,將通力合作而爲一聯軍或數聯軍,前途興盛,正未有艾也.

最初採取設分廠於國外之政策者,爲德國聯合光買公司 Glanzstoff Fabriken, Eberfeld.初設一廠於埃爾沙斯 Mohlhausen Alsacc 繼又設廠於英國威爾斯 Flint, Wales。第一廠毀於歐戰,第二廠被英人作敵產沒收.在奧國捷克亦各設一廠.近又與倍姆盤克公司聯合,共同設廠於美國日本.

比國工廠亦有移植國外之興味,蒲魯塞爾之探別玆公司 Tubize Co. Brussels,對於匈牙利 Sarvar, Hungary.波蘭 Tomaszow Poland,美國 Hope well, W. Va. U. S. A. 之硝酸法製棘絨廠,均有管理權.探別玆公司又與英國纖維化製公司 British Cellulose & Chemical Mfg. Co 在英國里昂斯 Lyons 建一新廠.柯爾他玆公司 Courtautds, Ltd. 對於美國出產最多之粘液公司 Viscose Co 有大部份管理權.近又共同設廠於坎拿大.英國纖維化製公司與美人合設一廠在愛美塞爾 Amcelle Md; 名美國纖維化製公司 American Cellulose & Chemical Mfg. Co. Ltd. 近又計劃合設一廠在坎拿大.近聞各廠籌劃更偉大之聯盟.待日後競爭更烈,固非約縱連横不足以制勝,即以目前而論,彼此握手,研究改良,均集中一點,不必分道揚鑣,費時耗財,又可交換製造經驗,誠減低成本改良出品之絕妙方法也.否則彼此各設研究機關,費用浩大而於選擇機械等事,一廠之智識有限,往往不能得最經濟之結果,通力合作,則鮮此弊矣.要之無論何種工業,必日圖改良,始有進步,墨守成法,必歸淘汰.況新興之緂絨業,尤有改善餘地,未可一得自封也.

聯盟中之最大者,爲英國柯爾他玆公司 Courtaulds Ltd, 與德國愛盤泛特 Eberfeld之聯合光質公司 Glanzstoff-Fabriken, 意國探令之斯力埃粘液會社 Snia Viscose 新訂之三角同盟,於營業上技術上通力合作,三家均爲本國最大之廠,共有資本英金三十兆另二十八萬磅.意國之斯力埃資格最淺,故同盟後,得益於英德最多.三公司將各盡其能,專製本廠擅長之品,斯力埃擬在英國籌英金二兆五十萬磅,擴充產額至每天十萬公斤云.

各廠攜手,頗守秘密,欲知詳情,殊不可能,姑就所知,圖示如下:

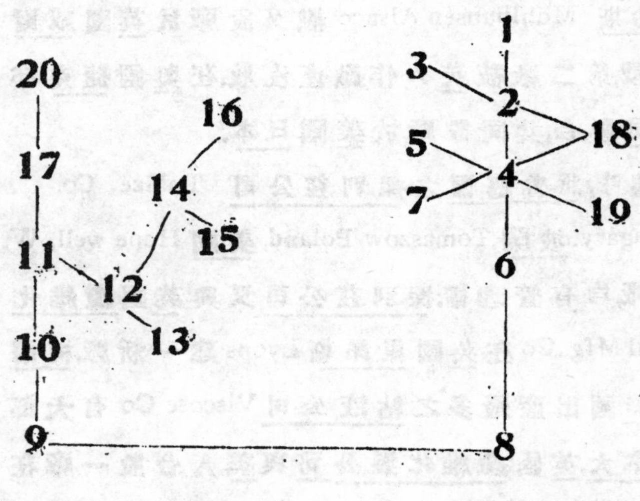

(1) 美國粘液公司 Viscose Corp U. S. A.

(2) 英國柯爾他玆公司 Courtaulds, England.

(3) 瑞士粘液會社 Société de la Viscose Suisse Emmenbrilcke, Switzerland.

(4) 德國光質公司 Glanzstoff, Germany.

(5) 捷克光質公司 Bohmische Glanzstoff, Czecho-Slovakia.

(6) 德國倍姆盤克公司 Bemberg, Germany.

(7) 奧國光質公司 Erste Osterreichische. Glanzstoff Asstria

(8) 德國埃克發公司 I. G. Farbenindustrie "Agfa" Germany.

(9) 德國扣爾洛脫威爾公司 Köln-Rottweil "Vistra" Germany.

(10)德國諾勃爾炸藥公司 Dynamit-Nobel Germany.

(11)英國諾勃爾公司 Nobels Ltd, England.

(12)英國賽來奈斯公司 Celanese, England.

(13)美國纖維化製公司 American Cellulose. U. S. A.

(14)比國探別茲公司 Tubize, Belgium.

(15)法國探別茲公司 Tubize France.

(16)美國探別茲公司 Tubize U. S. A.

(17)美國竇彭公司 Du Pont, U. S. A.

(18)意國斯力埃粘液會社 Snia Viscosa, Italy.

(19)日本朝日人造絹絲株式會社

(20)日本三井物產株式會社

(九) 中國有設立棉絨廠之必要

近年我國紡織界紛紛採用棉絨,以與蠶絲交織,其優點可略言之;減低價值,其利一.增加光彩,其利二.與蠶絲交織後再染,着色各異,益增美麗.其利三.織成後與舶來品無異,雖巴黎之緞,亦能仿造,其利四.故棉絨雖係輸入新品,在我國織業已植根深蒂固之基,不復可以搖動.

中外經濟周刊第二百另八號曾推論棉絨在我國暢銷之兩種原因云:『其一爲人民生計日艱,而社會習慣,絲織品衣物爲交際上所不可缺.人造絲之品質,固不如天然絲,然外觀上與之相類,儉約之家,樂於捨彼就此.其二爲內地逐漸開通,其人民服飾,亦日即奢華,向之服布衣者,不甘守舊日質樸之習慣,亦多喜服絲織毛織之品,人造絲價廉而富於光澤,適足投內地人民之所好』.故棉絨在我國之銷行,實根據於國人之經濟力及審美性,非僅囿一時風尚,實無銷滅之可能.

按十五年八月二十四日江蘇省長訓令云:『查人造絲之發達,各國競爲爭趨,與時俱進.照海關册所列,其織品輸入中國,逐年猛進,已成絕大漏卮,閱之可驚!此後人造絲之發展與需要,必至蒸蒸日上,我國對於人造絲,自應趕速提倡,設廠仿造,以期抵制外溢!茲將綀絨輸入,表示如下:

三年來綀絨及綀絨織品輸入額

品目	民國十二年		民國十三年		民國十四年	
人造細絲粗絲	數量	8,327 担	數量	13,059 担	數量	27,233 担
	價値	2,337,151 兩	價値	2,604,402 兩	價値	4,875,697 兩
人造絲兼棉織品			數量	433,875 碼	數量	2,191,090 碼
			價値	236,921 兩	價値	970,733 兩
人造絲兼毛織品	數量	1,767,976 碼			數量	183,442 碼
	價値	814,594 兩			價値	310,839 兩
人造絲織品			數量	2,439,328 碼	數量	1,114,229 碼
			價値	1,361,181 兩	價値	608,765 兩
共計價値		3,157,745 兩		4,202,504 兩		6,766,034 兩

九年來綀絨織物輸入額

年份	數量	價値
民國六年	870,270 碼	335,367 兩
七年	1,251,468 „	485,921 „
八年	298,909 „	183,409 „
九年	415,564 „	193,723 „
十年	237,684 „	202,401 „
十一年	639,489 „	337,371 „
十二年	1,767,976 „	814,594 „
十三年	2,883,203 „	1,598,102 „
十四年	3,488,761 „	1,890,336 „

民國十二年至十四年各國輸入綀絨數量表

國別	民國十二年		民國十三年		民國十四年	
	數量	價値	數量	價値	數量	價値
法	1,885 担	530,672 兩	1,753 担	357,494 兩	6,788 担	1,184,268 兩

意	1,385 „	350,820 „	5,350 „	1,052,248 „	6,191 „	1,101,010 „
德	248 „	65,531 „	520 „	107,982 „	5,978 „	1,046,472 „
荷蘭	1,534 „	433,487 „	1,564 „	294,438 „	2,459 „	408,685 „
英	2,029 „	622,144 „	1,199 „	268,687 „	2,168 „	441,446 „
比	816 „	224,973 „	890 „	169,327 „	1,769 „	318,425 „
香港	213 „	42,346 „	1,389 „	277,512 „	958 „	174,230 „
日本	2 „	548 „	151 „	28,700 „	509 „	94,646 „
瑞士	189 „	56,580 „	846 „	48,660 „	8 „	1,311 „
美	53 „	17,662 „	18 „	2,903 „		
其他	3 „	900 „	42 „	9,005 „	528 „	82,151 „
總計	8,327担	2,337,151兩	13,122担	2,616,956兩	27,356担	4,807,662兩

民國十二年至十四年各國棣絨織品輸入數量表

國別	民國十二年		民國十三年		民國十四年	
	數量	價值	數量	價值	數量	價值
英	1,074,083碼	496,835兩	1,672,842碼	864,037兩	2,587,998碼	1,350,937兩
法	21,507 „	18,515 „	119,489 „	210,708 „	121,307 „	166,768 „
香港	244,745 „	123,985 „	482,831 „	255,944 „	278,422 „	151,530 „
意	416,015 „	171,847 „	477,471 „	186,815 „	271,542 „	120,716 „
日本			118,038 „	61,502 „	164,850 „	56,134 „
德	11,711 „	3,798 „	18,556 „	17,835 „	58,199 „	37,090 „
美	74 „	46 „	1,767 „	1,294 „	14,518 „	9,765 „
瑞士					26,582 „	9,630 „
比			4,607 „	5,324 „	9,981 „	6,171 „
荷蘭			4,274 „	1,449 „	1,436 „	3,959 „
其他	6,139 „	2,456 „	5,773 „	5,988 „	2,535 „	1,460 „
總計	1,774,274碼	817,482兩	2,905,648碼	1,610,926兩	3,538,370碼	1,914,106兩

即以蘇州一隅而論,民國十五年輸入棣絨,已達三千另二十擔,價值海關銀四十一萬四千九百五十一兩.其他紡織區域若杭州,若上海,銷納量必更多.

又按中外經濟周刊第一百八十五號云:『當民國八年輸入人造絲布疋,

僅值銀十八萬三千四百餘兩,至民國十三年,已激增至一百五六十萬兩,與其任舶來品源源而入,何如用其原料,而加工一部以國人自任之,漏卮猶可減去其半』.况外來綢緞,光怪陸離,外貌既美,價值又廉,若以吾國純絲織品與之抵抗,幾有不敵之勢.故中外經濟周刊第一百四十九號云:『自前昨兩年來,杭垣各綢廠,亦已有採用於機織者.初時綢業中反對者甚衆,迭經開會討論,卒以人造絲成本較輕,而滬上婦女時行衣服,轉喜用人造絲織品,不問其質之耐久與否.若完全拒絕不容納人造絲,則一部份時行之織品,將盡爲舶來品所獨佔,乃決酌量採用其絲,紡織新式衣料』.

又中外經濟周刊一百八十五號云:『杭州某織綢廠十四年度營業,卒以人造絲之攙用,獲利四十餘萬元』.利之所在,衆人皆趨,雖欲遏阻,其道無由.十五年冬間因江海關苛徵人造絲稅一案,致客幫停止運貨,機坊停止工作,函電呼籲,恐慌萬狀.上海中華國貨維持會二十一團致稅務處電云:『現在客商因此而裹足,綢商積貨,機工輟梭,困苦未解,生計俱絕,舶來品乘隙而入,我雖存貨滿倉,無法抵制』.情詞迫切,溢於言表,由此可知,我國絲織業有棟絨則獲利倍豐,無棟絨則工作停頓,關係之大,豈言語所能形容哉!

然棟絨用途,廣漠無垠,不僅可織綢緞而已.我國各地布廠林立,頗有以棟絨與棉紗交織者.以棉紗之暗淡,反映棟絨之光澤,出品異常美麗,價值復極低廉,社會歡迎之.棟絨力量濕時遜於乾時,棉紗適相反,二物交織,各盡其長,互掩其短,相得益彰,銷路之佳,可不言而喻.

襪廠銷納棟絨亦甚多.一九二三年美國統計局報告:是年美國產純棟絨襪二百七十五萬餘打,價值美金一千另六十四萬餘元.棟絨與他物交織之襪二千三百三十四萬餘打,價值美金一萬八千二百七十餘萬元.我國雖無精確統計,由此可推想而知.

婦女時裝喜用花邊,製邊材料,棟絨最宜.江浙兩省織邊之廠甚多,爲棟絨之絕好銷納地.蓋花邊必須光亮價廉,用蠶絲反不如棟絨合算也.

況棘絨工廠除製棘絨綫（卽俗所謂人造絲）外,尙可以「纖維質」溶液製人造羊毛 Artificial Wool, 人造馬鬃 Artificial Horsehair, 包糖果之薄紙 Cellophane, 代替豬羊腸之臘腸袋 Sausage Casing, 及近時盛行之人造草帽編 Artificial Straw 等,製品旣非一種,獲利更有希望,設廠自造,以塞漏卮,實爲刻不容緩之舉.不特此也,棘絨爲物,共分三等,質地相差甚遠.歐人每以優等貨供國內自用,而以難於銷售之劣等貨運輸來華,價值由彼操縱,品質每欠精良.我國織業苟不願長此受人挾制,舍設廠自製,尙有何術?加以外洋各廠所產棘絨,形式雖極類似,染色之性不同,倘舶來品偶因運輸關係,缺乏同等貨品,以他廠貨爲之代,則染色往往不能一律.因此更不能不急起直追自行製造,以維持我國絲織界數千年獨立不羈之榮譽.値此關稅自主之會,吾人苟有志經營,可請求政府重抽進口稅,以保障本國新興之工廠.美國抽稅百分之四十五,日本關稅每一日斤抽一元二角五分日幣.成例具在,足資考鏡,邦人君子,其亦聞風興起乎?

十六年八月在塘沽永利製鹼公司

棘絨工業,廣博浩大,非短文所能詳論,拙著「棘絨工業」一書,都二十萬言,插圖一百七十餘幅,不久脫稿,擬設法付印,以供海內同志之批評.

如對於棘絨喜作學理研究.或有志經營棘絨工廠者,請隨時賜函商榷,鄙人有具體的工廠計劃,及營業獲利預算,無不竭誠答覆.

上海河港工程

著者: 黃炎

緒言 中國現在最感困難而急需建設者,交通問題是巳.不惟須盡量採用新式交通的工具,且須籌劃有系統的交通方法.近代交通方法有三:

(一)陸地交通—— 鐵路,道路.(二)水面交通—— 洋海,江河.(三)空間交通—— 飛航.以性質言.可分爲國內交通與國際交通二種.國內交通,恃江河,鐵路,道路等.國際交通,則賴海洋.

綜合各種交通方法,而爲其樞紐者,厥惟商埠上海者,中國第一大商埠也.商埠一名通商口岸,西名 Port.美國人稱之爲 Terminal. Port 者,源於拉丁文 Porta 門戶之意. Terminal 則爲路途之終點,而爲運輸之集中地.故商埠之爲物,爲內外出入之門戶,爲貨物聚散之中心.

商埠之成立,必須具二項要素:(一)商港.(二)商業.凡一商埠,必須有一商港.反言之,單有一港 Harbour, 未必便成爲一商埠.欲成爲一良好之口岸,須具下列之數優點: (一) 港內水深,足以容納巨艦.(二)進路寬深,直達海洋.(三)有上下貨物之設備,而無風浪及他種危險.以上種種,得之於天然者半,得之於人力者半.晚近學術昌明,天然障礙,大概可以用人工救濟之,此河港工程之所以興也.

商業之盛衰,視乎地勢,時代,文化,民族,政治,以及其他種種關係.欲一埠之商業興隆,必須逐漸發達,非一蹴所能冀.然有一言須記取者,即一商業興盛之埠,必須有良好之港以供應之;不然,則商業亦必停滯,甚或衰敗也.

商埠交通圖

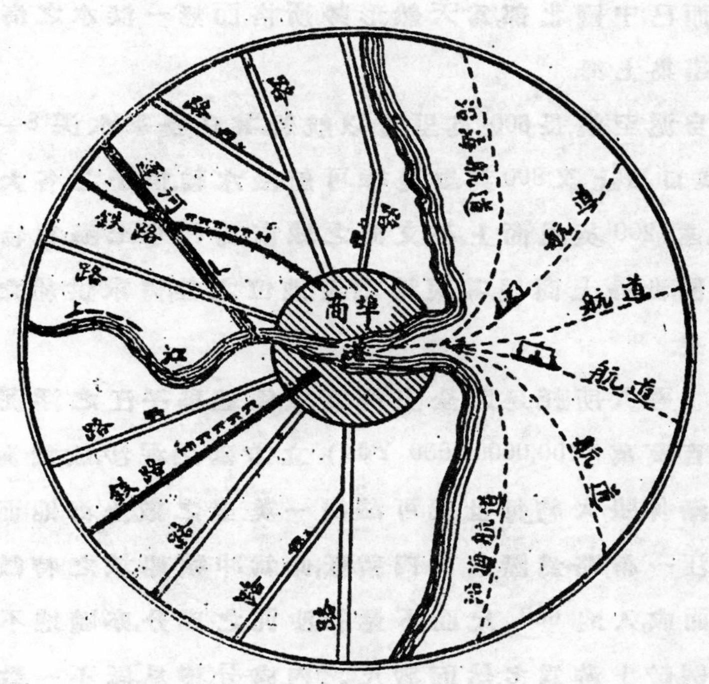

第一節——上海河港總論

上海對於全世界之地位　上海處中華民國中部極東之海濱,享世界輿圖上最優越之地位.從西歐或東美航海來滬,所耗時日,約略相等,運費亦不相上下,故歐美兩洲之貨物,可以在市上劇烈競爭.印度,西伯利亞,東印度羣島,澳大利亞,日本及西美等國,均與上海口岸.直接通航.故每年來滬船隻之噸位,爲數甚巨,堪與世界最大之數口岸相頡頏.

上海在中國之地位　上海位於揚子江口,故能控制揚子之廣大區域,而有極優勝之形勢.揚子爲世界最大最長可航之河,其流域約計七十萬方英哩,幾及中國本部之半.以天然之阻格,流域人民之需要品與其地之出產,均須以上海爲轉輸之樞紐.中國南部,爲珠江流域商務之中心在廣州香港.揚子與珠江兩流域間,沿海有若干較小之商埠,然其所供應之腹地,面積狹小,或港口水深不足,均未有洋海上之貿易,故其所有商船,不過往來於上海香港二埠之間而已.中國北部,爲天然形勢所格,而無一深水之海港,故其大部份之商業,亦趨集上海.

揚子江內,自滬至漢,長600 英里,可以航船.其在冬季,水深 8—10 尺,夏季水深28—30 尺.漢口以上,又800 英里,夏季可航淺水輪.揚子之各大支河,可駛小輪與行風船.達 200 英里而上.在支河之城市,爲往來上海貨物集散收發之中心.綜上以觀,世界上商埠,其腹地之廣,地位之佳,需求供給之殷繁,實無有過於上海者矣.

上海地質　吾人所托足之全上海區域,係經揚子江之浮泥,漸積而成.揚子每年挾一百萬萬 (100,0000,0000 Yds.) 立方碼之泥沙,放於海中,以致江口之海岸線,逐漸伸張,大約每世紀可漲出一英里之數.上海地面與尋常大潮水位等高,沿江一帶,略爲隆起,入內稍低,此爲冲積地域之特徵.地土爲細沙,與粘土混合而成,入地 600 尺而不見石.沙泥之成分,亦隨地不同,大抵江口一帶,沙之比例,較上游爲多.然而數尺之內,成分變易,極不一致也.

黃浦潮流　黃浦江是潮河.其流域內清水排洩量,比較甚小.河之深廣,全賴潮水維持.江中水面,潮來潮去,漲落靡定,故在各要處設立水則,隨時記錄之.自吳淞口以達河源,現有自動記錄之水則五處: (一) 砲臺灣. (二) 外灘公園. (三) 漢冶萍碼頭. (四) 松江. (五) 澱山湖濱.

計算水面之起點,曰吳淞水平起點, W.H.Z. 此起點爲絕平之面,合於測量之用.其基點設在佘山,日暉港,與張華浜三處.可與揚子江測量及各鐵路工程相接連,推而廣之,可應用於廣大之範圍,不僅限於黃浦一隅已也.又有所謂最低水面綫者，L. L. W.，係各地歷來低水面最低之水位.此綫是傾斜的，隨地而異，愈上愈高.合於測水深以利航行之用.各處W. H. Z.與L. L. W.有一定比例.

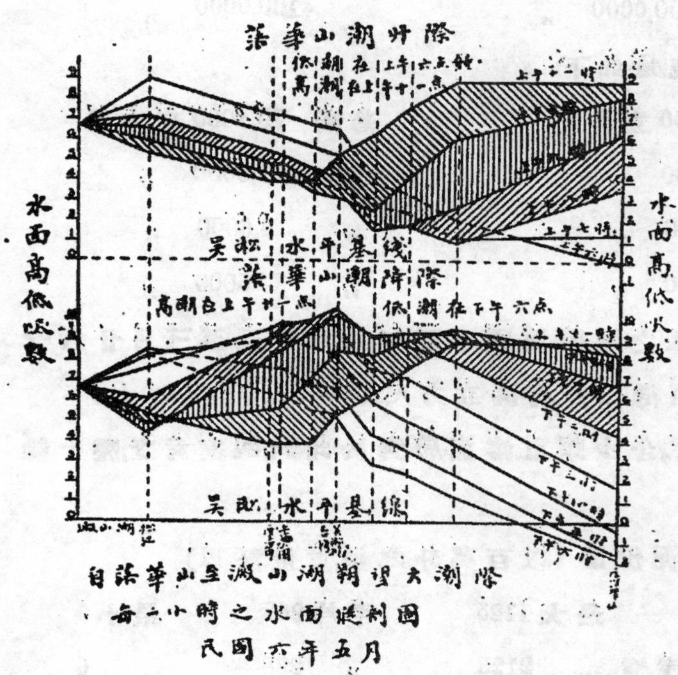

自淞華山至澱山湖朔望大潮降每二小時之水面漲落圖
民國六年五月

浦江中漲潮，水向內流，約歷時四小時.退潮，向外流，約歷八小時二十分鐘.當陰歷初一月半二日，各地之高潮H. W.時刻如左表.又潮水一漲一落，高下相距之差，隨地不同，亦視潮之大小汛而異，然大致如下:

地點	高潮時刻	大汛	小汛
吳　淞　口—	高潮0點15分	大汛 10′—14′	小汛 4′—6′
楊樹浦周家嘴—	„　0點58分	„　8′—11′	„　3′—5′
外白渡橋—	„　1鐘12分	„　7′—10′	„　2′—4′
高　昌　廟—	„　1點33分	„　6′—9′	„　2′—4′

測量潮流體積速度等，曾在各段舉行.自民國十一年來因港內往來船隻頻繁，僅限於二處舉行.即(一)濬浦碼頭.(二)松江.凡進來之水，全是潮水，出去之水，爲上次進來的潮水，連同本區域內排放之淡水.其在河口(吳淞)與河源(澱山湖)最大與最小之潮量如下:

		最大(七八九月)	最小(冬季)
漲潮:	河口	49,6100,0000立方尺	4,1500,0000立方尺
	河源	5080,0000	100,0000 „

1727

落潮:	河口	43,8500,0000立方尺	15,1700,0000立方尺
	河源	7700,0000 „	4100,0000 „

沿浦各段,每秒鐘最大之流量如下:

	漲潮	落潮
吳淞:	42,7000立方尺	19,4000立方尺
瀵冶萍:	22,8000 „	17,0000 „
松江:	16,6000 „	9,6000 „
澱山湖:	3000 „	5000 „

至於黃浦流域所排洩清水之量,照民國十三年二月廿五至三月廿六一個月中,流出流進總量之差,而得三百萬萬立方尺.(300,0000,0000 cu. ft.)

水中浮泥　黃浦潮係渾水,含沙頗重.濬浦局對於此點,觀察考查,歷十餘年.玆將浮泥數量,列表於下:

浮泥份量(以百萬分之幾,重量計算)

		最大	平均	最小
黃浦江:	吳淞口	1125	265	9
	吳淞對江北港嘴	2123	228	6
	瀵冶萍碼頭	1450	167	4
	松江	488	73	6
	澱山湖	336	61	1
揚子江:	蕪湖	1142	272	15
	江陰	745	163	22

所含浮泥之量,亦隨潮之大小,與流速之緩急而異.大迅潮含泥較重,水色渾濁.小汛較少,水色稍清.約計之,每一次大汎潮.有四萬(4,0000)噸浮泥,隨流而入浦.然其大部份仍隨流而東逝.積一年之久.其遺留於高昌廟以下者,達一百廿五萬(125,0000)噸.河底平均積起半尺至二尺.而在挖空之處,則積淤愈速,且三四倍於此數.

黃浦江原狀　於未言黃浦江及上海港工程之先,略一述黃浦江廿餘年前之本來狀態.當一九〇五年工程未舉辦以前,吳淞口外有暗沙,異常低潮時,水深不及十五尺,爲航行之梗,不啻封鎖黃浦之第一重關隘.從河口而上,約三英里,河流急轉,有嘴突出.曰北港嘴,卽今海關醫院所在之處也.轉流旣急,河面又窄,船隻到此,咸具戒心.肇事沉沒,一年數見.從此港嘴向上,河分爲二.一曰老船道,江面較窄而較深.其中亦有暗沙,稱爲吳淞內沙,爲浦中第二重關鎖,低潮時,水深僅十尺至十一尺而已.其另一支,曰民船道,當時僅合行駛風船之用,故名.江面較闊,然更淺而多阻.低潮時僅深八尺而已.二支之間,有一島曰高橋沙,土名老鼠沙.自島之上端起,以抵上海租界,江面驟然寬廣,然而淺灘暗沙,時起時伏,水勢散漫,無航道可尋.上海港本段,下端自滬江大學起,上端迄高昌廟江南船塢止.航道太窄,其間有二處,江面亦甚狹促.在滙山碼頭對出,亦有暗沙爲梗.

以上情形,日趨惡劣,一年之中,沉沒於吳淞口內,黃浦江中之輪船,達十餘艘,於是航海者視爲畏途.設不即舉辦濬導之工程,上海必不能爲巨輪所能直達,往來貨物,勢必在吳淞口外駁運,或轉趨他埠,此二端均足爲商業病,上海或且因此而失其重要之地位也.(附圖見反頁)

治河原理　修治河道,有三種原理,略舉之.　(一)導流.河流挾巨量之水向下排洩,含有巨大之勢力,自能維持河身之寬廣與深度.然而天然地形,處處不同,故河身寬狹不等,深淺不一.導流者,於河旁適當之處,施以工程,集水之力而不使散漫,固河之岸而不使參差.俾有緩寬之路,闊深之道,以便於航行之需.是完全利用河流本身之力,使維持深廣之航道也.　(二)挖濬.利用河流本身之力,其功僅能達到相當程度而止,欲濟其窮,端賴人力,於是製造各種開挖河泥之機械以輔佐之.機械之用,或與導流工程,同時並行.或於導流工程到一定程度後,繼以挖濬,以求得更佳之結果.故挖濬亦屬治河原理之一.　(三)作渠.此係將河口築壩堵住,將行水之河,化作止水之渠,則河內之寬廣深度,一經施工,效用永久.

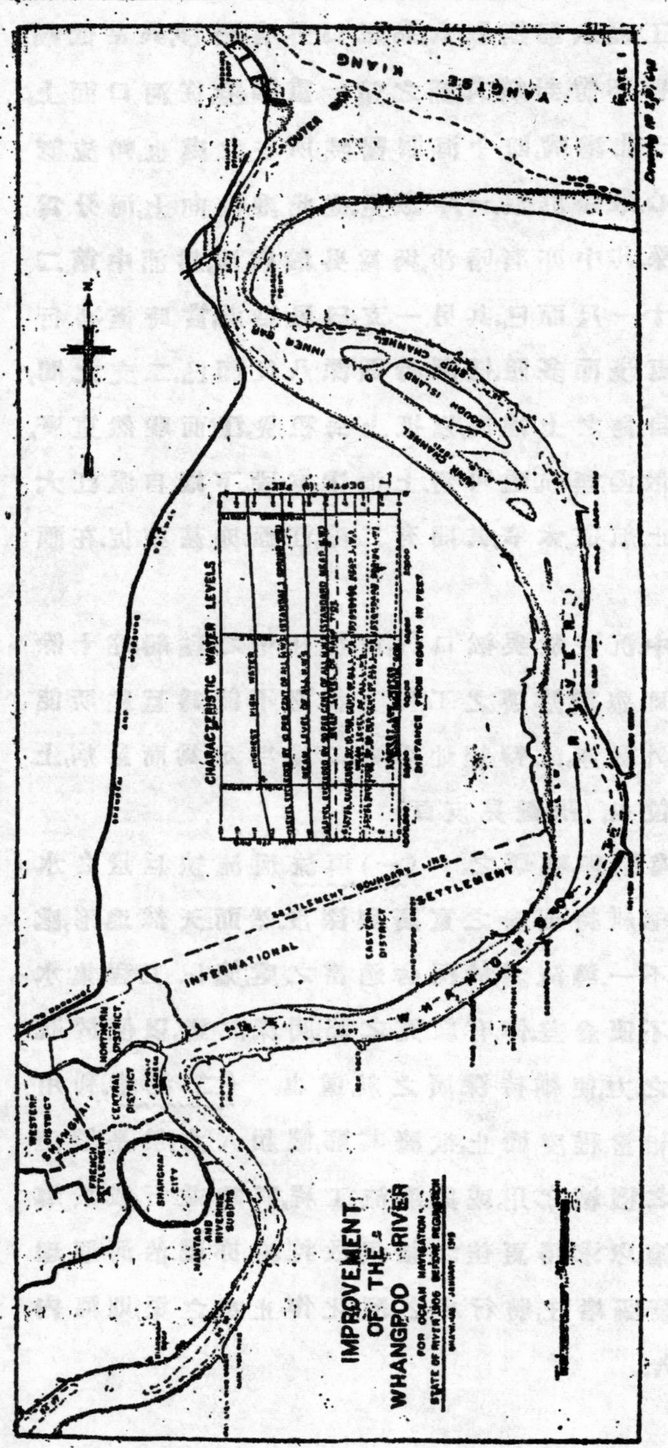

治理黃浦,在初期內,導流與挖濬,二者兼施,建造堤岸,以集水勢,同時用機開掘淺灘及凸嘴等阻礙.及至近年,導流設施,幾近完備,而河深之需要,仍日進無已,故專注重於挖濬一種工作.至於作渠之法,亦曾詳細推敲,終以費用浩大,得不償失,非經濟之道也.

黃浦河道局時代 Whangpoo River Conservancy. 從一九〇五年至一九一〇年,黃浦江中工程,爲前黃浦河道局所舉辦,茲將其工程大概,略舉於下:(一)規定濬浦綫.此綫確定黃浦河道之趨向,地位,寬闊,界限,爲歷來治浦之準繩.河面之寬,自港之上端起,逐漸向下游開放.其在高昌廟,河寬自江左塹江右濬浦綫間約相距1400尺,到吳淞口,約2400尺.在此兩綫間之河面,任何建築,不得侵佔.兩岸浮船碼頭等等,一概齊濬浦綫截止,不得超越.(二)在吳淞口砲台前建造長堤一條,伸入揚子江中,使進出之潮水,有一定之軌道,水勢聚集,浮土不能下沉,原有河底之暗沙.亦藉冲刷之力,自然移去.(三)老船道雖較深,然灣勢過甚,航駛不便,故用巨壩堵塞老船道,使此支之水,歸併於民船道.同時用機將民船道開挖,使深廣足以容受全河之水.聚集勢力,俾能自保其水道.(四)吳淞對江之凸嘴,曰北港嘴,伸入江中,以致河面太狹,故用機船開挖切去北港嘴,此外較小之工程,不勝枚舉.

黃浦河道局時期內,所用經費,共計銀七百萬兩有奇.在此期內,舉辦工程之有效果,使黃浦航道昔在最低潮下僅十一尺者,今進而為十九尺焉.

吳淞口長堤截面圖

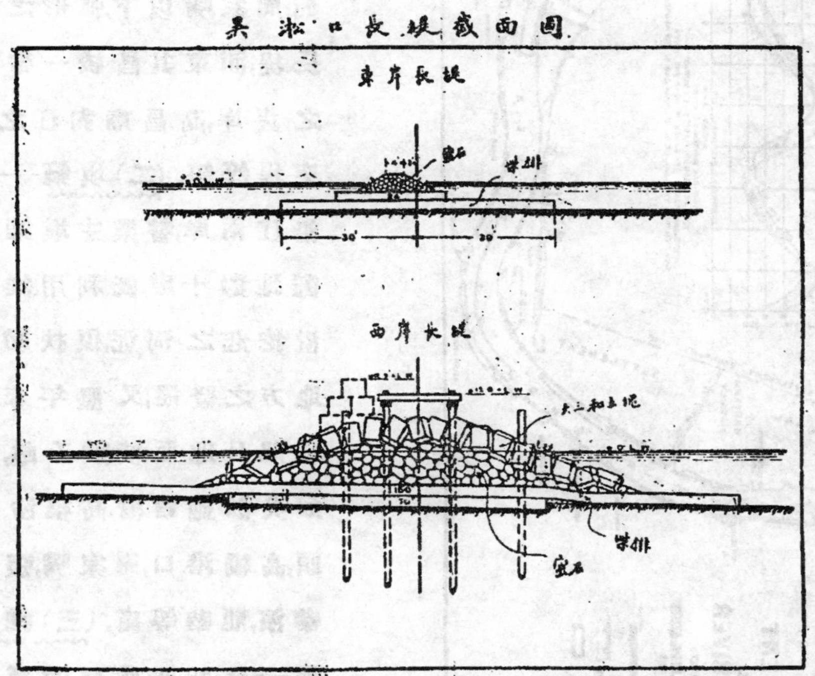

濬浦局時代

Whangpoo Conservancy Board.

濬浦局承河道局而設立,繼續修治改良河道.蓋前河道局所辦者,功僅及半也.濬浦局舉辦之工程,迄今可分為二期.第一期自一九一一年至一九二一年共計十年.第二期自一九二一年至今日.第一期工程設施,其主要目的,為使黃浦江航道之統深,自最低潮下十九尺增至二十四尺.第二期之主要目

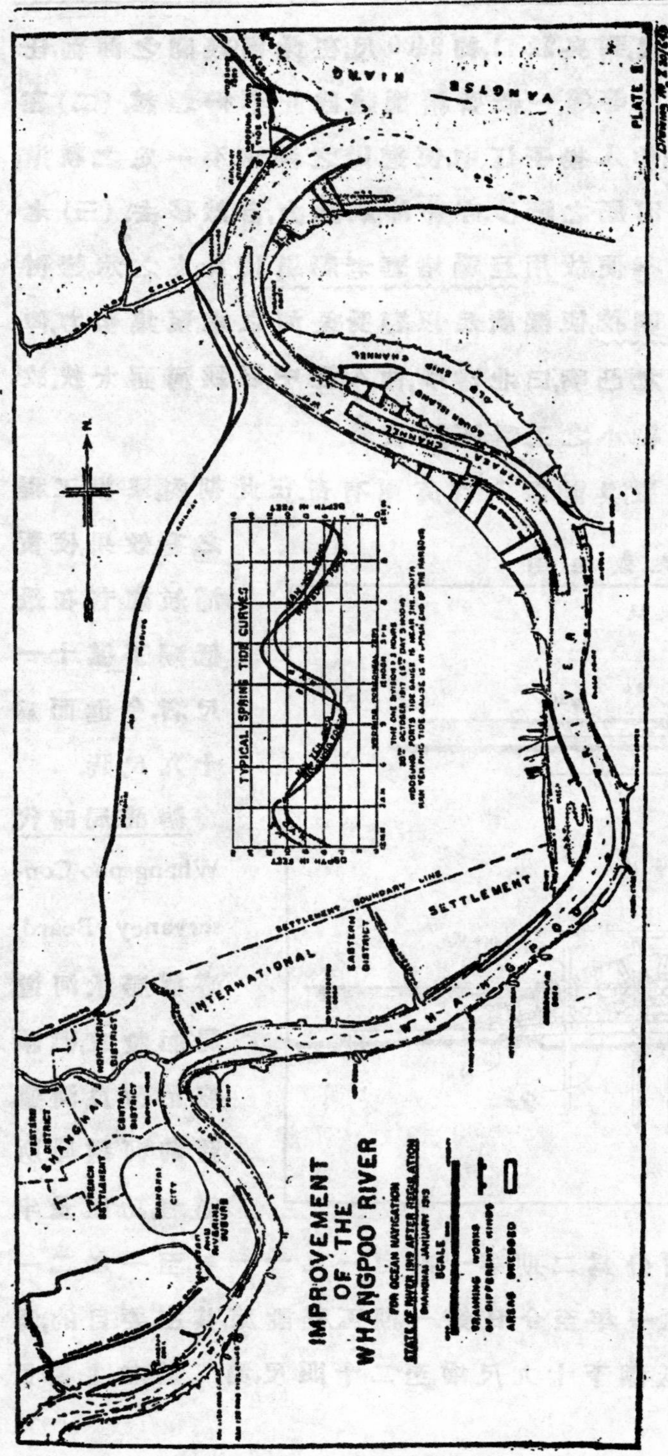

的,爲儘量發展黃浦航道之深與寬,以便海洋最巨之輪舶,直達上海港內,然以財力所能舉行者爲度.

第一期內要工 在此期內,所辦工程,導流濬挖,兼程並進.今舉其要者如下:(一)堤工——如周家嘴以下,弧形之長堤,浦東其昌棧一帶之堤岸,高昌廟對江之突堤等等.(二)塡築——沿江兩岸,替業主塡築灘地數十處,旣利用堆置挖起之河泥,復扶助地方之發達,又歷年來塡起公地面積數千畝,如吳淞砲台灣,高橋沙頭,高橋港口,周家嘴,張華濱,龍華等處.(三)挖泥——如北港嘴,楊樹浦,浦東,陸家嘴,南頭,高昌廟等處,均經開挖多次.

第一期十年中,預算

費用計銀六百萬兩(Tls. 600,0000)至一九二一年期終結算,實用銀五百五十萬兩(Tls. 550,0000).同時在期內機械產業之增加,值五十萬兩(Tls. 50,0000).

第二期內工程　至第一期之末年,黃浦江導水堤工,差近完備.河身狀態,大致已定.藉河流自然之力,固足以維持現狀,然不能冀有再良好之功效.然而海洋船舶繼長增深,日進無已.於是爲改善港道以應時需起見,施工方策,側重於機械濬挖,以達最低潮下水深三十尺之目的.五年以來,河中各處較淺者,均予濬挖.各處凸肚,年年開掘.故在今日,洋海巨輪,均得直入上海港內,不復如前數年之在吳淞口外三夾水拋錨矣.近來進港最大之船,吸水三十一尺.即在小汛低潮時,亦能通行.

除河內航道挖泥外,兼代沿江業主挖除沿江碼頭前面之積土,取價極公允.所有挖起之泥,概用以塡築灘地,已成面積,廣大可觀.又自楊樹浦盡頭周家嘴起,下迄虬江口止,現新開運河一條,以便小輪民船貨船之行駛,促地面之發展.計長約六里.底寬一百尺,面寬二百六十尺,深最低潮下十尺.現正興工,建造三和土橋於其上.與租界之定海路相接.

導流石堤

此外凡在黃浦江內歷來所興辦之工程,均予維持保養.又擬有建築商務郵船碼頭,擴充港務,設立火油貯棧碼頭等大

計劃,均以時局影響,未能順手進行.

第二節——上海河工說明

黃浦江中所舉辦之工程,含特殊之性質,爲他處所不常見,故略表而出之.

堤工　堤之用,所以導流,束水,順其勢而集其力,俾能自保河身之寬深.堤之設,分長堤突堤二種.長堤與江流並行,如吳淞口及周家嘴等處是.突堤與流成正角.在水深處築長堤,費用不貲,故作多數突堤以代之.堤間之空處,日久自能淤積.堤不甚高,及半潮而止.用意:退水時,能導束水流而收洗刷之效.漲水時,漫沒堤頂,仍不減容潮之量.築堤材料,以柴爲基,以蠻石,木樁,三和土巨塊等爲身.

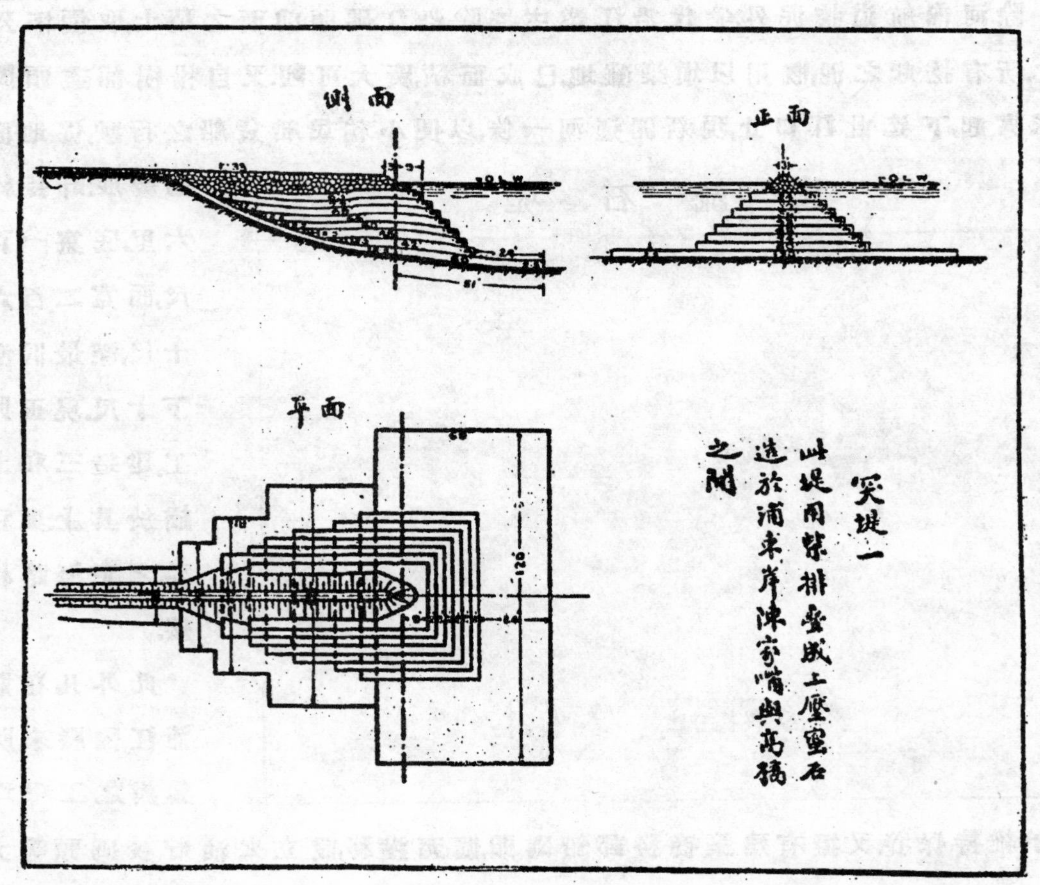

突堤一

此堤用柴排壘成上壓蠻石造於浦東岸陳家嘴與高橋之間

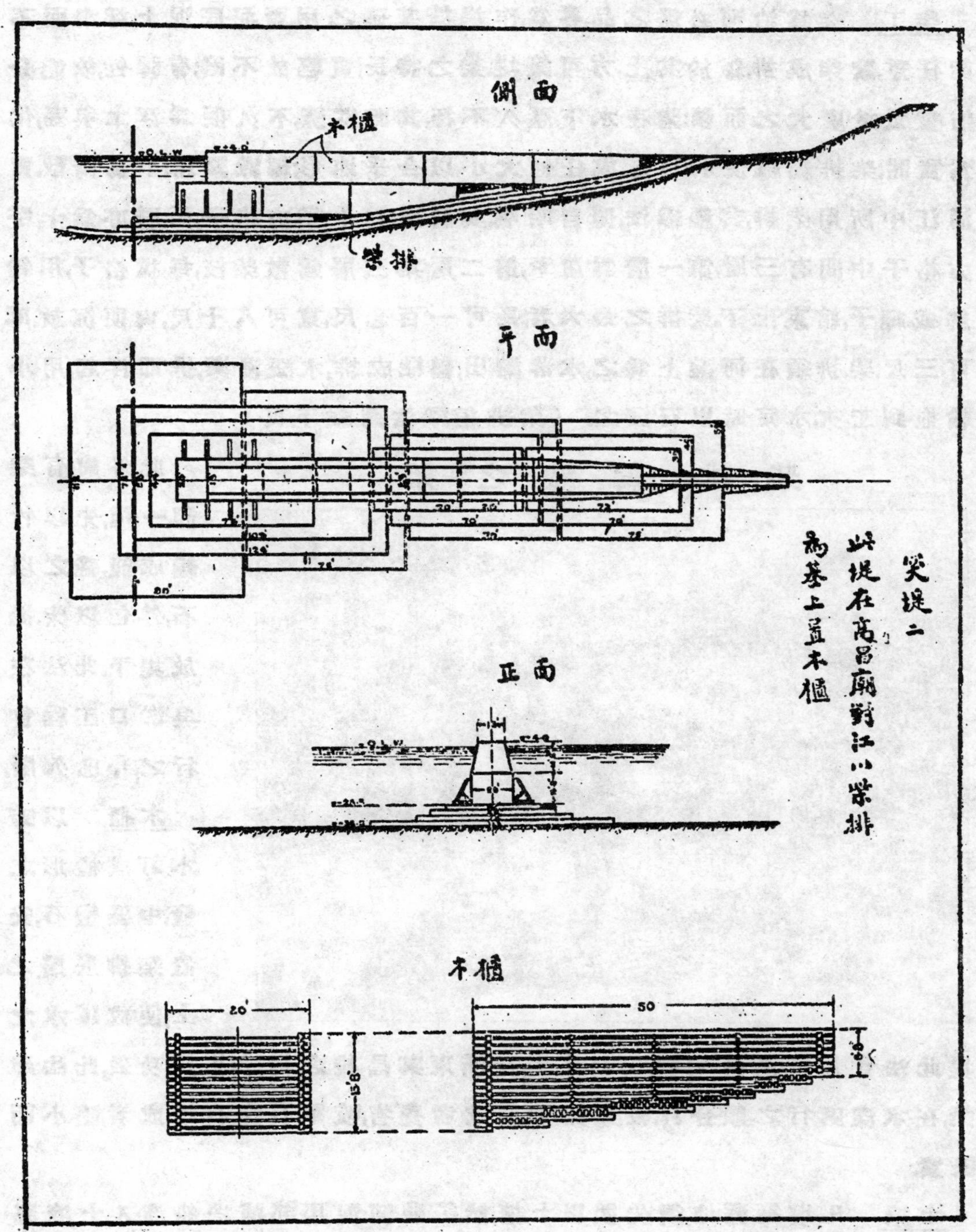
側面
木櫃
柴排
平面
正面
木櫃
20'
50
笑堤二
此堤在高昌廟對江以柴排
為基上置木櫃

柴工　柴爲治河必需之品,專爲作堤塘基礎之用.蓋河底泥土,浮滑而不能任重,紮柴成排,鋪於其上,方可築堤.柴之特長,質輕故不陷;有彈性,故能分佈重量於廣大之面積;柴在水下,歷久不朽,其間空隙,不久便爲浮土塡塞,化爲實體;柴排編織便利,可造成任何大小,以合乎地形;編織緊密,不易衝散.黃浦江中所用柴排,其編織法,傳自荷蘭.其底層爲十字方格子,面層亦爲十字方格子.中間有三層,第一層爲蘆草,第二層第三層爲散柴枝,每擋格子,用鉛絲或繩子,綰束上下.柴排之最大者,長可一百念尺,寬可八十尺,尙便沉放.厚可三尺.柴排須在河灘上爲之,水落灘出,編織成排,水漲漫灘,排即浮起,用小輪拖到工次,水定時以石沉之.(柴排編織法圖載下頁)

柴排—編織之始

此外尙有柴籠一種,先以竹編成籠,盛之以石,外包以柴,拋放堤下.此法在吳淞口工程曾行之,今已久廢.

木櫃　以方木釘成櫃形之籠,中盛蠻石,安置柴排底層之上,便成導水之堤此法曾用於高昌廟對江之突堤,及浦東其昌棧之堤岸,甚見功效.此法建築,在水深處行之,頗合算.較用柴排壘成者費省,較單石蠻石堆成者,體小而堅實.

土塘　凡塡築灘地,須先圍以土塘,然後將河泥用邦浦機船灌入.土塘底

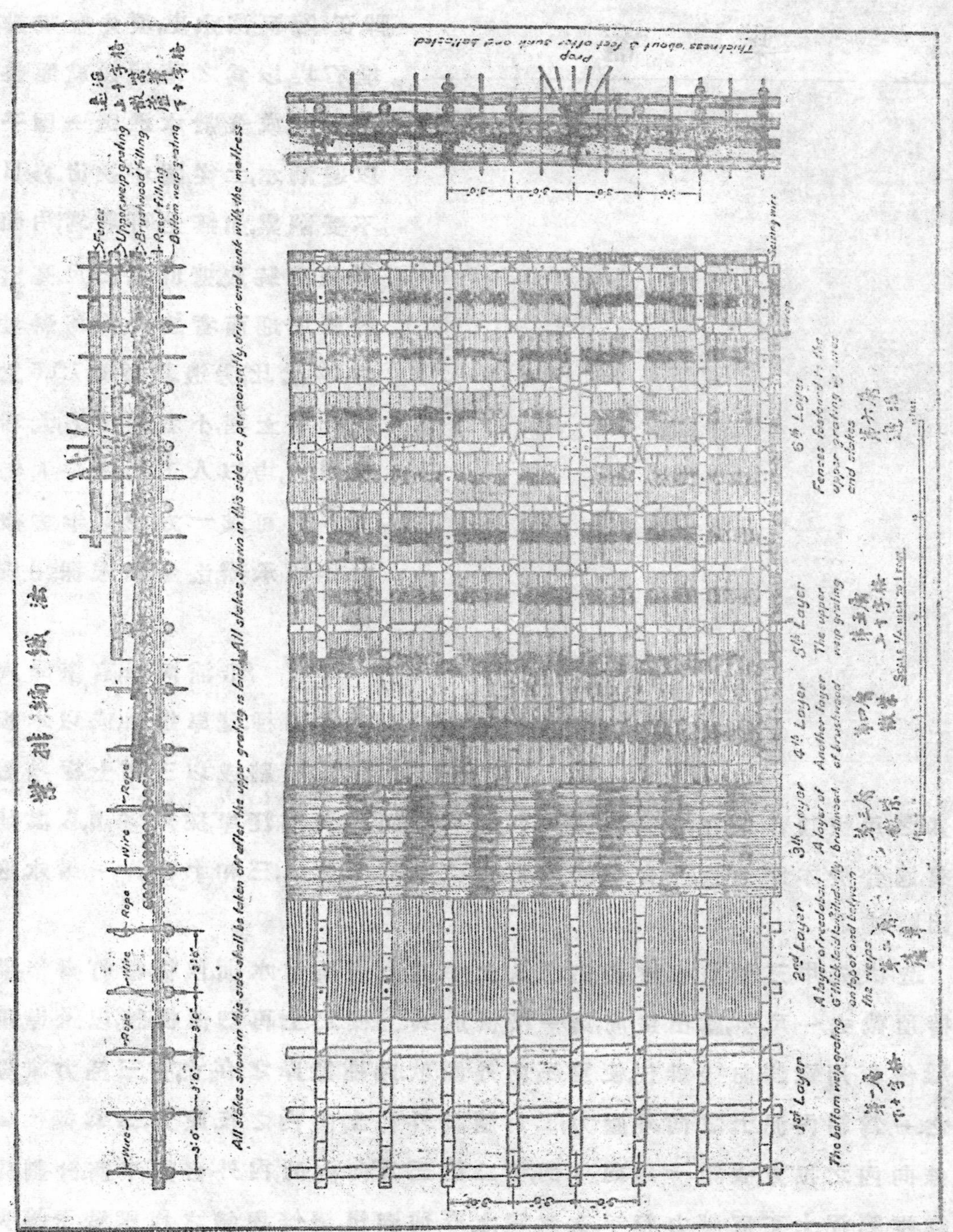

柴排編織法
Thickness about 3 feet after sunk and ballasted
Prop
Fence
Upper weip grating
Brushwood filling
Reed filling
Bottom weip grating
上沿
上十字格
粗柴層
蘆柴層
下十字格
Wire
Rope
3'-0"
All stakes shown in this side shall be taken off after the upper grating is laid. All stakes shown in this side are permanently driven and sunk with the mattress
1st Layer
The bottom weip grating
第一層
下十字格
2nd Layer
A layer of reeds about 6" thick laid longitudinally on top of and between the weips
第二層
蘆柴
3rd Layer
A layer of brushwood
第三層
粗柴
4th Layer
Another layer of brushwood
第四層
粗柴
5th Layer
The upper weip grating
第五層
上十字格
6th Layer
Fences fastened to the upper grating by wires and stakes
第六層
上沿
Scale 1/4 inch to 1 foot

柴 籠

脚,在臨河深水處,須先放柴排,堆石堤,以爲之基,然後就地挑土作塘.或先於水邊,造一圍子,以避潮水,土從圍中挑出,終日不受潮累.如無土可取者,用船從他處裝取.塘頂寬三尺.高出於所塡地面者二尺.臨河斜坡,爲1:2之比,旁邊斜坡,爲1:1.5之比.此項土塘,小者數千方,大者數萬方,均以人工挑築,每人每工,多則可成一方,少則半方.概由作頭承辦.迄今尙未採用機械.

岸坡 沿浦河岸,有壁岸與坡岸兩種,壁岸造法,或以木板,或以石牆,或以三和土板牆等爲之.用板牆作岸,在各教科書中,言之不詳,而在黃浦江岸,採用極廣,以其建築,適合於本地土性,甚合經濟故也.木板岸不能耐久,三和土板岸,一勞永逸,因略述之.

造法,先用三和土板樁,排釘深入土中.其上端高出水面.俟板樁打齊後,將樁頂截去一尺半,露出鐵筋,鑄一橫樑於其上.樑之上再鑄薄板牆,以及岸頂.樑後復用鐵條,向後絆住,使牆不向外傾欹.此種壁岸之存立,有三種力維緊之.一爲牆內泥土之向外壓力,二爲牆脚外泥土向內之反壓力,三爲樑後鐵條向內之拉力.故第一爲向外的,第二第三爲向內的,內外必須平衡.計劃先從推算泥土正反壓力着手,次爲牆之厚薄深淺,鐵條與錨之粗細疏密等.此項算法,頗費躊躇,可供參攷者,有濬浦局工程師查理與瑪耶所著,板樁的力學,Mechanics of Sheet Piling一卷.

吳淞砲台灣,濬浦局公地.

坡岸以土築成,坡上鋪護岸物,以禦潮汐.坡之斜度,向黃浦者,爲1:2之比.向小浜者爲1:1.5之比.護岸物分臨時的與永久的兩種,臨時護岸,以新挑土岸,易被潮蝕,故隨挑隨護.造法:先蓋蘆葦一層,壓以橫行柴條,以小樁釘於土中,再壓以碎石一層,厚可八九寸.此護岸,可歷三四年.永久護坡,用大石塊鋪砌,經久壯觀.造法:底用碎石一層,厚約三寸.其上覆以十寸厚一尺方之花綱石塊,以1:4:8之三和土墊平塞緊.石塊間隙縫,用1:3水泥漿嵌飽.護坡脚下,用石堤,或三和土脚,或用木板樁以承之.

塡築灘地

塡地　築塘既成,乃事灌塡,法用大邦浦裝方船中,停於岸旁,架三十寸徑之大鐵管,從邦浦通達塘圍內.河泥自運泥船中被吸入邦浦,再從鐵管送入塘圍.所用邦浦,共有大小兩只.均屬離心式.大邦浦抽取泥沙;小邦浦提抽河水.因爲泥質堅實,不能吸取,必須先用水冲下,調成濃厚的泥漿,方能吸入邦浦,從鐵管流送.泥與水之比例,大約每船泥,需用三船或四船之水以調解之.放水之尖有二,冲勢甚急.送泥之管,長可達五千尺,直上廿三尺.每機每月能塡泥四萬方(400,0000 cu. ft.)之譜.此種塡泥工程,除濬浦局公地外,均與業主訂立合同包辦.連作基建岸圍塘灌土等一切在內,共費若干,若單就所塡泥土而言,從前船量每立方碼收銀一錢,現在僅收一分.至於基岸建築費,祇就工料開銷之數徵收.

第三節——挖泥機械概要及挖泥工程

挖泥爲治河重要工程,爲近來維持上海港河水深之惟一方法.挖泥機械,種類不一,採取何種方法,可得最良善之結果,則須詳細考察其地之形勢,土質,風浪,潮流,工程大小以及種種情形而定.故挖泥工程,驟視之,似甚簡易,然欲措置得當,工作經濟,非深有經驗不可.玆先略述近世挖泥機械大概,然後申言黃浦江中之挖泥機.

挖泥機械大別有三:(一)吊斗式 (Grab Dredger) 斗係兩爿合成,放下時張開,吊起時合攏.除斗以外,其搖車吊捍等與起重機相似.此機佔地少而轉動便,故宜於碼頭間狹窄之地用之.其工作效率低,故不宜於巨量之工程.勺斗式機 (Dipper Dredger.) 亦屬斗之一種,盛行於美國,本土無有試用之者.(二)畚箕式 (Bucket Dredger.) 以鐵箕數十隻,串成長鏈,架於梯上,如吾國之龍骨翻車一般.梯之二端有輪,上輪受機力轉動,箕沿梯緩緩上升,從下輪之下,挖起泥土,到上輪之頂傾覆,從旁射出.近年以來,海輪航道,需水日深,故有特製之挖泥機,其梯可以卸落,將上端裝設甲板上,而另設一梯以接長之.如是可挖至八十尺之深度.畚箕挖泥機有自動與不自動之分.自動挖泥機船,裝有航行之具,故將船上泥艙盛滿後,開駛至指定之處,將泥卸去.甚爲便利.惟其

舂箕式挖泥機

造價昂貴,較不能自動者須大三四倍.不自動挖泥船,無航行之具,遷移賴拖船帶動,挖泥之時,用錨繚緊住.錨繚前後左右,共有六條,宛如甲魚.若將前繚收起,後繚放出,則船前進.或將左邊二繚收起,右邊二繚放出,則船向左移,反是則向右移.藉六條錨繚之收放,而機船之工作,方得指揮如意.尋常舂箕挖泥船,泥從旁槽射出,注於運泥船中惟有時亦裝抽泥邦浦者,將挖起之泥,通過浮管,送達附近岸上.(三)抽泥機(Suction Dredger)船中裝置大而有力的離心邦浦,其進水管伸及河底.邦浦開行時,河底之泥,隨水而入管.此直接從河底取泥者也.不然,抽泥機有用以抽起巳經挖起之泥土者,從運泥船中抽送岸上.抽泥機亦有自動與不自動之分.自動者能從河底抽取泥沙,裝於艙內,滿時卽駛至他處而放之,或從艙中抽起,送達岸上.不動者,從河底吸取泥沙,盛於運泥船中.或經浮管吹送上岸.或從運泥船中,收泥上岸.如河底爲沙性,則可用抽泥機直接向河底抽取.細沙自能隨水入管.若係泥性,不易流動,則管口所到之處,僅能挖成一個深洞,效果極微.故此法僅合於沙性之河底而不適於泥性之河底.例如建造煙台港時,考海底係屬沙性.及用抽泥機到場試驗,則底沙流動甚緩,管口抽入之水,含沙極少,故無成效,終改用舂箕式挖泥機以代之.此外尙有割泥

機(Clay Cutter)一種,就抽泥機進水管口,裝着若干灣刀,另用一引擎以轉旋之.先將泥割鬆,然後抽吸而上,此機可用於泥性之河底.

黃浦江中挖泥工程　黃浦江底,爲泥與細沙之混合物,最適用之挖泥機械,惟斗式與箕式二種.黃浦兩岸之地,所處卑下,均須塡高,方合利用.故河中挖起之泥,可用以塡地.若運至揚子深處而廢棄之,暴殄物力,極不經濟.所以歷來浦江中所用之機械,用以挖深當江大量泥土者,屬舂箕式.用以挖去碼頭間之積淤者,屬吊斗式.取泥上岸,塡築地畝,用抽泥機.以上各機,均不能自動.泥土自挖泥運到抽泥機,賴乎運泥船裝盛之.駁船拖行之.所以浦江中挖泥機械,由箕式斗式挖泥機,抽泥機,駁船,運船各項組合而成隊.通力合作,不能單獨與工者也.

自一九〇五至一九一五年,挖泥工程,由喏蘭治港公司承包.其機隊自喏蘭來.此實爲中國見挖泥機器之始.自一九一六年起,濬浦局自備挖泥機隊.最先定造舂箕式挖泥機一只,抽泥機一只,駁船二只,運泥船三只.嗣後逐年添加,以至今日之盛.現黃浦江中挖泥機隊有:——

大號舂箕式挖泥機	二艘
小號 „ „	一艘
大號吊斗式 „	二艘
小號 „ „	一艘
大號抽泥機	二艘
駁　船	八艘
運泥船	廿一艘

附屬之他項船隻

其他修理機具以及乾船塢等,一概全備.大號挖泥機,每小時可挖起六百立方碼,有舂箕三十一只,每箕能容廿三立方尺.大號吊斗式挖泥機,每小時可挖一百五十立方碼.抽泥機每小時能抽泥一千立方碼.其一名海象,係本埠耶松船廠所造。

挖泥費用　黃浦江中挖泥工程，統計所挖起之泥土，以船量算，如下：

自1905—1915，啨嘣治港公司承包挖起	共	1387,9950 立方碼
自1916—1927 七月，濬浦局自挖	共	1575,2224 „
兩共約二千九百六十餘萬立方碼…………		2963,2174 „

預計至十六年年終，江中前後挖起泥土，在三千萬立方碼以上。

在昔啨嘣治港公司承包挖泥，每立方碼，挖起抽上，運送四英哩，共計銀二錢二分 (Tls. 0.22.) 運送過四英哩者，約增運費。濬浦局自辦機隊，去年平均挖費分析如下：

舂箕挖泥		每立方碼	Tls. 0.10
運費	四英哩以內	„	0.06
	四至八英哩	„	0.09
吊斗挖泥		„	0.13
運費	四英哩以內	„	0.10
	四至八英哩		0.13
抽泥上岸		„	0.05

綜上數字，每立方碼泥，用舂箕挖起，運四英哩，抽送上岸，其費爲銀二錢一分。包括工資，物料，保險，利息，修理，折舊等等一切費用。雖眼前之物價，高過於十年以前，而今日挖泥之單位價，仍較十年前之包辦價格爲廉。

燃煤一項，爲挖泥消費之最大者，計：——

舂箕挖泥	每馬力每小時燃煤	4 磅
吊斗挖泥	„ „ „	6 „
抽泥	„ „ „	3½ „
駁運	„ „ „	3 „

若欲挖起一立方碼之河泥，計：——

春箕機船　須燃煤　3 磅

吊斗機船　„　6 „

挖泥機械之壽命,大約十五年至二十年.每兩年須大修理一次.舂箕式之舂箕,鏈條,轉軸,大齒輪等,每兩年更換一次.吊斗式機之鐵鏈盤,搖車,鉛絲盤等,亦須常常換新.至於駁船運船,修理極省.

挖泥工程之在江中者,用舂箕式機,其費用從公帑支付.在各碼頭間者,用吊斗式或小號舂箕式機挖之.其費用由業主擔負,每立方碼,收費一錢六分.(Tls. 0.16)

目下舉行之工程,分二種性質:　(一)加深航道.在此範圍內,盡量進行,以期合時勢之需求.　(二)去除積淤.每年浦江中應挖除者,計一百萬立方碼(100,0000 cu. yds.) 目今所感困難者,爲堆置廢泥問題.蓋沿江兩岸,空隙灘地之須填築者甚鮮,若下游之低灘,地價甚微,築岸灌填,又不合算.因此河泥挖起後之消路去處,煞費躊躇.最終至無地堆置之時,必得運送揚子江中而放之.

第四節——上海商務與改良港務問題

上海之導河治港各項工程,已盡於上述各章,今請略言上海之商務與港務改良之重要.

上海與世界各大埠通商,有二十五條海洋航綫,常有巨舶按班往來.計達美洲者七條,達歐洲者十六條,達非列賓羣島者二條.當民國十三年(1924)一年中,駛進上海港口船隻淨記噸位,共計三千二百萬噸,(3200,0000 Net Register tons.) 其中二千七百萬噸(2700,0000 tons.)屬海洋綫的.一年間進來海輪共計1,1652只.進出貨物,在民國二年(1913)與民國十三年(1924)兩年之噸數,列表於下:

	民國十三年	民國二年
進　口	650,0000 噸	400,0000 噸

重出口	250,0000 噸	220,0000 噸
出　口	100,0000 噸	50,0000 噸
共	1000,0000 噸	670,0000 噸

從以上數字推算,十一年間,自六百七十萬噸增至一千萬噸.貨物之中,具特別性質者,民國十三年之進口額如下:

煤	220,0000 噸
米	30,0000 „
麥	40,0000 „
棉　花	15,0000 „
火　油	大　宗

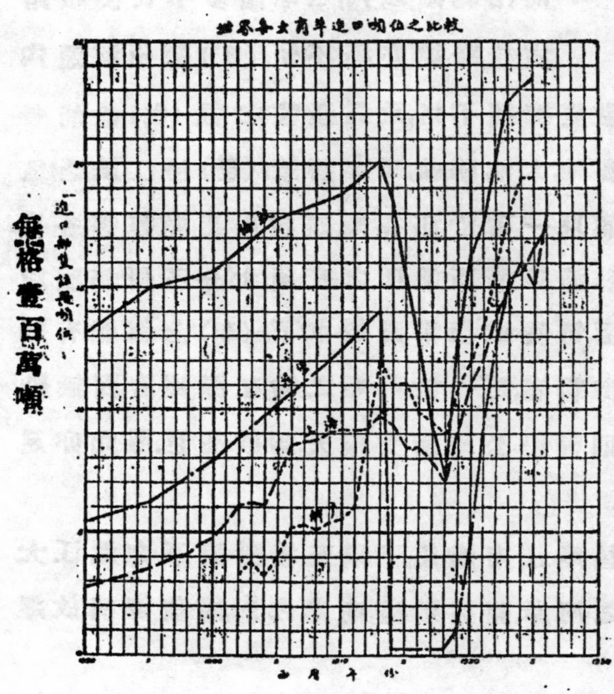

改良上海港務問題　上海商務既如上述,惟港務方面,能否應付商業之擴充,則下分三段討論之:

(一)設備　港內容納船隻之設備,不甚充足.各碼頭前面之吃水深度,尤慊太淺.沿浦兩岸之作爲停船運貨用者,共計3,3000 尺長.其中深度,在最低潮下過 30 尺者,僅 3000 尺.過 24 尺者,僅 1,4500 尺,其餘均甚淺,僅合小輪駁船停泊之用.除碼頭外,江心中有浮筒十九處,可供海輪之停泊,深度均在 30 尺以外.港內所有碼頭,均係私人公司所自建.亦有數條航路之輪船公司無自置之碼頭,可供停泊者.

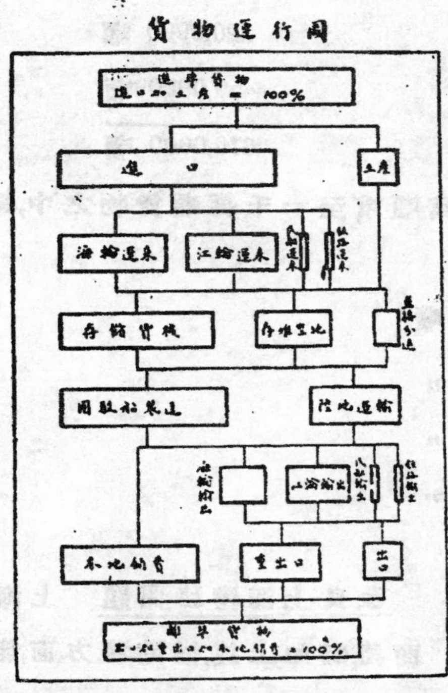

貨物運行圖

(二)缺點　目下上海港內,設備上缺點甚多.較諸世界各大商埠,遠不如也.(甲)貨物上下,全賴輪船上之吊桿,碼頭上不設機械,以致裝卸慢緩,躭誤時間,耗費金錢,碼頭之效用,亦大爲低減.(乙)上節所舉各項特品如煤,米,油棉等物,尙無特別之設備,與特製之機械以處理之.(丙)碼頭河岸與鐵路,不相聯絡,鐵路局雖在河濱有二處碼頭,然一在日暉港,一在吳淞,均不在上海商港範圍以內,運輸諸多不便.麥根路貨棧,路遠亦極不便.(丁)蘇州河通內地,頗佔重要地位,然而年久淤塞,船隻擁擠不堪,致爲運輸之病.(戊)沿浦各處,堆貨棧房,在在皆是.然而分散各地,太無聯絡,亦非善策.(己)沿江缺乏良好之道路,亦爲本埠一大缺點.如浦東一帶,沿江各碼頭棧房工廠等等,各自爲政,而無一路可通.誠憾事也.(庚)浦東浦西過江之交通,十分不便.無橋以通行於水上,無輪渡以往來於水面,無隧道以溝通於水下.(辛)上海雖有船塢數處,均甚淺小,無有能容巨大海輪者.苟一數萬噸之輪,在滬出險,因無船塢可容,必待拖運外國,方得修理,則輪船公司所受損失,爲數甚巨.僅此亦足使巨輪裹足不前.

上海商港之範圍,其上限至高昌廟江南船塢,下限至楊樹浦下之滬江大學附近.近年商務日增,範圍以內之河岸,開拓殆盡,商港之內,船隻擁擠,故逐漸超越限境,向上下而擴展矣.

(三)改良　(甲)技術委員會　鑒於上海商務之激增,與上述各項之缺點.濬浦局於民國八年(1919)起,即切實從事於考察調查擴充上海港務之方策至民國十年(1921),聘請各國工程師,在滬開會,研究各種計劃,以定一最相宜之方案.是名爲技術委員會.其所條舉,印有報告專書行世,所舉各節,是否合乎國情,不敢憶斷,然實指示改良擴充港務不易之途徑焉.爰將報告書各點,舉列於下.（1）使上海港內,及揚子口之進路,用大力機船濬深,俾吸水卅三尺(33ft)之巨輪,均得直達無阻.（2）增加容納船隻之設備,如建造郵船碼頭一座在吳淞,商務碼頭一座在上海附近.重排浮箭,以增加水面地位.（3）推廣上海商港之限界,上及龍華,下至吳淞口止.（4）設立港務局,經營港內一切事業,俾專責成.

技術委員會之建議案出世後,經各方面詳細討論,意見紛歧,至今未見實行.濬浦局仍致力於預備之工作,完成各種試驗,以備工程實施之根據.其試驗所得之結果,有普遍性的利益,爲工程界所樂聞者數種,摘錄於下.

(乙)土性試驗　本地泥土之特性如下:

重量每立方尺　117 磅

與水比重　2.7 倍

含水素　28 %

富有彈縮力 Elasticity

內阻力角度 Internal Friction Angle 視所受壓力而殊.壓力愈大,角度愈小.

壓力	每平方尺	50 磅	內阻角	30° 度
„	„	200 „	„	22° „
„	„	500 „	„	18° „
„	„	1000 „	„	15° „

(丙)打樁試驗　歷年來,在黃浦江邊試過八十餘個樁子,結果圓木樁之載重力較方木樁高百分之廿五.玆將圓方木樁載量摘錄如下:

圓木樁載重極量:	靜定的	每平方尺	500 磅
	間斷的	„	400 „

圓木樁平安載量:	靜定的	每平方尺	300 磅
	間斷的	„	270 „
方木樁平安載量:	靜定的	„	225 „
	間斷的	„	200 „

所謂間斷的載重 Intermittent Load, 如棧房碼頭下面樁子,貨物時有動移,樁子所承活重,斷續無常,能使樁子負載力減殺.

(四)深水碼頭 數年以前,直駛外洋之輪船,概停泊吳淞口外,揚子江心,故黃浦江岸,多排方船,以上下貨物.但此項浮碼頭,僅能供淺水輪船之停泊,

深水碼頭建造圖樣

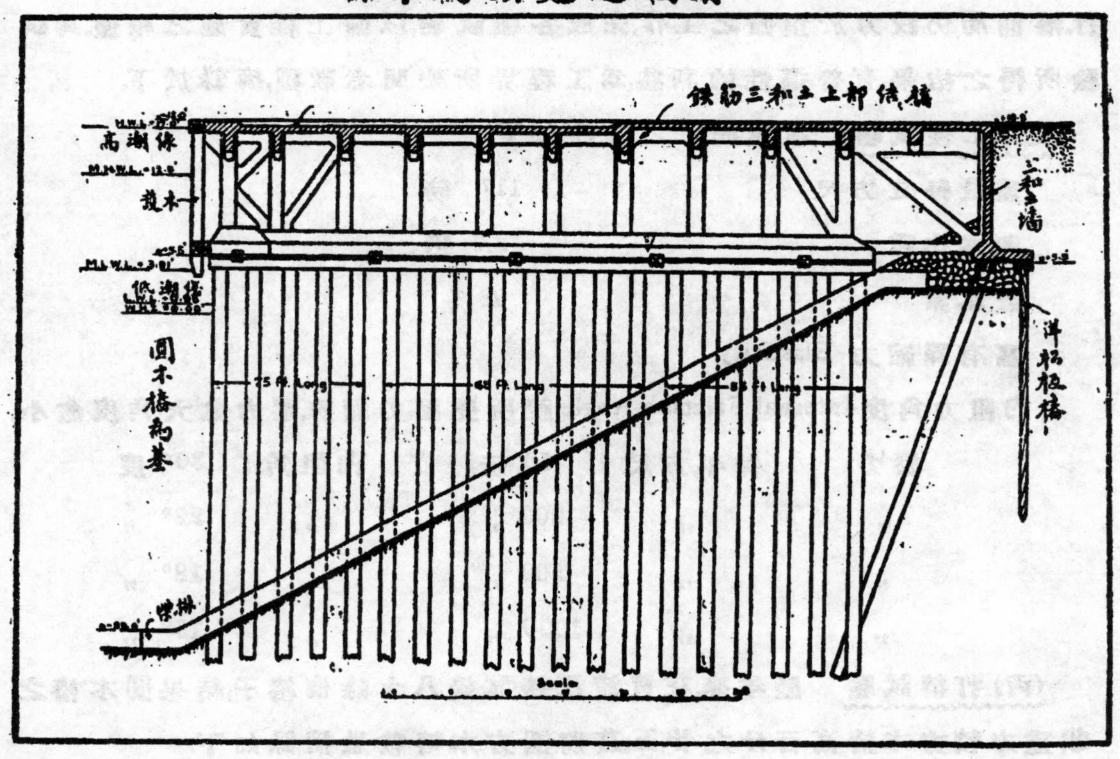

而不能維繫海輪.自近年黃浦濬深,海船直入,於是建造深水碼頭之問題日亟矣.然則在黃浦江中,應採何種建築,最爲適當.濬浦局集多年之經歷,詳細

之考察,乃知和合式之建築最合宜於本土之情形而最經濟.此式用木樁爲基礎,以鐵筋三和土爲碼頭之上部.

河泥輕浮無力,不能承實質之建築,故須以樁負荷之.木與三和土,均能歷久不壞,惟木樁輕而價廉,負重力又較大,故以木爲宜.整支花旗洋松,長者六七丈,其價較方木廉.其功效尤巨.故建造深水碼頭,此爲最合用之基礎材料.至於碼頭之上部,須輕而堅實,耐久不費,故以鐵筋三和土爲最佳.自此式審定後,年來浦江中新建之深水碼頭,均奉爲圭臬.

(五)其餘試驗調查　不勝枚舉,刊印報告書,不下二十種,其中不少記錄,觀察,消息,爲他處所不可得見.而爲工程人士所珍視者,玆不贅.

結論

上海爲全國最大之商埠,對外貿易之咽喉,財賦之所自出,國計民生之所關.然而上海之所以爲上海者,在乎有優勝之地勢,與良好之港口二者.經營港務,以工程之建設爲主體,而工程事業之成功,有兩要點:

(一)穩定之組織.

(二)可恃之經濟.

必須組織穩定,始有一定方針,完善規劃,按步行去,方能奏效,不然,時時更張,終至無成.且服役人員,亦必須在穩定的組織之下,始能安心任事,克盡厥職也.經濟可恃,則能享受良好之信用,而得種種便宜之結果.何以言之,蓋舉辦工程,不外人工,機械,材料,三項.若經濟充裕可恃,則工人待遇,自能較優,工潮可免.購辦機械,各廠家均願投標競賣,可得最良最廉之機器,至於購辦材料,商家無不樂於承辦,且自願減輕其利.此無他,信用足也.

工程師之職志,以最小的工作,最少的材料而得最良之建設,與最大之功效,然而計劃是一事.實行又是一事.苟實施之時,不合經濟之道,則計劃雖盡善盡美,無益也.故大規模之工程,如上海之導河治港,欲其規劃得當,措置適宜而不背乎經濟原理,非有穩定之組織與健實之財源,決不能奏功也.

是以綜前後二十餘年大體觀察上海河港之工程,不可謂無成績,而其所以能積二十餘年之久,孜孜不輟,以得今日之成績者,則又不得不歸功於有可恃之財源與不受時局影響之組織兩端而已.

本刊第二卷第二號(民國十五年六月)正誤表

「大冶鐵廠之設備及其鍊鐵之法與成效」篇內錯誤甚多,特更正.

(1) 卷首 第三圖與第四圖倒置

(2) 60 頁 第三行第三字『銅』係『鐵』字之誤

　　" 『清灰爐』 第三行第二十六字『搫』係『擧』字之誤

　　" 『機力房』 第二行第四字『&』係『4』字之誤又第十五字『Francher』係『Francer』之誤

　　" " 第三行第八字『級』係『給』字之誤

(3) 61 頁 『機件修理廠一所』 第十行第廿一字『拑』係『堝』字之誤

(4) 62 頁 『焦炭』 第一行第九字『縣』係『源』字之誤

(5) 63 頁 第一行第二字『矽』係『砂』字之誤

　　" 第三行第二十七字『矽』係『砂』字之誤

(6) 64 頁 『上料』 第四行第十五字『頂』係『鈎』字之誤

(7) 66 頁 『出碴』 第五行第十四字『三』係『二』字之誤

(8) 67 頁 第四方程式右邊 $2Fe_2O_3+CO_2$ 應作 $Fe_2O_3+CO_2+2FeO$

(9) 68 頁 『鎔化帶』 第七行第三字『砂』係『矽』字之誤

　　第八行第十三字『矽』第十七字『碴』第二十五字『計』係『碴』字『鎔』字『汁』字之誤

　　" 第九行第二字『砂』第廿五字『鎔』係『矽』字『碴『字之誤

(10) 69 頁 『化鐵爐之病症及醫治之方法』第一行『最』多一字

　　" " " 第三行第廿七字『終』係『牆』字之誤

　　" " " 第四行第廿六字『牆』係『內』字之誤

　　" " " 第五行第廿三字『謂之』係『之謂』之誤

(11) 70 頁 第二行第八字『鋭』係『鑠』字之誤

橫渡大西洋商用飛機之計劃

劉開坤

此稿由德國寄來,本刊收到之後,因航空事業又有新發展,故由編者將原稿特爲修正.祈作者原諒, 編者識

(一)導言 自本年五六月間美法諸飛行家飛渡大西洋以來,歐美人士,耳所聞,口所談,不離乎各飛行家之成敗消息.其間如美國林特伯 Lindbergh 之隻身由紐約飛抵巴黎,張伯倫 Chamberlin 之飛抵德國,賓維斯 Davis 之機毀遇難,盤特 Byrd 之中途下落,與法國南格賽 Nungesser 及顧理 Coli 之失蹤,一時皆與社會以重大刺激.按橫渡大西洋飛行之成功,原非自今日始,特此次爲中途不停落之飛行,且航程較向昔爲遠耳.一九一九年五月,美國海軍部飛船 NC-4 號,首由紐約省之落克威灘 Rockaway Beach 飛至葡萄牙京城里斯本,中途曾停落多次.同年六月,英國飛行家愛而考克 Alcock 與白朗 Brown 乘『維梅』Vickers Vimy 飛機,由紐芬蘭至愛爾蘭,作不間斷之飛行.同時英國氣艇 R-34 號曾作英美間來回航行.至一九二四年,美國陸軍環球飛行團由英國經冰島 Ice-land 格林蘭 Green land 返美.又徐伯林廠爲美政府造成之氣艇 ZR-3 號.由德國航行至美.去年佛倫哥 Franco 由西班牙之波陸 Polos 飛至阿根廷國都.本年二月,意大利品都 de Pinedo 自意大利飛至巴西國都.總計飛渡大西洋者,氣艇三次,飛機六次,內由歐至南美者二,至北美者一,自美國至歐洲者三,皆航空界之重要紀錄也.

飛渡大西洋雖已數告成功,但俱屬試驗性質,飛行家藉一身之經驗膽力,得一良好之飛行機與發動機,不惜耗重貲,乘天時恰當之際,作孤注一擲之舉.飛機除燃料之外,幾不能再載客貨.故於歐美間商務毫無影響.如欲辦理正式航線,載運客貨,則非特造大型之飛機不爲功.茲篇所及,乃德國航空工

程界對於構造此種飛機之設計,一切俱根據學理,其規模之宏大,遠過現在通用之飛機.構造時工程上或有困難之點.但循序漸進,成功之期不遠,非可以荒誕不經之論視之也.

第一圖 大西洋圖

(二)航線之選擇

歐美間航空交通,可分南北二線.設以德之漢堡爲起點,則北線經英之皮務 Plymouth 而至美之紐約.南線經瑞士法國西班牙而渡洋至巴西,及阿根廷國都.北線又可分爲三路:北路由皮務至紐芬蘭之聖約翰,凡三千八百公里.再由聖約翰至紐約.中路由皮務直至紐約,凡五千四百公里.南路經阿蘇零羣島 Azoren Islands 而至紐約,最長距離爲三千九百公里.北線之須經皮務者,因其地處歐洲西隅,渡洋巨舶,多集於此.南線之經西班牙者,因其與南美各國同種同文,交通自繁也.

選擇航線,須視途程之遠近,與氣流之緩急.皮務紐約間直接飛行,爲程太長,飛機多攜燃料,即不能多載客貨.近有人主張於大西洋中造一浮動飛行站,但預算成本太大,茲姑不論.吾人如得一飛機,能作三千九百里之不間斷航行者,以之航行皮務紐約間,中途祇須停落一次.用之於南美航線,在大西洋中停落二次.則不間斷航行距離爲二千八百五十公里,更較容易.至於氣流之變化,各季風汛不同,如能順風飛行,自較逆風爲速.多令常有巨風,自北美東來.由歐赴美之飛機,不得不多具馬力,以禦逆風.

(三)渡洋飛機設計之要點　飛機設計,一須求其安全,再須求其經濟.安全云者,謂發動機馬力須富餘,機身各部受力須支配平均,所用材料與之相稱,駕駛運用俱須穩定,水面起落不易傾覆.經濟云者,飛機在空中阻力須小,燃料可省,而客貨可以多載.苟以輪船爲例,船愈大則愈安全,愈經濟.似乎飛機祇須加大,問題即可解决.但如何加大,頗費研究.

普通飛機所載發動機,燃料,客貨,重量多集中機身.飛機升力或載重,與機翼面積成正比.而機翼,機身,骨架重量,則與飛機體積成正比.故將飛機加大,其可載重量,與每邊長度成平方比,而空機重量,則成立方比,增加更速.結果則飛機愈大,而可載客貨重量與空機重量之百分比愈小矣.二千公斤重之飛機,能載重七百公斤,即全機重量百分之三十五.如將飛機加大至三萬公斤,則不復能載重,故照普通飛機放大,有害無利也.

(四)飛機加大之辦法　機翼加長,中間載重又增,殊嫌危險.有如橋上載人,橋長人衆,俱集橋中,自易折毁.但同數之人,如平均分列橋上,則橋之受力較小,此乃簡易之橫樑 Beam 理論,飛機之翼受力有如橫樑.以機身之載重,與空氣之升力相抵.載重集中,則機翼受力大,散佈則受力小.故渡洋之飛機,宜將發動機及客貨燃料重量分佈機翼各處,使機翼本身受力不大,構造可以稍輕也.

苟能將飛機載重平均分配機翼之上,則飛機加大,有如連數飛機並列一起,並無限制,可謂之「機翼無限長式」.飛機在事實上,雖不能如是分配,但依據此理,可得一設計之途徑.以全機重十一萬五千公斤作設計標準.假定機力一萬馬力,快機行四千三百公里.則依空氣動力學之原理可以推測其各部份之重量若干,而載重之量亦可由此而定.如機翼載重自每方公尺載重六十公斤增至一百八十公斤,則其機翼重量自三萬七千公斤減至一萬二千公斤.蓋全機重量不變,機翼每方公尺載重增則面積小,而重量亦小.同時因機翼面積小,阻力小,速度高.故所攜燃料,可由四萬四千四百公斤,減至三萬四千三百公斤.是則機翼愈小,利益愈大.但機翼亦不能過小,因機翼小則飛機下地時速度太高,且可裝客貨地位益形侷促.故由各方面着想,可定機翼載重每平方公尺爲一百十五公斤.

(五)度量之選定

全機,高九·二公尺,長三九·三公尺,闊九四公尺.

機翼,長九四公尺,闊十一公尺,最厚處一·九公尺.

浮船六艘,其每兩艘之距離爲十公尺,中部四艘,長三九·三公尺,高九·二公尺.

發動機十架,每兩架之距離爲五公尺.

車頁十具,每直徑爲四·五公尺.

全機重量十一萬五千公斤.

機身淨重爲全機重量之一半,計五萬七千四百公斤.內機器一萬七千公斤,浮船及舵二萬四百公斤,機翼二萬公斤.

載重亦爲全機重量之半,計五萬七千六百公斤.內燃料三萬七千公斤.客貨及雜件二萬六百公斤.載貨及搭客行李預定爲六千公斤,搭客一百三十五人,司役三十五人,每重八十公斤.

機翼載重每平方公尺,爲一百十五公斤,機翼之形色仍如普通飛機沿用之魚身式,藉可減少空氣之阻力.

發動機十架,每架一千馬力,共馬力一萬匹.此機器在地面上四千公尺內不致因空氣壓力之減低,而減少其動作力量.

車頁之效率較由計算上所得者爲少,因有各種不能減免之阻力,茲姑以效率八成計算,則試驗所得,該渡洋飛機在地面上四千公尺內,其飛行速率如下:

前段飛行(開始時)之率度,爲每小時二百六十七公里.

後段飛行(將終時)之速度,爲每小時二百八十三公里,以其燃料將罄,即載重減少,故飛行較速也.

駛慢機(即緩行時)之速度,爲每小時二百公里.

下落之速度,爲每小時一百三十公里.

所攜帶三萬七千公斤之燃料,如駕慢機而海面上復無風浪,則可敷廿七小時之飛行,爲五千四百公里,若駕快機則祇敷十六小時之飛行,爲四千四百公里(以燃料之耗費每匹馬力每小時爲〇·二一公斤計算).

由阿蘇零島至紐約,航線長三千九百公里.駕快機飛行,於十四小時半可達.若駕慢機,則須十九小時半.

此渡洋飛機速率之選擇,載量之鑒定,均以經濟上及安全上之關係爲標準.

(六)內部之佈置工程　(甲)機翼:機翼中部數十公尺,均同一度量,同一形式,而其兩端則稍尖削.機翼之前部爲小房,以便乘客休息之需,其建築法係照普魯士火車例,并能放睡椅其中.次爲乘客室.每室設六座,室頂及小房前部與地上均鑲透光玻璃,故光線充足,并可流覽沿途風景,乘客室之後爲一甬道,該甬道橫貫全機翼,因機器室在甬道之後,爲避免乘客受機器聲之攪擾,故以甬道中斷之.此甬道爲各乘客散步之需,高爲一·九公尺,闊爲〇·九五公尺,可容兩人並行,即肥碩高大之乘客,亦可自由來往也.艇長室及舵房,則設在機翼中部.工役住室,與行李及小部機件等,則放在各機器之間.乘客至甬道之門,不宜照火車例作平拉式,因飛機上落轉側不定,或恐因此夾住,殊不方便.故作掩式較佳.

發動機十架,安設在機翼中部,而在甬道之後.機器之後,亦設一小甬道以作機器工人來往之需.其兩傍餘地,則作鄧件及雜物存貯處.普通飛機車頁,均放在機翼之前.目今試驗,以放在機翼後部較佳,因其飛行效率較大也.

此渡洋飛機,因經過洋面,故作水上飛機式,設有浮船.普通水面飛機,浮船祗兩隻.此渡洋飛機,因機翼甚闊,以經濟及安全關係,與計算所得之結果,定爲浮船六隻.除兩端之兩浮船外,中部四船,長及後方與機舵相連,所用燃料,全放浮船內.每船可容燃料桶四個,分佈各密格,各不相通.每桶有特別抽引器,可將燃料送至機器房內.

此選擇浮船數目問題,固有許多學者反對多設,然除起行及下落之安穩起見外,亦因長途飛行須攜燃料甚多,非此不敷放置也.浮船之製造,經多次之研究,其最要者在能抵拒一切侵來之外力.故對於靜力學與動力學兩問題,實有研究之價值.浮船之度量,不必太大,但求其所具有之浮力,比全機重量爲大,即能抵受全機之下壓.否則不復能浮於水面,而下沉矣.浮船之在水面,每因風浪過大,被海水擁上,而在水平面之下,故必令其不致沒沉如潛水艇,此亦所當加注意者.

全機之重量,盡壓在此浮船上.故其製造殊費苦心.玆之所定,係照造船學章程,將每浮船分爲多密格,因此對於抵拒外力較爲穩固,且如因船身一方損壞,海水流入,亦不致危及全船也.浮船之每一部分,上受機翼之壓力,下受海水之浮力,務須受力平分.不然者,祇其中一小部分因受力較大以致屈折,則全船受其危險.照上所述,浮船之製造,須適合於飛機浮船之原理,同時又須符合造船學及造潛水艇之章程,乃有實用.然實際上之製造,正在試驗中,尙未完全美滿也.

飛機之身殼,製造殊難.因係用數千萬小片小桿及螺旋集合而成,須各部分受力平均,與造鐵橋及建屋之理相同.機翼與浮船相連,在水面時機翼之重量盡壓諸浮船上,在飛行時則浮船之重量又反負諸機翼上.故其連接之處,須具有絕大之力量.現經許久之研究,始能採用.橫亙全機翼之圓筒八條,爲各力之集合點.因此圓筒式比圓桿式或四方式可受較大之壓力,而所費材料亦較別式爲少也.

(七)發動機之選擇　發動機十架,每馬力一千匹.

飛機沿用之發動機款式,大略可分三種:一爲氣缸一列垂直式,如自動車發動機焉.一爲氣缸雙列斜射式,如作英文V字形.一爲氣缸輻射式,如星形.惟因此渡洋飛機之發動機,須具有強大之馬力,經多次研究之後,始定其爲多列輻射式.每列氣缸四個,共分七列輻射,故共成廿八氣缸.此多列輻射式之發動機,經與專家研究,謂能減少機器製造材料之耗費,故每氣缸之重量,當較普通者爲輕.

燃料之耗費,以良好發動機而言,每匹馬力於一小時內,大約用〇·二五至〇·一九公斤.吾人若能儉用燃料,則有兩種利益:(一)飛行較遠,(一)少載燃料,而多載貨客.第五段內所定駕快機及慢機飛行速率及路程,以燃料之耗費每匹馬力每小時爲〇·二一公斤計算,因此等〇·二一公斤燃料耗費之發動機,經已沿用也.惟吾人因有上述兩點利益,實有減省燃料耗費之必要.現照計算所得,若以每匹馬力每小時祇耗燃料〇·一五公斤計算,則駕慢機可多行二千二百公里,即可多行全程百分之四十三.若駕快機則多行一千七百五十公里,即可多行全程百分之四十.

上文所述,其利益在較能遠飛.若吾人祇願其有少載燃料多載貨客之利益,則此每匹馬力每小時燃料之儉用,由〇·二一公斤減少至〇·一五公斤,該渡洋飛機能多載客貨九千六百公斤,即可多載原有百份之五十(原定客貨全重二萬公斤),

此〇·一五公斤之燃料耗費,最良好之狄壽爾發動機(Diesel Motor)誠能及此.惟發動機之重量,據第六段內所定一萬匹馬力共重一萬七千公斤,決難再重.是則每匹馬力祗重一·七公斤.然普通狄壽爾發動機之製造,每匹馬力重量最少爲二公斤.於此吾人或可另尋別法,特別製造,使副計畫上之完滿也.

發動機安放於機翼後段,每分鐘旋轉一千八百次,其與機軸接口處,爲一與二之比.故車頁每分鐘祇旋轉九百次.因旋轉太速,而機軸又長,殊易扭折,以致不可復用.爲除此患,機軸當用圓筒式,實比圓桿式爲佳.因較能抵受因旋轉而發生之扭折力也.至機軸旋轉迅速,每致飛機機身震動.若能善用「軸承」支架,當無此患.

發動機之所以選擇十架之數,於安全上殊覺其必要.因若有一二發動機損壞時,仍可繼續飛行,不致中輟也.不然者,若一飛機祇有一二發動機,苟有損壞,即不復能飛行矣.設吾人祇用發動機五架,而每架之馬力倍之,則全機之發動機力未曾減少,然若其中祇一機損壞,則即失其全機機力百份之廿.今若用發動機十架,則不過百份之十而已.設用發動機五架,而飛機啓行之初,又因故祇能用其全機機力百份之七十,隨又一機損壞,即再失其百份之二十,是則共祇餘全機機力之一半,當不復能飛行.若用發動機十架,則無此患.然晚近發動機之製造漸臻完善,所謂損壞者,殊非多見之事.無論何種發動機,必有常用機力及保留機力兩者,合成爲該機之全機力.例如一發動機盡量之全機力爲十四馬力,常用機力爲七四馬力,而三四馬力乃保留機力也.故該渡洋飛機,如其中有一二發動機損壞,而欲其仍有常用機力,則可將保留機力補足之.飛機保留機力之多少,視其飛高之度而異,若常用機力減少,則其飛高度亦隨之而減少,即須低飛.如機力減少至半數,則須下落,不復能飛行矣.設數發動機損壞同在一端,而別一端則皆行駛,則飛機當必傾側,似甚危險.故飛機機舵不得不加大.而利用其能高低移動,可令復歸平行駕駛也.

(八)製造飛機材料之研究 製造飛機材料之要點二,曰穩固,曰輕便.穩固所以令其不易毀壞,輕便所以令其能多載客貨,或能速飛.前人製造飛機全用木料,近今則漸用金屬.猶之造船前人皆造木船,今人則造鐵船,以其耐久經風雨而不變也.鋁(Al.)爲金屬中之最輕而堅者,故用之製造飛機,最爲適宜.目下製造普通金屬飛機,皆用「獨鋁」(Duralumin).以其不因水濕火熱而變動其原有特性.其與鋁勻合之成分,爲鎂百份之零五(Mg 0.5%),銅百份之三·三至五·五(Cu 3.3%—5.5%),錳百份之零五至百份之一(Mn 0.5%—1%),其每方公厘(mm²)之受力爲四十公斤,重量每立方公寸(dm³)爲二·八公斤.每公斤之値約大洋五元.最近有又「紐鋁」(Lautalumin)之發明,其功用與獨鋁同,但其重量較輕,每立方公寸,不過二·七五公斤.其價値又廉,每公斤約售大洋三元.故現決定此渡洋飛機即用紐鋁製造.其與鋁勻合之成分,爲銅百份之四(Cu 4%),及矽百份之二(Si 2%).

獨鋁與紐鋁,均在攝氏表五百度熱即發紅,用水即可使冷.獨鋁五日內便自堅實,而以最初十二小時爲速.至紐鋁,因無鎂質,故不能自己堅實,待水冷之後,須浸在一百二十度冷之空氣或油池,而令堅實.紐鋁非由自己結實,故可任意長條或巨片輸運及放存,不慮其屈折及伸縮而失其原有效力.製造飛機者,可直接由製鋁廠在水冷後購來.待製造各部分安放平妥後,始用一百二十度之冷空氣或油池結實之.吾人亦可先燒之使紅,而後冷之.然恐因燒紅之故,致有不慣,扭歪及拉壞之危險.至各小部分材料,則用獨鋁爲宜,因其可製作於平常熱度也.若於未用之前再紅熱之,當較佳妙.各模型部分亦宜用獨鋁,因

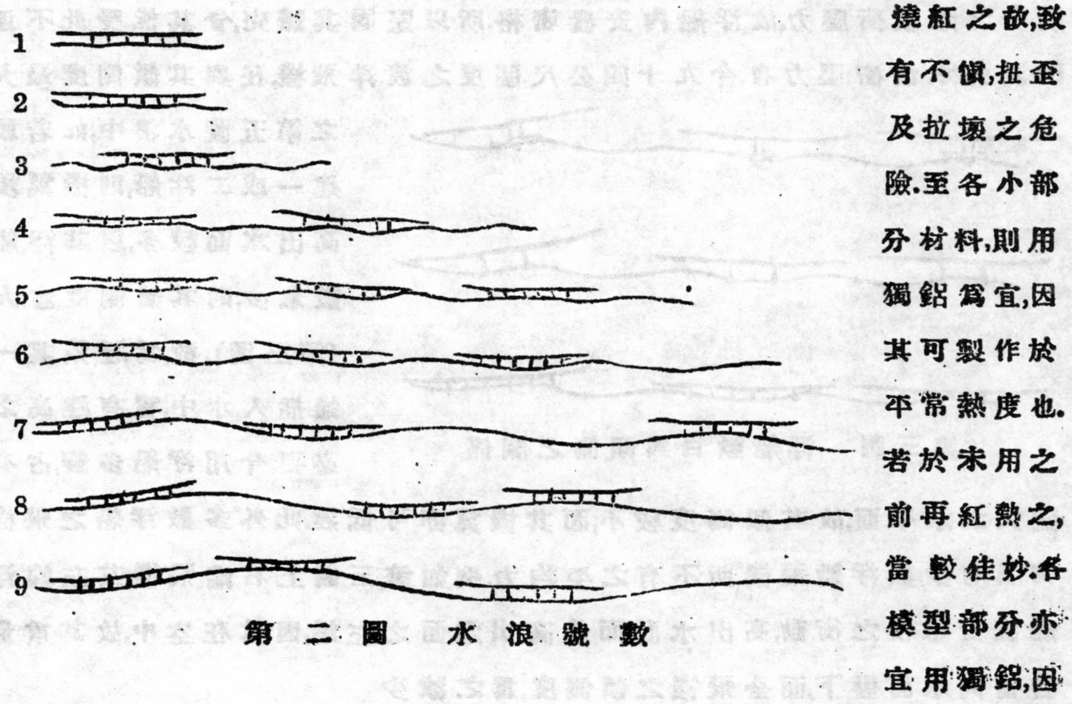

第二圖　水浪號數

其能自結實,若用紐鋁,則恐用空氣或油池冷後,變易其形狀也.

(九)浮船與風力及水浪之關係　第二圖內可見飛機在水面上傾側與波浪之關係.圖內水浪號數,係照Beanfort & Groneau表內所列之萬國通用形式.每號數因受氣流及水力之不同,故其浪高及浪長之度亦各異.飛機之在水面上,不因水浪愈大而傾側愈多,第二圖內吾人當能鑒定在第一至第三號水浪內,因波平浪靜,飛機未受何項傾側之影響.在第五及第六號水浪之間,爲傾側最多之時期,因飛機之闊度與水浪之長度正相同也.在第八及第九號水浪內,可見水浪愈長,則飛機之傾側度愈少.普通海面,大都風平浪靜,巨大風浪,實不多見.故飛機加大,在第一至第三號水浪號數中不受影響,利益較多.正如大郵船在海面上,比小輪船爲平穩也.

飛機處於兩浪之間,則中部浮船,高出水面.若祇中部浮船在浪脊,則兩傍浮船又高出水面.於此可見浮船在水面上,因水浪之起伏,而不連的改易其所受之水浪衝壓力.故浮船內安置密格,所以堅固其體殼,令其能受此不連改易的水浪衝壓力也.今九十四公尺闊度之渡洋飛機,在與其傾側度最大之第五號水浪中,如若祇建一或二浮船,則機翼須高出水面較多,以其浮船數愈少,則其傾側度愈大(第三圖),故爲避免其一端插入水中,實有建高之必要.今用浮船多艘,占有闊大之水平面,故其傾側度較小,而其機翼亦可低建.此外多數浮船之飛機,尙具有少數浮船飛機所不有之平均力.例如第三圖上右端飛機,其左端浮船旣受水浪之衝動,高出水面.而此高出水面之左端,因其在空中,故其重量自當向水面壓下,而全飛機之傾側度,爲之減少

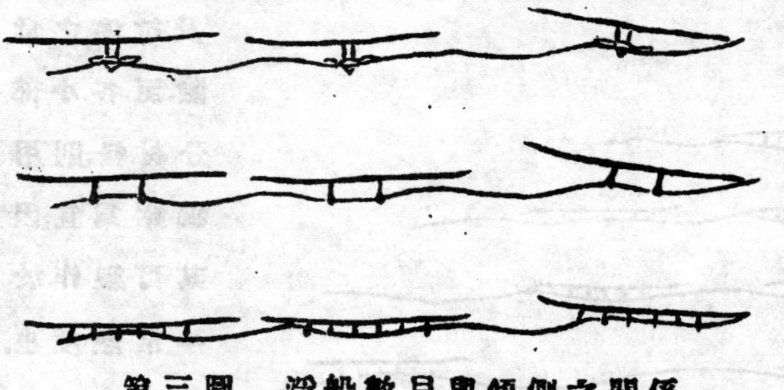

第三圖　浮船數目與傾側之關係

以上所論,不過浮船與水浪之關係.然洋面上除水浪之外,尚有氣流,即風力.約論之,飛機受風力之影響,與受水浪之影響,大略相似.一飛機在水面上受風力,最危險之時期,爲海風從傍邊吹來,因有全機傾覆之危險.然此多數浮船之飛機,因其浮船占有水面上頗大之面積,每船之距離亦不遠,故無此患.關於傾覆之研究,旣如上述,飛機之具有多數浮船者,比其祇有少數浮船爲安穩.即以六浮船與兩浮船而論,據造船學理計算結果所得,其六浮船飛機之中點高度弧線,比其兩浮船者高可三倍,即其傾側角度四與九之比也(tg⅓ 及tg 1).此節對於浮船數目選擇問題,至當注意.

浮船與種種天演之關係.旣如上述.惟其與自身之關係,即破壞問題,正當研究,其浮船之數目,與其中一端浮船一隻或兩隻破壞(即漏水)後,及其全機傾側之影響.設浮船作長方形,若飛機之一端之兩浮船破壞,則全機須至少有浮船九隻,其傾側度爲三度.若浮船作梯形,則全機浮船六隻亦足,其傾側度爲四度.或用浮船七隻,則其傾側度不及三度.設用浮船太少,則有全機傾覆之危險.

以梯形浮船而論,若飛機兩浮船破壞,則至少須用浮船六隻.苟其預算至多不過一浮船破壞,則四隻即敷矣.此渡洋飛機之取浮船六隻,即預定其或有兩浮船破壞也.

浮船作梯形.則其所受之水浮力較大.就前兩段所述,同一大之浮船,若作梯形,則其浮船數目減少,即其所受之水浮力較大也.故近一切舟楫,亦作梯形,今之浮船,亦自取此式爲宜.吾人若將機翼兩端,分作多密格,各不相通,如浮船,則若兩隻以上之浮船破壞後,本當有沉下或傾覆之危險,亦可因此避免.其機翼之一端,此時已變作浮船之用途也.

(十)駕駛概況　以前所述,祇及渡洋飛機之加大製造原理,然其製造完竣後之駕駛情况,亦至有研究之價値.不然者,祇知其製造之方法,而不知其實用之究竟,又何貴乎.第三段曾述飛機航行在空氣中,其動作不外:高低左右前後之六種方向,就中高低及前進之飛行,均可自如,而左右及後退之飛行,則全賴「轉角」以副之.前進之飛行,爲一定不易的,例如飛鳥,無論其左右轉灣及高低前後飛行,均以頭部前向.今之飛機亦然.此前進飛行之速率,第六段經已詳及,今請述其轉角及高低之飛行.

轉角飛行:據試驗所得,此渡洋飛機轉角半徑爲六百至七百公尺,則其速率每點鐘爲一百八十至二百三十公里.而傾斜度爲二十度.苟速率增加,盡其全機一萬四馬力之力,則轉角亦當隨之而較速.而其轉角半徑,因以較少,傾斜度則爲四十度焉.此四十度之傾斜,似甚危險,然不致有意外之發生.爲搭客之鎮靜及安全起見,自不必利用其速率增加,多此一舉.若機翼之兩端載重不多,則轉角時所受之轉動力較少,故雖轉角半徑至四五百公尺,亦祇二十度之傾斜.在轉角時因發動機所在之地位高下不齊,故車頁在空氣中運用之力量自不平均.轉角時內向一端之機翼自較外向之一端爲重.若此內向一端之重量太大,則飛機有反覆之危險.然據計算所得,此一端之重量,最大不過加重半倍,故不必大加注意也.關於此轉角或轉灣問題,對於異日渡洋飛機事業之發展,殊爲重要.因若能令其轉角半徑減少,則異日此飛機亦能在湖泊及河面自由上落旋轉也.

駕駛快機及慢機,均隨人便.快機之目的,祗在迅速,惟用燃料殊多.慢機則反是,飛行略慢,而燃料經濟.

此渡洋飛機,對於飛行速率,速度,時刻,及燃料諸端,與在各高度之比較,由實驗所得,結果如下:

一. 飛行愈高,速率愈大,故欲速飛,當必高飛.

二. 速率大則機力亦隨之加大,故飛行愈高,機力愈大.

三. 速率大則飛行時刻少,故飛行愈高,費時愈少,故快機高飛在十六小時可到之處,慢機低飛費時倍之.

四. 攜帶一定之燃料,用之以駕快機,則該機高飛之行程,比低飛爲遠.如用之以駕慢機,則不因該機之高飛低飛而異其行程之遠近.惟無論如何,實此駕快機之行程爲遠.

五.　慢機除飛行稍緩外,并不受燃料經濟之損失.其燃料之消耗,與飛行路程之遠近爲正比,不因其高飛低飛而異也.苟因機件損壞而致低飛,則不因其低飛較緩之故,而多費燃料.反而言之,雖低飛亦能必達一定之目的地,不慮燃料中途缺乏也.

整理漢冶萍意見書

著者：胡庶華

吾國鋼鐵事業.首推漢冶萍公司.顧其出品.銷售國內.不見暢旺.自歐戰終局.鋼鐵價格.一落千丈.製鋼部份.遂告停頓.嗣因萍鑛焦炭.不能暢運.化鐵部分.亦已停工.僅大冶鐵鑛.尚在出砂.售與日商.維持鑛工生活.萍鄉煤鑛.近由武漢政府派人接收.能否獨立維持.尚為問題.夫漢冶萍之出產.本為鋼鐵.鋼鐵事業.關係國家命脈.當此立國自強之時.國家應多方設法.建立大規模之鋼鐵廠.豈有已經成立之廠.而任其停頓耶.玆就管見所及.分條陳述如下.

(一)收歸國有. 漢冶萍產業.偏布湘鄂贛三省及長江流域.在昔專制時代.主其事者.多屬大吏.旁人莫與抗衡.因得相安無事.迨至軍閥割據.地方紳士專權.商辦之漢冶萍.遂不免受其牽制.而不克自主.今後紛糾.當有加無已.故漢冶萍在今日欲維持其商辦之地位.實為絕對不可能之事.況運輸事業.關係漢冶萍最鉅.鑛路既歸國有.漢冶萍須與鐵路打成一片.方有辦法.再以工潮而論.萍鑛工人.在三四年前.已無法應付.大冶鐵廠因停工而遣散之工人數百.今已自由進廠支領工資.當事者莫如之何.凡此皆足證明漢冶萍商辦之不可能.亟應收歸國有也.

(二)股本處理. 漢冶萍股本.約一千八百萬元.其股票在今日實毫無價值之可言.即多數股東.對於公司.亦早已絕望.然其產業既收歸國有.則股本似未可一筆鈎銷.今可由政府換給一種整理漢冶萍公債券.註明以漢冶萍營業餘利攤派息金.是產業雖歸國有.而股東權利.仍可保持.想多數股東.對此當無異議.

(三)債務處理. 漢冶萍債務.有內債外債兩種.內債有由公司向各方借貸以充維持費者.有由漢陽鐵廠應繳還川路定貨款及借自湖北官錢局者.

有由萍鄉煤鑛歷年積欠各商家及個人者.統計不下六.七百萬元.公司旣無清理能力.政府亦無償還之責任.今可一律換給整理漢冶萍公債劵.與股東平等待遇.舍此別無良策.想各債主亦明知漢冶萍即仍歸商辦.亦永無償還之一日.當不起而反對也.至於外債.則債主純係日人.總數已達五千餘萬元.其用作大冶鐵廠建築費.及各廠鑛擴充工程經費.爲數不少.並非盡數充作維持費者.在日人投資之意.無非欲得我之生鐵與鐵砂.故借款契約.即以生鐵與鐵砂爲償還本息之用.在歐戰時期.日人所獲之利.已足抵所投之資.且日人亦明知漢冶萍無維持之可能.故最近借款.有出貨照價付款不扣利息之條文.日人知我國民氣方興未艾.對於漢冶萍產業.決無直接管理之夢想.漢冶萍公司旣無維持工作之能力.日人亦將束手無策.惟是債權所關.亦決不肯輕易放棄.幸彼所欲得者.無非鐵砂.生鐵尙居其次.照目前吾國工業情形而論.若將大冶鐵鑛及湖北官鑛局象鼻山鑛盡量所出之砂.化成生鐵.實無容納之地位.不如仍舊每年售與日人鐵砂若干噸.一以維持工人生活.一以履行借款條件.似屬兩有裨益.惟歷年所訂借款契約.須公開修正.其有損我主權之處.應一律删除.方今廢除不平等條約.勢在必行.想日人亦無如我何也.

(四)復工籌備. 漢冶萍收歸國有後.應即設立總辦事處於漢陽.其原有之上海總公司應縮小權限改爲駐滬辦事處.政府應於八個月內.陸續籌款三百萬元.以爲開工及開工後周轉之用.此款應與上述之整理漢冶萍公債劵.同一待遇.萍鄉煤鑛.須準備每日產煤一千四百噸.煉焦三百二十噸.其煉焦爐與洗煤機.須趕緊修理.三個月後.出焦運漢.漢陽鐵廠化鐵爐二座.一座可用.一座應即修理.先開一座.四個月後出鐵.每日二百二三十噸.大冶鐵廠.暫時停工.大冶鐵鑛.照常出砂.日約一千噸.除運漢廠外.售於日商.漢陽鍊鋼廠及軋鋼廠.因多年未用.損壞頗多.應即從速修理.約八個月後出鋼.日約一百二十噸.運輸所輪駁.前經政府借用者.應一律發還.從事整理.以備運鑛運

1765

焦之用.株萍湘鄂鐵路.應由交通部切實整理.每日代運焦與煤各三百噸.萬不可少.致礙工作進行.

(五)經費預算. 照上述工作情形.萍鑛每月產煤三萬六千噸.煉焦九千噸.每月經費約十六萬元.漢陽鋼鐵廠每月出生鐵六千噸.煉鋼三千噸.每月經費約六萬元.大冶鐵鑛每月出鐵砂二萬八千噸.每月經費六萬元.運輸費每月約九萬元.辦事經費每月約三萬元.統計每月經費約四十萬元.

(六)出品支配. 漢陽所產生鐵.頗合翻砂之用.國內翻砂廠林立.每月銷售三千噸.尚非難事.漢陽所出之鋼軌鋼板及建築鋼等.經多年之實驗.亦尚合用.政府方注意建設.此等鋼料.應盡量收買.並通令國內各建設機關.一律採用.至於小鋼貨.如輕便鋼軌.鋼條.角鋼槽鋼等.市面上所需尚多.總之每月三千噸之鋼料.國內無論如何必能容納.況關稅自主以後.政府儘可設法.使輸入之鋼料.不能與我自產者競爭.大冶鐵砂.除供給漢陽化鐵爐外.每月尚多一萬六千噸之譜.即可照市價售與日商.萍鑛之煤.除煉焦並供給漢陽大冶運輸所及本鑛燒煤外.每月尚可供給株萍湘鄂鐵路燒煤六千噸.

(七)收入預算. 漢陽生鐵三千噸.以每噸四十元計算.每月收入十二萬元.鋼料三千噸.以每噸一百元計算.每月收入三十萬元.大冶鐵砂一萬六千噸.售與日商.以每噸三元計算.每月收入四萬八千元.萍鑛售與株萍湘鄂鐵路燒煤六千噸.以每噸五元計算.(在鑛交貨)每月收入三萬元.以上總計每月收入約五十萬元.

(八)擴充計畫. 上述工作情形.僅就目前而言.至於推廣及改良計畫.亦屬刻不容緩.萍鄉煤鑛.按照現在工程.煤量將盡.且保留之煤柱.亦已挖動.危險滋多.亟應開鑿新隧.以採高崗之煤.庶能繼續.壓氣機.打風機.電機用鍋爐.及拖煤電車.亦應從速添置.推壁土窖.將無餘地.費用亦多.應速裝空中掛線路.輸送壁石於相當地點.洗煤機係屬舊式.提洗不淨.耗費實多.亦應從速改良.煉焦土爐.固應廢棄.即所謂洋爐者.其煤氣及副產品.均未利用.亦屬暴殄

矢物.此種副品.國內需要甚切.每年輸入.不知凡幾.利權外溢.殊爲可惜.玆擬先將洋爐之一部分（如鄰近電機鍋爐之部分）改爲副產煉焦爐.並增加蒸汽鍋爐.以煤氣爲燃料.凡一切機器.可用電機運動者.一律改用電機.每日可省燒煤一百噸.至副產品之價値.足抵煉焦費用而有餘.焦炭成本.大可減輕.凡此改良設施.三年以內.可告成功.經費約三百萬元.若將全體煉焦爐改爲副產煉焦爐.再需三百萬元.此在第一部完工後.再行計及可也.漢陽之鋼貨廠.（即製造小鋼件者.如鋼條之類）已屬太舊.不適用於今日.宜全部改造.用電機轉動,並宜製造鐵筋混合土用之竹節鋼.及罐頭餅乾盒用之薄鐵皮.以應市面之需要.兼以抵制外貨焉.漢陽廠內.應添設三噸至五噸之電氣煉鋼爐.以製造優美鋼料.凡馬丁鋼所不能製造之件.即以此項鋼料爲之.漢陽發電機所用之蒸汽.本取之於化鐵爐之蒸汽鍋爐.故發電成本尙輕.所製之鋼.成本當亦不貴.再漢陽廠內之機器廠翻砂廠打鐵廠鍋爐廠.設備尙屬完全.稍加改良推廣.益以萍鑛機器廠一部分機器（萍鑛將來配件可在漢陽製造）即可成爲一大規模之製造廠.且各種鋼料齊備.運輸便利.不獨鐵路橋樑及小汽船.便於製造.即各項機器製造與修理.亦甚便利.政府應另籌款.由漢廠建造跨渡漢水之鐵橋一座.以資提倡.將來各處鐵路橋樑,即可由漢廠承造.事業發達.正未可限量,恃在有人爲之耳.凡此漢廠改良與推廣計畫.不到二年.即可告成.經費約八十萬元.大冶廠鑛亦尙有未完工程.惟冶廠化鐵爐.每座日出生鐵四百餘噸.國內尙無法銷納.即萍鑛所產焦炭.亦不足供一座化鐵爐之用.故一時不能開爐.俟萍鑛與漢廠工程完竣後.再行議及.不必遲也.

（九）結論. 以上所擬暫時復工及推廣計畫.似屬可行.政府方注意發達工業.應加以考慮.更徵求各方面意見.採擇施行.惟總須統籌全局.並顧兼收.方能有效.漢冶萍之失敗.固由於辦理之未善.而國內工業之不發達.歷年軍閥之相鬥爭.與夫帝國主義者之經濟壓迫.實爲重要原因.當其創立之初.本

非時勢之要求.祇因一二前輩以提倡實業相號召.預料國內需用鋼鐵.必日見增加.其見解可謂不凡.孰知三十年後.國內紛糾更甚.此獨一無二之鋼鐵事業.竟至操縱於東鄰之手.被困於環境之中.而一蹶不能自振耶.今者國家統一.為期不遠.建設事業.勢在必行.鋼鐵為一切建設之基礎.自應及早籌謀.設立新廠.尚須時日.漢冶萍乃已成之局.復工甚易.不數月即有出產.以應需求.用是擬就意見書.以供同仁研究.如以為可行.即希一致主張.敦促政府施行.於國家有厚利焉.

廣州無線電台工程概況

THE CANTON WIRELESS STATION, XNA.*

著者：陳章

The Canton Wireless Station is located at the North Drill Ground, suburb of the city. The original contract for building the station was made in July 1925 between the Bureau of Reconstruction (建設廳) representing the Nationalist Government and a German who in turn made another contract with the Carlowitz & Co. (禮和洋行), the latter actually built the station. The erection work was started in the autumn of 1926 and the station was formally delivered in operating condition to the Government on April 1, 1927.

The station is unique in many of its engineering features which may be of interest to the operation radio engineers in this country. The purpose of this article is to describe the salient features of the station and to enumerate the operating difficulties personally experienced.

The Power Plant

The motive power of the station is supplied from a 50 Hp., 240 r. p. m., single cylinder crude oil engine of the Diesel type, started by compressed air at pressures up to 65 kilograms per square centimeter. The engine has been working very well since its installation, the rate of fuel consumption being around 20 pounds per hour at full load. The station is in operation 8 hours a day, requiring not more one and one half tons of oil per month. Figuring on the basis of $ 70 (Canton currency) per ton, the fuel bill amounts to about $ 100 per month, which is considered as low.

The Diesel engine drives through a belt a 34 Kw., 230 volt, 1500 r. p. m. shunt wound Direct Current generator which supplies energy to the motor-generator set and all auxiliary circuits. The motor of the motor-generator set is a 40 Hp., 220 volt, 2200-3000 r. p. m. D. C. compound wound motor, and both the motor and generator are controlled from a single switchboard.

The System of Transmission

The station is equipped with the Lorenz system of high frequency generator which generates waves of moderate frequency, transformed into radio frequency by means of static frequency transformer. This method of transmission was invented by Dr. Karl Schmidt, engineer of the Lorenz & Co., a well known radio manufacturing corporation in Germany.

*Photos see front piece.

The Alternator

The alternator is of the constant reluctance inductor type, as shown in Fig. 1 and Fig. 2. On the shaft A is mounted a cast steel rotor B having slots and teeth C. The stator frame is cored to the shape shown to accommodate the field

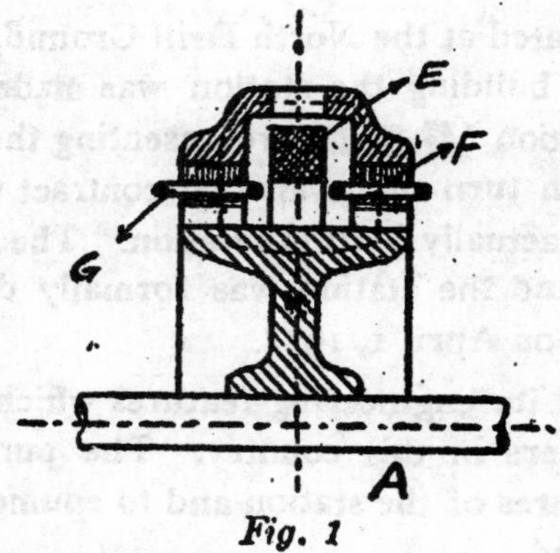

Fig. 1 *Fig. 2*

windings E. The portion of the stator in magnetic proximity to the rotor is provided with laminations F, which support the A. C. windings G laid zigzag as shown. The two sections of the stator are wired separately and may be connected in series or in parallel. Having a rotor of 160 teeth and rotating at a speed of 2200-3000 r.p.m., the alternator generates a low tension voltage of 500 to 700 volts, at a frequency of 7000 to 10,000 cycles per second. The middle point of the alternator armature is earthed, simplifying the insulation problem.

The field coil is mounted in the stator as shown at E, giving a magnetic circuit as shown by the dotted lines. The reluctance of the magnetic circuit is constant; but as the teeth of the rotor pass the corresponding conductors of the armature, local variations of flux take place, thus generating an alternating e.m.f. The iron losses are small. The efficiency of this machine as claimed by the manufacturer is from 60 to 70 per cent.

From the above description, it is seen that this alternator is very similar to the Alexanderson machine, except in some mechanical details and in the higher frequency and higher speed at which the latter operates.

The Frequency Transformer

It has long been known that an Alternating Current of frequency N can be transformed into a frequency of 2N or 3N with good efficiency and wave from by means of static frequency multipliers. But in a single step doubling or tripling is the limit of this type of apparatus. With the frequency changer described below the frequency can be raised any odd number of times up to a limit where the efficiency becomes too low for practical purpose. The frequency transformer consists of soft iron cores wound with very fine soft iron wire, enamel insulated and well spaced. The whole trasformer core, windings and insulations, is immersed in oil in an iron tank.

Referring to the circuit shown in Fig. 3, if an alternator A be connected to an inductance L_1, a condenser C_1, and an iron cored choke coil L_2, and the values of L_1, L_2 and C_1 be adjusted to give circuit resonance, a heavy current will flow in $AL_1L_2C_1$. Now suppose that the iron choke L_2 has a magnetic circuit easily saturated by the current in $AL_1L_2C_1$ at resonance, we shall have a set of conditions as shown in Fig. 4 where I represents the current in the circuit, B is the magnetization curve of the iron core while E denotes an induced e.m.f. across the coil at

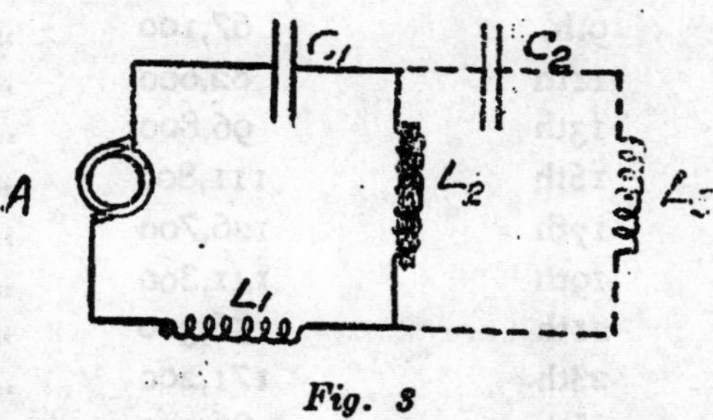

Fig. 3

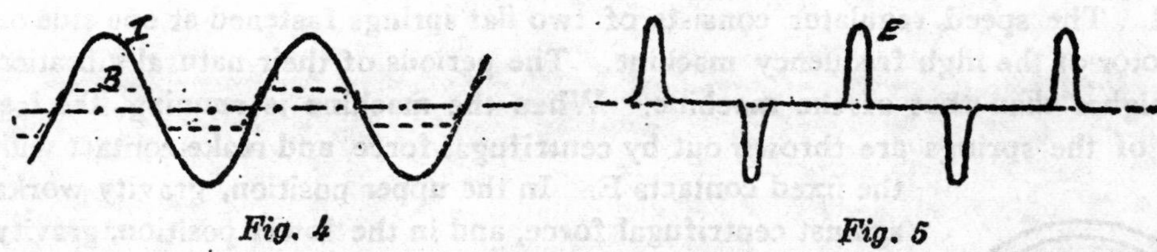

Fig. 4 *Fig. 5*

each reversal of magnetization B. This induced e.m.f. is seen to be in alternate directions and have decided peaks. The impedance of the iron cored coil L_2 is negligible when the iron is saturated.

Now suppose we connect across L_2 another circuit C_2L_3 and tune this to an odd multiple of the alternator frequency, we shall have in $L_2C_2L_3$ a series of very slightly damped high frequency currents. This amounts to shock excitation of the secondary circuit very similar to the spark gap except that in the latter the rate of impulses is very low (being around 1000 per second) while in the former the rate goes up to 16,000 per second (assuming the alternator fundamental frequency to be 8000) and the next train of oscillations takes place long before the preceding train has been appreciably damped. The reason that odd harmonics are to be utilized instead of even harmonics is that waves of succeding trains may be in phase and oscillate in a cumulative way. The station has its alternator running at 2800 R,P,M, and as it has 160 teeth, the fundamental frequency is $F=\frac{2800\times160}{60}=7465$ Cycles per second.

The contractor had waves calibrated for use as listed below :—

Fundamental Frequency = 7465 cycles per second

Harmonic	*Frequency*		*Wave Length*	
7th	52,200	cycles per sec	5760	meters
9th	67,100	,,	4470	,,
11th	82,000	,,	3630	,,
13th	96,800	,,	3090	,,
15th	111,800	,,	2700	,,
17th	126,700	,,	2370	,,
19th	141,300	,,	2120	,,
21th	156,300	,,	1900	,,
23th	171,200	,,	1750	,,
25th	186,000	,,	1600	,,
27th	201,000	,,	1500	,,

The Speed Regulator System

In order to keep the frequency constant the alternator should have contant speed. The speed regulator consists of two flat springs fastened at one side on the rotor of the high frequency machine. The periods of their natural vibration are higher than that of the machine. When the machine is running, the free ends of the springs are thrown out by centrifugal force, and make contact with the fixed contacts E. In the upper position, gravity works against centrifugal force, and in the lower position, gravity is with the latter, thus pushing the contacts closed for a longer or shorter duration.

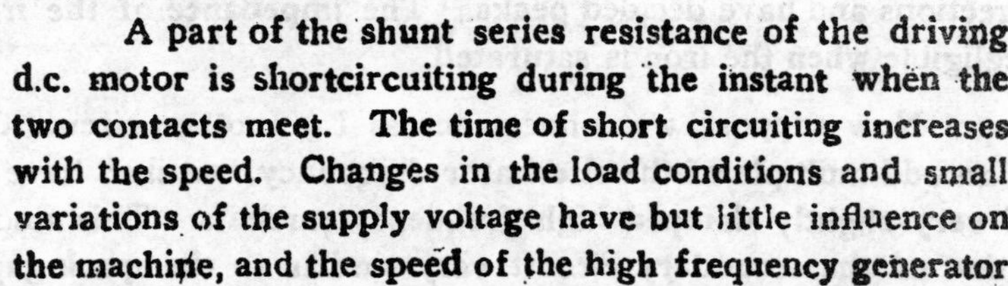

Fig. 6

A part of the shunt series resistance of the driving d.c. motor is shortcircuiting during the instant when the two contacts meet. The time of short circuiting increases with the speed. Changes in the load conditions and small variations of the supply voltage have but little influence on the machine, and the speed of the high frequency generator remains practically constant. Only one set of the contact is working, the other being used as spare and to maintain balance.

To maintain the proper working of the speed requlator, there is a loud speaking telephone on the switchboard, the terminals of which are connected across that part of resistance which is cut in and out by the contacts. When the motor is running and the speed regulator is not influenced, a cracking noise is heard in even intervals. When the regulator is working, the regular recurring noise will be interrupted.

Keying Choke

The keying of the transmitting set is effected by means of an iron choke carryiny two windings. Through one winding runs the high-frequency current, and through the other runs the controlling direct current. When the key is pressed down the direct current magnetizes the iron cores, allowing the high frequency current to flow through. When the key is opened the cores are demagnetized, and the inductive reactance is so high that the high frequency current becomes practically zero, and therefore no radiation takes place.

The Transmitting Circuit

The main transmitting circuit is shown in Fig. 7 It consists of 4 circuits. The first is the primary circuit made up of large inductance coil L_1 separated by 6 condesers C_1 and the variometer L_2. Condersers C, large in size, are

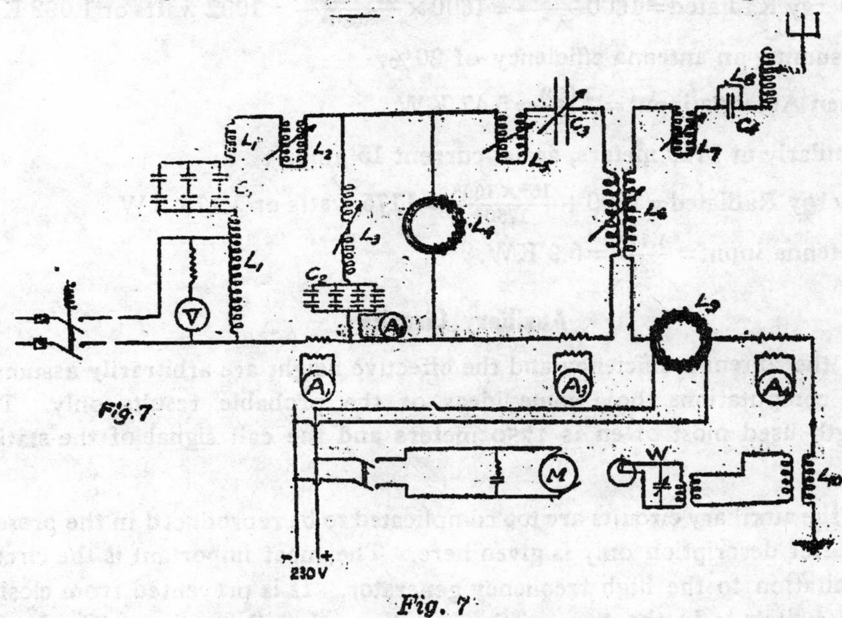

Fig. 7

cooled by circulating oil which is in turn water cooled. The second is the auxiliary circuit L_3 and C_2 connected in parallel with the frequency transformer L_4. L_4 L_5, C_3, L_6 L_4 constitutes the so-called impulse circuit. C_3 is a group of mica condensers the capacity of which can be varied by different combinations. The last is the antenna circuit, which consists of L_{10}, the choke L_9, the conpling L_6, the variometer L_7, shortwave condenser C_4 which may be short-circuited and lastly the Loading coil L_8 calibrated for different wave lengths. There are 4 hotwire ammeters, indicating the current flow in each circuit. Except coils L_1, L_8 and condensers C, all apparatus are mounted on back of three panels. The wavemeter is placed near the wall with a visual indicator set on the latter. The indicator is a helium tube ignited to its maximum intensity when in resonance and rotated by a small D. C. motor, so that when the proper wave length is obtained, a bright red ring appears. All variometers are adjusted by hand wheels through gears and chains which change the relative distances between coils. There is a check key on the extreme right panel used to check the wave length before actual transmission. It can be shifted to the main transmitting key by a double throw switch also on the panel.

The station is rated by the contractor as 8 KW antenna input. For lack of testing instruments we have no way to verify or deny it. From the well known radiation forumla, we get, at 3630 meters and aerial current 30 amperes:

$$\text{Energy Radiated}=1600\frac{I^2\,N^2}{\lambda^2}=1600\times\frac{30^2\times100^2}{3630^2}=1092 \text{ watts or } 1.092 \text{ KW.}$$

Assuming an antenna efficiency of 20%.

$$\text{Then Antenna input}=\frac{1.092}{.20}=5.47 \text{ KW.}$$

Similarly at 1750 meters, aerial current 15 amps.:

$$\text{Energy Radiated}=1600+\frac{15^2\times100^2}{1750^2}=1175 \text{ watts or } 1.175 \text{ KW}$$

$$\text{Antenna input}=\frac{1.175}{.20}=5.9 \text{ KW.}$$

Auxiliary Circuits

As the antenna efficiency and the effective height are arbitrarily assumed, the above computations show some ideas of the probable results only. The wave length used most often is 1750 meters and the call signal of the station is X N A.

As the auxiliary circuits are too complicated to be reproduced in the present article, a brief description only is given here. The most important is the circuit giving excitation to the high frequency generator. It is prevented from closing unless the switch is in the transmitting position, when the cooling water begins to flow, thus operating a water relay, starting the oil pump motor and closing both gates to the high tension section. The motor field circuit. which has been described before is so arranged that when the transmitting receiving switch is in the receiving position, a part of the resistance is cut out, thus strengthening the motor field and causing the set to run at a lower speed. There is a relay circuit which serves to close the high frequency lines to load, and the motor circuit in the wavemeter, and also the two pump motor circuits for cooling water and oil..

The Antenna

The antenna used in the station is of the ordinary "T" type. It is 100 meters high and supported by two steel towers 200 meters apart. It consists of 4 wires spaced 3⅓ meters apart, making a total width of 10 meters. For receiving purpose another single wire antenna about the same length is provided below the transmitting antenna. There is one earth discharge switch under each steel tower which protects the tower from lightning stroke and is to be opened during the operating period.

The Ground System

The ground system in this station is quite massive in shape. It is spread away from the station building in two directions and then divided into 8 branches. At the end of each branch 8 wires radiate away, each with a length of 50 meters long. Total length of wire amounts to $50 \times 8 \times 8 = 3200$ meters buried 2 meters deep from the surface.

The Receiver

Two receivers are provided, one for wavelengths from 300 to 4000 meters, another from 4000 to 25,000 meters. The former consists of a double detecting circuit with capacity and inductance reaction on, and an audio frequency amplifier of 3 stages. The latter has in addition a radio frequency amplifier and a separate heterodyne set. A rotating frame aerial is provided for operation in connection with the long wave receiver, A wavemeter with calibration curves is supplied together with the set.

There is a concrete water tower with water level indicator for the cooling of oil in both the power house and transmitting room. Adjoining the transmitting room there is a small room used for charging storage battery for receiving use. The battery gets current from a small converter oftaining its energy from the main D. C. Generator. A limited amount of spare parts were delivered together with the station but they were insufficient to last for any appreiable length of time.

Defects of the Station

With the rapid progress along the direction of short wave transmission with small power, the advisability of erecting a high power radio station with huge and expensive machinery is becoming questionable. Not considering that fact, the station is not without drawbacks. The original contract was simple and in lack of technical details. It only called for a most modern station of not less than 5 k.w. capacity, able to transmit to a distance of 3000 kilometers. The station costs $ 98,000 gold.

From the engineering point of view the station has the following defects:

(1) The system of supplying power is inadequate. Although the crude oil engine is low in fuel consumption, it is delicate in construction and requires skillful attendance. The fact that starting and stopping necessitates carefull handling and relatively long duration makes it utterly unfit for intermittant service in a radio telegraphic station. There is no reserve machinery for supplying power for emergency to the high frequency machine. In case of any thing going wrong in this train of machines, suspension of service inevitably results.

(2) The operating cost is high. As the contract did not specify anything about the machinery, it is but natural for the contractor to cut down the first cost at the expense of convenience in operation. The station must have at least 4 workmen at the working time, two for oil engine, one for power panel, and one for transmitting panel. For lack of any signalling devices the workmen have to walk from room to room in order to give information about operating proceedure. The result is that the workmen's wages constitute a very big item in the total operating cost.

(3) The speed regulator system is not operating satisfactorily. Signals from the station are reported from various places to be a little fluctuating in their wavelengths, for which the speed regulator system is responsible. The latter operating on mechanical principles has a time lag in the process of regulating speed. Although the regulator is supposed to control the speed within a limited range as explained above, it does vary, however, between the extreme limits, as the key is pressed or released. The variation as can be seen from the high frequency voltmeter is small, yet large enough to cause the signals to be unsteady. Hardly any remedy can be applied to this trouble which is rather the inherent disadvantage of the speed regulator itself.

(4) Among the 11 wavelengths calibrated for use, only the shorter ones are fit for continuous operation. In working on 3630 maters, for example, for more than three hours, mica condensers in both the impulse and auxiliary circuits become punctured and electric fans are required for cooling purpose. If it is not due to the poor workmanship of the condensers, the circuit design must be somewhat faulty. The workmanship of the receivers is also defective as the condensers from time to time become bent through effects of temperature and humidity changes, and the other parts requires constant attention and repair.

Difficulties Experienced

One of the difficulties was the disturbances experienced during reception. They were of two kinds, one was atmospherics and the other spark signals from the old Canton Radio Station two miles away. Statics as a stumbling block o- radio are widely known and they are especially severe from May to October near the tropics as the city of Canton. The statics are so strong in some of these days that it makes reception practically impossible. The old Canton Radio Station, which is a 5-Kw spark station identically the same with those at Wu Chang, (武昌) Woo Sung, (吳淞) etc, sends out very highly damped waves and on account of its nearness, the new station is compelled to stop working when the former is in operation. As the old station is busy all day-time mostly with Hong Kong, the new station has no chance to work except at night. These two sources of trouble make even the best experienced operator helpless. As a remedy to avoid statics a short wave receiver was used to receive the short wave station messages from X N B at Shanghai.

Conclusions

In spite of the difficulties mentioned, the station has been in direct communication with Wu Chang, (武昌) Shanghai (上海) and Yun Nan Fu (雲南). Traffic with other stations in foreign lands and those within our own border are held up either for diplomatic or political reasons. Trials were successfully made between Java, above 3000 Kilometers away and signals from the station were reported strong from Ninghwa (甯夏), Kan Su Province (甘肅省). It is a little consolation as well as pride to be informed that the station in question stands out as one of most efficient in this country considering the number of messages handled in so brief a period in a day. For improvement of service various schemes have been suggested including the installation of storage battery plant and a short wave transmitter as reserve. But as they are subject to the uncertainties in official routine, the time for their realization is not near in view.

吾國航空郵政之前途

著者 錢昌祚

自歐戰以還,各國本其戰時之航空經驗,以致力於商用航空之發展.載客及運郵之航線,先後設立.我國當丁錦長航空署時,亦曾籌辦京滬間載客及運郵飛行.於北京濟南間試航一次之後,未曾繼續推行.盧永祥何豐林盤據浙滬時,其航空顧問德人休爾勒 F.L. Schoettler 有建設航空工廠及辦理上海漢口間商業飛行之計劃,商界中人多有贊助其說者,後因時局變化,未能實行.又有福建富商林某,擬購美國 Curtiss JN 式飛機五十架,于各都會間飛行,所預定之航線甚多.計劃大而財力小,並無成就.今國民政府,奠都南京,方銳意於各項建設事業,尤注重於交通事業.故就個人之觀察,草此論文,以冀工商界對於發展航空郵政作相當之研究,而促進其成功焉.

(一)航空郵政之利益. 航空郵政之利,有最要者二端:一可以於和平時期容納許多駕駛及技術人才,省去國家對於航空軍備之經費.二可以使郵政傳遞時間縮短,促進商務.苟欲使航空郵政成功,必須利用此二點也.

(二)航空郵政路綫之選定. 今欲創辦航空郵政,究應先辦何處航綫.抑係數處同時並舉乎?以吾國駕駛及技術人才之少,辦理一綫,已有才不敷用之嘆,難免借材異國.故即使確有開辦經費,亦當擇一最有利益之綫,先行試辦,稍有經驗,再將一部份人才調辦他處航綫.如是漸漸推廣,人才與事業俱進,始可收上文所述航空郵政第一項之利益.

選擇航綫最宜注意於營業之能否獲利或維持.商辦事業固然如此,即官辦亦何獨不然.現在世界各國航空郵政,以美國爲最發達.先由政府於一九一八年創辦,有八年之經驗.去年改由商人承攬航線,大加推廣.其所以能成功如此遠大者,蓋由政府自開辦航空郵政以來,時時照營業方法做去,使收入開銷兩可相抵,不致虛糜政府鉅款.在政府方面,節省他項郵政轉運之費,以辦航空郵政設備.國庫既不多支出,議會亦樂於贊助,故能逐漸擴充.由初辦二百十八英里自紐約至華盛頓之航線,至今日由紐約至舊金山幹綫二千六百六十五英哩之外,有支線十六支,共約六千英哩.返觀德法各國,雖俱創辦航空郵政多年,但俱藉是為訓練人才之用,政府年貼鉅款,至今未能十分發達.我國幅員廣袤適屬類似美國,尤當以之取法.先由官辦重要幹線,俟各站航空設備逐漸完善,可招商承攬支線.他日各重要都會間航線錯綜,互相連絡,亦非不可能之事也.

如何之航線始可以獲利乎,是須注意於下列六點:—

(甲)航線之距離,不宜太長,亦不宜太短.以飛機每小時飛九十英哩計,除去中途停落時刻,每日在空中八小時,約可飛七百餘英哩.故路線若再較此為長,則出發須在黴明,到終點時已達昏夜,沿途必須置備昏夜航行設備,如烽火燈信號燈闊光燈等.初辦之時,經驗未富,諸多困難.如備速度甚高之飛機,每小時一百廿英哩,則於燃料方面,恐不經濟.昔航空署所籌辦之京滬航線,途經天津濟南徐州,空間距離約九百八十英哩,沿鐵路線飛行時,尚不止此.故欲一日之內飛到,實屬難事.如分二段飛行,則較之滬寧津浦特快火車四十小時內可達京滬者,所省時間,不過十小時.在吾國社會,尚不覺省去此數小時之重要.故京滬航線之弊,既在太長,即使完成,營業亦難獲利也.但路線太短時,設水陸交通已甚方便,則所省出時間不多,不足以顯航空郵政之利.然在幹線完成之後,添設支線時,有郵政接班遞送關係,或者數小時之縮短,可間接早遞郵件一二日也.據作者觀察,初辦航空郵政,宜聯絡相距自三百英哩至六百英哩間之都會為最善.

(乙)兩端終點之商務.　欲航空郵政獲利,則載運郵件,務求其多.故兩端終點,必須擇商務重要之都市.否則以川陝甘新諸省交通之阻滯,荷用飛機載運郵政,客商所省時間,愈加顯著.但該處商業,究不甚發達,郵政客商來往航行者甚少,不宜即行試辦.今我國之重要都會,爲京,津,滬,漢,粤,數處.其可辦之航線,爲京滬,京漢,滬漢,粤滬,粤漢,五線.京滬線約長九百八十英哩.京漢線七百五十英哩.滬漢線五百七十英哩.粤滬線九百英哩.粤漢線五百八十英哩.其間以滬漢,粤漢線爲較短.依吾國地勢而論,將來航空線中心,當在漢口.北至京,東至滬,南至粤,西至宜昌,重慶,成都,約六百八十英哩.皆大有希望之航線也.

(丙)航線所經中途各都會之商務.　航線自以空中直線飛行爲便捷,但俟飛機增添燃料,及聯絡各埠商務起見,中途如有重要都會,亦應停落.如依此點而論,則滬漢線可經南京,蕪湖,安慶,九江,滬粤線經甯波,溫州,福州,廈門,汕頭,所經重要都會爲最多.又飛機飛行時,除羅針及無線電定向之外,尤須注意於地上目標.故中途如多經重要都市,對於飛行有許多補助也.

(丁)已有水陸交通之運輸.　航空郵政線若成,則可得平時快郵及電報之一部份營業.如水陸交通不甚快便者,航空郵政省時甚多,郵費即使加增,而大部份之快郵,必改由飛機運送,可以斷言.電報收費甚昂,而我國各處電局發電遲緩,苟有航空郵政,自必舍彼就此.由是以觀,似乎水陸及電報交通愈不便,航空郵政愈易發達.但細究之,亦不盡然.水陸交通不便之處,商務多不繁盛,郵件之量亦少,且燃料,機器,運輸困難,於航線本身費用應有不利之處.但若南昌韶州間約三百廿英里,長沙韶州間二百四十英里,其間水陸交通俱甚遲緩,而兩端終點運輸尙便.如是短距離之航線,足以聯絡鐵道缺口,減少郵政時間甚多,亦爲富有希望成功之路線也.至於其他內地交通困難之處,可用支線灌輸 Feeder Line 辦法.先擇定幹線通過重要都市,再於中途各站分出支線,由飛機帶足燃料來回飛行.譬如鎭江揚州間空中距離甚短,飛機帶一小時之燃料,即可來回飛行.祇須於鎭江設有燃料貯藏所,及飛機庫棚,而揚州方面,除飛行場地外,無須有特殊之設備矣.飛行於短距離間支線上之飛機,儘可較幹線上所用之飛機爲小.其最要之處,爲能在極小場地上下落,庶可減省支線終點廣場之費也.

(戊)已有之航空設備. 航空郵線辦理費,用以購置及平治飛行場地,爲重要部份.蓋航線所經,除應停各站須有廣場外,而沿途每二十英哩,須有適當空地,爲救急下降站.庶飛機中途機件不靈,不能達正式停站時,可於救急站下落,不至毀壞機身.故欲辦航線,亟須設法利用已有之航空場所,廠棚,及修理工廠等等,庶開辦費可以較省.

(己)未來之擴充機會. 吾人經營一飛行場站,每日一機飛行,與百機飛行;所需設備籌劃,相差亦不甚多.故初辦航線,擇定終點時,宜擇其將來可另設他處航線者,庶所耗精力,收效較大也.

據以上各項考慮,航空郵政線,以上海至漢口線爲最有希望,亟應試辦.蓋二處既係吾國一等都會,距離又近,平時輪船交通,三四日之久,而飛行不過六七小時可達.沿途又經重要都市甚多,又無山嶺阻隔.且上海,南京,安慶,蕪湖,九江,漢口等處,俱已有中外飛機到過,儘可利用已有設備也.此外粤滬一線,雖距離較長,初辦時或須在福州耽擱,作二段飛行.但所經各埠,商務俱甚發達,平時海輪需時三四日,如用飛機不過一日半,成功亦不甚難.至於韶州,南昌,及韶州,長沙間,因距離不遠,飛行機每日可以來回,故設備頗省.宜實地考察,擇其山嶺阻險較少之一路,先行試辦.

(三)飛行機之選擇. 專載郵件之飛機,速度有高至每小時百三四十英哩者.其飛機構造之特點,爲有一可以啓閉之小房,內貯郵政袋.駕駛員因不帶乘客,自可放膽飛行.但據作者之見,以爲載運郵政,獲利以每磅運費若干計,固較運客爲易,但設郵件不能滿載,其多餘載量,不如以之載客,不無小補.故選用飛機,應擇可以載客者.另將客座折去一二位,即可以貯郵件矣,客座過多過少,俱不經濟.蓋過多則每次飛行燃料所費亦多,設僅有一小部份售出,自難獲利.過少則每次飛行進款不多,而場地管理一切費用不因之而減.昔閩商林某由美人代擬計劃,用Curlis Jn式飛機.該機馬力僅九十匹,最高速度八十餘英哩.除駕駛員外,祇可載一客,約二百磅.以之作一二百英哩內之航行則可,如作幹線上用,則不適宜矣.想其如此選擇者,因該種機器,美國戰後餘留甚多.費一二千美金,可以購置一架.但現在時過境遷,存貨益加窳舊不堪用.且載重少則需用駕駛員多,每磅運費並不省也.作者以爲如航線爲程在五百哩以上者,此種小飛機决不適用.而載重一噸之飛機,又恐其成本太大,不能滿載.最適中者,莫若可以載客四人或貨八百磅之飛機.此種機器,約二百餘馬力,速度一百英哩,有駕駛員二人.初辦航綫時,或須出重金請外國駕駛員航行,而以我國駕駛員副之.迨一年之後,即可盡用國人駕駛矣.

(四)營業之估計. 欲估計營業之盈虧,須知郵件之多寡,及郵資之價格.美國運送郵件,每磅約美金二元,確數視途程遠近而異.今假定以滬漢線估計,約算開辦費六十萬元,經常費每年三十四萬元,分析如下:

開辦費:		經常費:	
飛機四隻	三十萬元	辦公費	四萬元
另發動機三	五萬元	飛航員薪	六萬元
場地	九萬元	機匠及工人薪	三萬元
廠屋	五萬元	燃料(飛行二百次計)	八萬元
修理工場機器	四萬元	飛機折舊	八萬元
辦公費及調查測量費	三萬元	其餘一切折舊利息	
燃料雜費	四萬元	地租	五萬元

設每年飛行來回二百次,每次須有八百五十元之收入.設航空快郵加費每信二角,每磅約四元五角.則每次如有二百磅之郵件,即可維持矣.

(五)擴充之步驟. 如辦理一線,得有善良之成績,再推行他線.調用有經驗之飛航員,一面添用新飛航員,如是則人才不虞缺乏矣.再行添設晝夜航空設備,則京滬,滬粵,皆可於一日內飛達,成都上海間,十餘小時可達,能如是始可推及邊陲,將全國聯成一絡.消息益靈,交通益便,影響國計前途匪淺焉.

通俗

電傳動影的新發明

孔祥鵝

（十六年四月二號,在美國普渡大學中國工程學會講稿）.

今晚我要講的是電傳動影的新發明.就是把活動的陰影,用電力傳送到另一處所,重新把原影,映現出來.照原理講,電傳動影和電傳圖畫,是極相彷彿的一種事物;所差別的,就是電傳畫是靜止的,是單個的,是不相連續的;而電傳影則須同時異地,連續的把一部景緻傳送到他處去.按實際講,這兩種機關的構造,簡直是不相同的.爲便於說明起見,我現在先把電傳圖畫的方法,略爲解釋一下,再講電傳動影的新發明.

在電報術發明的時候,便有人想發明一種機械,傳送圖畫.他的方法,非常簡單.比如左邊這個窗戶,算作傳送處,右邊那個窗,算作接收處.每只窗戶外邊裝一只電燈.這兩窗中間,用電線連通,並且裝一個電池和電開關(Switch)在這電路中間.假設我們把屋裏電燈關去,全屋變成黑暗,兩只窗戶自然也都黑暗的了.這時我們要把窗間的電路連通,兩只窗戶,同時會明亮的.譬如把左邊窗的電燈,調換一個硒池,（即感光電池）,連通電路.向着左窗,點起一根火柴.這時硒池受光線的照耀,內部發生一種作用,即減輕牠的電阻力,電流便能通全部電路,點起右邊窗的電燈,我們便看着右窗的光亮了.如果把窗戶分作許多方格,如同中國的窗欞似的,每個方格,都各有一副電路,一個硒池,共同用一個電池.那時我們用火柴照耀左窗中心那一個方格,右窗中間那個相當的方格,應當也亮起來的.照這樣說,凡是見光的方格,都變亮了,不見光的方格,自然還是黑暗的了.我們知道,照像片是由黑白相総,而現他的形狀.假設把方格的數目增加,像窗紗那樣細密,把一張圖畫映射在左窗,每個方格的硒池,依照感光的強弱,使相當的電流通過,右邊窗上,應當有相彷的黑白相趁,組成的圖畫.換句話說,即由圖畫的濃淡各部,而有不同的感光作用,不相當的電流通過,不同樣的燈光明亮:便是電傳圖畫的原理.

研究電傳像的人很多,値得提出的有四個.德國康恩教授,法國白林先生,美國靳肯恩先生,及白耳試驗所易微恩博士.

康恩教授從一九零二年起,便研究電像術.到一九零七年,在柏林巴黎間,舉行試演,成績已大有可觀.不久巴黎和倫敦間,便添設電傳圖畫的機關,供給雜誌和日報的登載.不過硒質惰性甚大,一經減輕電阻力後,不易恢復原狀,故所傳照相,難以維妙維肖.康恩著電像術一書,詳述電像的發展.現在那本書已經絕版了.

白林先生前者曾在上海試演過他的傳像機.他也曾來過美國一次,於聖路易及紐約間,試演長途電像術,因那時電子燈繼電器尙未利用,所以結果不很圓滿.

靳肯恩先生是一個發明家;他有三百多號專利權執照.他不曾上過大學.起初他在華盛頓當書記,因爲喜看電影,便研究電影映射機.結果,他便發明一種映射機,遠過於當時所用的.得專利後;便不再幹書記,而要當發明家了.靳肯恩發明用無綫電傳圖畫,叫做『銳電像』(Radiophotograph).他現在研究電傳動影術呢.

美國電話電報公司,有一個研究所,叫做白耳試驗所,地址在紐約城.研究員易微恩博士綜合前人所發明的,發明電像機一種.大致構造,和康恩教授的相同,所差的即是易氏用新發明一種感光電池,較硒池靈活耐用.在現時說,美國有八個大城,可以互相傳送電像.紐約城本日發生的事物,明天舊金山報上,可以把照片刊登出來.電傳動形是電像和電影的綜合;現在進而加以簡單的說明.

電影是由許多小的圖畫,用高速連續着把牠映在幕上,利用眼睛不易泯滅性,而生連續的印像,電傳動影,也須根據這個原理.譬如把活動景緻,映入一大照像器的糢玻璃上,使一道光依畫圖的方法,或織布的方法,注射全幅景緻,那麼,按照電像術原理,在接收處應當有同樣的景緻,顯現幕上.果能以極高速度,運轉光線,使單照全圖,於一分鐘時內,有幾十次數,則銀幕上應當和電影一樣,顯現連連續續的動影.

研究電傳影的,現在只有兩個人可述.英國巴爾(Baird),在去年八月間,取得英國郵電部執照,准他在倫敦設置無線電台,同時廣播音樂及動影.那麼,人們不但可以坐在家裏聽演說,音樂,並且同時把廣播人的一舉一動,也要都看得到了.

在美國的,當然首推斯肯思.不過他現在能做到的,祇是把電影片子,用無線廣播出去;還沒有做到把動影直接傳送的地步.

最有希望的是英國斯文吞(Swinton)博士的建議.他想用陰極線和電磁力設置傳影機,當能超過現在所有的方法.不過他祇是有這麼一個計劃,事實上非再經過若干改良,倘不易達到完善的境地.

水底交通之新成功

鮑國寶

美國紐約城與追西城(Jersey City)間赫臣河(Hudson River)中之水底隧道,於一九二七年十一月告成.隧道共二條,一往一來,每長九千二百五十英尺,直徑二十九尺六寸.預計每年可通行汽車一千五百萬輛.此浩大之工程,共用美金四千八百萬元,歷時凡七載.實爲世界最長之水底隧道,亦可稱爲近世工程之新紀錄.茲略述之:

(一)經過情形: 紐約爲美國最大之商埠,貨物之由紐約經赫臣河(Hudson River)至追西城(New Jersey)者,至爲衆多.隧道未成之前,兩岸交通,端賴渡船,運費及時間,俱不經濟.彼邦人士,爰有建橋或隧道之議.

設若建橋河上,則橋必須高過水面百八十英尺,大船方能通過其下.造此高橋,進橋之路,必須離岸邊頗遠,方能使斜度不過高.雖以富如紐約之城,購入多量之地,以造此進路,亦力有所不逮.若鑿隧道,則祗須比水面低一百英尺,其進路較橋之進路不過一半左右,故捨橋而用隧道.

一九一九年,賀蘭氏 (Clifford M. Holland) 受任爲該隧道之總工程師.賀蘭氏爲世界最有經驗隧道工程師之一,對於此隧道之設計及建築,費盡心力.卒以操勞過度,死於一九二四年.美人念其功,即名此隧道曰賀蘭隧道(Holland Tunnel),以爲紀念.賀蘭氏旣死,斐利文 (Milton H. Freeman)繼任,不數月亦死.於是新斯達(Ole Singstad) 繼任,而完成此鉅大之工程.

(二)工程誌略: (甲)鑿掘工作: 鑿此水底隧道所用之工具,爲普通鑿隧道用之掘進機 (Shield),直徑凡三十一尺(略大於隧道之內壁) 爲此種器具之最大者.工作時通高壓空氣於掘進機,使河水不入內,工人方能在內工作.掘進機漸向前進,工人將沙泥掘出,隨即將鋼板釘於隧道之內壁.(乙)關於空氣問題之試驗: 歐州之水底隧道皆較短,且馬車較多於汽車,故天然空氣之流通,已足以除去一切惡濁有害之器體.唯在美國,則馬車已不多見.此隧道之建築,專備汽車之通行.每點鐘三千八百輛之汽車,排出多量惡劣之氣體.若祇藉天然空氣之流通,斷不能保持健康之空氣.故所述之隧道採用機械空氣流通法.汽車排出氣體之成分,及其與人體健康之關係,以前無精密之試驗.故計劃此隧道之初,必先作此種之試驗.

於是請化學家非納氏 (Fieldner), 試驗汽車排出氣體之成分.試驗之結果,設汽車排出之氣體祗有一養化炭 (Carbon Monoxide) 爲最有害,其成分爲排出氣體總量千分之五至百分之十四.又請生理學家漢倫臣 (Henderson) 氏試驗一養化炭與人體健康之關係.試驗結果,謂居於水底隧道一小時之人,吸入一養化炭之量,不能在萬分之四以上. (丙)新鮮空氣之供給: 供給新鮮空氣之廠凡四,有風扇八十四具,共用馬力六千.平時約用風扇五十六具,半數供給新鮮空氣於隧道,半數抽出隧道之汚濁空氣.風扇俱用電氣馬達運轉.馬達之開關及司速器,俱聚於管理室,以收管理集中之效. (丁)隧道之內容: 隧道之橫切面如下圖.下層爲新鮮空氣進路,上層爲汚濁空氣之出路.低速度之車向左行,高速度之車向右行.每四百八十尺,立警察一人,備有電話,以備傳達消息.隧道內每二百四十尺置號燈一,如有意外之事,號燈可示汽車上司機人以停止之信號. (戊)救火裝置: 隧道內每百廿五尺置滅火器一具,且遍設沙箱,亦有救火水管,沿途皆能取水.未開放交通之前,故意燒汽車及汽油於隧道內,以試驗滅火器及沙箱之救火力量,以增加警察對於救火裝置之信仰,而免遇意外時發生恐慌.

(三)對於商業之利益: 隧道旣成之後,向之運人運貨賴遲緩之渡船者,今皆用高速之汽車與運貨之汽車,不數分鐘而由此岸達彼岸.澤西城(Jersey City)之貿易,從此蒸蒸日上.數年之後,或有增加此種隧道之需要云.

中國工程學會第十屆年會演講記錄

記者：張輔良

主席李孟博會長開會詞：本會於民國六年由留美同學鑒於工程關係國家富強之密切，本國工業程度之幼稚，因即發起斯會。翌年，本會於科學社同時舉行年會於美國綺色佳城。嗣因留美會員漸多返國，本會總部遂於民九歸國。民國十一年，設分會於上海，同時北京亦成立分會，後鑒於會員散處四方，會務進行甚有集中之必要，乃由上海大會修改章程，於組織上較爲完善，並議決本會總部職員概選在滬之會員充任，民國十三年，徐君陶君當選爲會長，設各種委員會分任各事之進行。例如當年上海兵工廠改組問題發生，本會徇總商會之請，曾特設委員會討論其事，貢獻意見，民十四，開年會於杭州，去年，開會於北京。本年內會中所行之事務，皆係根據北京大會之議決案。除會員職業介紹諸事外，本會對於社會方面所嘗努力者，約有數端，謹略述之，(一)工程名詞審查委員會之組織。與中國科學名詞審查會合作進行。(二)發刊雜誌。每年四期，介紹國外新學說，發表會員新研究，以供國內工程界之參考。(三)建築條例之訂立。竊嘗觀察上海英法租界之佈置，法界似較英租界爲整齊完美。顧欲求建築之整齊完美，須有條例爲之準則。方今各都市日漸發達，建築條例尤屬需要。(四)材料試驗委員會之設立，其目的爲研究國產之品質，藉謀國貨之推廣。嘗假上海南洋大學與杭州工業專門學校之試驗所，辦理其事。年來各廠家之以產品來請試驗者頗多。本會各給以詳細確切之證書。(五)工程教育之研究。近來中國工程學校雖已甚多，而學生每覺不適用於社會。其故何在？因各校大都僅抄襲歐美日本之制度而不合於本國之需要也。本會有鑒於此，用特加以研究，庶幾工程學生與社會需要乃能翕合無間供應相稱。以上數端，爲本會對於社會方面所努力之事務,雖因事局關係,成績未著,然本會同人不敢以此而自餒也.大凡工程學者,應具二項特點.其一爲革新性與進取性.例如上海市政之改良,鐵路之建築,礦山之開採,均爲此項特徵之表現.其二爲經濟觀念.不特金錢須經濟,時間亦須求其經濟.近世各種戰爭,莫不與經濟有關.工程家除應具此二特徵外,本人頗合羣性之要求,自又須聯絡同志以謀事業之發展.譬如在上海建屋,各種設備如裝置冷熱水管之類固屬不難,然在鄉間爲之,則非萬能之工程家莫辦矣.此無他,一則衆擎易舉,一則孤掌難鳴.本會組織之宗旨,即本斯意.不甯唯是,本會集多數工程專家以成團體,實又社會各廠家之諮詢也.然則本會之組織,對於社會,亦不無裨益歟?幸辱教之.

國民政府教育行政委員會金湘帆先生演說詞:工程範圍甚廣,舉凡電氣,化學,機械,冶金,土木,種種事業,莫不包括於工程範圍之中.工程學應用之最易見者,厥唯建設.方今國民政府雖正當努力革命之秋,顧於建設事業自亦當同時努力進行.惟論及建設,困難滋多;經濟之竭蹶,人才之缺乏,國民程度之幼稚,莫不有礙建設事業之進行.雖然吾人終不能因困難而即不談建設也.貴會茲在上海開會,上海市政覺皆完美,有寬敞平正之馬路,有自來水,電燈,電車等設備.惟上海爲我國一特別地方,不能以例其他,吾人試一觀政府所在地之南京.城內馬路逼仄,行履殊感不便;今市政府從事放寬,拆除舊屋,即大遭市民之反對.南京電燈廠一家僅六百啓羅瓦特下關一家亦僅一千啓羅華特,總計則一千六百而已.南市飲水,多半取給於河,次則爲井,水質皆甚惡劣,而市民祇得飲之.欲設一自來水廠,非有百萬元不辦.方今經濟如是困難,何能立即成功.總之,處此政治不良,經濟薄弱,國民程度甚屬幼稚之時期,建設事業,進行殊非易易.然非工程界帮助,伊誰帮助?非此時努力,何時努力?希望貴會及時努力,進步無疆!

江蘇省政府高叔欽先生演說詞:江蘇省政府在三星期前,即預備在南京歡迎貴會.不幸因戰事關係,未能實行,殊爲抱歉!江蘇省政府成立以來,不過三月,玆際訓政時期,自當致力建設計劃,希望各專家多多建議以供參攷.嘗察社會心理,當國民軍未來以前,莫不歡迎其即來,旣來之後,莫不希望其成功.江蘇省政府本一般社會喁喁望治之心理,希望貴會多所供獻,俾建設事業早抵於成.

中華農學會吳桓如先生演說詞:中國建設事業之實施,農與工有密切之關係而皆甚重要.顧際玆各新都市建設之秋,工程則尤屬重要.孫中山先生嘗謂衣食住行爲人生四大要素.今就「行」言我國鐵路與全國面積之比,相差甚遠,謀其發達,是乃工程界之責任.次就上海之市政言之,閘北南市等處華界市政與英法租界者比較,相差何如?微工程界之努力,市政又何能改良?觀於近來各大工程已逐漸歸於我國人之手,此卽工程界努力顯明之例證.更就國外貿易論之,外國每購我國原料以之製成成品而後售諸我國,棉紗卽其一例.此種漏卮,曷勝計量!原料之供給,固我農業界之責任;希望工程界能盡量利用本國原料,俾塞漏卮而裕民生焉.復次,更就土地言之,我國田地之不整齊與不生產者不知凡幾.微工程之努力,亦不足盡改良之能事.德國土地不饒,然經科學家與工程家之努力,加物理或化學之改良,結果生產數量,倍蓰於前.此亦貴會諸工程家所當努力者也.

中華學藝社王兆榮先生演說詞:中國今正當革命時期,是以精神經濟大多自皆注意於革命事業.然革命亦包括於建設,如市政交通等各項工程,尤於革命有密切之關係.貴會爲專門工程研究機關,對於建設事業,當有重大貢獻.此就國家前途着想所希望於貴會者也.竊嘗以爲中國各種學術團體亟須聯合組織一大團體,分工合作,藉謀全國學術之發達.譬如太平洋學術會議,我國初未加入,直至去年,始被邀請.然各國之加入會議,由於國家學術機關,而我國獨尙無此機關.故去年大會來邀請時,祇得通知我國教育部,後由教育部派遣若干代表赴會參加耳.是以我國各種學術團體之聯合組織,對內對外,皆屬刻不容緩.此則關於國外學術界之聯絡所希望於貴會者也.

商務印書館章伯寅先生演說詞：貴會之事業,據李會長報告,如審查工程名詞,辦理材料試驗等等,皆爲對於社會方面甚關重要之事,無任欽佩.就鄙人攷察調查所得,我國工業大學共計三十一校,其中國立與省立者凡十有五,教會設者凡七,私立者凡九.然嘗至哈爾濱工業大學,見其課程編制全爲俄制,而大連工大,則純採日制.故全國工科大學雖有三十一校之多,實則正眞我國者猶不及半數,且大多皆爲數十年前自日本抄來之舊制,其採用歐美新制者尙屬寥寥.就出版界論之,工程書籍都僅百分之二,而消路且甚狹滯.雖然,據中山先生建國方略所述,關於海港,鐵路,運河等等,雖皆各有詳細之規劃,然終結皆云須請教專門工程家,此足徵工程家地位之重要.近如總商會前面之蘇州河,據云共有彎曲七十有二,船舶往來,甚感不便.工程家對於此項實際問題,深望其能加以詳細研究,著爲書册,貢獻社會.此種專門實際問題之書籍,不特出版家所歡迎,抑亦社會人士所歡迎也.願貴會諸君子之加勉焉.

馬君武先生演講詞：今日貴會開第十屆年會,鄙人得參與其盛,且承邀演講,無任榮幸.吾人讀地質學,知最初爲原生時代,今則爲新生時代.生活在每時代內如何適應之情形可自各地層中之化石攷之.人類之歷史亦然,其在地球上生活演化之跡,亦有各時代之化石代表之.攷地球年齡,據英國地質學家來伊爾(Sir Charles Lyell)之說,約巳八十二萬萬年.惟所謂近代文明,其發達不過近二三百年間耳.在此時期,亦有其代表之化石,卽世界各國之工程家是也.例如加拿大至太平洋之鐵道,橫越歐亞之西伯利亞鐵道,載重數萬噸之輪船等等,皆爲工程界努力之結果.就農業言,外國用「馬」,於是二三人可種一千餘畝,而我國用牛用騾,每人則僅二三十畝.其馬之用,亦屬工程家之功.次就工業本身言之,改變物質以製成種種有用之物,乃化學工業之偉勳.又如上海,昔也荒涼若彼,今也發達如此,亦不可謂非外國工程家之功.世上新國家之創設,亦不過二三百年,多半乃工程家之成績.譬如市政,若水之供給,公用之設備,土地之清丈等等,皆爲工程家所努力造成者.故凡新國家及其內一切良好市政之建設,俱可謂爲全體或大部分由於工程所造成.雖然,茲有一重要之問題焉.即「工程家如何乃得從容進行其事業乎」?例如生活之生存,必須有水之存在.故星球上溫度必須在攝氏百度以內,而後始有水之凝成,而後始有生物,始有生命.然則工程家所必需之條件爲何?非他,和平是也!和平是也!惟水屬於自然,而和平由於人造.有水,斯能生活;有和平,始能工作而生活.是以和平之於工程家,其重要猶水之於生活也.工程家而果獲水矣,吾人乃甚希望其有整個建設計劃之貢獻.我國招商局之創設,與日本郵船會社殆爲同時,而今也安在,可勝慨哉!若夫國內各種工業——如棉紗業等——之保護暨一切物質基礎之建設,皆全賴工程家有整個之計畫耳.昔孫總理計畫全國建設二十萬里之鐵路,鄙人當時爲其總書記.國人之不知者,嘗以「大炮」與「大話」諸名詞譏之.實則以歷年戰爭所犧牲之精神金錢計之,每年至少可造鐵路十萬里,二年以內,所謂「大炮之大話」即可實現完成也.今茲鄙人居家養蜂,就中有中國蜂,亦有外國蜂.顧外國蜂之飼養,必須有外國蜂桶居.以小喻大,國家亦然.吾人欲建設一新國家,亦必須有相當之條件.非工程家特別造水以奠定物質基礎,新中華民國之建設,詎能完成?夫自中國某境而至中國他境,迺須取道他國之鐵路,豈非笑話!環顧全國,各省果皆已有鐵路耶?此實列強侮辱之由也.非工程家倍加努力,夫復何望?將來二十世紀新中國之成立,其代表化石爲何,厥唯工程學會乎?謹爲預祝!

胡適之先生演講詞:鄙人於十七年前本希望學習工程,而終成工程學之逃兵,今茲到會,實甚慚愧!適聆馬先生莊嚴沈痛之演講,幾不容再行致詞.日前中國科學社開會,鄙人亦嘗在此演講,曾謂試覽地圖,我國果尙有否統一之望.幅員之廣如彼,而鐵路之少若此,統一云何哉?去年全國商會集會於北京,新疆代表以關山間阻,不能與會.甘肅雖幸有代表參加,然僅以三省之隔而需行百六十日之途程.雲南滙款至京,每百兩竟需滙費三百八十兩之多,豈不駭人聽聞!近來國人對於蘇俄之觀念,或則尊崇備至,或則詆毁交加,其實兩皆非是.俄國藉先前之物質基礎,今玆迺克成一比較統一之國家.其立國也,初非徒藉諸少年人之高呼口號揭貼標語;要由於少數專家集中策畫,集中思想,而勵行其經濟政策耳.如有無線電,鐵路,飛機等等之物質基礎以供利用,是以蘇俄乃能免爲各帝國所屈服.德國當大戰之後,飲辱含羞,舉凡賠款壓迫,俱所忍受,亦唯兢兢於國內物質基礎之保持是務.例如煤力不給,初則利用河流之水力,得償其不足者約叁之一,繼則研究潮水之力,又得取償約叁之一,最後乃研究風力,今雖尚未成功,然亦頗已有望.當鄙人在英之時,適逢無線電話聯絡大西洋兩岸之創舉.迺者兩半球之飛行,僅需三十有二小時.返視我國之交通,相差何啻霄壤?美國有名雜誌大西洋月報(The Atlantic Monthly)嘗有文曰美國之秘訣,謂美國有無數奴隸供其驅遣使用,奴隸爲誰,動力是也.並作一表,比較各國所用動力之多寡:表中以中國爲一,而美則爲三十,乃成三十與一之比,按諸實際,恐猶不及此比數焉.如前所述新疆雲南之情形,要皆有於缺乏物質基礎之故.馬先生之演講,不特工程家所當注意,任何學者亦當服膺不忘也.近來國人每有「反對文化侵略」及「打倒帝國主義者之科學」等籠統含混之號,工程家自當審愼思之.孫總理計畫中之二十萬里鐵路與一百萬里汽車路之建設,惟望工程家之努力以完成之.蓋處任何政府之下,物質基礎皆不容忽也.

穆藕初先生演講詞: 方才馬先生之所謂和平與胡先生之所謂物質基礎,皆爲極大問題.然設和平與物質基礎而皆達到以後,我國工業果能發達至如何程度,尚待研究.溯自民國六年至十一年間,一般國人殆皆不知有工程學,而自十二年以還,國內雖有工程學識,但皆幾無所用.然旣往不諫,來者可追,諸君正不必因此而失望.嘗攷我國工業不能發達之原因,就鄙見所及,厥有數端:(一)辦理者無專門學識.此則希望有學識者投身工界,同時希望工程人材之養成.(二)投資者眼光太近,類皆不能經少微之動搖.(三)經理等職員之越位失德問題.此層須請政府限制之.(四)一般利息太重.以上四端,竊以爲最重要之原因.玆又有一事需請諸君研究者,即工作時間之問題.近人固都主張八小時工作;然工作之性質各異,工作時間是否應盡相同?例如用體力之人力車夫與司機械者及僅司督察者,是否應科以劃一之時間?又中國工人之效率較諸外國工人者爲何如,是否亦須顧及?日本紗廠之在我國,約佔百份之四十二三,殆與我本國紗廠相等;日本紗廠工作若干時,我國紗廠是否亦應與之相同?外國工人類多能識字讀書.工作之暇,常有正當之娛樂.若不能使之讀書而無正當之娛樂,則雖縮短時間,增加工資,於工人是否即屬有益?此工作時間之問題有待諸君之詳細研究.曩者鄙人留美肄業之時,嘗有友人學成返國,謂欲開辦機車製造廠,是則豈非夢想乎?復次,工業之興辦,尤須注意於經濟界之情形也.

會員沈君怡先生演說詞:一年一度之年會,今十屆矣.嘗憶去年在北京開會時,鄙人尚以來賓資格參加,今乃以會員資格與會,復承寵命演說,榮幸奚似!外埠會員,遠道賁臨,無任感謝,而年會委員之勞績,亦無任感謝!本會成立,已歷十年,雖不能與外國著名學會相比肩,然觀於歷來會務之發達進步;將來自有相與頡頏之一日;故歷屆職員之勞力,亦非常足資紀念.當玆十週紀念中,有可述者數端,謹以略陳於次:(一)辛亥年前,我國學者類多研究法政,此公認爲一種病態,十六年來,始漸改變.(二)我國留學外國者,昔時常有國家之派別,自本會成立以來,此種界限,乃歸消滅.(三)本會之結合,純以救國爲目的.此皆足資紀念者也.方今我中國工程師努力之方向,自應慎加選擇,莫趨歧途.中山先生之建國方略,吾人自當奉爲圭臬,努力實行.就此言之,中國之福星,舍中國工程學會莫屬!

▲中華郵政特准掛號認爲新聞紙類▼

中國工程學會會刊

THE JOURNAL OF THE CHINESE ENGINEERING SOCIETY

第三卷 第三號 ★ 民國十七年四月

Vol. III, No. 3. April, 1928

中國工程學會發行

總會註册通訊處：上海中一郵區江西路四十三B號

中國工程學會會刊

季刊第三卷第三號目錄 ★ 民國十七年四月發行

本刊文字由著者各自負責

中國工程學會發行

總會通訊處：一　上海中一郵區江西路四十三號Ｂ字
總會辦事處：一　上海中一郵區寧波路七號三樓二〇七號室
電　話：一　一九八二四號
寄售處：一　上海商務印書館　上海中華書局
定　價：一　零售每册二角　預定六册一元
郵費每册本埠一分　外埠二分　國外八分

中國工程學會總會章程摘要

第二章　宗旨　本會以聯絡工程界同志研究應用學術協力發展國內工程事業爲宗旨

第三章　會員　(一)會員，凡具下列資格之一，由會員二人以上之介紹，再由董事部審查合格者，得爲本會會員：一（甲）經部認可之國內及國外工科大學或工業專門學校畢業生并有一年以上之工業研究或經驗者。(乙)曾受中等工業教育并有五年以上之工業經驗者。(二)仲會員，凡具下列資格之一，由會員或仲會員二人之介紹，並經董事部審查合格者，得爲本會仲會員：一（甲）經部認可之國內或國外工科大學或工業專門學校畢業生。(乙)曾受中等工業教育并有三年以上之經驗者。(三)學生會員，經部認可之工科大學或工業專門學校二年級以上之學生，由會員或仲會員二人介紹，經董事部審查合格者，得爲本會學生會員。(四)機關會員，凡具下列資格之一，由會員或其他機關會員二會員之介紹，並經董事部審查合格者，得爲本會機關會員：一（甲）經部認可之國內工科大學或工業專門學校，或設有工科之大學。(乙)國內實業機關或團體，對於工程事業確有貢獻者。

第六章　會費　(一)會員會費每年五元，入會費五元。(二)仲會員會費每年二元，入會費三元。(三)學生會員會費每年一元。(四)永久會員會費一次繳一百元，保存爲本會基金。(五)機關會員會費每年十元，入會費二十元。

前任會長

陳體誠(1918—20)　吳承洛(1920—23)　周明衡(1923—24)　徐佩璜(1924—26)

李屋身(1926—27)

民國十六年至十七年職員錄

總會

董事部　(董事)惲震　周琦　李屋身　李熙謀　吳承洛　茅以昇

執行部　(會長)徐佩璜　(副會長)薛次莘　(記錄書記)胡霨　(通信書記)胡端行

(會計)裘燮鈞

分會

美國分部　(部長)李運華　(副部長)張潤田　(書記)孔祥鵝　(會計)王度

北京分部　(幹事)陳體誠　王季緒　陸鳳書

上海分部　(部長)黃伯樵　(副部長)支秉淵　(書記)施孔懷　(會計)馮寶齡

天津分部　(部長)楊毅　(副部長)李昶　(書記)顧毅成　(會計)邱凌雲

青島分部　(部長)王節堯　(書記)嚴宏淮　(會計)張含英

杭州分部　(部長)李熙謀　(副部長)朱耀廷　(書記)楊耀德　(會計)鄭家覺

南京分部　(委員)吳承洛　徐恩曾　陳立夫

武漢分部　(委員)繆恩釗　周公樸　張自立　吳國良　楊承訓

奉天分部　(委員)方頤樸　盛紹章

太原分部　(部長)唐之肅　(副部長)崔登山　(文牘)劉文藻

上海定海路橋建築經過

(一) 起始

(二) 築基 (參看175頁)

上海定海路橋建築經過

(三) 鋪面

(四) 完成

上海定海路橋

著者：瑪耶(H. F. MEYER)及黃炎

<u>地位</u>　上海租界之極東境,楊樹浦路盡頭處,名周家嘴.自此處起,沿中國麵粉廠,公大紗廠,滬江大學以至虬江口,濬浦局用機掘成運河一條,其直如矢,用以行駛小火輪,拖駁,貨船,小船等等.河底寬十丈,深度當最小潮汛時爲一丈.運河以外爲黃浦江大灣轉之凸肚灘地,計二千餘畝,屬濬浦局執管.其

南端二百餘畝,已經濬浦局築塡,與上海之地等高.惟有運河之隔,自成小島.非架橋以通之,則極佳之地,不能盡其利,此則建橋之本意也.

橋之地位,在島之南端,與對岸之定海路相接.此路爲自楊樹浦路通河之支綫,尙未舖築.路南爲裕豐紗廠,北爲亞細亞油公司,商務未興.故提高路面,築造斜坡,以達橋上,不致發生阻礙.舍此地點外,沿河絕無相宜之處.故雖偏

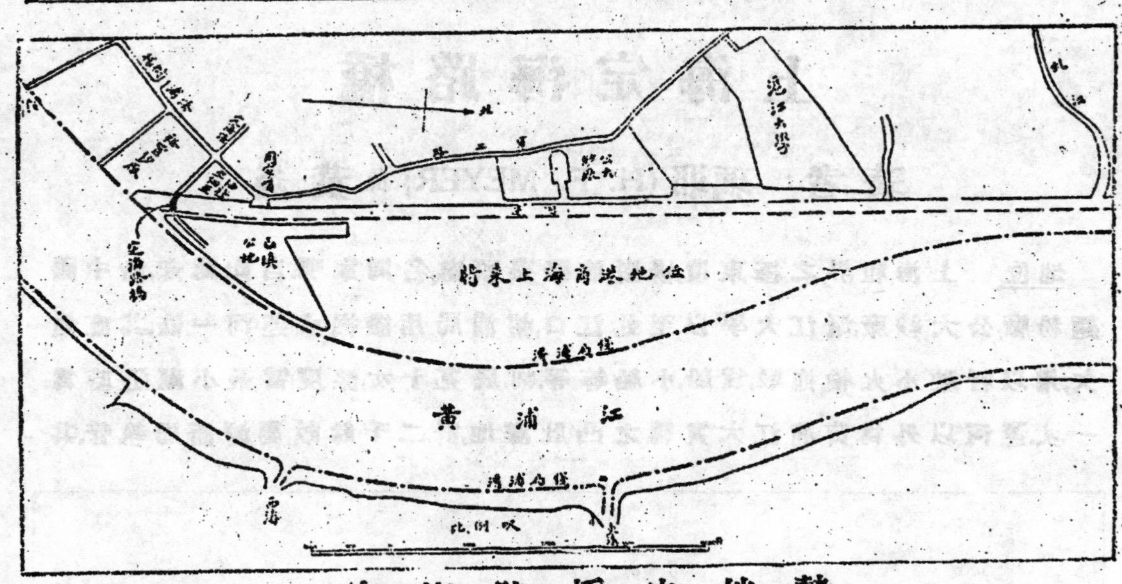

定海路橋之地勢

處於島之南極端,不甚便利,而亦不得不採用之.

橋孔 運河底寬十丈,爲航行上免除阻礙起見,河中不設橋墩,故正孔必須與河寬相等.正孔至兩岸,則可設若干小孔,而無限制.

橋面之寬 此橋爲通新式運輸車輛而設,中間有車道,寬二十尺六寸.兩邊設人行階路,各寬七尺.共寬三十四尺六寸.車道上可供兩部最大之運貨汽車往來.(圖見179頁)

橋孔之高 周家嘴地點,最高潮位爲吳淞水準綫上十六尺七寸半,尋常漲潮位爲十二尺三寸,尋常落潮位爲三尺半.運河將來爲小輪拖駁巡梭往來之道,故橋孔務求其高.按浦江中大號小火輪,烟囪頂高出水面,多爲十三尺左右.今定橋面之底,高出吳淞水準線二十九尺九寸半.如是在最高潮時距水面十三尺二寸,在尋常高潮時距水面十七尺六寸半.各種小輪當能通過橋下,不受阻礙.(參觀橋孔高度之變遷圖,178頁)

材料之選擇 在本地可用以建橋之材料,不外(一)木料,(二)磚石,(三)鋼鐵,(四)水泥,四種.木橋易腐,非永久之建築,又以之造百尺長之津梁,亦非

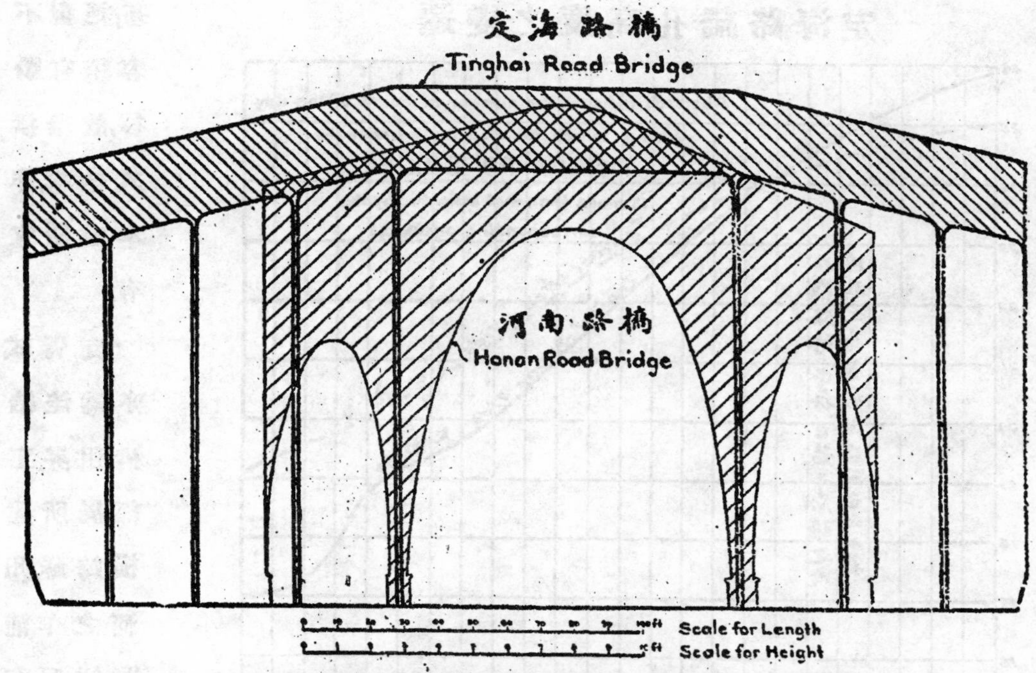

定海路橋與河南路橋長寬高度之比較

易事.磚石此處不合用,工價甚昂.鐵橋則造價較貴,且常須油漆修理.故材料之中,惟水泥建築,其質既永固,不須修理,造價復較廉,興工亦較易,實爲最合用之品.

然而單用水泥一項,亦非最經濟之道,故兼用圓木作樁,常沉水中,無腐朽之慮.用鋼鐵作骨及橋下之弦,以承受拉力,無脆弱之患.故此處所用,集各料之長而兼有之.

橋之結構　長及百尺之孔,非單樑所能跨越,必有賴乎合宜之結構無疑.今可供採擇者,爲環拱式,支臂式,架式數種.三和土環拱,在外國甚通行,爲合乎經濟之結構.然須有堅實不搖之橋基,方能永固.不然,未有不拆者.上海地面爲浮泥積成,非常鬆軟,五六百尺而下,尚不見岩石層.故在上海任何建築,均不及樹立於堅固之基礎上.及其造成,總不免有若干寸之沉陷.而環拱之

定海路橋孔高度之變遷

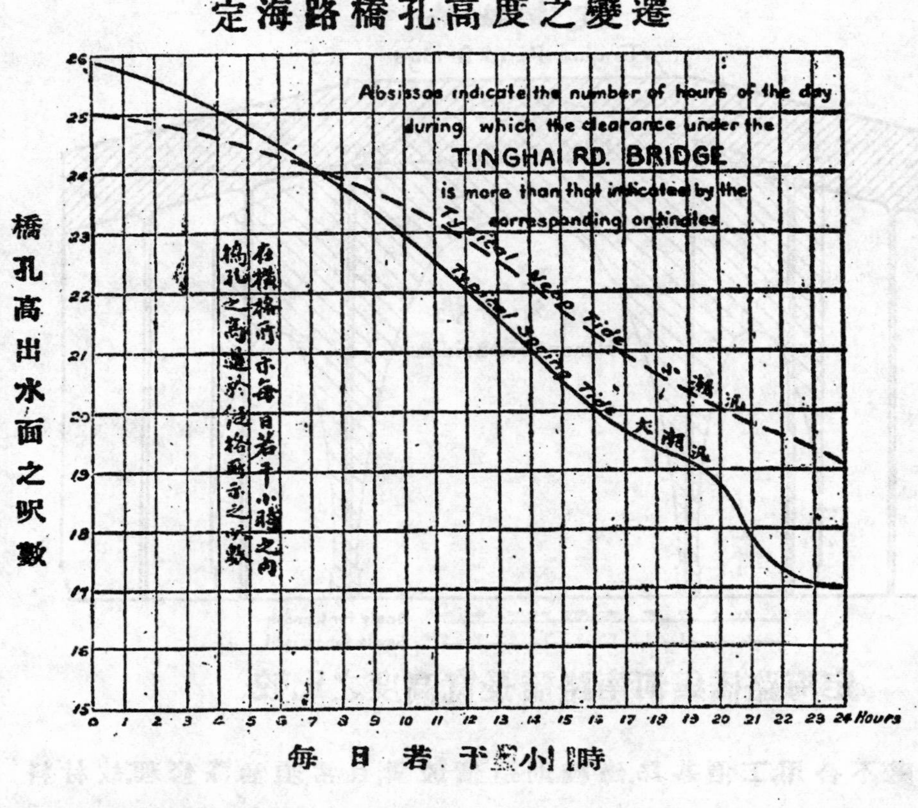

基,絕對不容稍有動移,故環拱式結構,非本處所宜有.

支臂式亦爲佳結構.租界工部局所建橫跨蘇州河之乍浦路橋,河南路橋,四川路,西藏路橋等,外形如環拱,而實皆支臂式也.上四橋者,各有三孔,中孔百尺,與本篇之定海路橋同,兩旁之孔,較中孔略小.中孔構造,可分三段.其當中一段,爲鋼鐵工字形樑.旁邊兩段爲三和土,接連邊孔之樑而達於岸.故中孔之邊段,爲堅厚之支臂也.惟臂身甚厚,橋下作環拱形,遮去

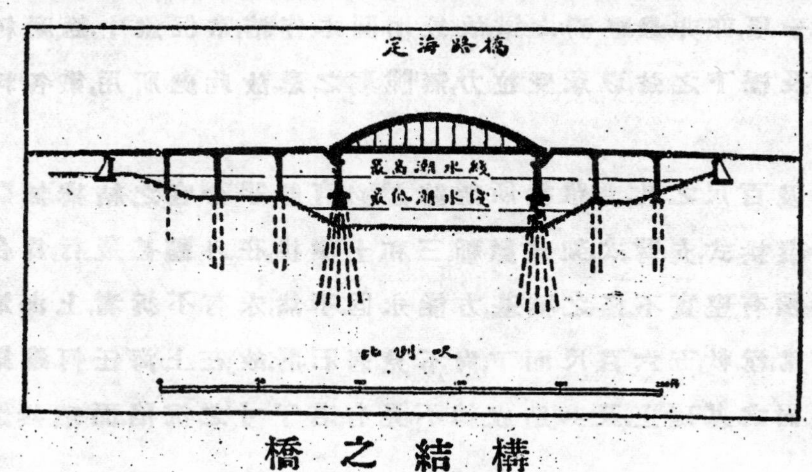

橋之結構

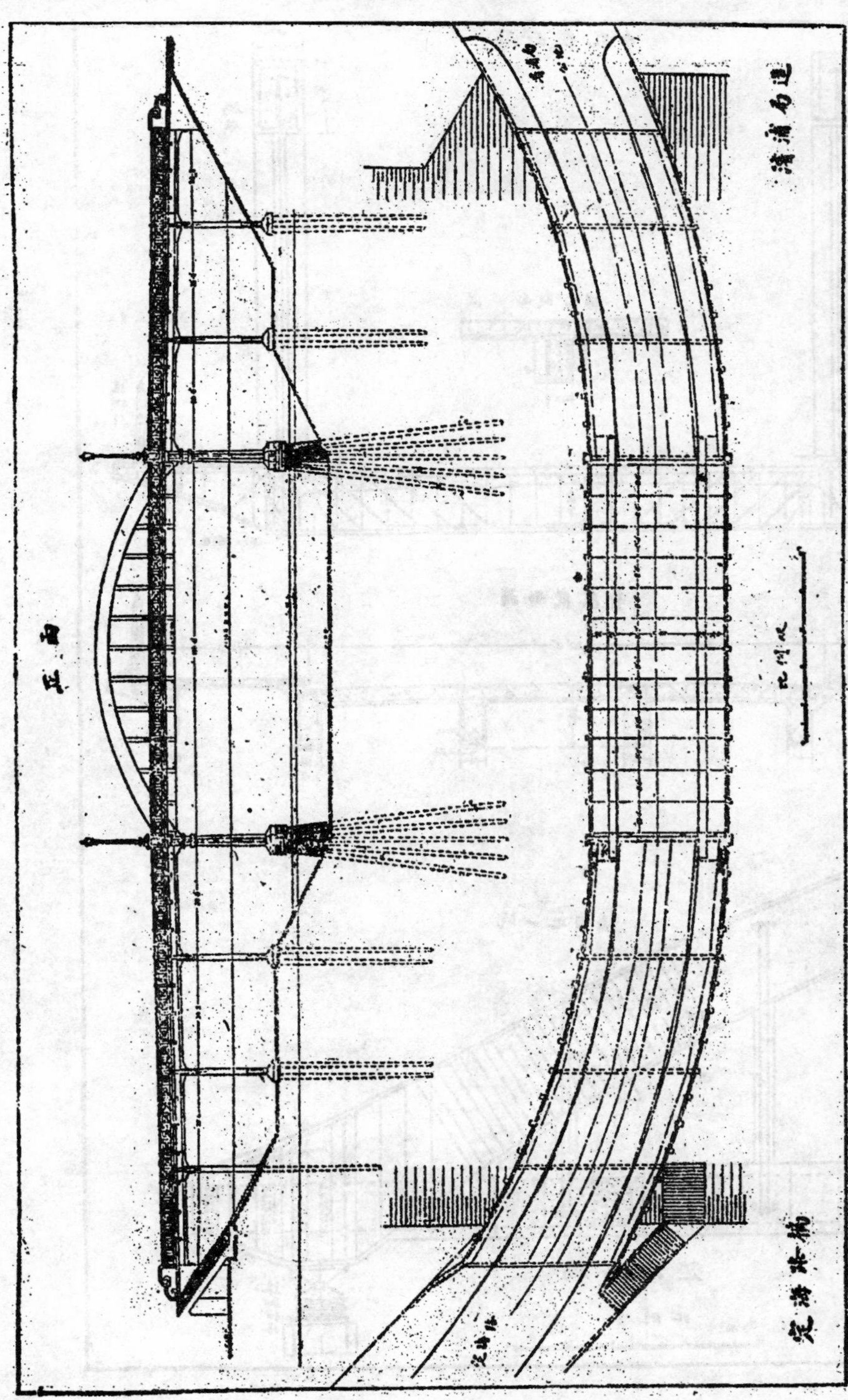

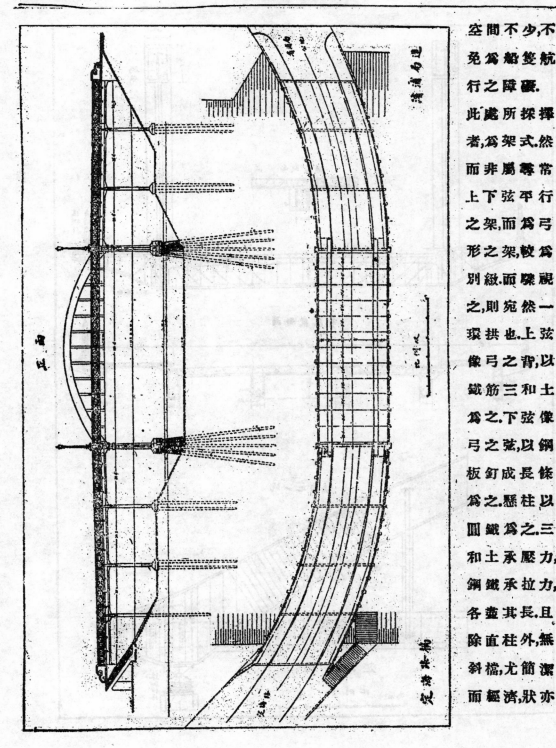

空間不少,不免爲船隻航行之障礙.此處所採擇者,爲架式.然而非屬尋常上下弦平行之架,而爲弓形之架,較爲別緻.而驟視之,則宛然一環拱也.上弦像弓之背,以鐵筋三和土爲之.下弦像弓之弦,以鋼板釘成長條爲之.懸柱以圓鐵爲之.三和土承壓力,鋼鐵承拉力,各盡其長.且除直柱外,無斜檔,尤簡潔而經濟,狀亦

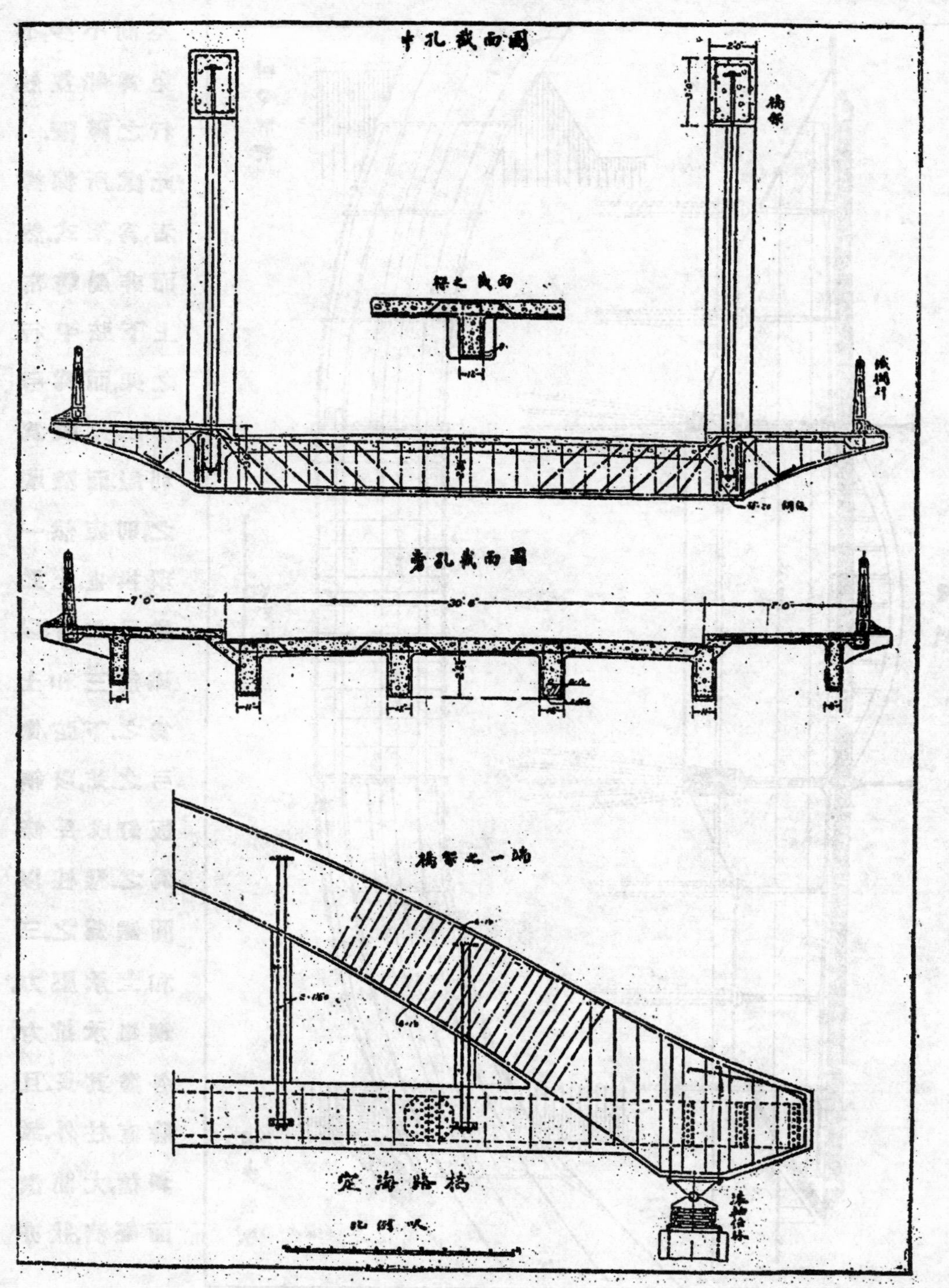
中孔截面圖
梁之截面
旁孔截面圖
橋臂之一端
定海路橋

不弱.

正孔而外,尚有小孔七,寬各三十尺或廿五尺不等.均屬尋常樑板結構,無可稱述.橋之地位,適當轉灣之處,故其平面,僅正孔屬直,其餘七孔,均作灣形如玉帶,别開生面者也.

載重量　建橋之目的,爲通行各種車輛.新近上海通行有所謂鷹牌運貨汽車者,其後軸所載重量,達二十噸之鉅,爲各種車輛之冠.其輪之距離如圖.

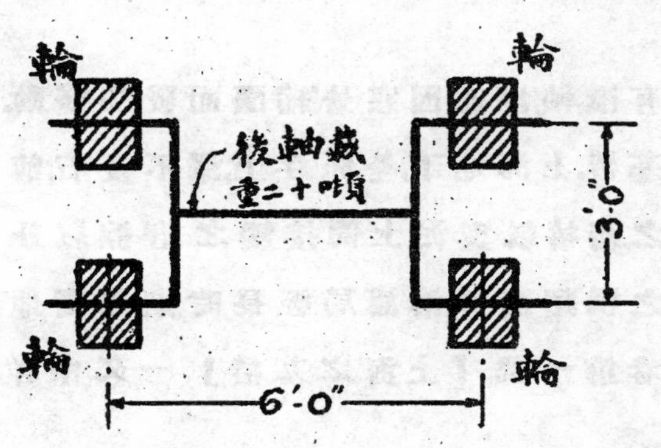

橋之構造,以能容過此項重車兩部同時往來爲標準.車之前軸,受載不多而距離頗遠,無大影響.

惟此類重車,市上極少,過橋之時,其前後必多空地.故如將其所佔之地位,幷連其前後之餘地,平均計之,則每平方尺所受之重載,亦不過一百磅而已.

因此橋之各部份,設算上分爲二種.第一種爲直接受輪軸之影響者,如大樑平板及懸柱數項,故其設算以勝任輪軸集中巨重爲目的.第二種爲間接承重者,如橋架,墩子,基樁數項,其設計以能任車道每平方尺一百磅及階路每平方尺八十磅爲標準.

根據以上標準立算,目下在市上通行之重車,均可經過.橋面無不勝任之虞,而橋身橋墩,則又無耗費之材.

弓形橋架　正孔橋架,作灣弓狀,此爲是橋特點之一,略申言之.

弓背爲鐵筋三和土鑄成,承受壓力,用環拱公式計算.當全橋載重之時,弓背三和土所受者,全屬壓力.若當橋之一半有載,一半無載之時.則弓背之中央,發生一種灣力量,或曰灣馬門.故其力,須能應付此直壓與灣馬門二者.直壓在中央爲最小,逐漸向兩端增大.拱之中央厚三呎闊二呎.

弓弦以鋼板釘成長條爲之.承受純粹之拉力,處處一律.每弦用 5/8" × 24" 鋼板二條並列,安鑄三和土中.所以採用鋼條者,因其釘製較爲簡易,接筍牢固可靠,形體簡單,易於灌澆水泥.若用尋常三和土鐵筋,固可得同樣之拉力,然恐不及其簡便可恃也.

橋面之重,非直接傳於下弦,實經懸柱而上達於弓背.故懸柱全係拉力,以二條 1½" 徑圓鐵爲之.外澆三和土,使成柱形,其上端埋拱背之中,下端釘連鋼條之弦內,簡單而力足.

橋架兩端擱於墩上.其一端之倍林有滾軸,以備因寒暑縮漲而發生移動.

基椿　是橋第二特點,爲橋墩下之基椿.上海地下,全係浮土,深不及石,前已言之,全橋之重,以多數之椿子承負之.藉椿幹與泥土間接觸之磨擦以分散於土層.椿與土間阻力之大小,視椿之種類而殊.濬浦局經長時期之實地試驗而得可恃之結果,曾於本刊第三卷第一號『上海之基椿』一文中詳細論列之.

大橋墩下,用六丈長之整支圓木椿,小頭向下,直徑約十二寸,大頭直徑約十八寸.小墩下用四丈長之整支圓木椿,小頭直徑十寸,大頭約十三寸.大墩下之椿,分列三排.中間一排直椿,兩邊兩排斜椿.椿子所負荷之重量,平均每平方尺椿幹表面,得二百磅左右.

木椿有下列之優點:(一)其價値較任何椿子便宜,六丈圓椿,每支銀四十八兩左右,交到工次.(二)木椿體輕,易於搬運吊起,故打擊甚便.(三)木與土之磨擦較三和土與泥土間之磨擦爲高,故其承重力亦較高.圓錐體之木椿,較直方木椿爲佳.(四)三和土椿體重,故耗一部份之力,以承其本身之重.木椿體輕,在水中能自浮,故其本身可不計.

惟木椿須永遠在水面之下,無時濕時乾氣候變換之侵襲,方能免於腐壞.不然,椿頭高露空間,日久難保不朽.此次建造橋墩之椿子,常爲潮水所淹沒,故木椿最爲適用.

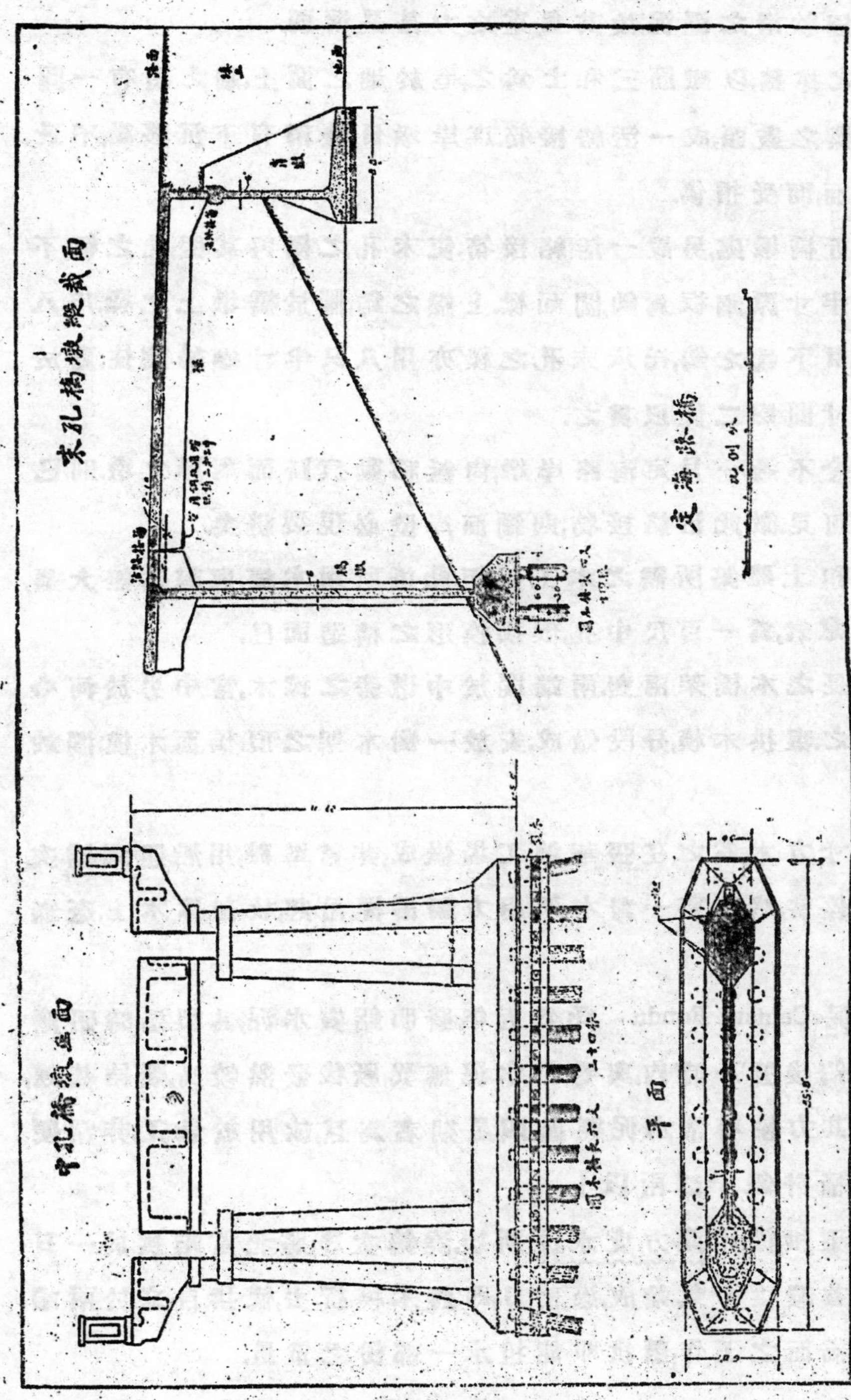

黄浦江中近年有數處新建之碼頭.其下有圓木樁爲基礎,其上部則用水泥三和土結構.此種和合式的建築,爲上海港內最經濟之辦法.

岸墩　兩岸土質極鬆,岸墩之建築,與尋常方法有異,是爲此橋可注意之第三點.兩岸之地,均係濬浦局用大邦浦將河泥填灌而成.在定海路端之上海岸,填成已經十年,較爲堅實.其對岸公地,填成僅四五年,其面上似覺堅固,掘下兩三尺,即現極軟滑之濕泥,故其負重之力甚是薄弱.

岸墩採用L形之撑牆,以鐵筋三和土爲之,造於地之面上.牆之頂有一圓槽,以承受末孔橋樑之盡頭,成一活絡接筍.庶岸墩日後稍有下沉移動,不致影響及於末孔橋面,而受損傷.

末孔樑之他端,近橋墩處,另設一活絡接筍,使末孔之樑與其旁孔之樑,不相連續.此接筍用半寸厚鋼板爲鈎,闊如樑.上端之鈎,擱於橋墩上之樑,用八只半寸螺絲緊住.其下端之鈎,托承末孔之樑,亦用八只半寸螺絲緊住.更於樑之中心,並置一寸圓鐵二條以貫之.

自橋工告竣,迄今不過一月,定海路岸墩,尚無移動痕跡,而對岸之墩,則已有下沉之象,顯然可見.微此活絡接筍,則橋面岸壁必現裂縫矣.

木模木架 三和土建築所需之木工甚鉅.此橋所用木模,與尋常無大異,不必多述.稍堪注意者,爲一百尺中孔,環拱模形之構造而已.

中孔用一百呎長之木橋架兩對.兩端擱於中墩旁之撑木,當中另於河心打樁立撑以托承之.環拱木模,分段做成,安放一對木架之頂.橋面木模,擱於木架之下弦上.

木橋架用十二寸方木爲之,在張華濱工場做成,非常準確,用船運到橋次,先將各撑木安放停當,然後將一對木架,用方船吊桿吊起,放在撑木上,毫無困難.

法蘭西方度水泥 Cement Fondu 此爲近年發明鋁質水泥,其製造時研磨極細,火燃極烈.調鑄後五小時內,與尋常水泥無異,厥後發熱較高,凝結甚速,經過二十四小時,其力較尋常水泥經過四星期者爲巨,故用於急工,非常便利.惟其價甚昂,每桶計銀十二兩以上.

此橋中孔之兩環拱,係用此方度水泥所製.澆鑄次序,將北首環拱於一日內鑄成,隔日將南首環拱一氣鑄成.過兩日,即將木模折去,使拱自立於兩端之墩上.然後進行橋面之工作,環拱即能担承一部份之重量.

方度水泥,色黑極細,着水後,甚粘,凝結於拌桶之內,不易傾出,故工作不甚便,進行頗緩.第二次澆鑄時,每桶三和土倒出後,即將石子傾入桶內,轉動數次,使桶內粘着之泥糕,悉被擦去,然後加入黃沙水泥,照常調拌,便無困難.

三和土試驗　欲知三和土之良窳,及其任重力之高下,必有賴乎眞實之試驗.此橋工作進行之時,鑄成試驗樣品,送交南洋大學,由本會承理直壓試驗.樣品之形體,原定爲六寸方立體,後以太大,機不能碎.改用五寸徑,十寸高之圓柱體.茲將試驗結果,摘錄於下:

六寸立方體試驗,每方寸平均壓力表

組號	七日試驗		二十八日試驗		橋工部位	備註
	始裂時	終量	始裂時	終量		
I	858 磅	1,416 磅	1,268 磅	2,220 磅	扶梯	用啓新水泥配
2	1,187 „	1,585 „	1,310 „	2,411 „	橋墩 H	合1:2:3½
3	961 „	1,552 „	1,461 „	2,477 „	„ „ G	每組六塊.
4	1,278 „	2,147 „	1,283 „	3,049 „	„ „ E	每試三塊.
6	1.109 „	1.456 „	1.236 „	2,522 „	„ „ E	
平均	1,079 „	1,631 „	1,312 „	2,536 „		

五寸圓柱體試驗,每方寸平均壓力表

組號	七日試驗		二十八日試驗		橋工部位	備註
	始裂時	終量	始裂時	終量		
9	1,267 磅	1,271 磅	1,749 磅	2,008 磅	旁孔橋面	同上表
10	1,194 „	1,206 „	1,561 „	1,822 „	„ „	
11	874 „	1,071 „	1,530 „	1,530 „	中孔橋面	
平均	1,111 „	1,182 „	1,613 „	1,787 „		

五寸圓柱體試驗方度水泥,每方寸平均壓力表

組號	一日		二日		七日			
	始裂時	終量	始裂時	終量	始裂時	終量	始裂時	終量
1	1,749 磅	1,903 磅	2,499 磅	2,767 磅	3,051 磅	3,072 磅	3,012 磅	3,033 磅※
2	1,423 „	1,866 „	2,003 „	2,637 „	1,704 „	3,016 „	1,976 „	2,673 „✝
3	811 „	1,717 „	1,282 „	2,445 „	2,462 „	2,736 „	2,548 „	2,835 „✝
平均	1,328 „	1,828 „	1,928 „	2,616 „	2,406 „	2,941 „		

(註)每組十二塊,每試三塊配合1:2:3½　※二十八日　✝兩個月

從上表比觀,試驗樣塊之形體與其任重之力有關.用同一器新水泥及同類沙石,而六寸立方體與五寸圓柱體之試驗結果,絕然不同.再黃沙石子二項與任重力亦大有關係.此橋所用,係甯波粗沙及卵石,有時氣用青色碎石.每試到壓力甚高之時,往往發現石片折斷,而卵石則仍無恙,故卵石似較碎石爲合用也.

結論　本篇所述,工程範圍,雖不甚廣,然有數點,稍異尋常,可供研究,茲重舉之:

1. 設算時所採用之載重量爲最重之麼牌運貨汽車,後軸所載爲二十噸.

2. 中孔一百尺長之弓形橋架.以三和土爲背,以鋼板作弦.

3. 橋墩下用花旗整支松木爲樁.長者六丈,短者四丈.并有斜樁,以求穩固.

4. 岸與橋面用活絡接筍,以免岸墩移陷,發生裂縫.

5. 試用方度水泥,開我國工程界之新紀錄.

此橋由作者等繪圖,劉君鶴年監工.橋之各部份,除鋼板下弦及鐵欄杆外,均濬浦局職工所自造.費用計銀七萬兩有奇.民國十六年六月開工,同年十二月三十一日正式開行.

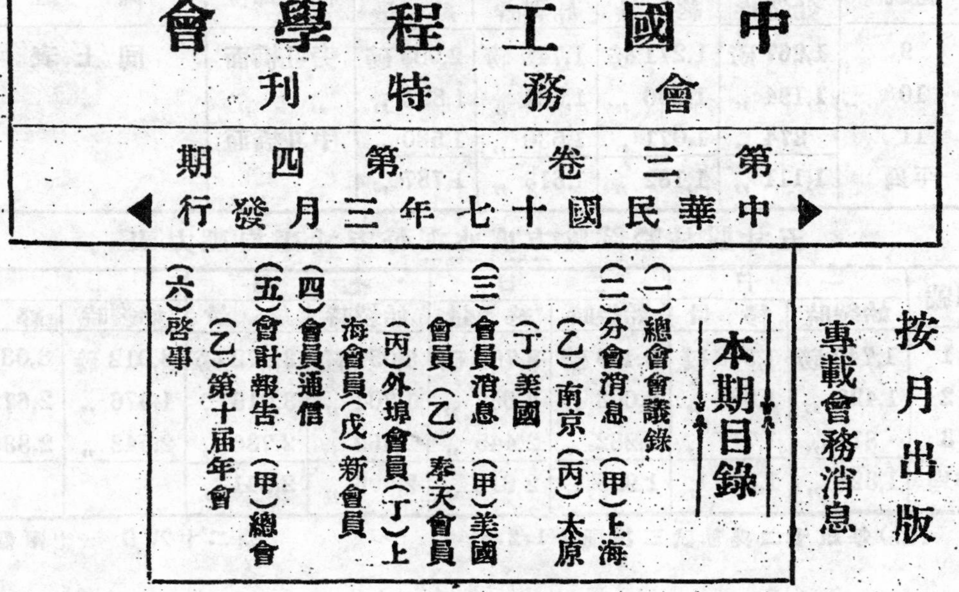

中國工程學會
會務特刊
第三卷第四期
中華民國十七年三月發行
按月出版
專載會務消息
本期目錄
(一)總會會議錄
(二)分會消息 (甲)上海 (乙)南京 (丙)太原 (丁)美國
(三)會員消息 (甲)美國會員 (乙)奉天會員 (丙)外埠會員 (丁)上海會員 (戊)新會員
(四)會員通信
(五)會計報告 (甲)總會 (乙)第十屆年會
(六)啓事

THE EQUIVALENT NETWORK OF A BRIDGE CIRCUIT IN TRANSIENT AS WELL AS STEADY STATES.

著者：朱物華 (By WENTWORTH CHU)

It was shown by Prof. A.E. Kennelly that the transient impedances of R, L and C are respectively R, Ln and 1/Cn, where n is the generalized angular velocity. Thus the transient impedance of any network is a function of n. In the bridge circuit shown, z_1, z_2, etc. are generalized impedances, and are functions of n. If a network is equivalent to this, its impedance function must be exactly identical to that of this circuit. Since n has, in general, more than one value in transient state, so the fundamental requirement for equivalent network is that the circuit elements L,C and R shall be constants independent of n. To study this further, let the following three cases be taken:

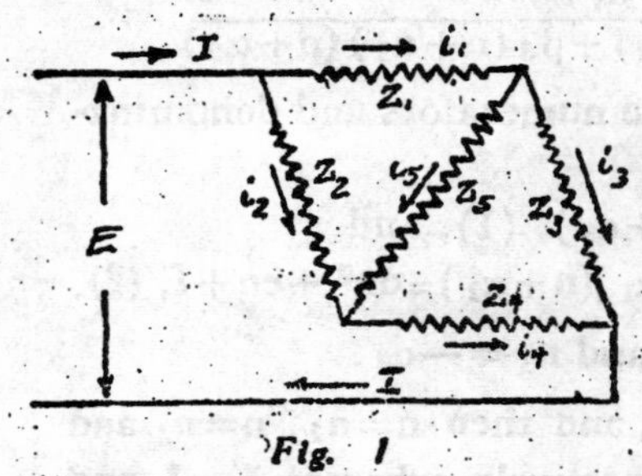

Fig. 1

(1) Bridge circuit in which every arm consists of L and R in series.

With the circuit as shown, the impedance to I is found to be $Z(n) = \dfrac{n^3+an^2+bn+c}{dn^2+en+f}$, where a,b,c, etc. are constants. In the transient state, $Z(n) = 0$, so $n^3+an^2+bn+c=0$. Upon solving this equation, three real negative roots n_1, n_2 and n_3 are obtained. Then solving I by Heaviside's Expansion Theorem,

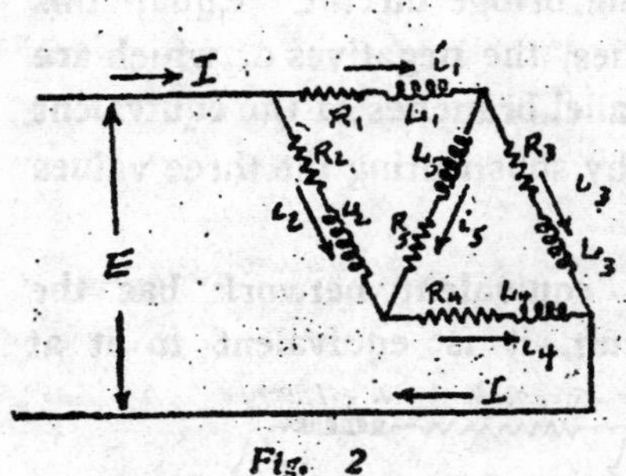

Fig. 2

$$I = (a_1+a_2+a_3) - a_1\varepsilon^{n_1 t} - a_2\varepsilon^{n_2 t} - a_3\varepsilon^{n_3 t}$$

$$= \left(\frac{1}{r_1}+\frac{1}{r_2}+\frac{1}{r_3}\right) - \frac{\varepsilon^{n_1 t}}{r_1} - \frac{\varepsilon^{n_2 t}}{r_2} - \frac{\varepsilon^{n_3 t}}{r_3}$$

Fig. 3

This at once suggests that this circuit can be replaced by the circuit shown in figure 3. Let the impedance of the latter circuit be studied.

$$Z'(n)=\cfrac{1}{\cfrac{1}{r_1+l_1n}+\cfrac{1}{r_2+l_2n}+\cfrac{1}{r_3+l_3n}}=[(r_1+l_1n)(r_2+l_2n)(r_3+l_3n)]\div$$
$$[(r_1+l_1n)(r_2+l_2n)+(r_2+l_2n)(r_3+l_3n)+(r_3+l_3n)(r_1+l_1n)].$$

Let $\alpha_1=r_1/l_1, \alpha_2=r_2/l_2$, and $\alpha_3=r_3/l_3$; and $\beta_1=1/l_1$, $\beta_2=1/l_2$, and $\beta_3=1/l_3$. Then, after some simple division,

$$Z'(n)=\frac{(n+\alpha_1)(n+\alpha_2)(n+\alpha_3)}{\beta_1(n+\alpha_2)(n+\alpha_3)+\beta_2(n+\alpha_3)(n+\alpha_1)+\beta_3(n+\alpha_1)(n+\alpha_2)}$$

This is of the same form as Z (n), By equating the numerators and denominators of Z (n) and Z' (n), we have

$(n-n_1)(n-n_2)(n-n_3)=(n+\alpha_1)(n+\alpha_2)(n+\alpha_3)$, (1), and

$\beta_1(n+\alpha_2)(n+\alpha_3)+\beta_2(n+\alpha_3)(n+\alpha_1)+\beta_3(n+\alpha_1)(n+\alpha_2)=dn^2+en+f$, (2).

From (1), it is apparent that $n_1=-\alpha_1$, $n_2=-\alpha_2$, and $n_3=-\alpha_3$.

Substituting $n_1=-\alpha_1$, $n_2=-\alpha_2$, and $n_3=-\alpha_3$, and then $n=n_1$, $n=n_2$ and $n=n_3$ respectively into (2), we get β_1, β_2, and β_3 respectively, whereby l_1, l_2 and l_3 can be obtained.

Therefore the equivalent network for this kind of bridge circuit consists of three parallel branches of R and L in series. The method of getting it is as follows. Solve for the impedance function of the bridge circuit. Equate this to 0 to get the three generalized angular velocities, the negatives of which are respectively the ratios of R to L in the three parallel branches of the equivalent network. The three values of L can be obtained by substituting the three values of n in (2).

It should be remarked that since this equivalent network has the same impedance function as the bridge circuit, it is equivalent to it at any steady state frequency, where $n=j\omega$.

In a similar way, the equivalent networks for other currents, as i_2, i_3, etc., can be found.

To illustrate, let the following example be taken.

From well-known formula, the impedance function for I is

Fig. 3a

$$Z(n)=\frac{n^3+1198.09n^2+.4296\times10^6n+47.13\times10^6}{32.16n^2+21178n+3.3598\times10^6}$$

At transient state, $Z(n)=0$, so $n^3+1198.09n^2+.4296\times10^6n+47.13\times10^6=0$.

Solving, $n_1=-646$, $n_2=-333$, and $n_3=-219.1$.

Therefore for equivalent network, $\alpha_1=646$, $\alpha_2=333$, and $\alpha_3=219.1$.

Substituting these into equation (2),

$$(n+646)(n+333)\beta_3+(n+333)(n+219.1)\beta_1+(n+219.1)(n+646)\beta_2$$
$$=32.165n^2+21178n+3.36\times10^6.$$

Substituting $n=-646$; $312.9\times426.9\beta_1=3.101\times10^6$, so $\beta_1=23.215$, and $l_1=1/\beta_1=.04307$ henry, $r_1=l_1\alpha_1=27.825$ ohms.

Substituting $n=-333$; $35646\beta_2=125770$, so $\beta_2=3.5283$, and $l_2=.2834$ henry, $r_2=333\times.2834=94.38$, ohms.

Substituting $n=-219.1$; $48620\beta_3=263720$, $\beta_3=5.424$, and $l_3=.1844$ henry, $r_3=219.1\times.1844=40.395$ ohms.

Therefore the equivalent circuit is as shown in figure 4.

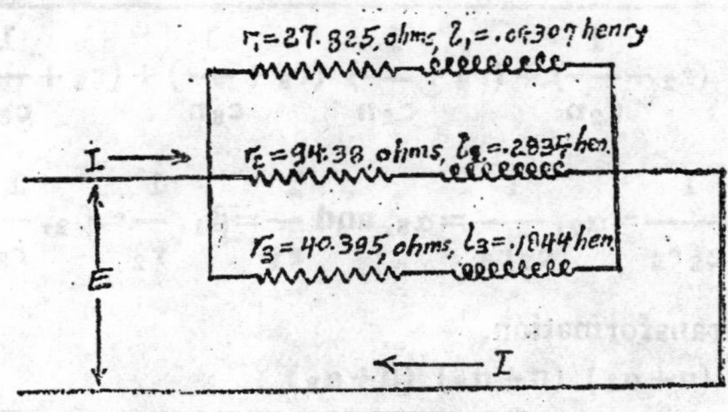

Fig. 4

(2) Bridge circuit in which every arm consists of R and C in series.

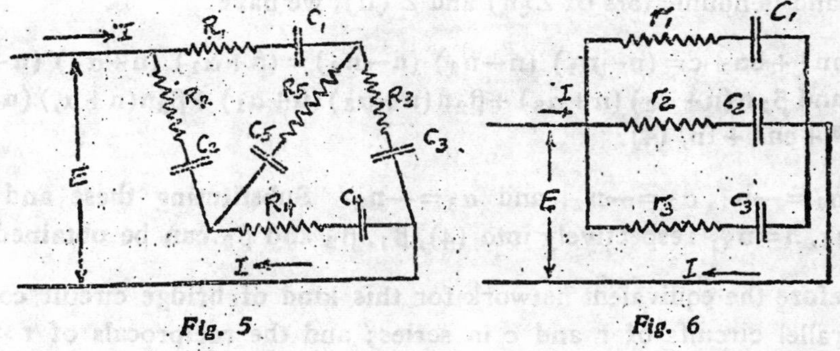

Fig. 5 **Fig. 6**

The impedance to I in the circuit of figure 5 is given by

$$Z(n)=(n^3+an^2+bn+c)\div(dn^3+en^2+fn).$$

Solving the current by Heaviside's Expansion Theorem,

$I=A\varepsilon^{n_1t}+B\varepsilon^{n_2t}+C\varepsilon^{n_3t}$. This at once suggests that the equivalent circuit consists of three parallel circuits of r and c in series as shown in figure 6.

Now let the impedance of the latter circuit be studied.

$$Z'(n)=\frac{1}{\dfrac{1}{r_1+\dfrac{1}{c_1n}}+\dfrac{1}{r_2+\dfrac{1}{c_2n}}+\dfrac{1}{r_3+\dfrac{1}{c_3n}}}$$

$$=\frac{\left(r_1+\dfrac{1}{c_2n}\right)\left(r_2+\dfrac{1}{c_2n}\right)+\left(r_3+\dfrac{1}{c_3n}\right)}{\left(r_1+\dfrac{1}{c_1n}\right)\left(r_2+\dfrac{1}{c_2n}\right)+\left(r_2+\dfrac{1}{c_2n}\right)\left(r_3+\dfrac{1}{c_3n}\right)+\left(r_3+\dfrac{1}{c_3n}\right)\left(r_1+\dfrac{1}{c_1n}\right)}.$$

Then let $\dfrac{1}{c_1r_1}=\alpha_1$, $\dfrac{1}{c_2r_2}=\alpha_2$, $\dfrac{1}{c_3r_3}=\alpha_3$, and $\dfrac{1}{r_1}=\beta_1$, $\dfrac{1}{r_2}=\beta_2$, $\dfrac{1}{r_3}=\beta_3$.

After some obvious transformation,

$$Z'(n)=\frac{(n+\alpha_1)(n+\alpha_2)(n+\alpha_3)}{\beta_1n(n+\alpha_2)(n+\alpha_3)+\beta_2n(n+\alpha_3)(n+\alpha_1)+\beta_3n(n+\alpha_1)(n+\alpha_2)}.$$

Since this circuit is equivalent to the bridge circuit, so equating the corresponding numerators and denominators of $Z(n)$ and $Z'(n)$, we have

$n^3+an^2+bn+c=(n-n_1)(n-n_2)(n-n_3)=(n+\alpha_1)(n+\alpha_2)(n+\alpha_3)$, (3), and $\beta_1n(n+\alpha_2)(n+\alpha_3)+\beta_2n(n+\alpha_3)(n+\alpha_1)+\beta_3n(n+\alpha_1)(n+\alpha_2)=dn^3+en^2+fn$, (4).

From (3), $\alpha_1=-n_1$, $\alpha_2=-n_2$, and $\alpha_3=-n_3$. Substituting these and then $n=n_1$, $n=n_2$, $n=n_3$, respectively into (4), β_1, β_2 and β_3 can be obtained.

Therefore the equivalent network for this kind of bridge circuit consists of three parallel circuits of r and c in series; and the reciprocals of $r\times c$ are equal to the negatives of the three generalized angular velocities.

To illustrate this method, let the following example be taken.

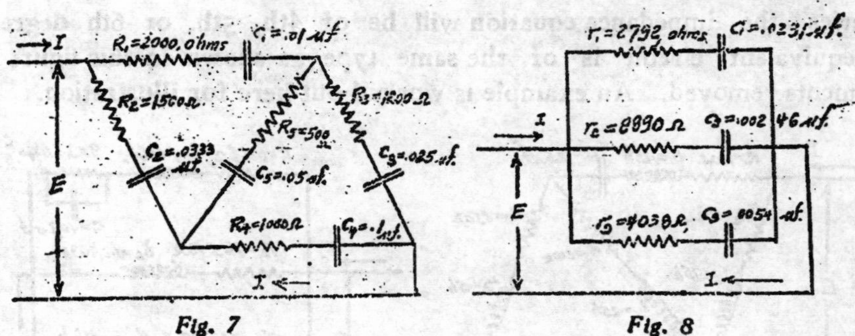

Fig. 7 Fig. 8

In the circuit shown in figure 7, the impedance to I is

$$Z(n)=\frac{n^3+91200n^2+2542\times10^6n+21.22\times10^{12}}{.0007135n^3+45n^2+.6827\times10^6n}.$$

At transient state, $Z(n)=0$, so $n^3+91200n^2+2542\times10^6n+21.22\times10^{12}=0$.

Solving, $n_1=-15500$, $n_2=-29937$, and $n_3=-45763$. Substituting these in (4), $\beta_1(n+29937)(n+45763)+\beta_2(n+15500)(n+45763)+\beta_3(n+15500)(n+29937)=.0007135n^2+45n+.6827\times10^6$.

Let $n=-15500$, $\beta_1=.000358$, $r_1=2792$, ohms, $c_1=.0231\times10^{-6}$, farad.

Let $n=-29937$, $\beta_2=.0001125$, $r_2=8890$, ohms, $c_2=.00246\times10^{-6}$, farad.

Let $n=-45763$, $\beta_3=.000248$, $r_3=4038$, ohms, $c_3=.0054\times10^{-6}$, farad.

Therefore the equivalent circuit is as shown in figure 8.

(3) Bridge circuit in which some, or all, of the arms consists of R, L and C in series, the rest containing R and L, or R and C, in series.

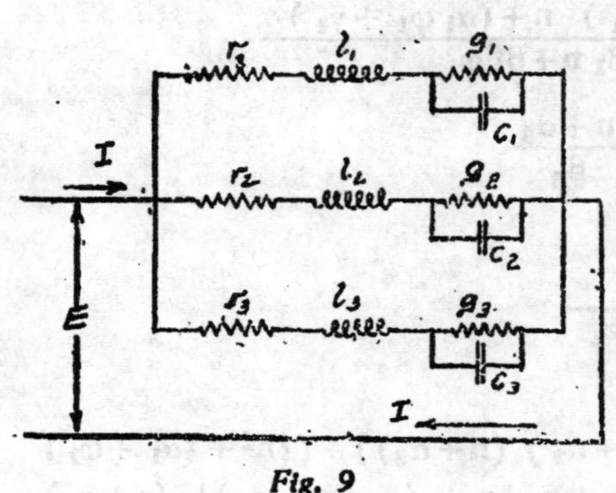

Fig. 9

When all bridge arms contain R, L and C in series, the impedance functions will be a sixth degree equation in n. By the method similar to before, the equivalent circuit is found to be of the form shown in figure 9. Since at steady state the current of the bridge circuit is 0, so to have this condition fulfilled in the equivalent circuit, some of these R, L, or C's has to be negative. When some of the arms contains R, L and C in series, and the rest contains R and L, or R and

C in series, the impedance equation will be of 4th, 5th, or 6th degree in n. The equivalent circuit is of the same type as shown in this figure with some elements removed. An example is worked out here for illustration.

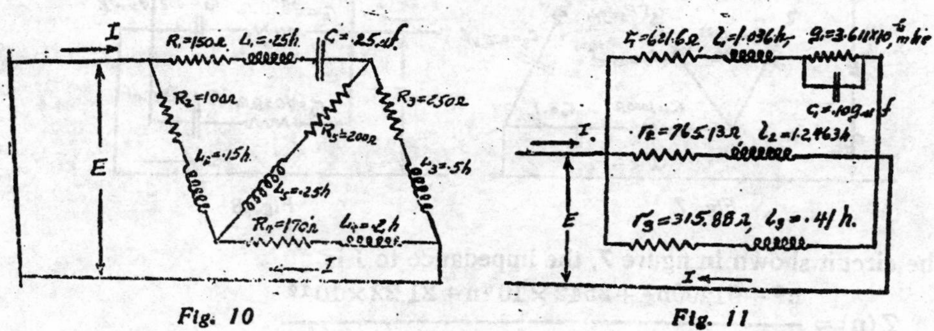

Fig. 10 Fig. 11

Referring to figure 10, the impedance to I is

$$Z(n)=\frac{n^4+2018n^3+10.212\times10^6n^2+12590\times10^6n+4.201\times10^{12}}{4.2085n^3+5539n^2+30.627\times10^6n+18805\times10^6}.$$

At transient state, $Z(n)=0$, so

$$n^4+2018n^3+10.212\times10^6n^2+12590\times10^6n+4.201\times10^{12}=0.$$

Solving this equation by Lyon's method,

$$n_1=-316.57+j2962.3,\ n_1=-316.57-j2962.3,\ n_2=-613.9,\ n_3=-770.95.$$

Now the equivalent network is found to be of the form as shown in figure 11.

Let $r_1/l_1=\alpha_1$, $g_1/c_1=\varphi_1$, $1/l_1=\beta_1$, $1/l_1c_1=\gamma_1$, etc. Then the impedance $z_1(n)$ of the first parallel branch is given by

$$z_1(n)=r_1+l_1n+\frac{1}{g_1+c_1n}=\frac{l_1c_1n^2+(l_1g_1+r_1c_1)n+(1+r_1g_1)}{g_1+c_1n}$$

$$=\frac{n^2+(\varphi_1+\alpha_1)\ n+(\alpha_1\varphi_1+\gamma_1)}{\beta_1n+\beta_1\varphi_1}.$$

$$z_2(n)=r_2+l_2n=\frac{n+\alpha_2}{\beta_2},\ \text{and}\ z_3(n)=\frac{n+\alpha_3}{\beta_3}.$$

So the total impedance of the whole circuit is

$$Z'(n)=\frac{1}{\frac{1}{z_1}+\frac{1}{z_2}+\frac{1}{z_3}}=\frac{z_1z_2z_3}{z_1z_2+z_2z_3+z_3z_1}$$

$$=[\{n^2+(\alpha_1+\varphi_1)n+(\alpha_1\varphi_1+\gamma_1)\}(n+\alpha_2)(n+\alpha_3)]\div[\{n^2+(\alpha_1+\varphi_1)n+(\alpha_1\varphi_1+\gamma_1)\}\times(n+\alpha_2)\beta_3+\{n^2+(\alpha_1+\varphi_1)n+(\alpha_1\varphi_1+\gamma_1)\}(n+\alpha_3)\beta_2+(n+\alpha_2)(n+\alpha_3)(n+\varphi_1)\beta_1]$$

Since $Z(n)=Z'(n)$, so equating their numerators,

$(n+316.57-j2962.3)\ (n+316.57+j2692.3)=n^2+633.14n+8.876\times10^6=n^2+(\alpha_1+\varphi_1)n+(\alpha_1\varphi_1+\gamma_1)$, and $n+\alpha_2=n+613.9$, $n+\alpha_3=n+770.95$.

From these equations, $\alpha_1+\varphi_1=633.14$, $\alpha_1\varphi_1+\gamma_1=8.876\times10^6$, $\alpha_2=613.9$, $\alpha_3=770.95$.

By equating the denominators of $Z(n)$ and $Z'(n)$, and using the relations just found, we have

$$(n^2+633.14n+8.876\times10^6)\ (n+613.9)\beta_3+(n^2+633.14n+8.876\times10^6)(n+770.9)\beta_2+(n+613.9)(n+770.95)(\beta_1 n+\varphi_1\beta_1)$$
$$=4.2085n^3+5539.3n^2+30.627\times10^6 n+18805\times10^6, \quad (5).$$

Let $n=-316.57+j2962.3$, then (5) becomes

$(-316.57\beta_1+\varphi_1\beta_1)+j2962.3\beta_1=-273.6+j2859.4$. Equating the real and imaginary parts, $2962.3\beta_1=2859.4$, and $-316.57\beta_1+\varphi_1\beta_1=-273.6$.

From these, $\beta_1=.9653$, and $l_1=1/\beta_1=1.036$ henrys, and

$\varphi_1\beta_1=-273.6+316.57\times.9653=31\ 983$, and $\varphi_1=33.134$,

$\alpha_1=(\alpha_1+\varphi_1)-\varphi_1=600$, $\gamma_1=(\gamma_1+\varphi_1\alpha_1)-\varphi_1\alpha_1=8\ 856\times10^6$.

So $c_1=\beta_1/\gamma_1=.109\times10^{-6}$, farad, $g_1=c_1\varphi_1=3.611\times10^{-6}$, mho, $1/g_1=276900$, ohms, $r_1=\alpha_1/\beta_1=612.6$ ohms, $l_1=1.036$ henrys.

Let $n=-613.9$, then (5) becomes $1392\times10^6\beta_2=1116.9\times10^6$, so $\beta_2=.80236$, $l_2=1/\beta_2=1.2463$ henrys, $r_2=\alpha_2/\beta_2=765.13$ ohms.

Let $n=-770.95$, then $\beta_3=2.4406$, and so $l_3=.41$ henry, $r_3=315.88$ ohms.

Therefore the equivalent circuit is as shown in figure 11.

From the discussion so far, it is apparent that the circuit as shown in figure 9 is the most general equivalent circuit for a bridge circuit in the transient state. While some of its elements may have negative values and so cannot be realized, however, in the cases where the frequency is varying all the time, the computation for current is greatly simplified by means of this kind of equivalent network.

反抗電壓與直流電機設計

(REACTANCE VOLTAGE AND D. C. MACHINE DESIGN)

著者: 許應期

引言　交流電機有每機量有十萬基羅瓦特者,而直流電機每機量不過數千,稍習電機工程者皆知之;而其理未必皆能言之.夫交流電機與直流電機之相異點,全在一須整流,而一則無須,此又人人所知者;整流如何限制直流電機之能量,則未必人人能知之詳也.關於整流之詳細理論,非本文所及.玆篇所述不過其綱領之一端耳.

下文分三部:(一)述電機設計根本方式之由來;(二)述反抗電壓方式之由來;(三)述兩方式之關係.

(一)電機設計根本方式:

設 B = 磁極力線之密度(每方英寸若干線)　　$k = \dfrac{\text{磁極之闊度}}{\text{兩磁極之距離}}$

v = 發電子(Armature)圓周之速率(每秒鐘之尺數)

$\Delta = \dfrac{(\text{發電子電流}) \times \text{線數}}{\pi d}$(每英寸之電流)

d = 發電子直徑(Armature Diameter)

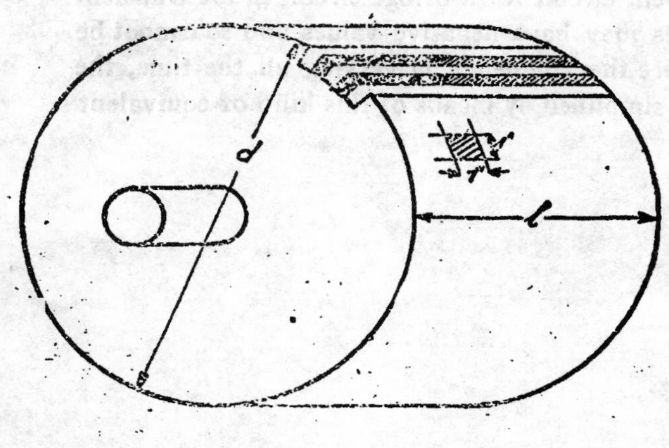

l = 發電子長度

發電子轉動時,一英寸長之導體發生 $12\,k\,v\,B \times 10^{-8}$ 之電壓.(伏脫).

因此每英方寸所發生之能量爲 $12\,k\,v\,B \times 10^{-8}\Delta$.

全箇發電子之有效面積爲 $\pi\,d\,l$,所以總能量 k_a 爲

$12\,k\,v\,B \times 10^{-8} \Delta \pi\, d\, l$ 瓦特,卽 k_a 等於 $12\,\pi\,k\,v\,B\,\Delta\, d\, l \times 10^{-11}$ 基羅瓦特.

(二) 反抗電壓方式:

假定: (1) 線槽 Slot 中有上下重疊 Double layer 之兩圈邊 Coil sides

(2) 刷子 (brush) 之闊與整流片之闊相等.如不等時,以下公式尙須稍加改變,參觀 Gray's Electrical Machine Design. 準上假定,整流電圈所生平均反抗電壓爲 $\frac{2\,I_c}{T_c}(L+M)=$ R. V. (Reactance Voltage)

I_c = 每線中所通之電流

T_c = 每一整流片所經過刷子之時期

L = 自感係數

M = 互感係數

再設 (3) 線圈所跨之距離卽爲兩極間之距離. (Full Pitch Winding)

(4) 繞線爲包蓋式 (Lap Winding). $L+M=48\,T^2\,l\times 10^{-8}$ 享利 (Henrys) (參觀 Gray's Electrical Machine Design 及 Langsdorf's Principle of D. C. Machinery.)

$$I_c = \frac{\Delta\,\lambda_t}{2\,T}$$

$$T_c = \frac{\lambda_t}{12\,V}$$

λ_t = 兩線槽之相距

T = 每線圈繞線之轉數

$$\text{R. V.} = \frac{2\,I_c}{T_c}(L+M) = \frac{2\left(\frac{\Delta\lambda_t}{2T}\right)}{\frac{\lambda_t}{12\,V}} \times 48\,T^2\,l \times 10^{-8} = 576\,\Delta\,V\,T\,l \times 10^{-8}$$ 伏脫 (Volts).

(三) 反抗電壓限制電機之能量:

欲整流時不生火花,則反抗電壓須有限制.在無助整極 (Interpole) 之電機中,如刷子在兩極中線之上者,反抗電壓須小於1.4伏脫,如刷子偏移以助整者,則該電壓須小於 2 伏脫.在有助整極之電機中,可至15伏脫.現在先合兩方式而爲一.

$$K_a = 12\pi k v \Delta B d l \times 10^{-11} = 12k\pi Bd\left(\frac{R.V.}{576\ T}\right)\times 10^{-3}$$

$$d = \frac{12\times 60\ V}{\pi\ N}$$

N = r.p.m. (每分鐘之轉數)

$$K_a = 12\pi k B\left(\frac{12\times 60\ V}{\pi\ N}\right)\left(\frac{R.V.}{576\ T}\right)\times 10^{-3}$$

$$= 15\ \frac{K\ B\ V\ R.V.}{N\ T}\times 10^{-8}$$

為節省製造費計,引擎拖動之電機其速率V小於每分鐘6000尺.透平拖動者則速率V小於每分鐘15,000尺.在大機中T=K約近0.7.B受磁鐵飽和限制不能任意加增.若反抗電壓有限制,則K全定於N之大小矣.N愈小,則能量K_a愈大,但N太小,因V為定數,則電座之直徑同時必大.因製造關係,電座之直徑不能隨意增大,而N亦不能隨意使小也明矣.今分別種類以示例:

(A) 引擎拖動之小發電機

(a) 無助整極者: (1)刷子在兩極之中線上

K = 0.7　　B = 55,000　　V = 100 ft./sec.　　T = 1　　R. V. = 4

$$K_a = \frac{80,700}{N}$$

d (ft.) =	19.1	7.64	3.82	2.55	1.91	1.53	1.27
N =	100	250	500	750	1000	1250	1500
K_a =	807	323	161	108	80.7	64.5	53.8

(2) 刷子偏移以助整者

K = 0.7　　B = 55,000　　V = 100 ft./sec.　　T = 1　　R. V. = 2

$$K_a = \frac{115,000}{N}$$

d (ft.) =	19.1	7.64	3.82	2.55	1.91	1.53	1.27
N =	100	250	500	750	1000	1250	1500
K_a =	1150	460	230	154	115	95	76.7

(b) 有助整極者

K =0.65 B = 55,000 V = 100 ft./sec. T = 1 R. V. = 15

$$K_a = \frac{803,000}{N}$$

d (ft.) =	19.1	7.64	3.82	2.55	1.91	1.53	1.27
N =	100	250	500	750	1000	1250	1500
K_a =	8030	3220	1610	1070	803	643	535

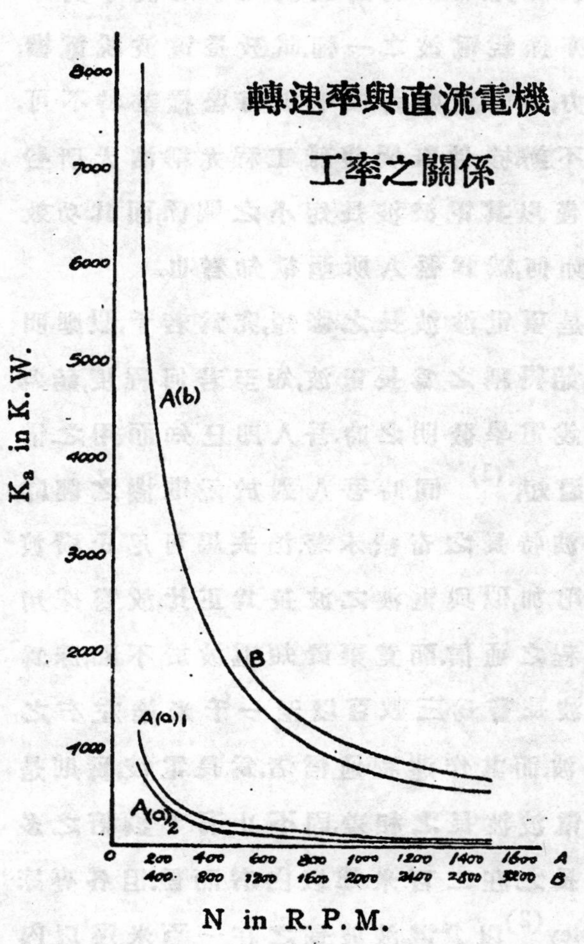

(B) 透平拖動之大發電機

K = 0.65 B = 55,000

V = 250 ft./sec T = 1

R. V. = 15

$$K_a = \frac{2,005,000}{N}$$

d(ft.) =	4.78	3.19	2.39	1.59
N =	1000	1500	2000	3000
K_a =	2000	1340	1000	670

結論 電機設計千頭萬緒,務須通盤籌畫,使各方面皆無妨礙.玆篇所述,只從一方面着想.此則須請讀者注意者也.

設計時雖須顧及全體,但其關係不外乎兩端:

(一)電熱之消散,(二)整流時不生火花.第一項較易解决,因吾人可以設法增加電機之熱之發散量也;而第二項則至今爲電工程界一可厭之問題.交流不必整流,故可有大發電機.因此原因,再加以交流容易變壓,故直流雖有種種優點,而電工地盤終爲交流所盡佔矣.

1823

短波銳電(無線電)學

著者: 朱其清

短銳電波,能以弱小之電力,作遠程之通信,機件簡單,工程不鉅,所費低廉,舉辦輕易,誠開銳電界有史以來之新紀元,堪稱爲竭盡銳電學之能事矣.雖然,短電波係銳電波之一種,長電波亦係銳電波之一種.試攷長電波銳電機,若欲用之以作遠程通信,其所需電力,非增至數百或千數百啓羅華特不可,其天線非高出地面數百甚或千尺不辦.機件旣屬複雜,工程尤稱浩大,所費旣鉅,舉辦自難.今觀短波銳電機,則僅以其電波波長短小之關係,而其功效竟與長電波機有天壤之別,其學理如何,誠爲吾人所亟欲知者也.

在研討短銳電波學理之先,對於是項電波波長之修短,究爲若干,似應明定.換言之,電波波長長至如何程度,始得稱之爲長電波,短至若何程度,始爲短電波之意也.考短電波之爲物,自銳電學發明之時.吾人即已知而用之.惜是時所用之機件簡陋,電波之波長過短,(1) 同時吾人對於銳電機之經驗,亦殊缺乏,以致此項眞正具有短電波特長之奇績未著.洎夫馬可尼氏橫渡大西洋時之試驗,求得通信距離之增加,似與電波之波長爲正比.故嘗採用數千以至數萬米達之電波,以作遠程之通信.而竟棄置短電波於不顧,殊爲可惜.是時船隻間用作通信之電波波長嘗爲三數百以至一千米達左右之電波.此項電波.當時每稱之爲短電波.而其作遠程通信者.爲長電波.實則是時之短電波,以視今日之短電波,其電波波長之相差,固不止有十數倍之多也.按今之所謂短電波,恆指電波波長之在二百米達以內者而言.但各專家之意旨亦不一致,例如英國之Eckersley(2)以爲電波波長之在一百米達以內

(1)參觀民國十五年雙十節新聞報國慶增刊拙著「無線電進化世界」篇

(2)參觀Journal Institute of Electrical Engineers一九二七年六月刊第一一三頁

者,堪稱之爲短電波,一千米達以上者,則稱之爲長電波云.美之 Taylor,德之 Meissner,則求出短電波波長之最大限爲[3]二百十四米達云.由上以觀,凡在二百米達以內之電波,稱之爲短電波,當無疑義,(惟吾人際此,有須注意者一事,即就實際言,目前通常所用之短電波,常在一百十數米達以內而已是也).

短電波之定義既明,請進而述其學理.攷短波鋭電自實用以來,迄今約囘五載,積五年來之經驗,得有種種之現象與結果.歐美鋭電學專家,均各著爲論文,發表於各種雜誌中,琳瑯滿目,堪稱盛事.惟就各項之結果詳細研究之,其間變化極多,且彼此矛盾之處亦甚夥,初無定律之可言,斯爲憾事耳.雖然,概括言之,短電波鋭電學之特性,約有如下述之結論:—

凡屬短波鋭電,均有「越程」及「音落」之現象,(越程英文名爲Skip Distance).其電波愈短者,其所越之程亦愈遠.越程者何,即鋭電之信號,在發電台若干距離內不能接收,而過此距離反可清晰接收之現象之謂也.越程之變化,除與電波週波數有關係外,對於地位,大地磁場,氣候,以及時間等等,亦均莫不有關係.按照目前之經驗言,夜間之越程,較白晝爲遠.冬季之越程,較夏季爲遠.雖其間變化極烈[4]有如Heising, Schelleng及Southworth三子所言.但其大概情形,約如上述,已可斷言.又照美國 Tayor 氏之實驗,[5]表明在白晝如用四十米達長之電波傳發,其電力僅可達至一百英里,過此則不能接收.但越程五百英里後,電力復生,其信號仍可照常接收.如用三十米達之電波傳發,其

(3)參觀 Physical Review一九二六年二月期第一九六頁Propagation of Radio waves Over the Earth篇又 Experimental Wireless & Wireless Engineer 一九二六年十二月第七六七頁

(4)據三氏之報告,謂越程之變化,每月,每日,每小時,甚至每秒鐘中均發現之(參觀Proceedings Institute of Radio Engineers一九二六年十月刋Measurements of Short wave Transmissions篇).

(5)此與國內所得試驗之結果不符詳後文

電力可達至五十英里,在此五十英里內,信號可以接收,此後即發生越程現象,約有四百英里之間.在此距離內,信號杳然,過此信號復有,以至一二千英里之遙.用十數米達長之電波傳發者,其電力僅可達至數英里,過此則永遠越程,地面上不復再能接收此項電波之信號矣.越程又有第一程第二程以至第三第四程等.例如第一次越程爲自一百五十哩至五百五十哩,計程四百哩.第二程爲自一千八百哩至二千另五十哩.計越二百五十哩是也.惟第二程以上之越程,例不甚顯著耳.以上種種現象,皆可以如下簡單之學理說明之.

解釋短波特性之學說甚多,概括言之,不外短波爲向天空進行之一種電波.天空之上,有富有導性之大氣一層,短波至此而受折射,以返至於地面,故復能在遠地接收而已.以此極簡單之學理,固可解釋上述種種短波之特性.惟遺一大缺憾,即同屬銳電波,何以長電波無此種現狀,而獨短電波有之.上述簡單學理中,未能將此點說明是也.關於此節,竊以爲惟英國[6] Eckersley氏之說明,最爲詳盡.讀者欲知其詳,參觀原著可也.茲特爲之申述之如次.

地面之上,富有電子與伊洪.而在大氣之上層,尤多於地面.此種學理,原於Kennelley,同時Heaviside亦創此說.故該層大氣,吾人常名之爲 Kennelley-Heaviside Layer, 譯其音爲肯納萊海佛珊層,簡稱之爲海佛珊層.海佛珊層,去地面之高度,時刻變化,晚間較白晝爲高,冬季較夏季爲高.據德國Quäck氏之實驗,海佛珊層高度,約爲一百八十二啓羅米達,(合一百十三英里).英之Eckersley氏則以爲五十啓羅米達,較爲妥切. Hollingworth 氏則以爲七十啓羅米達.Taylor及Hulburt二氏,則以爲一百五十餘英里.觀此可見亦無一致之數目.但其大概高度,當在一百英里左右可知.海佛珊層,既屬富有電子,其爲感導體

(6)參觀 Proceeding Wireless Section, Institution of Electrical Enginees 一九二七年六月刊第八五至一二九頁

也無疑.故電波由地面經過該層時,其進行速度必增,因此發生[7]折射現象.但此時吾人亟宜注意研究者,即電波經過此種折射時,其耗損之程度如何是也.查電波經過大氣中時,其沿途之耗損,不外因電子及原子間互相衝擊之結果而發生.故如欲電波經此層而無多耗損,必當使已受電感化之分子,能極自由的隨電波高速變換之磁場而振動始可.觀此則電波之週波數,務宜增高,理至明矣.蓋電子與分子間衝擊之時,如電波之週波數低,必不能隨之變換,而電波將受極強之彎曲,而耗損以生.換言之,長電波之鋭電,因週波數低之故.經過海佛珊層時,其彎曲殊甚.其電波波能,因易與受電感化之分子間衝擊,以致耗損瞬息殆盡.[8] 短電波則因週波數高,彎曲較少,耗損自微,乃能安然經過海佛珊層,經折射而仍返至地面.今設吾人愈減短其電波,其經過海佛珊層所受之彎曲,亦將愈少,而將直行出大氣以外,不復能返至地面矣.證諸事實,確係如此. Eckersley, Taylor, Hulburt 諸氏均云,在十米達以內長之電波,常不能用作遠距離之通信,信不誣也.

吾國之有短波電台,約在三數年前.事見英國出版之Wireless World Radio Review 一九二五年某卷.內載有漢口某教士,當遊歷內地,值內戰正殷,土匪猖獗之時,嘗攜帶輕便鋭電機件,以與外界通消息,按此項機件,必係短波.又福州美豐銀行樓上,於二年前即私自裝設短波電機,時與上海通電,又上海徐家滙天文台法人某,亦早有短波機一具,惟上述種種,均為外人所有.查國人對於短波鋭電學研究最早者,當推温君毓慶,至民十五年間,劉君崇義,王君振祥,顧君鼎勳等,始加以實地之試驗,其間成績最著者,當以劉君為最,劉君所用之電機,僅數華特,嘗能與海外電台通電甚暢,殊為可喜,惜是時國內短波電台,寥若晨星,不足以作種種之試驗,其時惟徐家滙天文台某法人,曾

(7)昔人每以為此時發生反射現象實誤

(8)讀者可更參觀Phil. Mag.一九二四年十二月刊Larmor氏學理 Proc. Phys. Soc. London一九二五年二月刊Appleton氏學理諸篇

短　波　銳　電

發送電台

台名＼說明	波長（以米達計）	電力（以瓦特計）	陽極電流供給法	天綫電流（以安培計）	電子管式	天線程式	電台呼號	餘言
洛陽	43	250	直流電無濾電器	0.8	加拿大北方電氣公司製 250 華特管	給流式	XNF	
上海	38	650	五百迴高週波電流半波自整式	1.3	荷蘭飛利浦六百五十華特管	給流式	XN3	
上海	46	100	直流電無濾電器	0.6	美國西方電氣公司50華特管兩只並接	垂直式	XPG	
南京	44	75	三百迴高週波電流半波自整式	0.7	法國 S.I. F. 式管	給流式	XN2	
寧波	39	250	直流電無濾電器	0.6	加拿大北方電氣公司管	給流式	XN4	
汕頭	38	100	,,	0.6	美國西方電氣公司五十華特管兩只	給流式	XN7	
東沙島	46	250	五百迴高週波電流半波自整式				XP1	
漢口	43	50	五十迴低週波電流半波自整式	1.0	美國無綫電聯合公司五十華特管	垂直式	XN4	

接

台名＼時間＼說明	上海					
	白晝			晚間		
	信號力	天氣狀況	餘言	信號力	天氣狀況	餘言
洛陽	R5	晴朗	音調甚佳	R8	風靜雲高	聲音尖銳且甚清晰
上海	—	—	—	—	—	—
上海	R8	晴朗	聲音響亮	R8	風靜雲高	聲音響亮
南京	R6	晴朗	音尙可耳	R7	,,	音落極烈
寧波	R5	晴朗	,,	R6	,,	聲音尖銳且甚清晰
汕頭	R6	晴朗	,,	R8	,,	尖銳且甚可耳
東沙島	R5	晴朗	聲甚可耳	R6	,,	聲甚可耳
漢口	R5	晴朗	接收尙易	R6	,,	聲音不銳且有音落

附註：(一)信號力茲以 R 法記，將來應以新法 FRAME 記爲宜.

(二)接收時間將來亟應增加，俾可覘其每日每時間之變化如何.

(三)本表所列，僅係一部，其他紀錄，因關係吾國軍事，未便發表，讀者諒之!

(四)上表所列信號力之強弱，可視爲平均值.

(五)天氣急變時之紀錄，不列入此表中.

試驗之結果

收電台																	
南京						甯波						汕頭					
白晝			晚間			白晝			晚間			白晝			晚間		
信號力	天氣狀況	餘言	信號力	天氣狀況	餘言	信號力	天氣狀況	餘言	信號力	天氣狀況	餘言	信號力	天氣狀況	餘言	信號力	天氣狀況	餘言
R6	晴天	音浪清晰	R7-8	風靜雲高		R5-6	晴天		R8	風靜雲高		R5	晴天		?	風靜雲高	
R6	,,	,,	R4	,,		R7	,,	聲甚可耳	R7	,,		R6	,,		R8	,,	
R6	,,	,,	R3	,,	音落極烈	R7	,,	,,	R7	,,		?	,,		?	,,	
—	—	—	—	—	—	R4	,,		R6-7	,,		R5	,,		R7	,,	
R5	晴天		R3	風晴雲高	聲音不易接收	—	—	—	—	—	—	—	,,	—	—	,,	—
R4	,,		R7	,,		—	晴天	—	—	風靜雲高	—	—	—	—	—	—	—
R3-4	,,	聲可接收	R7	,,		R5	,,		R6	,,		?	,,		?	風靜雲高	
R7	,,		R1	,,		R4	,,		R4	,,		R5	,,		?	,,	

於民國十五年夏間,由上海前赴香港時,於輪船上裝置短波機,沿途與天文台試驗,得有一二結果,據該氏與著者之談話,謂此次之試驗,結果甚佳,一路均未有越程之發現,殊爲可異云.去年革軍抵滬,東南底定,是時革軍總司令部交通處長李範一君,亦深知短波之功用,竭力提倡,不半載而各處短波電台,次第成立,著者是時,即擬將各旣設電台,加以試驗,期間得魏君金聲之襄助,得有較多之紀錄,因從而研究之,除發現與某法人所得同一之(9)現象外,尙有可以注意之事一.即東西方向之通信.嘗較南北方向之通信爲惡劣.而東西方向之通信.尤以自東往西之方向爲惡劣是也.此項結論,可由前頁之表以明之.

以如是殘缺不全而又希少之紀錄,而欲斷定以上諸點,固屬不宜,且不可能,然即此區區,亦可略見其一斑,目前各地短波電台,又日見增多,此後各地電台,如能逐日按時,將各處信號力之強弱等,照最新方法,(如利用FRAME式是),詳爲紀錄,毋稍間斷,日積月累,俾可彙集而研究之,殊爲有趣,且對於短波前進學理或稍有所貢獻歟.

本篇所述,僅及長波與短波不同之點,其他關於短波機之過廢與銳銳電射電與天線之關係,音落之現象,集電傳發之方法,礦石控制之電路,各部電路佈置之關係,等等,均未論及,容日後另篇述之.

---

(9)據馬可尼氏之觀察,亦以爲無越程之現象發現,不過有時電力信號奇弱,變化殊甚,且音落之象亦甚著耳.

統一東三省及東蒙古鐵路計劃意見書

著者：聶增能

總論　外人之經營我國，皆以鐵路爲先導，如日之南滿鐵路，法之滇越鐵路，俄之東省鐵路，英之廣九鐵路，德之膠濟鐵路，固不獨膨脹其經濟上之勢力，如遇戰爭之際，賴以運輸大軍，是蓋一舉而兩得也。當今之世，掠取他國領土，已成前世紀之遺物，故皆美其名，陽爲開拓我國之交通，陰則擴充其經濟之勢力，而圖呑併我領土之實，可不懼哉。我東三省向稱物產富庶之區，又接近隣邦，日俄之勢力交錯其間，經濟之權已爲其所掌握，國防之要區亦已爲其所占據。若不亟圖挽救，則後患之來，更不堪設想矣。自歐戰以來，俄人在我國之勢力，稍形失墜，而日人之勢力反蒸蒸日上，大有反客爲主之勢。故目前之緊急問題，即爲對日之策。而日人勢力之消長，全視乎南滿鐵路之盛衰爲轉移，不待智者而知也。就今日之形勢而言，非根本推倒南滿鐵路之勢力，無以策進自己之鴻圖。欲推倒其勢力，端在樹立我東三省之鐵路根本政策，而修築主要各幹支線，開闢商港，以求水陸相接，乃可與之抗衡而孤其勢力也

商港之選定　南滿鐵路之有大連商港，東省鐵路之有海參威商港，皆含有莫大之作用。蓋東省物產宏富，地方消費僅產額中之一小部份而已，不得不將大部分輸出於外，以求獲得適當之代價。然苟無商港以爲之輸出，雖鐵路密佈，亦無裨益於實際，徒供他人之利用而已。彼大連海參威二商港者，實壟斷我三省物產上之利源而吸收我人民之膏髓者也。夫商港與鐵路旣如此密切相關，若徒有商港，苟無鐵路以集散貨物而培養之，其勢決難發展，必有覆亡之虞。故商港與鐵路，實有脣齒相依之關係。今求關東適宜之出口，惟以連山灣爲最佳。故籌劃東省之鐵路，當以該灣爲樞紐焉。

主要幹綫之選定　我國關外固有之鐵路，僅京奉而已。奉天以北則無開

焉.至於吉長,洮昂,四洮之興築;揆之今日之情形,亦不過爲南滿鐵路之羽翼,徒增其運輸與收入,於我之方針,無利益之可言.將來對外之軍事行動,恐更多窒礙矣.故主要幹線之選定,於實業及軍事兩方面,均須兼顧.蓋一則可以與南滿鐵路抗衡,而孤其勢力;二則可以遇緊急之際而利用之也.玆將據此情形選定之主要幹線,略述於下:

甲. 第一幹線連黑鐵路 自連山灣歷錦州,義州,新邱,綏東,開魯,洮南,接洮昂鐵路,而經過齊齊哈爾,訥河,嫩江,以達中俄交界之璦琿,黑河.名曰連黑鐵路.里程共計八八四英里.以總攬北滿東蒙,運輸之權.而以連山灣爲出口.則北滿東蒙之物產,皆舍南滿鐵路而由此輸出矣.且對俄之國防上.亦利莫大焉.

乙. 第二幹線連綏鐵路 自連山灣歷京奉及奉海二鐵路,而經過朝陽鎮,吉林,接吉敦鐵路,歷東京城,甯古塔,接東省鐵路之海林站,沿牡丹江以達三姓,沿松花江歷樺川,富錦,而至同江,再沿黑龍江而達中俄交界,卽黑龍江與烏蘇里江會流地之綏遠.名曰連綏鐵路.里程共計一〇六三英里.以收攬南北滿運輸之權,而孤南滿鐵路之勢力.爲對日俄邊防之重要路線也.

丙. 第三幹線京開鐵路 自開魯歷赤峯,熱河,古北口,而達北京.名曰京開鐵路.里程共計五二八英里.以開拓東蒙.加以北聯連黑,南接京漢,而成南北大幹線.實我國交通上不可缺之鐵路也.

重要枝線之選定 枝線之作用,亦在乎開拓地方之實業,兼以集散貨物,而培養幹線.然處今日之勢,對於邊防亦不能置諸忽略.故枝線之選定,兩者須兼顧之.玆舉重要枝線略述於下:

(甲) 自甯古塔過東省鐵路之八站,歷穆陵,沿穆陵河經密山,而至虎林.計里程二二〇英里.名曰甯虎鐵路.以固對俄之邊防,兼以開拓沿河之沃地.

(乙) 自敦化歷延吉,而至朝鮮之會甯.計里程一一六英里,名曰敦會鐵路.以吸收豆滿江系統森林之木材.兼鞏固對日之邊防.

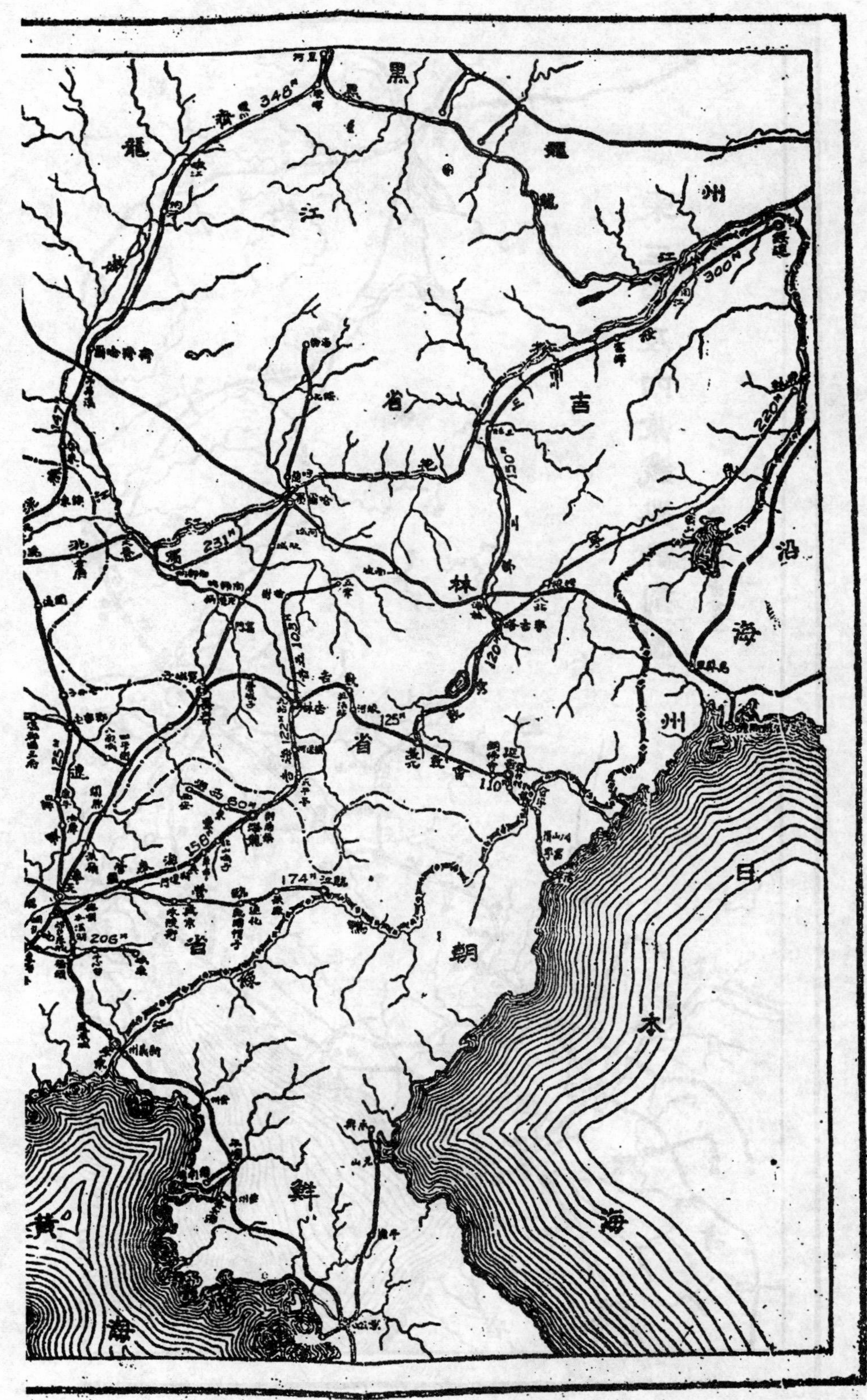
黑
龍
江
省
吉
林
省
沿
海
州
日
本
海
朝
鮮
黃
海

東三省及内蒙鐵路計劃圖
縮尺 四百五十万分之一
黑
蒙
古
奉
天
直
隸
省
渤
海
山
東
省
赤峰
470
116
179

東三省
主要鑛産圖
比例尺四百万分之一
0 5 10 20 30 40 50 里
哈爾浜
拉林河
松花江
牡丹江
火石嶺
長春
石碑嶺
陶家屯
吉林
敦化
天寶山
夾皮溝
海龍
渾江
報馬川
寛甸
G 金鑛
P 砂金
L 銀鉛鑛
C 銅鑛
I 鉄鑛
石炭
M 磁石
D 白雲石
S 天然曹達
R 耐火粘土
F 長石
K 陶土
T 滑石
A 石綿
H 蛍石

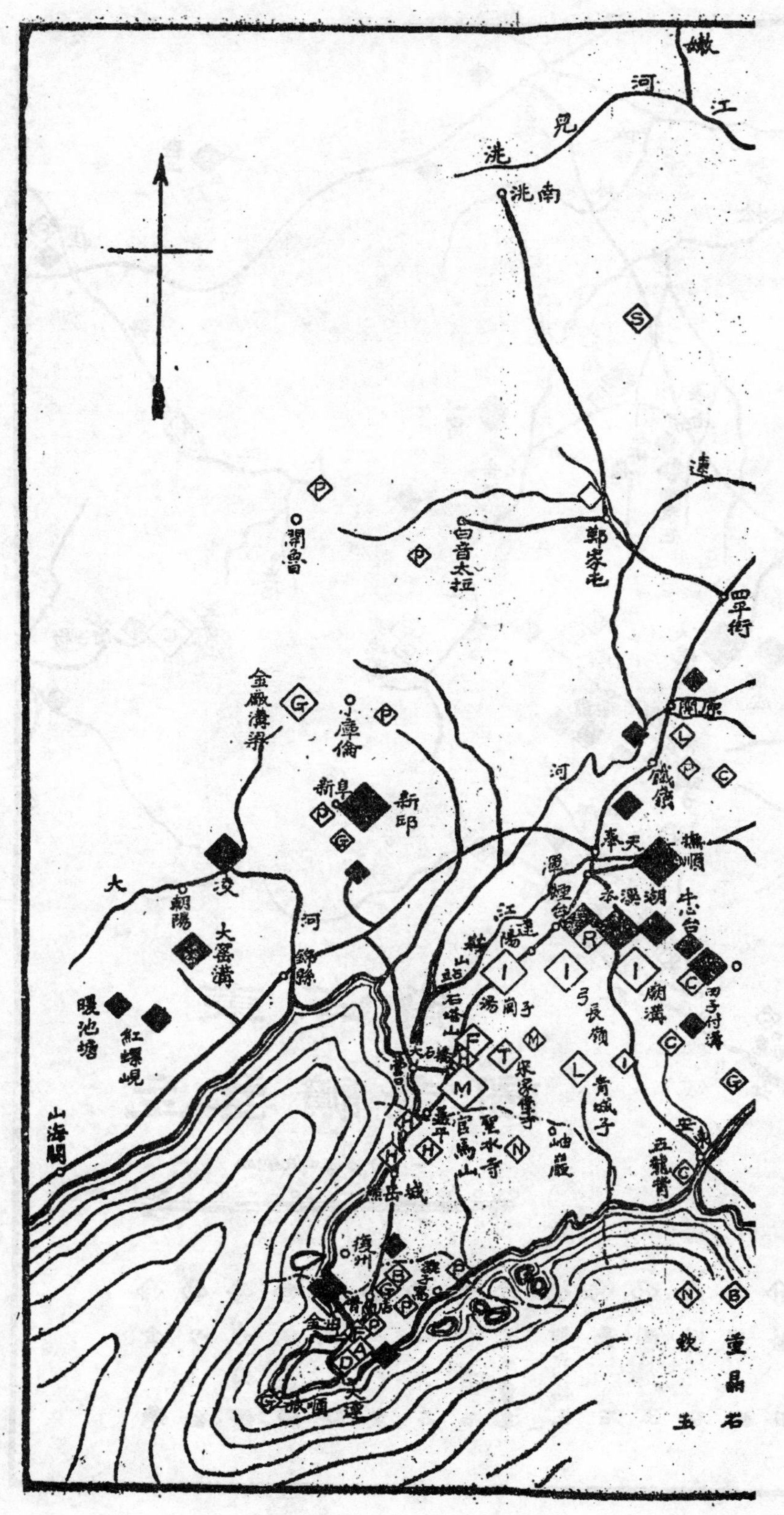
嫩江
洮兒河
洮南
鄭家屯
四平街
開原
鐵嶺
奉天
撫順
本溪湖
牛心台
遼陽
鞍山站
湯崗子
弓長嶺
廟溝
營口
大石橋
蓋平
聖水寺
官馬山
岫巖
青城子
五龍背
安東
熊岳城
復州
金州
大連
旅順
錦縣
朝陽
大窰溝
暖池塘
紅螺峴
山海關
金廠溝梁
小庫倫
新邱
新阜
白音太拉
開魯
董晶石
數玉

(丙)自吉林經榆樹而至五常.計里程一〇三英里.名曰吉五鐵路.以吸收沿路豐富之農產,而培養幹線.

(丁)自海龍歷東豐而至西安.計里程六〇英里.名曰海西鐵路.以吸收沿路之農產,而培養幹線.兼以削減南滿鐵路之勢力.

(戊)自營盤歷興京,通化,而達臨江.計里程一七四英里.名曰營臨鐵路.以開拓鴨綠江及渾江一帶之森林.

(己)自新邱歷遼陽,本溪湖,至城廠.計里程二〇六英里.名曰新城鐵路.此線沿路鑛產豐富,煤鑛尤多,而新邱之煤鑛,可以匹敵撫順,日人早有覬覦之心.將來開掘之後,旣可供給各路用煤,更可兼事販賣,實有抵制撫順煤之能力.

(庚)自奉天歷法庫門,而至鄭家屯.計里程一二五英里,名曰奉鄭鐵路,以斷南滿鐵路對於北滿及東蒙之關係,而成陸地以奉天爲中心之勢.

(辛)自洮南歷索倫,而至中俄交界地之滿州里,即臚濱.計里程四七〇英里.名曰洮滿鐵路.此路可稱之全爲對俄軍事鐵路.舍開拓興安嶺一帶之森林,及洮昌道 內一部之地,別無可取也.

(壬)自洮南歷安廣,大賚,扶餘,沿松花江而至哈爾濱.計里程二三一英里.名曰洮濱鐵路.北接松花江之下流,及呼海鐵路,以吸收北滿之貨物,而可不由東省鐵路及南滿鐵路輸出之,兼以開拓松花江中部肥沃之地.

(癸)自赤峯歷建平,朝陽,而至連山灣.計里程二〇四英里.名曰連赤鐵路.以開拓沿路之鑛產,及吸收東蒙之貨物而輸出之.

(子)自赤峯歷高麗城,而至林西.計里程一五〇英里.名曰赤林鐵路.以開拓林西一帶膏沃之地.東接連赤鐵路,可將其農畜產運輸出口.

(丑)自開魯至通遼,接四洮鐵路.里程計五四英里.此線可歸併於四洮鐵路.專爲各線之聯絡,而免鄭白枝線等於虛設.

以上所述各枝線,延長里程共計二一一三英里,均具有重要之作用,除足以培養幹線,開拓實業,及鞏固邊防外,更有抵制日俄侵略之能力,實皆不可缺之路線也.其他枝線可應時因地而定之.本計劃中故未計及之.

連山灣商港路說　自大連商港開闢以來,東三省及東蒙物產之輸出,全操縱於日人之手.近且蒸蒸日上,方興未艾.營口之商務受其影響,已日漸彫零,大有一落千丈之勢.是不啻將我東北數省商務命脈,懸之於日人掌握中也.若不另闢商港,以圖抗衡,我東北商務,將永無發展之日矣;可不懼哉.昔徐世昌督東省時,有見於此,曾倡議築造連山灣商港以抵制之.惜乎荏苒至今,迄未見諸實行,坐失利權,殊堪太息.按連山灣又名葫蘆島,位於奉天錦縣之南,突出如葫蘆形,故有是名.島之北稱爲北海,波平浪靜,惟海水甚淺,冬季冰結,不適船舶之碇泊.島之南曰南海,又名渤海,雖有怒濤巨浪之冲激,然海深有廿七八尺之多,冬無結冰之虞,施以人工浚渫,及建築堅固之防波堤,卽可成爲良好之商港.其附近之地勢,雖山多而平原狹小,然可將北海之淺灘填平,補其不足,以建築市街焉.若今玆計劃之路線網,一旦告成,洵可爲東三省及蒙古商務上之咽喉要港,其價値爲如何乎.今以奉天爲中心,其距離連山灣之路程,較諸大連灣約近六十餘英里.較諸秦皇島則近九十餘英里.其位置之優良可不言而喻矣.築港計劃,不能遽施以龐大之工程,宜視其發展之程度,分期進行,以事節省.今僅將初期之計劃約略言之.自島之南築一長一萬六千英尺,寬一百英尺之碇泊,及防波兩用堤,浚渫可容吃水三十英尺巨舶之航路,堤側同時可繫一萬英噸之巨艦三艘.港內之面積可碇泊巨艦十四艘;港口宜寬,以便港內之水流出於外北海淺灘.塡土之後,卽以建築市街,兼爲民船碇泊之地;貨物倉庫可卽建於堤上,敷設鐵路以聯絡之.船塢宜造於港內,並作各種完善之附屬設備以經營之.其經費總額約需一千萬元左右,以五年之期完成之.分配概要如經常費,築堤費,港內築岸費,港內浚渫費,北海填築費,倉庫建設費,船塢建設費,附屬設備費.

路線網概論　南北滿及東蒙之旣成鐵路,其總里程不足三千英里,而日俄之經營占其強半焉.就此廣大土地之面積而言,雖更增四千英里路線,與列強比較,猶相去遠甚.若果如後章所述實行移民政策,以開闢利源,勢必陸續修築二萬英里之鐵路,方可使生產與消費互保其平衡.今所計劃之四千英里路線,不過初期計劃耳.其目的全在乎驅除日俄在滿蒙侵占之勢力,而挽回我既失之權利耳.若照此計劃次第進行,如移民,墾殖,畜牧,植林,及鑛山開採等,犖犖諸大端,逐漸發達,利源日闢,不出十年,外人之勢力,將不攻而自破矣.

茲就本計劃中路線網形勢觀之,陸則以奉天爲樞紐,有支配四方之局面.海陸啣接則以連山灣爲終點,俱有掌握滿蒙全境運輸之權力.試述其大概情形如下:

第一幹線 延長原有之洮昂路線,北至黑河,南達連山灣,加以洮滿支線,以壟斷西北部之運輸,而侵奪東省及南滿兩鐵路之勢力.

第二幹線 爲節省計,連接原有京奉,奉海,吉海,吉敦,諸路線,而更延長至吉林省之綏遠,益以甯虎,敦會,營臨,新城各支線,以開發東北部地方之富源,而截斷南滿鐵路在奉天以上東北部之運輸.

此二幹線成交义狀,將東省及南滿鐵路夾在中央.且由此二幹線之中部,分出支線,如奉鄭,通開,吉五,海西,洮哈,呼海,密佈其間,若羅網然.如是則運輸利益,已被我吸收殆盡,而東省南滿兩線,則利源斷絕,將無所措其手足矣.

或曰;東省鐵路今已收回,若據此計劃行之,得無有作繭自縛之患乎?答曰;此可無庸鰓鰓過慮也.何則,昂昂溪以西至滿洲里之線,非第一幹線之支線乎,查東省鐵路之由昂昂溪東至海參崴,實遠於第一幹線之由昂昂溪南至連山灣.故北滿之貨物,殊可無由海參崴出口之虞也.至於昂昂溪至八站,及長春至哈爾濱間之線路,亦可將其沿線之物產,經洮哈及吉長等路,分由第一第二兩幹線,集中於連山灣而輸出也.所可慮者,僅八站以東之一小部份耳.然權既歸我掌握,何患無法以壟斷之耶?總而言之,權既屬我,可利用之爲幹線之羽翼,權不我屬,則可擯之而去其勢力.此項計劃果克實現,在我何患無操縱之術乎?

自長春以南爲南滿鐵路之勢力,有吉長,吉敦,四洮,洮昂,諸路爲其羽翼,其勢力日見擴充,幾及全境.而日本爲列強之一,素抱侵略主義,欲其歸還,非訴之武力,實屬無望.然欲汲汲乎收回既失之權利,惟有如前所述,修築鐵路以爲消極之抵抗耳.夫本計劃之路線網,實足以斷絕南滿線遼陽以北之勢力,而控扼其發達之運命.彼一息僅存者,不過於安奉及遼陽以南之一部份,以苟延其殘喘而已.更試就南滿鐵路之統系觀之,其營業之發達,端在乎奉天以北物產之運輸.今我既有連山灣之商港以集中之,又有此路線網以吸收之,而安奉線復爲軍事鐵路,無運輸貨物之可言,則其勢力之失墜,有若斜日西沉,勢所必然者也.然南滿鐵路一旦歸我,亦可利用之,使其北部與長哈呼海相連,爲我中部之大幹線,以大連及連山灣並爲我國東北之大商港,所謂操之縱之皆可由我也.夫操縱之權既明明在我,烏可不用相當手段,制敵於絕地,以挽回我既失之權利,達我驅除之目的哉.尙欲達此目的,又烏可舍此路線網之計劃,以從事抵抗而操縱於無形哉.

路線網修築進行次序 本計劃實施之後,非但有益於移民墾殖,且足以抵制滿鐵之發展,而驅除日人之勢力.苟能早日完成,固所深望.然國家財力有限,一旦並舉,勢所不能.退而求其次,惟有視路線之輕重次第修築之一法耳.茲分進行之次序於下:

修築次序	修築工程名稱	說明
第一	連山灣築商港	先闢商港,以爲掌握商權之基礎.
第二	吉林至海龍之路線	可接吉敦,奉海,京奉,諸路,藉以先收東北部之運輸權.
第三	連山灣至開魯及洮南之路線	接洮昂路,以壟斷西北部之運輸權.

第	四	新邱至碱廠之路線	運出沿路所產之煤炭,以供各路之用.兼事販賣於各地,藉以抵制撫順之煤鑛.
第	五	連山灣至赤峯之路線	藉以開拓熱河,而使連山灣商港繁盛.
第	六	鄭家屯至奉天之路線	促成奉天爲中心而支配四方.
第	七	洮南至哈爾濱之路線	北接呼海路,以攬中部之運輸權.
第	八	其他各路線	視財力之如何及重要,地方發達之程度而後節節進行之.

各路建設費預算　凡建設鐵路之預算,非經實地勘查,不能得其精確.然本計劃之預算,係參攷南滿鐵路公司之調查,及其精確地圖,並既設鐵路之報告.作成者,殊有相當之精度,决非杜撰者可比也.

玆簡略說明各種費用於下:

次序	費用種類	說明
一.	測量購地及土木費	係參酌東省地方現在情形而定.
二.	隧道費	爲新式永久構造之費用.
三.	橋樑費	皆爲木橋之費用.
四.	軌道費	包含鋼軌及附件,枕木及石碴.鋼軌爲每碼八十磅之截面.
五.	車站費	包含側線,車站屬具,轉轍器,及信號等費用,但水塔機車庫等,皆屬木造.(分有等級如附圖).
六.	電報及電話費	機件,電線,電桿等費用,均包括在內,電線以六條爲標準.
七.	房屋及其他費	包含總局,車站,員役房屋,及零星設備.房屋皆屬磚造.
八.	運送費	係運送建設材料之費用.
九.	機械費	凡建設鐵路所需之機械,皆包括在內.
十.	車輛費	機車客貨車等皆在內,係參酌東省既成鐵路之統計而定.
十一.	總務費	係以建設費之一成爲標準.

各路建設費預算表 (以百元爲單位)

鐵路名稱		哩程	測量費	購地費	土工費	隧道費	橋梁費	軌道費	車站費	電報電話費	房屋及其他費	運送費	機械費	車輛費	總務費	總計
第一幹線	連開段	223	44,6	535,2	1,784,0		493,8	5,575,0	1,296,5	334,5	1,338,0	446,0	111,5	4,460,0	1,641,9	18,061,0
	開洮段	166	33,2	398,4	830,0		279,6	4,150,0	670,0	249,0	996,0	332,0	83,0	3,320,0	1,134,1	12,475,3
	洮齊段	147														
	齊黑段	348	69.6	835.2	1,822,0		408.8	8,700,0	1,620,5	522,0	2,088,0	696.0	174,0	6,960,0	2,389,6	26,285,7
第二幹線	連奉段	188														
	奉海段	158														
	海吉段	182	24,4	292,8	1,134,6	900,0	123,2	3,050,0	524,0	183,0	732,0	244,0	61,0	2,440,0	961.9	10,670,9
	吉敦段	125														
	敦寧段	120	24,0	288,0	1,030,0		122,0	3,000,0	683.0	180,0	720,0	240.0	60,0	2.400,0	879,7	9,676,7
	寧三段	150	30,0	360,0	1,350,0		160,0	3,750,0	823,5	225,0	900,0	300,0	75,0	3,000,0	1.097,3	12,070,8
	三綏段	300	60,0	720.0	2,700,0		280,0	7,500,0	1,647,0	450,0	1,800,0	600,0	150,0	6,000,0	2,190,7	24,097,7
第三幹線	京熱段	140	28,0	336,0	1,680,0	900,0	234,0	3,500,0	818,0	210,0	840,0	280,0	70,0	2,800,0	1,169,6	12,865,6
	熱赤段	179	35,8	429,6	2,040,6	900,0	107,4	4,475,0	871,5	268,5	1,074,0	358,0	89,5	3,580,0	1,422,9	15.652,8
	赤開段	209	41,8	501,6	1,128,6		225,4	5,226,0	950,5	313,5	1,254,0	418,0	104.5	4,180,0	1,434,2	15,777,1
支線	寧虎線	220	44.0	528,0	2,046,0		132,0	5,500,0	1,120,5	330,0	1,320,0	440,0	110,0	4,400,0	1,597,0	17,567,5
	敦會線	116	23,2	278.4	1,392,0	1,584,0	189,6	2,790,0	588,0	174,0	690,0	232,0	58.0	2,320,0	1,032,0	11,352,2
	吉五線	103	20,6	247,2	937,0		181,8	2,572,0	541,0	154,5	618,0	206,0	51,5	2,060,0	805,3	8,394,9
	海西線	60	12,0	144.0	324,0		36,0	1,500,0	291,5	90,0	360,0	120,0	30,0	1,200,0	410,7	4,518,2
	營臨線	174	34,8	417,6	1,618,2	450,0	104,4	4,350,0	838,0	261,0	1,044,0	348,0	87,0	3,480,0	1,298,3	14,331,3
	新城線	206	41,2	494,4	1,854,0	450,0	323,6	5,150,0	1,109,5	309,0	1,236,0	412,0	103,0	4,120,0	1,650,2	17,252,9
	奉鄭線	125	25,0	300,0	625,0		225,0	3,125,0	424,0	187,5	750,0	250.0	62.5	2,500,0	846,9	9,320.9
	洮滿線	470	94,0	1,128,0	3,760,0	1,584,0	532.0	11,750,0	2,481,5	705,0	2,820,0	940,0	235,0	9,400.0	3,457.9	38,887,4
	洮濱線	231	46,2	554,4	1,155,0	450,0	388,6	5,775,0	1,129,5	346,5	1,386,0	362,0	90,5	4,620,0	1,625,3	17,879,0
	連赤線	204	40,8	489,6	1,897,2	1,584,0	222,4	5,100,0	880.0	306,0	1,224,0	408,0	102,0	4,080,0	1,633,4	17,967,4
	赤林線	150	30,0	360,0	1,395,0		190,0	3,750,0	823,5	225,0	900,0	300,0	75,0	3,000,0	1,104,8	12,153,3
	通開線	54	10,8	129,6	270,0		182,4	1,350,0	132,5	81,0	324,0	108,0	27,0	1,080,0	369,5	4.064,8

$ 331,324,0

滿洲東蒙土地人口鐵路之關係　東三省及熱河特別區之總面積,計一億八千六百八十萬晌地.(每晌十畝)其中可耕種地占四千一百五十萬晌,已開墾地不過占其二分之一,未開墾之地猶存二千四百餘萬晌.據專門家之言,此中實際確可耕種之地,僅居其五分之二,然尚存有九百餘萬晌未開墾地也.

現在東三省及熱河特別區人口之總計,不過二千四百五十餘萬.平均每平方英里僅居五十五人而已.即以現在朝鮮貧瘠之地而論,猶每平方英里有一百八十四人之多.故將來滿蒙人口之增加,假定僅與現在之朝鮮相等,至少亦可發達至九千萬人以上.茲更退一步就未開墾地與既開墾地之比例言之,最少亦能增至六千萬人以上.由此觀之,尚可由關內移民三千萬人,以開拓其富源.果如此,則關內人多之患,何足憂哉.

以上僅就耕種地而言.此外如鴨綠,淞花,豆滿,牡丹,等江流域,與安嶺,長白山,等山脈之森林,及各地之鑛產,東蒙之畜牧,均爲東三省及蒙古莫大之富源,就中森林及鑛產之已開採者,僅居全數十分之一二.即東蒙古之畜牧,亦因交通不便,未臻發達.

上節假定之三千萬移民人數,蓋僅就從事於耕種而言.若將經營森林,開鑛,畜牧,等實業所需人口加入計之,則將來東省及熱河特區,所能容納之移民人數,實際上定可遠過於三千萬也.

東三省及東蒙古農業,礦業,森林,畜牧,等事業之不能發達,莫不由交通不便,人口稀少,有以致之.現在東三省鐵路之已築成者,雖有中東,南滿,四洮,吉長,洮昂,等路,連絡於滿洲之腹部,對於東省移民,不無少許利益,然其管理之權,或完全操於外人之手,或借用外款,僅爲中東南滿兩路之支線,其利益終爲外人所得,非但無利我東省之交通,或且有害於我國.故欲求東省各種事業發達,當首以自築鐵路爲先務.在自造鐵路之先,尤宜通盤籌算,預定計劃,分期舉辦,擇其利益大而地位重要者,先行修築,俟辦有成績,然後逐漸延長,及添築支線,庶幾不至有失敗之虞.將來鐵路密佈,逐漸移民,舉辦各種事業,其物產之豐富,當遠過於今日,可不待言也.

茲就調查所得,謹將東三省及熱河特別區之未墾地與已墾地之面積,及森林,礦產,畜牧,等項,分別繪繕圖表於後,以資說明.(見217及218頁)

結論　我國地大物博,人烟稠密,徒以交通不便,坐嘆貧困.將來鐵路果克逐漸發達,則我國之富強,固非他國所能望其項背也.惟將來鐵路既夥,交通部鞭長莫及,勢難一一直接統轄,致多疎漏,此今日交通當局亟應未雨綢繆者也.夫我國版圖之大,既數倍他國,地勢風俗,南北迥殊,全國鐵路,管理之方,何可無適當辦法乎?竊意莫若審察全國風土,劃分若干鐵路區域,各設鐵路總署,分任規劃經營之責.例如東三省及東蒙古土地之廣闊,物產之豐富,位置之重要,尤宜單獨劃爲一區,設置東北鐵路總署於奉天省城,俾便就近經營東北各路.現在滿洲已成兩大幹線,南有日本經營之南滿鐵路,北有俄國經營之東省鐵路,莫不深謀遠慮,咸有一定之計劃,以爲擴充勢力之張本.夫鐵路之經營,乃一種專門之事業,需款既鉅,關係於國家之命脈尤深,尤宜遴選專門人材,予以優越之待遇,使之分擔重要職務,確定愼密計劃,而後依次進行,庶可抵制外人之侵奪,挽回既失之權利於萬一也.負經營路政之責者,於此三注意焉也可.

(附表見217及218頁)

東三省各道面積人口及耕地表

地方	面積(天地)	人口(人)	每方英里密度(人)	可耕地面積(天地)	既耕地面積(天地)	未耕地面積(天地)
奉天省	38,029,010	11,979,700	132	12,576,800	7,489,200	5,087,600
遼瀋道	9,121,340	6,486,100	299	4,169,800	3,897,100	272,700
東邊道	12,218,680	2,830,500	98	2,337,400	1,711,600	625,800
洮昌道	6,877,400	1,866,800	114	2,956,900	1,503,500	1,453,400
附屬蒙古地*	9,261,900	255,000	12	2,848,500	138,200	2,710,300
日本租借地**	549,690	541,000	615	264,200	238,800	25,400
吉林省	34,148,500	5,638,700	70	10,102,500	5,063,100	5,039,400
吉長道	8,385,910	2,896,200	145	3,232,900	2,501,400	731,500
濱江道	5,153,030	2,209,900	164	2,236,000	1,879,400	356,600
延吉道	7,939,130	448,400	24	1,488,800	252,900	1,135,900
依蘭道	11,382,850	227,200	8	2,664,000	272,900	2,392,000
南郭爾羅斯	1,287,630	60,000	19	480,800	57,400	423,400
黑龍江省	89,097,470	2,494,000	12	13,468,100	2,501,200	10,966,900
龍江道	35,247,930	670,000	8	5,553,700	683,200	4,870,500
綏蘭道	11,839,670	1,604,000	57	3,713,400	1,774,000	1,939,400
黑河道	19,229,110	122,000	3	1,922,900	38,900	1,884,000
呼倫貝爾	22,780,760	98,000	2	2,278,100	5,100	2,723,000
東三省合計	161,275,030	20,112,100	53	36,147,400	15,053,500	21,093,900
熱河特別區域	25,521,680	4,366,000	72	5,350,600	2,282,700	3,067,900
總計	186,769,710	24,478,100	(平均) 55	41,498,000	17,326,200	24,161,800

(備考)　*歸洮昌道　**即關東州

東三省森林表

系　統	森林面積(畝)	木材數量（立方尺）	備　攷
渾河流域	3,820,000	1,438,643,560	即鴨綠江流域之森林在我國領土內者,懷仁,輯安,通化,臨江,諸縣一帶.
松花江流域	23,920,000	9,376,875 950	濛江,樺甸,額穆,安圖,撫松,諸縣一帶.
豆滿江流域	364,000	1,131,527,100	延吉,和龍,安圖,諸縣一帶.
牡丹江流域	584,000	2,646,783,050	敦化,額穆二縣一帶.
東省鐵路沿線	39,800,000	8,020,203,000	賓,同賓,寧安,穆額,東甯,諸縣一帶.
三姓地方	92,200,000	13,956,097,800	方正,依蘭,樺川,富錦,同江,綏遠,虎林,密山,諸縣一帶.
興安嶺西部	3,670,000	972,334,100	呼倫方面一帶.
總　計	172,890,000	37,542,464,560	

東三省畜類表

種類＼地方	奉天省	吉林省	黑龍江省	東蒙古	合計
馬	750,000	500,000	510,000	810,000	2,570,000
驢	200,000	730,000	120,000	170,000	1,220,000
牛	580,000	90,000	210,000	1,200,000	2,080,000
駱駝				4,000	4,000
羊	400,000	100,000	60,000	2,000,000	2,560,000
豕	3,550,000	1,250,000	490,000	100,000	6,290,000

擬設浦口鋼鐵廠計畫書

著者：胡庶華

吾國鋼鐵事業，目前殆等於零。漢冶萍負債纍纍，頗難繼續營業。龍烟鐵廠，揚子鐵廠，和興鋼鐵廠，均已停工。上海鍊鋼廠之計畫，亦復不能實現。本國鋼鐵之原料，如大冶繁昌之鐵砂，漢陽本溪湖之生鐵，均被日本捆載以去。本國所用之鋼料，除機器不計外，年需舶來品約十萬噸，漏卮逾三千萬元。當茲建設伊始，凡百交通事業，以及建築材料，在在需用鋼鐵，而發展農工，尤賴機器。是則冶鐵鍊鋼爲吾國今日不可少之事業，昭昭然矣。前作『中國鋼鐵業之將來』一文，曾將全國分爲五大鋼鐵區，浦口其一也。揆諸今日情勢，當從此處開始。爰作浦口鋼鐵廠計畫書，求正於海內之言建設者。

（一）地點之選定　浦口爲津浦路之終點，由津浦可以聯絡隴海路，渡揚子江（將來或用鐵橋，或用地道，尙待研究）則可達滬甯滬杭甬兩路。又由水道上經蕪湖安慶以達漢口，下經鎭江江陰通州以達上海，形勢之便利，可與南京抗衡。（周君厚坤有『南京與中國未來之鋼鐵事業』一文，主張在南京建設鋼鐵廠，然爲首都風景計，都市衞生計，生活程度計，勞工運動計，及原料來路計，似宜設鋼鐵廠於浦口）且距海口較遠，一旦對外戰事發生，不若龍華高昌廟之危險。今於浦口上游五六里地方設一大鋼鐵廠，其勢甚便。

（二）地基之購置　地基宜多購，以爲將來發展地步，擬首先購地一萬畝，每畝假定爲四十元，以購滿四十萬元爲度。（國有事業可用公用徵收法限制地價）

（三）資本之預算　本廠定爲國有事業，資本假定爲三千萬元，由政府分作十年籌撥，每年指定的欵三百萬元。其逐年資本支配程序如第一表。

年度	設備費用			備考
第一年	籌備費五萬元 地基四十萬元	製焦廠六十萬元 煤鐵鑛場五十五萬元	化鐵廠一百萬元 鍊鋼廠四十萬元	鐵鑛及煤礦籌備
第二年	籌備費五萬元 製焦廠一百萬元	化鐵廠一百萬元 鍊鋼廠五十萬元	煤鐵鑛場四十五萬元	鐵礦場製焦廠開工購用中興煤
第三年	化鐵廠二百萬元	鍊鋼廠五十萬元	煤鐵礦場五十萬元	煤礦場開工
四年	化鐵廠一百萬元	鍊鋼廠一百萬元	煤鐵礦場五十萬元 軋鋼廠五十萬元	化鐵廠開工
第五年	鍊鋼廠一百萬元	軋鋼廠一百五十萬元	煤鐵礦場五十萬元	鍊鋼廠開工
第六年	鍊鋼廠一百萬元	軋鋼廠一百萬元	煤鐵礦場五十萬元 附屬各廠五十萬元	軋鋼廠開工
第七年	鍊鋼廠六十萬元	鋼貨廠一百萬元	煤鐵礦場九十萬元 附屬各廠五十萬元	鋼廠完全開工
第八年	鋼貨廠一百萬元	附屬各廠一百萬元	煤鐵礦場一百萬元	鋼貨廠開工
第九年	附屬營業一百萬元	煤礦場一百萬元	鐵鑛場一百萬元	附屬各廠開工
第十年	煤礦場一百萬元	鐵鑛場一百萬元	附屬營業一百萬元	本廠完全開工

以上籌備費十萬元,凡各廠之詳細計畫,以及地質調查,礦石化驗,須先設籌備處,聘請各種工程專家,經理其事.地基購置費四十萬元,煤礦設備費五百萬元,鐵鑛設備費三百九十萬元,製焦廠設備費一百六十萬元,化鐵廠五百萬元,鍊鋼廠五百萬元,軋鋼廠三百萬元,鋼貨廠二百萬元,附屬各廠,即理化實驗室,材料試驗室,物料庫,翻砂廠,修理機器廠,辦工廳等設備費二百萬元,附屬營業,即辦水泥廠,耐火磚廠之類,暫定二百萬元.不另設流動資本,每年即由三百萬元內挹彼注此.自第二年鐵鑛場及製焦廠開工後,即以出品售得現款,作為流動資本.

(四)原料之預計　(甲)鐵鑛　江蘇之利國驛鐵鑛,及鳳凰山鐵鑛,安徽之銅官山鐵鑛,葉山鐵鑛,當塗鐵鑛,繁昌鐵鑛,或沿津浦,或泛大江,均係半日以內可以達到之地.至於浙之景牛山,魯之金嶺鎮,亦可為原料之後援.茲將蘇浙魯皖四省鐵鑛量,約略估計如下表.

江蘇	利國驛	含鐵成分	五二至六二%	
	鳳凰山	„	五四至六二%	儲藏量合計約三五·〇〇〇千噸
	牛首山	„	三二%	
浙江	景牛山	„	三二至五〇%	„ 二·三〇〇 „
山東	金嶺鎮	„	五二至六二%	„ 二二·三二〇 „
安徽	銅官山		四九至五九%	
	葉山		四二至五六%	
	繁昌	„	五一至六八%	
	當塗	„	四七至六八%	„ 合計約五〇·〇〇〇 „

蘇浙魯皖四省鐵鑛儲藏量,據目前調查約一萬萬噸.今擬先用安徽鐵鑛,惟銅官山由英人手中贖回,至今尙未開採.葉山鐵鑛亦未切實探勘.繁昌則爲日本所壟斷.當塗鐵鑛,現有寶興益華利民福民振治等公司從事開採,在本廠自辦鐵鑛場未能完全敷用以前,當與該公司訂立合同,幷予以充分之接濟,俾得源源供給.

(乙)煤礦　蘇浙魯皖之中煤多而質美者,莫若山東.其次則蘇之銅山,皖之宣城,亦有希望.至於浙之長興則以煤質稍次,含硫較多,製焦需參他煤.茲將四省煤藏量列入第三表.

山東	費縣 臨穎 郯城	儲藏量	一〇〇 百萬噸
	淄川	„	一〇〇 „
	博山	„	一二〇 „
	章邱	„	六〇 „
	濰縣 昌樂	„	一〇 „
	甯陽	„	五〇 „
	萊蕪	„	一〇 „
	嶧縣	„	一〇〇 „

安徽	宣城 廣德 涇縣	儲藏量	八〇 百萬噸
江蘇	銅山 (賈家灣)	„	一四〇 „
	蕭縣	„	三〇 „
浙江	長興	„	一五 „

以上合計煤炭儲藏量約八萬萬噸,就中已經開採者,有嶧縣棗莊之中興煤礦公司,每年產額約七十萬噸.銅山賈家灣之賈汪公司,每年產額約十五萬噸.繁昌桃冲之裕繁公司,每年產額約六萬噸.長興煤礦公司已停工.在本廠自辦煤礦未完全敷用以前,當與各公司訂立合同,并予以充分之接濟,俾得源源供給.假定上列煤礦儲藏之數爲確實,又假定鐵鑛平均含鐵成分爲百分之五十,而化鐵廠每日產鐵五百噸,每日須用鐵砂一千噸,每年須用鐵鑛三十六萬噸.一萬萬噸之鐵鑛,至少可用二百八十年.假定煤炭一百噸可製焦炭七十五噸,製生鐵一百噸,須用焦炭一百二十噸.每日製生鐵五百噸,需用焦炭六百噸,每年需用焦炭二十一萬噸,即每年需用煤炭三十萬噸.設以煤炭儲藏量八萬萬噸完全爲製焦之用,(現在世界各國凡有可以製焦之煤而不製焦,以取其附產者,謂之暴殄天物).則可用之於日製生鐵五百噸之化鐵廠者,二千三百年.且地質上之新發見,日進無已,是原料無缺乏之虞也.

(五)各廠之設備 (甲)製焦廠 設製焦爐二座,每日出焦六百噸.并設副產廠,先製硫酸亞母尼亞,柏油,加斯林等.一俟工廠發達後,再行精製其他副產.至製焦爐之煤氣於提淨後,或充燈火,或作發動機燃料,或與化鐵爐煤氣混合充鍊鋼廠及軋鋼廠之燃料.

(乙)化鐵廠 設化鐵爐二座,每日出鐵五百噸.原料由水道來者,則於江岸設起重機以轉運之,由陸路來者,則直接用火車箱運至儲鑛場傾出之.

化鐵爐煤氣以長管導至煤氣提淨室去其灰砂,可充熱風爐及復熱爐之用.若再加提淨則可充加斯發動機及鼓風機之燃料,化鐵爐之渣滓可製水泥及磚,并作石子用以填地.設鼓風機兩座以加斯發動之,另設備用鼓風機一座,以蒸汽發動之.設蒸汽鍋爐廠,集中蒸汽力量以備發力發熱（如辦公廳及各廠冬季暖管等）之用.設總發電廠以加斯（利用化鐵爐煤氣）發動機發動之.每座化鐵爐設熱風爐四座.化鐵爐所出之生鐵或流入桶中運至鋼廠,流入砂溝,或冷成鐵塊,爲鍊鋼廠或翻砂廠之原料.化鐵爐所用之冷水,即由揚子江用抽水機送來,不另設貯水池.

（丙）鍊鋼廠　廠中分四部,一爲馬丁鋼廠,（即平爐）一爲轉爐鋼廠,一爲電氣鋼廠,一爲坩堝鋼廠.各廠之間設生鐵調和爐二座,每座能容生鐵二百噸,（化鐵廠每日產鐵五百噸,至少有一百噸爲冷生鐵以供商用）.一以使生鐵不冷,可以隨時取作鍊鋼之用,一以使各爐所出成分不同之生鐵,互相調和,并因添加石灰,可以減少硫黃.

馬丁鋼廠,設五十噸鹹性馬丁爐六座,二十四小時內,每爐可鍊鋼三次.平均每日四爐工作,（二爐修理）以產鋼五百噸爲度.（平均每日用生鐵三百噸,廢鐵二百噸）.

轉爐鋼廠,設鹹性轉爐二座,每座容量十噸,每日以一爐工作,約製鋼一百噸.又設酸性轉爐一座,以爲鋼料翻砂之用,容量約一噸半.

電汽鋼廠,設五噸電汽爐二座.坩堝鋼廠,設馬丁式坩堝爐二座.此二廠均能將馬丁鋼料,加以精鍊,俾成上品.

馬丁鋼廠,附設鋼錠鑄造處,排列鐵模,鋼出爐後,注入其中,鑄成鋼錠稍凝後,即運至軋鋼廠.

（丁）軋鋼廠　軋鋼廠分六部,一爲壓鋼處,（設水壓機蒸汽錘等）一爲鋼塊預軋廠,一爲方鋼預軋廠,一爲圓鋼預軋廠,一爲鋼絲廠,一爲鋼板廠.（鋼管廠俟營業發達後再設）

軋鋼廠各種設備,以每日能軋五百噸爲原則,以電機爲主要發動機關.所有復熱爐,均用化鐵爐煤氣及製焦爐煤氣爲燃料.

(戊)鋼貨廠　以造鐵路鋼軌爲主要出品,并附軋各種形式鋼料,如工字形,丁字形,三角形,U字形等鋼,以爲造橋造船造屋之用;其原料皆自軋鋼廠運來.

(己)附屬各廠　設翻砂廠,以製鋼廠之鐵模與軋鋼廠之輥轆及各種鐵製之應用器械.設機器廠以修理廠中一切應用機器.設自來水廠,以供給廠中飲料及用水.此外如理化實驗室,材料試驗所,總辦公廳,物料庫,及鐵路管理處,亦宜完全設備.(發電廠設在化鐵廠).

(庚)附營業　設水泥廠及製磚廠,將化鐵爐渣滓製成出品,加以製焦廠之副產,當爲本廠之極大利源.又煤鐵兩礦,除供給本廠外,亦可對外營業.故本廠不惜巨資經營之,其詳細計畫,應由採礦師訂定之.(石灰石礦,硅石礦,苦灰石礦,等亦應自辦).

(六)消路之確定　鋼鐵事業爲國防及實業之根本.凡屬文明國家,莫不竭力保護.然在吾國今日情況之下,關稅既未自主,外貨充斥,競爭極難,一也.鐵路及造船事業未發達,機械工業亦幼稚,鋼料之銷路極少,二也.欲解除上列困難,惟有政府以遠大之眼光,行非常之事業,不惜犧牲巨資,爲本國鋼鐵事業闢一生路,如日本之於八幡製鐵所,然後不至蹈漢冶萍之覆轍.爲確定本廠鋼鐵銷路起見,擬請政府規定左列各項:

(1)下列各路將來修築時必購本廠鋼料.

高徐鐵路	由山東高密達徐州	長約六百里
濟順鐵路	由濟南至順德	長約四百里
開兗鐵路	由山東兗州至開封	長約四百里
杭廣鐵路	由杭州至廣州	長約三千四百五十里
杭九鐵路	由杭州至九江	長約一千四百餘里
杭福鐵路	由杭州至福州	長約一千四百餘里
浦東鐵路	由上海至金山衛	長約一百里

寗湘鐵路　由南京至長沙　長約二千里

浦寗鐵路　由淸江浦至南京　長約四百五十里

浦信鐵路　由浦口至信陽　長約一千另五十里

鎮宣鐵路　由鎮江至宣城　長約四百里

(2)如本廠鋼料可製軍械時,須令全國兵工廠購用.

(3)本廠出品免稅二十年,出口稅完全免徵.

(4)出品售價不得超過世界商場標準.

(5)對於本國小鐵工業特別減價,并予以優待及輔助.

(6)營業盈餘,二十年內以八成爲本廠擴充及修理費,一成爲職工公益事業,一成爲社會公益事業.二十年後,以五成爲國有利益,四成爲本廠擴充及修理費,一成爲職工公益事業.

(七)利益之約計　本計畫以振興本國鋼鐵事業,抵制外貨爲目的,初不計及利益.然實際之利益,有可約略計之者,今爲簡明計,特製下表.

各廠設備費	每年出品	分銷	售價
煤礦五百萬元	五十萬噸	自用三十五萬噸 出售十五萬噸	每噸平均十元 共洋一百五十萬元
鐵礦三百九十萬元	五十萬噸	自用三十五萬噸 出售十五萬噸	每噸五元 共洋七十五萬元
製焦廠一百六十萬元	二十一萬噸	自用二十萬噸 出售一萬噸	每噸二十元 共洋二十萬元
化鐵廠五百萬元	每年三百四十日計 共十七萬噸	自用十五萬噸 出售二萬噸	每噸四十元 共洋八十萬元
鍊鋼廠五百萬元	每年以三百日計 共十八萬噸	完全自用	毛鋼不列價
軋鋼廠三百萬元	每年以三百日計 共十八萬噸	自用十萬噸 出售八萬噸	每噸平均三百元 共洋二千四百萬元
鋼貨廠二百萬元	每年以三百日計共十萬噸(各種形式鋼在內)	完全出售	每噸平均三百五十元 共洋三千五百萬元
附屬各廠二百萬元			
附屬營業二百萬元	水泥廠磚廠利益暫不計算	假定製焦一噸可得副產値洋十元	全年製焦二十一萬噸 副產値洋二百十萬元
籌備地基費五十萬元			

以上每年物料售價,可得六千四百三十五萬元.假定僅以一成爲利益,亦得六百四十三萬五千元.惟此係十年以後各廠完全開工之計算,十年之內,縱無大利之可言,然逐次以各廠成立後之出品售價,維持開支,當非難事,特視主持其事者之能力爲何如耳.

(八)本廠成立後之影響 (1)每年外國入口之十萬噸鋼料至少可以抵制其一部份.(2)全廠至少可用工程師五十人,技師二百人,員司工師領工等五百人,工人一萬人,其間接影響至少可以維持十萬人之生計.(3)各種機器廠,及其他一切連帶發生之事業,勢必應時而起,其影響於實業及社會極鉅.(4)國內交通事業,當可充量發展.(5)供給國內各兵工廠原料,使國防獨立.(6)打倒帝國主義,庶幾有具體辦法.

此外尙有二點爲本廠特別注意之事.(1)本廠爲國有事業,絕無勞資衝突之可言.並擬於若干年後,提職工薪餉百分之二至百分之五,爲本廠擴充計畫,或附屬營業之資本,務使勞資合一.(2)本廠財務行政,應分收入支出及統計三部,不相統屬.另設審檢審計二處,以監督之.購物不收回扣,帳目絕對公開.如有貪污情事,予以最嚴厲之處罰,務使弊絕風淸.

孫中山先生之實業計畫,謂當以五萬萬元或十萬萬元開發直隸山西之煤鐵,又當以相等或加倍之數,開發其餘各省之煤鐵.又曰爲國家謀公共利益計,開採鐵礦之權,當屬之國有.旨哉言乎.今吾所設之三千萬元計畫,或者以爲過鉅,不知鋼鐵係世界最大之企業,非鉅款莫辦.吾又恐政府之以款鉅而尼之也,乃定爲十年攤撥,每年僅爲十分之一.在工廠有集腋成裘之妙,在政府無臨渴掘井之虞.事關國家根本大計,願我同仁一致提倡,庶華不敏,敬候明教.

興築韶贛國道計劃意見書

著者：廣東建設廳公路處處長 卓康成

(一)緣起 在昔海禁未開,粵贛兩省交通,以南雄大庾嶺為南北必經之路.寄梅贈柳,驛遞紛繁.海禁既開,輪船往來,較為便利.向之由陸路運輸者,今皆轉為航海運輸矣.惟航業多為外商經營,吾國之航業僅得招商一局,因循敷衍,未能與外商爭雄.有志之士,惄焉憂之,僉以廣築鐵路為陸路交通上急切要圖.不知敷設鐵路,工鉅費繁,非招集鉅資,勢難建築.在政府方面,以短促時間,欲集資舉辦,更非易事.惟有建築國道,經費既輕,舉辦較易.且鐵路經過路綫,限於繁盛區域,而建築國道,則窮鄉僻壤,無往而不可達.至於工程建築上,在鐵路則或因斜度峻峭,須穿鑿山峒,經費浩繁.而在國道,則可紆繞灣曲,避免鐵路建築上種種困難,工程較簡.故欲謀粵贛兩省交通之便利,則韶贛國道之籌議建築,實刻不容緩也.

當民國十五年間,革命軍大舉北伐,節節勝利,國民政府各委員移駐鄂省,道經韶贛,崎嶇跋涉,咸感困難,孫部長有鑒於此,於十六年春間毅然建議興築韶贛國道,以利交通.議決由財部撥款二百萬元,分為十個月支撥,限期一年完成.旋委卓康成為總工程師,主理工程事務.於十六年二月間開始測量,計期於四月杪即可測量蕆事,開工建築,此韶贛國道預備時期工作情形也.

(二)測量時期情形 韶贛國道,以廣東之韶關為始點,江西之贛州為終點.路綫由韶關,經週田,南雄,大庾,以達贛州,全路計長約六百里.未測勘之先,經規定最大斜度為百分之六.並在圖中選出兩綫,一由贛州經信豐,以達南雄,一由贛州經南康,大庾以達南雄.嗣在贛州詢諸地方居民,皆以信豐一綫較長,而經過山崗之高度,與大庾嶺之高度相等,工程上無特殊之利益,且當地出產又遠不及大庾之繁盛.於是決用經大庾以達南雄一綫,由南雄而下,依沿河路綫,以達韶州.並將全綫分爲五大段,開始測量.距料測量未久,至四月間而省中發生清黨運動,影響所及,經費不能接濟,全部工作,暫行停止,功虧一簣,殊爲可惜.但測量記錄,經分別保存,將來繼續測量,尙復可以參考,有基勿壞,着手較易.第一段由韶州至鷄龍墟,計長一百零五里,已測六十里,未測四十五里.第二段由鷄龍墟至馬子坳,計長一百一十里,已測六十五里,未測四十五里.第三段由馬子坳至中站,計長一百十里,此段路綫甚爲平坦,工作較易,經已測完.第四段由中站至青龍墟,計長九十五里,此段經分別踏勘,大梅關,小梅關兩綫,務使斜度不超過規定限度爲標準,卒決用經小梅關一綫,較爲優勝,已測三十五里,未測六十里.第五段由青龍墟至贛州,計長一百六十里,此段路綫以採用經章河北岸路綫,較爲平坦,已測二十里,未測一百四十里.總計已測二百八十五里,未測二百九十里.全段路綫,以韶州至南雄一段,在新寮嶺江口下游地方,斜度峻峭,工程上較爲繁難.至路綫若沿北江南岸而行,則可節省渡河橋樑建築經費,亦計劃時期所應詳加考慮者也.

(三)繼續測量及興築預算 韶贛國道在測量時期,忽以經費支絀停止工作.苟當時得假以時日,爲期十天,(計期至四月底止),卽可測量完竣.今欲繼續測量,及實施建築,其成績之遲速,當視經費之能否依期支撥以爲權衡.查此國道,當未測量以前,僅知路綫長度約爲二百英里,經假定預算建築費每英里一萬元,共二百萬元.及路綫經踏勘,與一部分實測後,其地勢情形,與粵之韶坪公路大約相同,用以參考,核計預算,較爲準確.考韶坪公路韶樂段,路基及橋樑涵洞建築費,每英里約一萬元,路面舖造費每英里約五千元,合共每英里約一萬五千元.今韶贛路綫約長二百英里,預算約需建築費三百萬元,若完成建築,以一年爲期,每月須籌撥三十萬元,始克敷用.茲擬於一年內分配工作,務使依期完竣.以一個月爲籌備時期,一個月爲繼續完成測量時期,以兩個月爲繪圖計劃預算,及規定章程開投工程等工作,以八個月爲建築時期.籌款有着,分期工作,務底於成,則粵贛兩省交通,從此大爲利便矣.

全國水利建設方案

著者：宋希尚

(一)水利與民生主義　建設重民生,民生以足食裕衣樂居利行爲四大需要.惟水利建設與此四項需要,實屬息息相關,脈脈相通,有密切之關係.試問發展農業,以足民食,則農田之灌溉,豈可舍水而他求乎?發展織造,以裕民衣,則借水力以發電爲織造之原動力,(水電亦即爲世界最廉價之動力)又非利用水力而莫辦.至建築屋舍,設置自來水,修造道路運河商港以利行,幾無不直接間接恃水而奏效.況世界運輸本以水面運輸爲最安全而價廉.運輸廉則工商發達易,農產之傳播亦便,此猶爲積極建設而言.若消極言之,則水利不修,旱潦頻仍,飢饉荐至,道有餓莩,稽之往史,黃淮水災之慘,有不忍卒讀者.尙何有衣食住行之可云,更何所謂民生主義耶.

(二)統一水利建設之必要　(甲)統一各省水利事業　縣有界,省有界,國有界固矣.獨水利無界之可言,有之亦惟以流域爲單位,以流域爲界而已.蓋水之滙合而流焉,有一定之方向與固定之範圍,此方向與此範圍,非縣與省與國之界而爲之界,實就天然地勢爲之規定.因各河地勢之不同,故各有流域之分而不混.長江黃河有長江黃河之流域也.淮河運河,有淮河運河之流域也.固不能以省界而分河,尤不能以一河而分治.美之密細細比河歷經數省,而以一密細細比河委員會統治之.歐洲之來因河,經德荷兩國而入海,有統一之工程計畫,而經費則分攤.此皆明證也.我國面積之大,河渠川流之多,縣與縣省與省之間,往往因水之利害不同,發生左右岸上下游之衝突,釀成械鬭者有之,聚而成訟者有之,不獨不能助民生之建設,反足以妨民生之安寧.推究其故,無不由水利建設之不統一因以致之.故各省必須設立水利局,以統一一省之水利.全國必須設立全國水利局,以統一全國之水利,無利有統一之系統,而收分工限程之效果.實爲目下建設伊始所急不可緩之舉也.

(乙) 實現總理建國方略之水利建設 查總理建國方略中之水利建設,幾居建設計畫中之大半,茲類聚分錄之如下.

(子) 修濬現有運河,(一)杭州天津間運河,(二)西江揚子江間運河.

(丑) 新開運河,(一)遼江松花江間運河,(二)其他運河.

(寅) 治河,(一)揚子江築堤,浚水路起河口迄於海,以便航洋船直達該江,無間冬夏,(二)黃河築堤,浚水路以免洪水,(三)導西江,(四)導淮,(五)改良廣州水路系統,(六)導其他河流.

(卯) 商港,(一)北方大港,(二)東方大港,(三)改良廣州爲一世界港,(四)建設沿海商埠及漁業港,(五)建設內河商埠.

(辰) 水力之發展,

總理不云乎,此爲實業計畫之大方針,爲國家經濟之一大政策而已.至其實施之細密計畫,必當再經一度專門名家之調查,科學實驗之審定,乃可從事.蓋水利爲專門之學,計畫之能否成立,是否經濟,應如何變更改良,如何分序實行,必須聚此項專門家於一堂,加以討論計議.或需精密測勘,或需詳細設計,審慎於定計之先,立行於計定之後.務將建國方略所有水利建設,限期進行,次第實現,水患除而水利興,庶民生主義得以實現.

(三) 統一之方案. (甲) 水利行政之統一 水利行政之不能不統一,已如上述,苟不欲三民主義之實現則已,否則全國水利局之設立,以統轄全國水利行政,促進民生建設,實爲事實上所萬不容緩者.各省則設水利分局以統轄一省之水利行政.凡省以內縣與縣之間,一切水利問題,統由省局負責辦理.如江河流域關係兩省或數省以上者,則由國局主持,或竟以流域爲單位,特設工程機關主持辦理之,免因省界之區別,引起利害之衝突.綱提領挈,有條不紊,水利建設,庶可統一.至發展水力,開闢沿海商港,本屬國家通盤之計畫,及國有之建設,尤非中央督率主持,實不足以利進行而促速成也.

(乙)技術人才之統一　水利爲專門學問,辦理水利者,學識與經驗並重,始能稱職.全國水利局爲全國水利最高機關,管轄全國水利,主持尤須得人.同時組織水利技術委員會,羅致全國水利專家爲委員,從事研究設計一切應行興辦之水利計畫,經詳細審定後,然後分發各省,切實施行.若是則技術方面得以統一,最優人才亦得集中,較之每省或每計畫之各請專家分別計議者,經費反覺經濟,功效轉較宏遠,如世界水利名宿富有經驗者,亦不妨聘用,學術大同,借才楚地,亦無不可.

(丙)水利教育之提倡　水利事業旣繁且重,需才應用,尤爲重要.則水利教育亟待提倡明矣.查南京河海工科大學爲中國造就水利人才之唯一學府,亦爲世界僅有之水利大學.希尙環游歐美時,每與名家談及,莫不加相贊蒿,僉謂中國有水利之專校,則黃淮之禍,不難解决,而未來水利學術之光大,當於中國有無窮之希望.美著名水利工程師費禮門,德水利專家恩格爾司,均曾來信詳論及之.費氏尤諄諄以仿造德國德蘭詩頓工校之水功試驗塲,爲解决中國一切水利問題,必不可少之塲所,一再書致張南通詳細討論.故張氏曾擬延聘恩氏來華主持,卒未實行,論者惜之.按該校成立於民四,直隸全國水利局,經費由直魯蘇浙四省負擔,爲張南通所手創,原爲儲才導淮之備,畢業者已一百五十餘人.歷來當局,尙能竭力維持,初不料於此實行民生建設時期,竟將此水利教育根本機關,宣告停辦,可勝太息.論者謂外國無水利專科,土木科即可賅括之.是不知外國名家,方引以爲憾,又何必盡如東施之相效耶.夫學問貴求實用,專技須應所需.美西方各大學有灌漑專科,爲東方各大學之所無,况商港築埠,開河治河,水功設計,海洋測量等課目,均非土木科所能一一詳盡.欲造就此項水利人才爲實施應用起見,則河海工大,在中國建設尙未完成以前,爲萬萬不可少之專門教育,自宜直隸全國水利局.其課程編製設備等,當另擬計畫以供討論焉.

(四) 結論 綜上觀之,統一全國水利建設計畫可以下表明示之.

- 中央政府
  - 全國水利局
    - 各流域或特設之水利機關
    - 各省水利局
  - 水利技術委員會
    - 河海工科大學
    - 水功試驗場

建設範圍至廣,包含至富,尤不得不分類籌備,分工計議,藉收各項建設同時並進之效,各省建設得以統一進行,總理建國方略亦得促成實現.表面觀之,雖千頭萬緒,然溶化一爐,不難分析條理得之.茲所及者完全限於水利問題,至水利各項詳細計畫,行政組織,教育編製等,當另文詳細計議之,以供注意建設者之借鏡也.

嘉興城市之改造

著者：汪胡楨

（一）嘉興所處之地位　甲.地理的　吾人若將杭州上海蘇州三埠聯成一大三角形,而作外切圓,將見此圓之圓心適落於嘉興城內,此蓋因嘉興與以上三埠之距離適皆爲一百七八十里也.嘉興與上海及杭州間有滬杭鐵路相聯貫,與蘇州及杭州間則有運河相聯貫,客貨往來,至形便利.嘉興又爲水道輻輳之地,有八大幹河,均寬暢可通汽輪.

（一）平湖塘在城之東,下接黃浦江,商貨可直達上海.

（二）𩀱塘在城之東北,下接澱泖各湖蕩.

（三）長纖塘在城之東北偏北,下接澱泖各湖蕩.

（四）王江涇運河在城之北,下通吳江蘇州無錫等地.

（五）新塍河在城之西,溝通南潯震澤諸巨鎮,每年絲綢之運輸甚盛.

（六）杭州運河在城之西南,上接桐鄉石門杭州諸城市.

（七）長水塘在城之南偏西,爲硤石王店米船往來之要道.

（八）海鹽塘在城之南偏東,爲濱海各市鎮出入之要道.

乙.實業的　嘉興物產豐阜,尤以絲,繭,米,糧,爲出品之大宗,近年以來,新工業接踵而起,繅絲,織物,均獲利至鉅.嘉興工價較滬杭爲低,工潮絕無而僅有,裁撤厘金制度以後,嘉興製造品得與蘇省各埠納等量之稅,工業之發達,蓋可以預卜矣.

嘉興風俗優美,教育發達,物價房租均極低廉,將來改造以後,城市之環境益臻秀麗,必可吸引滬杭居民而成爲一大住宅城,則斯時一應工商業必益可以蒸蒸日上矣.

（二）嘉興城市改造運動之經過　嘉興自滬杭鐵路建築以後,地方上發生一種不幸之趨勢,即一般富室恒因欣羡上海生活便利之故,陸續外遷,在外埠創業致富者,亦輒僑寓不歸,城市之進步遂大受打擊,其次滬杭鐵路在車站附近購地甚多,但不善爲規畫市場,以興商業,僅闢爲苗圃,任其曠廢,坐是城內外比較繁盛之市街,均房價過高,呈噎塞服死之象,而新商業遂無發展之機會.

嘉興市政進步旣緩,故無甚成績可紀.近年以來,雖亦略有建設;如拆除東西兩門之月城,建築嘉禾第一橋,拆除玄妙館附近之城垣,但皆枝節爲之,無系統之可言也.

四五年來,有若干有志青年,鑒於嘉興市政進步之迂緩,深知以人才及資本外溢爲其主因,因有『歸鄉運動』之提倡,初刊報紙爲「鴛湖鐘」,繼又出版「嘉興評論」,文字宣傳,不遺餘力.去歲秋間,又有『建設新嘉興』運動.今春革命軍至,地方民衆,咸悟改造城市之不容緩,新嘉興平民社首提拆城築路之主張,縣黨部亦以之訂入縣政大綱.著者斯時有改造嘉興市街芻議*之著,指陳具體的改進市政工程辦法,頗得一時之傳誦,本年四月間,由縣黨部議決咨請縣政府聘專門委員六人,總務委員八人,組織嘉興縣拆城築路委員會,該會成立後,即聘請工程師及測繪員從事規畫,玆將三個月內之工作概況略記於次:

(一) 城垣測量　將全部城垣每間一百呎左右,測量横斷面一次,並將若干處城垣內部拆開,探視內容,城垣斷面之形狀及探知之內容均記載特製之表簿內.**

(二) 土地測量　城垣外部自城河起至城垣內部曠地之盡端止,所有公私土地房屋均詳細測量,繪成六百分之一平面圖.

(三) 拆城計畫　拆城分作四時期,第一期共拆全城三分之一弱,所有

---

*如欲索閱請函致蘇州大郎橋巷太湖流域水利工程處汪幹夫可也

**市政機關欲得此項表格者可向嘉興縣拆城築路委員會函索

分段投標,泥土處置,材料分配等,均經計畫完竣。

（四）築路計畫　築路分沿城商埸路與新村道路兩種,路基內均設下水溝。

（五）水電計畫　爲供給新村用水電而計畫。

該會第一期拆城築路計畫,現已由浙江省建設廳批准,八月十一日起招標拆城,八月二十八日開標,預計二個月即可將第一期城垣拆竣,從事築路及佈置新村與市塲矣。

（三）改造嘉興城市之步驟　改造嘉興城市可分爲建設新市街與改良舊市街二途,建設新市街之步驟,業由委員會決定如次:

第一期　拆除東門嘉禾第一橋至南門月城一段城垣,同時築沿城路,並開闢南營曠地爲新村。

第二期　拆除東門嘉禾第一橋至北門月城一段城垣同時築沿城路。

第三期　拆除北門至小西門第二中學校後身城垣,並築沿城路。

第四期　拆除其餘城垣並築沿城路。

改良舊市街其困難恆十百倍於建設新市街,以著者之意,改良舊市街不宜進行過速,宜稍留時期,以便新市街得逐漸樹立基礎,而舊市街亦得從容進步。操之過急,勞民傷財,兩無足取也。玆述改良舊市街之辦法如次:

（一）測繪市街詳圖,擇定若干街道爲第一期必須改良之街道。

（二）規定此項街道之寬度及路線,街道寬度現祇十一二尺,宜增之爲三十呎,即車道佔二十呎,人行道佔十呎（二條）,路線不必矢直,但轉折須平緩。

（三）凡現有市房在此規定街道線以內者,應於三年（假定）內拆除,依照建築條例從事改建。

（四）第四年起,如尙未拆除改建者,應徵收侵佔路線罰金,其數約當拆建房屋費十分之一,以後每逾一年,罰金卽累進十分之一,至十分之五爲止。

(五) 第十年尙未拆建者,由市政府代爲拆除之.

(六) 舊街道兩旁曠地應限於兩年內建造房屋,逾期不造,得依定價減半收買而轉售之.

(四) 第一期之拆城計畫 第一期所拆城垣,計長五八五三呎,內容城磚一千六百餘方,條石二百七十餘方,亂石三百九十餘方,泥土二千一百餘方,以百分計之如次:城磚一二%,條石二%,亂石三%,泥土八三%.

以上城磚,條石,亂石三項,均爲建築材料,故有一種價值.泥土一項則必須用人工移至別處,方不致坍卸遍地.城磚,條石,亂石三項中,尙有若干爲拆城後築路所需要,自應留置指定地方,以供將來之應用.

以剩餘之城磚,條石,亂石三項價值內,除去搬運泥土工費後,尙餘一萬二千餘元,即作爲投標包拆之最低標價.又因便利小本工人投包起見,將此段城垣分爲十二小段,每段標價,自五百元至二千元不等.

處置城垣內部之泥土問題,頗爲委員會所注意.蓋泥土占有全城垣百分之八十三,爲量匪細,處置不當,必至貽害無窮.委員中主張泥土之堆置地點有三:(一)南湖中築隄連接陸地及烟雨樓.(二)塡塞積水不流之新開河.(三)塡高城灘.今第一期之處置泥土,即參用二三兩種主張.

(五) 第一期之沿城築路計畫 拆城築路委員會爲防止築路結果徒爲若干地主增加一種不勞而獲之利益起見,故於第一期築路計畫實行之前,即呈准省政府得儘量收買沿路民地.此項民地,因現時有城垣隔阻,出入不便,僅能種植桑樹菜蔬;故價值甚低.俟將來道路築成,一轉移間,即爲面臨通衢之地產.價值之飛騰可以意料,今由委員會出價收買,路成以後,再分段出售,庶幾築路利益不至盡入地主之手.

道路之寬定爲六十呎,中間二十呎鋪設碎石馬克盾路,兩旁各餘地帶十四呎,暫時鋪草植樹.俟將來車輛增多時,亦可展闢爲車路,綠草地帶之外,各設人行路一條,寬六呎.路之內側爲建築商店地段,外側則爲沿城河之河灘,寬四五十呎不等,亦鋪草植樹,並置坐椅,以供民衆於此坐憩焉.

第一期所築沿城路路線自東北斜趨西南,前臨城河,饒有風景,後爲市屋,夏日驕陽,冬季寒風,適爲所屏蔽,東北端當車站出口,西南端爲南鄉農民出入之要道,而城又爲運河及八大幹河交匯之區,他日商旅雲集,可以預卜焉.

路基之下,均設下水溝以洩路面雨水及商店內之汚水.溝以城磚砌成,取其價廉,路面陰井之口以生鐵鑄造;路溝入孔則以水泥凝成.

路旁所植之樹,擬用法國梧桐:一因此項樹株滬杭路苗圃種植甚多,購求尚易;二因車路現祇築二十呎,二十年後,必須增寬,法國梧桐,生長甚速,至二十年後,則不妨芟去改種;三因法國梧桐根部蔓延不遠,不致梗阻水管及水溝,是以決定採用.

(六)嘉興未來之新村　位於第一期沿城路之內側,有廢置不用之曠地百餘畝,名爲南營.駐軍時代,每用以爲兵士練習野戰之處.原址甚寬廣,但數十年來,爲鄰近居民逐漸侵佔,面積縮小不少.拆城築路委員會爲建設新村起見,乃呈准省政府將南營四周民有桑地一律收買,更於其中規畫道路六條,將餘地分成建屋地段九十餘處,預計可以建築住宅二百餘所.現已規定價值,俟路成後,即可分劃出售.

南營之北端,尚有桑地一區,係天主教會所置.現亦已呈准省政府出價收回,以便與南營新村相連接.

新村東南臨沿城路,北臨斜橋河,西部與河東街舊街道相連處特留空地闊五十呎,於其上種植樹木,俾與舊街道永遠隔絕,縱有火災病疫,亦不致蔓延及於新村也.

嘉興電廠辦理未臻妥善,以致電價甚昂,電燈每難普及.委員會爲提倡新村居戶點用電燈以期減少火災起見,特規畫電力廠一所;以至廉之價供給電流.又爲便利居戶汲水計,於電廠內附設抽水機,藉生鐵管以輸水至各街道,並於路之交叉處設置消火栓以備不虞.

新村道路均灣曲有致,路寬定爲五十呎,中央留築車道寬十呎,兩旁爲綠草蔭樹地帶寬各十五呎,草地帶之外爲人行路各寬五呎.路基之內,均有下水溝以洩水.

新村內指定若干地點以便建設商場,小菜場,電影院,國民學校等公共建築.凡足爲新村居戶增進衣食住行之便利者,蓋莫不預爲設置也.

(七) 購地人之建築義務 沿城路及新村道路建設以後即增出多畝建屋地段.此項地段,必須建築房屋,方能聚成村市.若一聽資本家任意收購擱置不用,則新村及市場終無實現之日.委員會有鑒於此,故於增出之建屋地段,售價減至極低,一面即用以交換購地人一種建築義務.茲略將規定之義務列次:

(一) 購地人必須於兩年內起建房屋,如逾期尙未建造,則可退還地價之一半,沒收而轉售之.

(二) 新村中央指定一三角地帶作爲模範住宅區.在此區域內所建之屋,不得超過地段面積五分之一,並不得有三座房屋互相毗連.房屋式樣及材料,均須經委員會之核准.房屋與街之距離至少爲十呎.

(三) 其餘地段所建屋至多占有地面二分之一,每毗連五間必須有隔火牆隔斷之.房屋圖樣須經委員會之核准.

(四) 屋前人行路須由建屋人依照規定式樣用水泥混凝土建築之.

爲估定各建屋地段之地價起見,曾由著者擬定次之公式,作爲定價之標準:

$$P = K\sqrt{A}\left(L_1 + \frac{L_2}{3}\right)D$$

式中 P 爲地價,以銀元爲單位.

A 爲面積,以平方呎計.

L_1 爲臨街各邊中之最短者,如祇一邊臨街,則 L_1 即爲臨街之邊之長,以呎爲單位.

L_2 爲其餘臨街各邊長之和,以呎爲單位.

D 爲方向係數:以東,南,東南,爲100% 西,北,西北,爲80% 其餘90%

K 爲一常數.

此次估定之地價,務較嘉興未改良各街道之地價爲低.每地段之大小極爲適中,在舊市區內已無可訪覓矣.

(八)結論　以上所述爲嘉興城市改造問題之過去與將來,及計畫之要點.至於詳細計畫,則因圖表過多,斷非本文所能詳敘也.

嘉興改造城市之動機可概括爲三:(一)因嘉興地位之重要,受自然力之督促.(二)因嘉興青年之鼓吹.(三)因嘉興一般民衆之覺悟.

嘉興改造城市計畫中有足供各處負有改造城市時之參考者,有(一)改良舊街道之方針.(見三)(二)拆城之方法.(見四)(三)築路計畫.(見五及六)(四)、新村計畫.(見六)(五)促進建築之方法.(見七)(六)地價之估定.(見七)

江寧鐵路改用柴油引擎客車建議書

著者：胡選之

夫欲求地方事業之發達,必先求交通之便利.欲求交通之便利,必須有精確之計劃,及創造之决心.吾國交通事業,其基礎多成立於晚清末年.近十數年來不特缺少進步,即現狀亦難維持.推求原因,固由於戰亂之頻仍,而國人缺乏改造决心,因循敷衍,日趨腐化,亦未嘗非百業凋殘之由.即如江甯鐵路,清季早已建築.論其地勢,南京爲曆代建都之地,城垣廣大,居民稠密.下關俯瞰揚子,北接津浦,東聯滬甯.兩地互通之緊要,固不待言.而江甯路經曆年久,機械日形敗壞,車輛不敷應用,長此每况愈下,尚何便利民衆之可言.今值首都初建,景象煥新,整頓市政,不遺餘力.此路旣係已成事業,又爲首都觀瞻所繫,果能加意整理,未嘗無望.茲因中國工程學會開第十屆年會,特提出下列意見供諸同志之討論.按江甯鐵道於軌道上並無浩大之修理工程,不過車輛需更換而已.此路全長十一基羅米達,向來應用蒸汽機車拖帶客車.速度旣慢,燒煤又費,極不經濟.此短距離之鐵路,以新式之柴油引擎客車爲最合宜.此種車輛不需機車,僅於客車中加一柴油引擎爲發動機足矣.換言之,即有軌汽車.不過引擎不用汽油,而燒廉價柴油（或稱黑油）耳.

(一)柴油引擎客車之起源　內燃機用於鐵道上之試驗,由來已久.在一八九〇初年時,德國梅愛機器廠首造小機車及引擎客車.其原動機用德國著名戴麥勒 (Daimler) 汽車廠之汽油引擎.因燃料昂貴,事業無大發展,而爲蒸汽引擎客車所征服.但後者亦因經濟及管理上之關係,未大爲世人所採用.

近來汽車事業之發達,一日千里.鐵路爲競爭營業起見,不得不謀補救方法.應用便利器械維持僻地之交通需要.普通汽車引擎因燃料之不經濟,與夫負荷輕微時引擎効率不佳之故,决不能爲鐵路上所採用.但帝賽氏(Diesel)所發明之柴油引擎.因其燃料價廉,與夫消耗之微,無論在滿足或輕微負荷時,俱較汽油引擎經濟.如專以燃料費用作比例,則柴油機在滿足負荷時,所費油價不過汽油引擎所費四分之一.在一半負荷時.柴油機所費不過汽油引擎所費五分之一至六分之一.再加柴油機隨時可以開車,無須準備,機器簡單,不佔地位等優點,所以能取蒸汽機之地位而代之.

(二)客車之構造　此項客車有下列各要點:(一)引擎力量傳達於車輪之構造,須簡單而又可靠.(二)機械管理,務求容易.(三)機械須耐久經用.(四)在任何軌道上,如有斜坡或危險地段須緩行時,此車須能操縱自如.

汽車上引擎力量傳達於車輪上,通常引擎灣軸與車輪軸互相垂直,利用長軸及錐形齒輪盤.此種構造,傳達距離過長,効力遲緩,行駛於軌道上殊不合宜.柴油引擎客車力量之傳達,距離須小.効力須速,故將引擎橫裝車首,其灣軸與車輪軸平行,利用齒輪以資傳達力量.効力大而速.解决此問題之唯一方法也.(第一圖)傳達力量部分,共有三軸,兩軸管前行,一軸管倒車.前行有四種大小不同之速度.前行倒車及速度之變更,利用滑油壓力及手輪.管理之權,操諸駕馭者之手.引擎下部及傳達力量機關,共同合成一箱.滑油亦公用.故馭者之於加滑油於箱中,是爲重要責任.車上裝有氣壓機,製造高壓空氣,用以制動其機關與通常機車相同.

車身分爲兩等:頭等有坐位十六,二等有坐位五十五.每頭有開車機關,如電車然.達到最終一站,開回時換一頭開車,車不必掉頭,儉省時間手續.一頭不開車時.其地位可以安置乘客行李(第二圖及第三圖).

(三)柴油引擎　此項客車應用之柴油引擎,需具下列各優點:(一)工作須穩當可靠.(二)機器輕而堅固.(三)速度快慢須易於操縱.所計劃之客車,用一立式輕便柴油引擎.每分鐘轉五百六十轉時.有一百四馬力.轉八百五十轉時,有一百五十四馬力.在極短時間內,每分鐘轉數可增至一千轉,其時

第一圖

第二圖

馬力為一百八十四.引擎為四衝全帝賽式,無點火及燒汽缸頭等機關.第一衝吸入空氣.第二衝空氣受壓迫,氣壓與溫度兩皆增高.同時柴油經油幫浦射入汽缸成油霧,與汽缸內之高溫度空氣接觸而燃燒.氣體澎漲成工作,是為第三衝.第四衝將廢氣排出氣缸.

開車用電力,如普通汽車,非常便利.并裝有手搖開車,以為後備.引擎上附有發電機,夜間供給電燈,日間

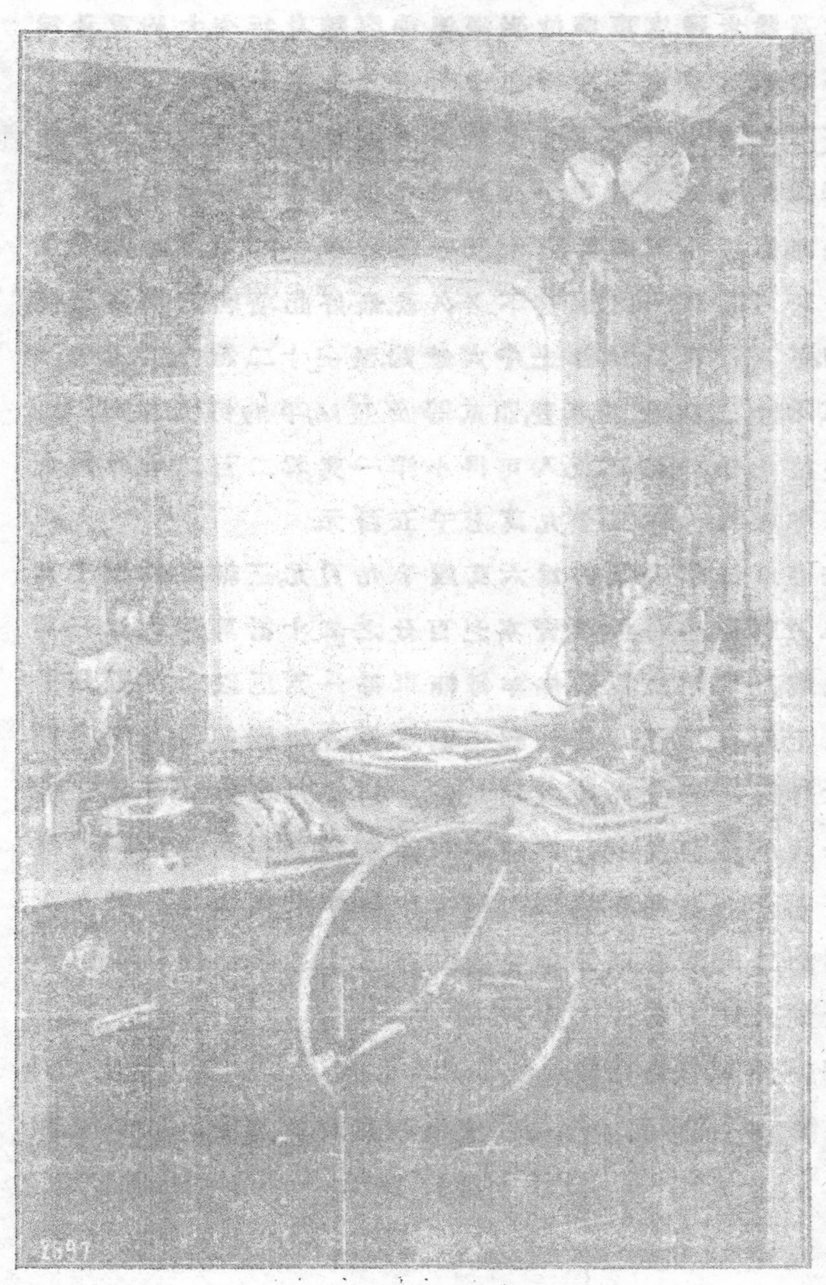

第　三　圖

發電儲蓄電池，備開車電磁之用。引擎上裝有涼水幫浦，并有迴冷器。涼水經過氣缸四週，容納一部份熱量，溫度增高，流入迴冷器，又成涼水，再達汽缸。其工作週而復始，循環不已。引擎各部份之滑油機關亦均自動。有滑油幫浦裝置于引擎上。滑油工作亦循環式。小有損失，每日補充若干足矣。

(四)柴油引擎客車之速度及載重　如上所述，客車速度有四級。最高速度爲每小時六十六基羅米達.客車座位坐滿,連乘客隨身行李,大約重量爲三十四噸.速度較小時,乘客車尚可拖帶二十噸重之拖車四輛.

(五)柴油引擎客車之費用預算　客車最大速度每小時行六十六基羅米達,路長約十一基羅米達,故照計算十分鐘足矣.但因各站停車時開車時速度不均,不能以最高速度作標準,當以十五分鐘計算.各站停車時間,再加十五分鐘,則每半小時可開車一次.乘客不必久候.最好此項客車購備三輛,一往一來,一作後備.每日行車時間,自上午六鐘起,至夜十二鐘止.共爲十八小時,來往共可行車七十二次.全路車費,頭貳等及短站,平均每人以小洋二角計算.每車共有坐位七十一.每日收入可得小洋一萬零二百二十四角,合大洋八百五十元.每年收入大洋二十九萬七千五百元.

開支:　柴油引擎客車每部購價約爲六萬四千九百元,三輛共需價十九萬四千七百元.利息及折舊費,每年以資本之百分之二十計算,爲大洋三萬八千九百四十元.軌道及車輛維持費,每年每輛車每一英里以大洋五分計算,則全年爲大洋八千八百元.經常費如職工薪水,及各項雜費,每月開支四千五百元,每年爲大洋五萬四千元.引擎用油每小時每匹馬力二百零五格蘭姆.每日雖行車十八小時,但其中一半時間車停未行,無燃料之消耗,故每輛車每日需油二百七十七基羅格蘭姆.兩輛客車每年消耗油量一百九十四噸.爲穩當起見,再加二成消耗,則每年費油二百三十二噸.油價每噸約五十元,則全年燃料費爲大洋一萬一千六百元.

按照上項計算,列表於下,以資比較.

(一)收入全年票價	297,500 元	(二)支出利息及折舊費	38,940 元
		維持費	8,800 „
		經常費	54,000 „
		燃料費	11,600 „
		總計全年開支	113,340 元

據上表每年獲利十八萬元.一年餘以後,即可將購置車輛費收回.以後利息一輕,獲利更厚,營業發達,可操左劵.每日開車來往七十二次,每次以七十人計算,每日進出大約五千人.南京現爲國都,城內爲政治中心.下關爲商業樞紐,民居約有四十餘萬.則每日往來人數,當更不止五千.預算之收入數目,必能達到.此車馬力充足,乘客衆多時,尙可加掛拖車,有伸縮餘地,極其便利.以車價論,平均全路線每人小洋二角,不但比汽車馬車價廉,并且較低於人力車.半點鐘有車一次,各站將行車鐘點詳列表式,準定時間行駛,乘客按時而至,於時間上亦極經濟.

(六) 柴油引擎客車之優點 (一)開車迅速,於引擎上無準備之必要.(二)停車時無消耗燃料之弊.(三)機械簡單,管理容易.(四)燃料自動的射入引擎,無須伙夫,節省人工.(五)油較煤輕,車上可多帶燃料,中途無須加煤加水,節省時間.(六)燃料費用較之燒煤及汽油爲經濟.(七)每半小時開車一次,較之現用之機車節省時間四分之三.(八)油價較之機車用煤,每日可省一倍之上.(九)機車修理費動則數百或千元之巨,而柴油引擎客車構造簡單,修理省事,無浩大工程,耗費不多.(十)柴油引擎客車滿載時,重量大約爲三十四噸.較之該路原有機車,尙輕十一噸.故決不至損壞原有軌道.(十一)一部柴油引擎客車之功効,等於一輛機車及一輛客車,因二者合并爲一,即於客車中加裝發動機也.簡單便利,其理甚明.(十二)機車燒煤,車經過地,均覺煤灰之擾人.夏季且不衛生.江甯路經過城市,尤遭其殃.柴油引擎客車所燒柴油,廢汽僅一縷青烟,決無煤灰擾人之弊.車上清潔,經過地段亦不受影響,是亦一優良之點.總之用柴油引擎客車,較之現用之機車拖客車.機械上,經濟上,時間上,清潔上,均爲有益也.

(七) 原有車輛之處置 原有機車及車輛,年久壞舊,轉售與人已不可能.完全拋棄,又覺可惜.不如專供運輸貨物之用.每日於晨六點鐘前,或夜間十二點鐘後,開貨車一二次,以利運輸.如因時間不便,貨車竟於客車時間中插開一二次亦無不可.

整理南京電燈廠計劃書

著者：吳達模

南京爲我國民政府建都之地.中外觀瞻,政務薈集.物質文明上之事業,亟應從事建設.昔日簡陋之設備,今則務求完善.其付闕如者,則應增置之.方足以壯觀而利用也.所謂物質上文明之事業,如自來水,電燈,交通等是.關於此類事業,增置及改良之計劃;自政府遷寗後,當局從事進行,不遺餘力.茲不揣愚陋,專就整理電燈事業而論之.

查國民政府遷甯以前之調查,南京約有十六萬以上之戶口.現有電燈廠之設備,僅敷十六支光電燈八萬盞之用.在前已形不足.自政府遷甯後,人口驟增.故原有之燈,多黯淡不明.而繼續請求添裝電燈者,絡繹不絕.爲補足燈光,接應裝戶起見,議者有謂應修理原有機器,有謂宜添置新機器,有暫購舊機器以敷目前之用等計劃.茲根據原廠情形,擬定改良計劃及籌款辦法;幷分別討論之.

(一)原廠情形　南京電燈廠,現有發電廠兩所.一在城外下關,一在城內;茲將兩所情形,分記如下.

(甲)城內發電所,廠內機件有;

拔柏葛鍋爐　　六隻　　氣壓150磅

50 K.V.A. 蒸汽引擎發電機　一只　　單相,五十週,3300 Volts.

120 K.V.A.　〃　〃　〃　三只　　〃　〃　〃

270 K.V.A.　〃　〃　〃　一只　　〃　〃　〃

125 K.V.A.　〃　〃　〃　一只　　三相,六十週,3300 Volts.

開動期間：　冬夏每日平均約十二小時

用煤量：　冬夏每日平均約二十五噸

龍王廟變壓所內有:(自下關送來者)

250 K.V.A.,單相,變壓器三只,6600 至 3300 Volts.

(乙)下關發電所,廠內機件有:

拔柏葛鍋爐　三只　氣壓150磅

1000 Kw.汽輪發電機　一只　2300 Volts.六十週,三相.

250 K.V.A.單相,變壓器　三只　2300 至 6600 Volts.(送至城內龍王廟者)

開動期間:同前

用煤量:冬夏每日平均約二十噸

(二)送電幹綫路程　(甲)由下關發電所至下關本部綫長約一哩半,2300 Volts, 400 K.w.

(乙)由下關發電所至城內鼓樓綫長約三哩半 2300 Volts. 200 Kw.

(丙)由下關發電所至城內龍王廟綫長約六哩 6600 Volts. 600 Kw.

(丁)由城內發電所至漢西門綫長約一哩半 3300 Volts.

(戊)由城內發電所至水西門及南門綫長約二哩半 3300 Volts.

(己)由城內發電所至承恩寺綫長約二哩 3300 Volts.

(三)全市用電可分作四區　(甲)下關(城外及儀鳳門附近):400 Kw.

(乙)鼓樓(由儀鳳門至浮橋):200 Kw.

(丙)中城(由浮橋至水西門以北):600 Kw.

(丁)南城(由水西門以北至南門):600 Kw.

(四)其他記載　每度電現售洋二角四分.裝燈費每盞連料大洋五元.二十安培以下火表售洋廿元.三十安培火表售洋三十元.五十安培火表售洋四十元.

根據上列之調查,茲將各種改良計劃,詳細研究之.以南京區城之廣,人口之衆,及將來發展之機會,電力事業,不獨限於發光而已.如交通方面之使用電車計劃,兵工廠,造幣廠及其他工業廠電力問題,一旦北伐完成,應次第建設者,在在皆是.故當局如有改良首都電力事業之決心,應從根本遠大之計劃着手.雖不能辦到所謂「一勞永逸」之一步,亦應注意到五年以內之發展;方不致時常顧及此項問題也.現有之發電機,其不敷用已如前言.且城內發電所所用機器,陳舊已極,故用煤極費（每度電約需煤九磅,若用新式發電機,最多不過四磅）.即謂略加修理如更換爐管,改良水源等,僅能略減少用煤量,而不能增加燈數.其無補於事實,甚為明顯.且城內水源,不合鍋爐之用.根本上即不宜用為發電所.如添置機器,當然以下關現廠為最宜.廠址臨江,水源適當,其利一.廠址寬敞,添置機器,不必另增建築,其利二.發電於一所,管理統一,節省用費,其利三.輸運燃料,水陸均宜,其利四.說者謂下關發電所,附近軍事區域,一旦有事,不免毀於炮火.此乃一時之慮.不能因噎而廢食.且電燈事業,無論何人,皆需享用.保護之不遑,豈猶有意加害之耶?

廠址既定,次則研究其新添機器之大小.據目前之推測,各區用電增加之趨向,估計如下:(一)下關:約 1000 Kw.（二）鼓樓:約 480 Kw.（三）中城:約 1200 Kw.（四）南城:約 1200 Kw.共計約 3880 Kw.

茲將新機器之佈置,條列如下:

（一）下關發電所增設 3000 Kw.汽輪發電機一部 2300 Volts,六十週.

（二）下關發電所,增設 3750 K.V.A.之變壓所.由 2300 Volts 提高至 6600 Volts.傳送 3000 Kw.之電量,經過鼓樓,直達發電所.該所即改作城內變壓所.

（三）在鼓樓另設變壓所,移用下關原有之變壓器三具.從 6600 Volts 至 2300 Volts.

（四）取消龍王廟之變壓所.將該所原有之變壓器移至城內發電所舊址.並於該所加設 750 K.V.A.之變壓器三只,從 6600 Volts 至 3300 Volts

（五）目前用電,預計必不至超過 3000 Kw.則原有之 1000 Kw 發電機,可作備貨,以備不時之需,或供給白晝開行之用,如其他非電光之負荷.迨至將來電量用達 4000 Kw 時,可與 3000 Kw 發電機,並行供給之.

照上列計劃之設備,機器,材料裝置等費,約共需國幣四十萬元.在建築時期內,約需流動經費十萬元.共計五十萬元.此五十萬元之經費,如能得政府之助,則事必易舉,而收速成之效.否則可將現廠向銀行界,抵押現金,其不足者則由現在收入之保證金內借用之.此項借款,在新廠成立後兩年之內,如得適當之管理,定可還清.何以知之?請觀下列之預算.假定每日能售出一萬度之電,則每日收入,約二千五百八十元,年計九十三萬元.除廠內維持開支等費,約計三十四萬餘元,付息五萬元,及公積金四萬元,共計四十三萬餘元外;第一年即可盈餘五十萬元.其中電費,未必能完全收齊,開支略有超出.故曰兩年後即可還本,不亦宜乎?於借款還清後,積數年之盈餘,即可計劃電力鐵道及其他擴充之設備;則所需之經費,不必再求之於他處矣.

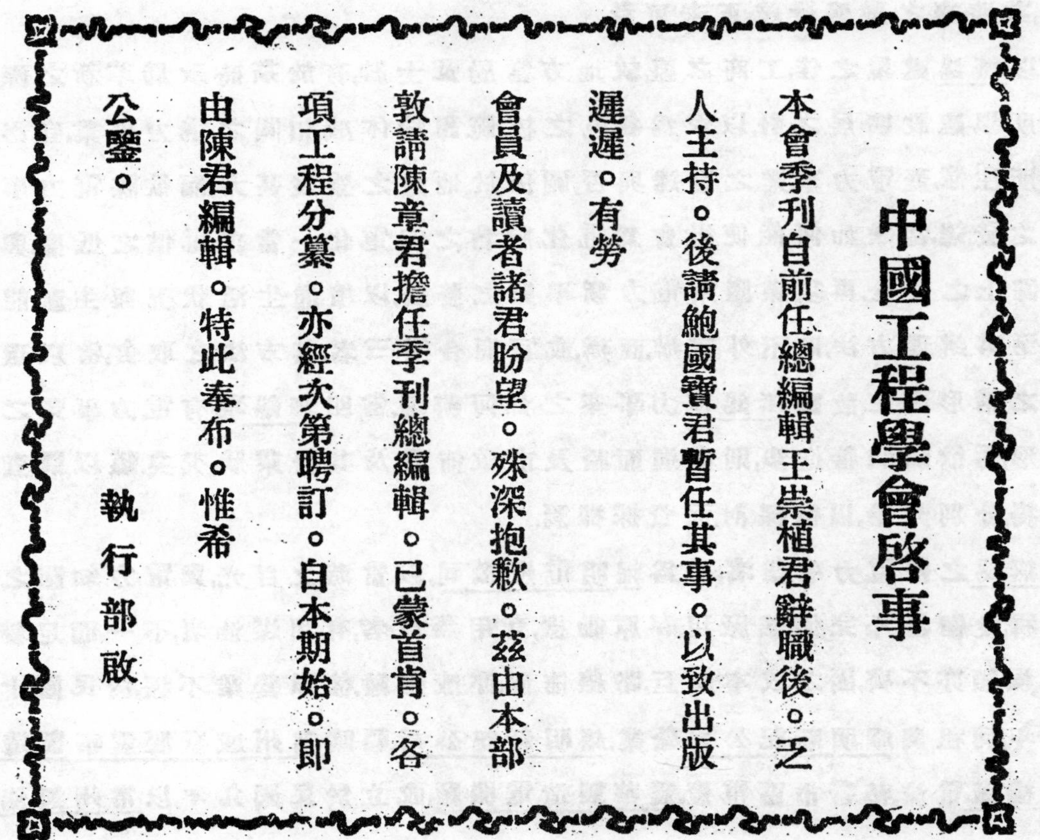

中國工程學會啓事

本會季刊自前任總編輯王崇植君辭職後。乏人主持。後請鮑國寶君暫任其事。以致出版遲遲。有勞會員及讀者諸君盼望。殊深抱歉。茲由本部敦請陳章君擔任季刊總編輯。已蒙首肯。各項工程分纂。亦經次第聘訂。自本期始。即由陳君編輯。特此奉布。惟希公鑒。

執行部啓

整理無錫市電力事業之商榷

著者：譚友岑

無錫電業,糾紛有日,邑人盼解決靡殷.本文先論其兩廠爭持之癥結,復提出解決方法,特發表之以供參證.　——編者

無錫位於滬甯鐵路之中段,南傍太湖,可達浙湖杭嘉等處.運河自西而下,至常州文成壩後,流轉平順,無泥污汙塞之患,與太湖相接,河面廣闊,水量挹注,不虞旱涸.上達長江,下通滬瀆,水陸交通,均稱便利.故其工商業之繁盛,除通商大埠外,國內無足比京者.加以惠山太湖之勝,合生產娛樂之佳勝於一處,其將來之興盛發達,正未可量.

以無錫處境之佳,工商之盛,故地方當局及士紳,有於斯時政局革新之際,思所以建設擴展之計,以求爲各邑之模範.對於休戚相關之電力事業,宜必有所注意.蓋電力事業之發達與否,關係於地方之盛衰甚大,而欲謀電力事業之發達,當求如何能使社會爲電化.社會之能電化,一當求電價之低廉,與設備上之安全.再須謀應用電力新事業之發展,以增進生活狀況,與生產能力.至其辦理方法,則不外官辦,商辦,或官商合辦三者.其方法之取舍,當以環境之情形而定.故論無錫電力事業之如何辦理.當明無錫現有電力事業之情形,而欲謀改善進步,則當進而論及市政佈置,及其營業狀況矣.謹以調查所得,分別列論,以供探討,而資採擇焉.

無錫之營電力事業者,初爲耀明電燈公司.以當時之目光,與電力知識之幼稚,設備極不完備.該廠現存原動機,有用蒸汽者,有用煤油者,不一而足.發電機類亦不齊.因之成本既巨,路線佈置,亦感困難.後以營業不振,於民國十三年,轉租與耀明新記公司營業.耀明新記公司,轉購常州戚墅堰震華製造電機廠電流,轉營市區電燈.震華製造電機廠,成立於民國九年,以常州無錫

二縣爲電力營業區域.以無錫市內,曾有耀明之桿線,故訂約供給電流與耀明,每度(基羅瓦特小時),價銀伍分柒厘,照所裝總表計算.耀明新記公司既須納耀明電燈廠月租伍千元,又須納震華電費,故電燈每度增高電價至大洋貳角陸分.後以震華欲於市區發售電力,供工廠原動之用,須借耀明桿線送電,故改訂耀明每日包度一千二百二十五度,電價減半,即銀二分八厘五毫,而實際耀明所用日約三千度,最高用電達八百基羅瓦特.因而耀明成本,月可減輕五千元.查在去歲(民國十五年)耀明電燈用戶約三千餘戶,每月收費在二萬五千元以上,是其獲利頗爲豐厚.無錫市民,以電價過昂,用者尚不踴躍,故營業未能十分發達.去歲耀明震華以合同及發售電力問題,發生爭執.十月間震華乃將前代市公所所豎路燈桿線,改爲電燈營業桿線.以耀明破壞合同爲辭,直接營業.迄今仍在爭持中.雙方各自營業.震華先將電燈售價每度減至大洋一角八分,今年二月,耀明亦減至同樣價目.現耀明有燈用戶三千,震華亦已接有一千三百戶.再查逐日報告新裝者,雙方各有三四戶.較之以前情形,一年以內,可增至一倍以上.是減低電價後,市民應用電燈踴躍之證.而對於市政前途,亦極有關係者也.

震華製造電機廠.發電機負荷量爲六千四百基羅瓦特.以三萬三千伏脫送電至無錫.於西門外設總變壓間.現送電量爲三千開維哀.除營業電燈外,電力營業,有申新布廠三百馬力,茂新二廠及三廠五百馬力,及油廠翻砂廠米廠等七十餘家,約合六百馬力.又泰隆麵粉廠,亦已簽定合同,改用震華電力,營業尚稱發達.其電力價目,約自大洋三分以至一角.要以用電之多寡,與開用時間之經久與否爲標準.

查無錫工廠之大者,約如廣勤紗廠蒸汽機原動馬力六百.申新第三紡織廠蒸汽輪原動發電機四千開維哀,慶豐紗廠九豐麵粉廠合用蒸汽輪原動發電機七百開維哀,豫豐紗廠蒸汽機原動馬力四百,長康紗廠蒸汽機原動馬力二百等.其餘絲廠有二十餘家,布廠油廠,數亦甚夥.大廠之開辦,均在七八年以上,設以之規劃,改爲電動,或將來機件損壞時,改用電動,均可得相當之經濟.苟於此加以注意,則電廠方面,既得相當之利益,而市政方面,一以集中動力,得消耗上之經濟;再以電廠營業發達,地方事業,自易於相互圖成,取益甚多.他如電車等之進行,於今無錫縣道正在計劃之中,亦爲來日切要之圖.

無錫之電力營業情形既如此,而電力之需要又如彼.吾人可進而討論其整理之方.(一)營業權問題.(二)電價減低問題.(三)安全與發展問題.關於第一項者,現查耀明電氣公司與震華製造電機公司,已經涉訟;耀明方面,以震華破壞合同,營業損失爲詞.震華方面,以耀明破壞合同,擴充營業區域,故自行營業,并請交通部處置.各執一詞,事關司法.姑無論其曲直何如,以情理言,耀明公司既不能自行發電,實爲販賣性質.電力事業,關係地方.震華電廠既有營業權於無錫.則實際上實無展轉受授之必要,以增加民衆之負擔.即使雙方無所爭執,政府亦應加以相當之處理,而施以下列之取締辦法:——

(一) 責令耀明於一年內自備電機發電.

(二) 發售電價,須與鄰地及同地電廠,酌量情形而定,不得過高.

(三) 如不能集資發電,或不欲集資發電,則以其應用資產,公估轉售與現有營業電廠.

蓋商辦電廠之設,其目的固在於營利.而公共利益亦不能不兼籌並顧.近無錫市政府.爲免除雙方之爭執,曾有收回電力事業爲市辦之動議.市民方面,亦以鑒於以前電力事業之受壟斷,恐政府無力舉辦,擬募公債四十萬元,以作收回之準備.現耀明方面,亦願以三十五萬元,將全部產業完全出售.但無錫市震華電廠,亦在營業,則欲收回市辦,則震華亦收買之內.否則僅以耀明之現有營業狀況,無論其自行備機,或轉購電流,均不能以圖發展.查震華現有資產三百五十萬元無錫常州,雙方供電,常錫之間,滬甯路各鄉鎮,均有電燈及電力營業,即云購買,亦屬困難.故現在唯一之方針,其較爲便捷而易舉者.

(甲) 耀明自行購機發電者.

(一) 雙方商定電價,由市政府酌決之.

(二) 雙方所有桿線,均須依電氣取締條例整理之.

(三) 雙方均自由營業.

(乙) 耀明不再行購備電機者.

(一) 全市電力事業歸震華電廠辦理.

(二) 由政府公估,責成震華以平允之價,收買耀明公司營業上應用資產.

(三) 責成震華完整工程上之設備,以保公共之安全.

(四) 商減電費至最低限度.

以上數端,設能辦理妥善,則地方糾紛得解,各種事業可興,亦錫人之幸也.

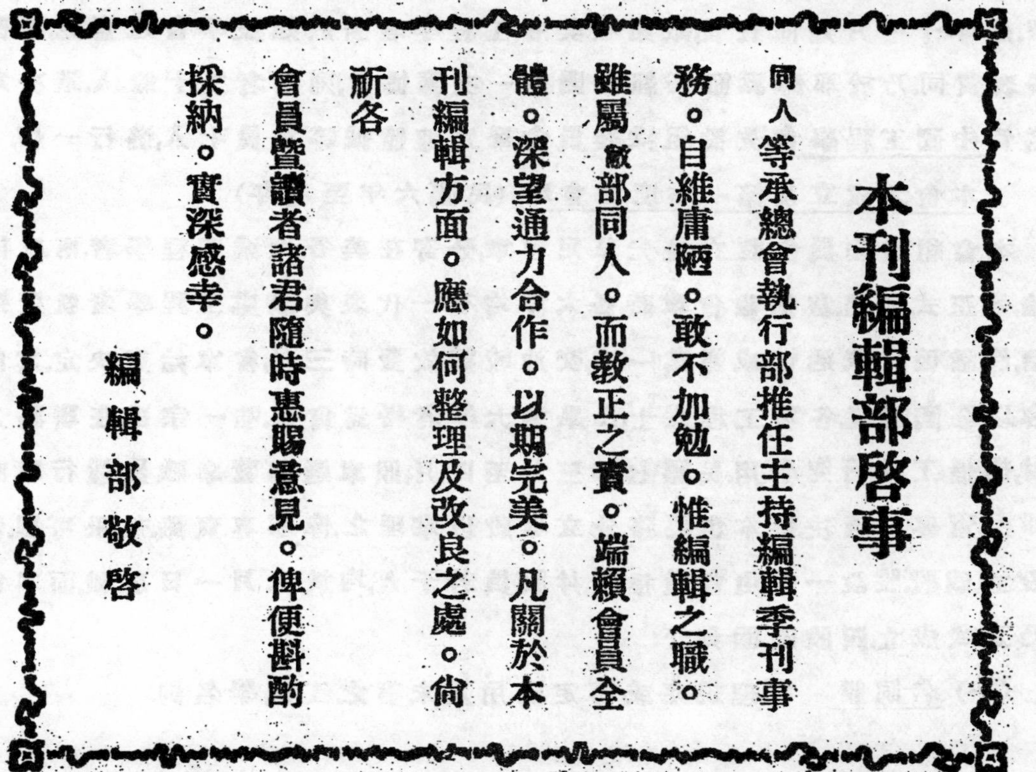

本刊編輯部啓事

同人等承總會執行部推任主持編輯季刊事務。自維庸陋。敢不加勉。惟編輯之職。雖屬敝部同人。而教正之責。端賴會員全體。深望通力合作。以期完美。凡關於本刊編輯方面。應如何整理及改良之處。倘祈各

會員暨讀者諸君隨時惠賜意見。俾便斟酌採納。實深感幸。

編輯部敬啓

中國工程學會成立十年之會史

編者：周琦（十六年八月）

本會之造端

民國肇造以來，百度維新，言論公開，結社自由，國內各大都會，各界人士，靡不組織團體或聯絡感情，共利進行，或切磋攻錯，昌明學術，聲應氣求，博訪周諮，甚盛事也。獨工程人士之廣義的結合以研究學用者，尙付闕如。民國六年，吾國留美紐約習業工程者凡十餘人，志同道合，華鑒於紐約各大工程學會之發揚騰達，造福人民，又惘於本國工程人士之枯寂散漫，貽羞國家，一致解決，必組織一大規模之聯絡機關，就地討論國中工業，切實研究應用學識，片念旁稽，集長互證，旣免削足適履之患，當無井蛙窺天之誚，振興祖國，在此一舉。是年十一月刋佈宣言，徵集在美各工程學者對於建設學會之意見，覆書多表贊同。乃於耶穌誕節在紐約開第一次籌備會，列席者二十餘人。議決定名爲中國工程學會。先設組織委員會，舉定陳體誠等委員七人，進行一切。

本會之成立及第一年度之會務（民國六年至七年）

本會組織委員會，設立後先草定會章，分寄在美各大城工程學者，兩次討論，始正式通過。當討論會章時，各大城均有一代表與該處工程學者就近接洽，然猶因代表過忙，或遙處一方，交通較難，故費時三月，會章始克決定。其內容以全國爲範。各項工程人士，凡畢業大學者得爲會員。唯一宗旨，在聯絡人材，提倡工業，研究學用。民國七年三月至四月，照章選舉董事職員，履行職務。即由董事部議決，按本會要務，分立專股以掌理之，俾事專責成，效果可圖。當設立四股，股設一長，由會員推選，并股員若干人，均於八月一日就職。而本會乃正式成立。四股範圍如下：

（一）名詞股　掌理規定或審定已用及未有之工程學名詞。

(二) 調查股　掌理考集中外工程情形事實及報告.

(三) 編輯股　掌理工程會報及一切工程書籍之編輯及發刊.

(四) 會員股　掌理徵集會員,聯絡同志.

并於七年八月內,與中國科學社聯合舉行第一次年會於康南耳大學.會員論文宏富,出乎意料,以成最有價值之第一期會刊.

第二年度之會務 (民國七年至八年)

本會自成立後,會務進行甚力.第二年度重要職員,均在紐約,交通便捷,呼應靈動,事事積極辦理.時期雖短,規模粗備.四法定委員股各委員,均銳氣勃發,熱誠勇往,長留會史之光榮,茲分述成效於后:

(一) 名詞股　蔡鑑君爲股長,於最短時間內,規定辦事細則,因工程學科之殊詹分爲土木,化工,電機,機械,礦冶五科.每科設科長一,及科員若干人.預期一年將五科通用華文名詞規定或審定.各科均有所編,尤以在威斯汀好司電機廠諸科員所譯之電機詞典爲完備.

(二) 調查股　該股自選定尤乙照君爲股長後.卽擬定表式多種.調查事件,分各種工程原料,中外各種礦產,中外水陸交通事業,各種機械,中外城市工程,中外工程學校,中外工程商業,中外各種製造廠,中外各種工程書籍,及週報,及工人工資等之統計.

(三) 編輯股　書記羅英君,兼任該股股長,辦事異常熱心,不辭勞瘁.先定發行會報,每年二鉅册,以發刊會員對於吾國及國際上實地研究工程之論文,又傳播會務及各股之報告.第一期會報,於民國八年出版,內容至爲豐富,共四百餘頁,插圖幾百幅,空前絕後,並時無雙.其第二期因稿件未齊,種種關係,不克繼續出版.會報經費,均出諸特別捐.會員踴躍輸將,如陳體誠,羅英諸君,有捐美金百元以上者.該特別捐共收五百餘美金,除第一期會報刊費外,至今尙存國幣五百元.

(四) 會員股　李鏗君爲股長,編訂辦事細則,規定入會志願書,通知書,及選舉書各種格式.分區派定股員,徵求結果,共得會員一百六十人,較前年加倍.

八年九月初,在倫色利耳大學,舉行第二次年會.

第三年度之會務(民國八年至九年)

照章本會於每年六月選舉職員,新職員於十月一日即年度之始就任.第三年新職員尚未選出,舊職員已大半回國.斯時會員之漸漸回國者,已及一百,勢分力弱,董事部對此過渡情形,暫定分國辦事方法,並預謀總會機關遷回國內之時機.第二次職員之推選,即根據之.會長,書記,及會計,均在本國,惟留副會長在美國.至於委員股及董事,則兼跨兩國.第當時職員雖多在本國,而會員之重心,仍在美國.乃由國內書記及會計,各請駐美代表,而副會長則兼行在美會長事.此種辦法,不免紛歧.加以甫回國之各職員,不能不居異思遷.會務進行,甚感困難.是年國內無甚發展.美國一方,駐美書記周琦君,每月發刊會務報告僅維持現狀耳.

惟國內會員,因感國中會務不易進行,時函美國一方,期望勉勵,無微不至.九年九月於潑令斯敦大學舉行第三次年會.美國會員到會者一致決定改組問題,在國內設總會,在歐美設分會,各會職員,不相統屬,董事仍兼跨兩國,對外則精神一致,對內則事務劃分.

第四年度之會務(民國九年至十年)

美國分會會章,於民國十年春草定,五月通過.六月選舉董事職員.是月各員就職.於是分會宣告成立.即重定分股辦事方法.職員熱忱,會員戮力,不亞第一年情況.

十年九月又於霍去凱斯學校與中國科學社舉行第四次聯合年會.除原有會員論刊兩股外,增設職業調查,及藏書各股.

第五年度之會務(民國十年至十一年)

本年會務,美國分會一方,蒸蒸日上.民國十一年論刊股連出二月刊,會務報告凡三期.圖書股通函各大工廠,搜集工程原料機械各種印刷品,分存總分會.其他各股,均成效卓著.

並於十一年九月,與科學社舉行第五次聯合年會於康乃爾大學,而中美亦有首次科學與工程兩團體之聯合年會.總會因職員之選舉,未能及時揭曉,故民國十年國內會務,無甚進步.歸國會員,超二百餘,分散各地.猶幸上海一部,聚處最多.是年上海分部成立,按月開會演講,頗稱發達.至民國十一年春,總會職員正式舉定就職,會務始有主腦,不若向之專恃局部運動,此亦過渡史中當然階級也.

第六年度之會務(民國十一年至十二年)

總會各職員自於十一年六月就職後,即重草會章,分寄國內外各會員一致通過.並刊會員錄.因職員散處國內各地,種種進行,不甚敏捷.然贊助各地分部,不遺餘力.上海分部會員日增,部務發達.是年冬,北京支部亦告成立,按期集會,總會職員與有力焉.嗣鑒於會務推行之困難,一由於會章董事權之束縛,再由於職員之南北遙處,三由於會址之無定.抱定決心毅力改革,詢謀僉同,須大集會議.因於民國十二年五月設立全國第一次年會委員股,籌備各項.本會空前之大會,遂於是年七月六日至八日舉行於上海青年會.議案甚多,最要者爲根本上修改會章.其修改要點,即:

(一)董事部由本會會長與分部部長及分部代表組織之,以防推行會務之阻礙.

(二)總會職員須同處一地,以圖辦事之敏捷.

(三)本會總事所設於上海,以謀永久之基礎,是爲會史上第三次之修改會章.

美國分會仍發刊會務報一期.七月發起會務基金捐,以三千美金爲目的,專備譯名調查會刊圖書館之用.並於九月仍與科學社在勃朗大學舉行第六次聯合年會.中美一部亦有科學社與工程學會相當之年會.

第七年度之會務(民國十二年至十三年)

本年度新職員,即由年會中選出.履行新章,時開會議,異常稱便.舉辦要務,厥分三端:

(一)設經濟股,以謀募捐建設總會會所之基金,分請會員中最熱忱者卅餘人爲維持會員,年捐三十金爲會所常年經費.雖因種種關係,未能將會所辦成,然苦心孤詣,擘畫經營,漸立將來之基礎,其功有不可磨滅者.

(二)設會刊股,發刊年會報告及二月刊會務報,以聯絡會員而通融情意.

(三)設會員股,徵求會員.是年會員超三百人.

十三年七月舉行全國第二次年會於上海總商會.除賡續謀建會所外,所議要案極多.並舉定各職員,同在一處,辦事極便.

美國分會本年度書記凡出二月刊,會務報告三期.其藏書,職業,會刊,調查及會員五股,均奮發任事.尤以職業股與各大工廠接洽傳達職業消息,俾會員恃爲指南,取其捷徑,造益良多.會員股徵求會員甚力,增額三十六人.民國十三年春,復設立法制股以統一各股辦事細則并規定文牘格式.紐約各會員又組織一紐約分部,以鞏固本會根基,將來發達,拭目可待.年會仍分東美中美兩部舉行.

第八年度之會務(民國十三年至十四年)

本年各職員,均由第七次年會中推舉.非特同在一城,且多聚一處,集會簡捷.又輪流假職員寓所或辦公處開會,感情敦篤,缺席極少.故精神團結,成效較宏.各項會務,除由委員股分辦外,有特紀價值者,厥有數端:

(一)立案　本年度始,即備立案呈文,附本會會史,會章,及會員錄,分呈教育,農商,及交通三部.於民國十四年五月二十六日,奉教育部照准正式立案.自此本會成爲法定機關.

(二)材料試驗　本會鑒於國產工業材料,迄今尚無機關可以實驗證明其效用,捨己芸人,棄寶於地,可惜孰甚.因於十三年十月,設立材料試驗委員股,先借南洋大學試驗室進行.各界來託試驗者甚多,并可出證明書,廠商兩方,咸依此爲取舍標準.振興本國各種工業,聊盡本會之天職.

(三) 請撥美國退回庚款　本會於十四年春,即呈請中華教育文化基金董事會指撥美國退還庚款之國幣五十萬元,以建設工程研究所,及工程圖書館兩事爲宗旨,并列開辦及經常各費預算表,振振有詞,不落膚泛,此爲鞏固會基之惟一要著.雖未蒙批准,仍努力進取.

(四) 關切時事　本年兵工廠改組及五卅事變,本會均實地調查,仗義直言.所致總商會「上海兵工廠改組問題意見書」一篇,頗爲時論所推.

(五) 聘請名譽會員　本年請定內務部地質學會會長丁在君博士,商務印書館總理張菊生先生,及總商會副會長方椒伯先生,爲特別名譽會員.自後正謀廣延工商名流,以擴張會務.

(六) 會報　本會會報,自第二年度僅出一期,數年間斷均未進行.十四年三月始賡續出版.仍爲季報.內容雖不豐富,藉以發揚會光,裨益匪淺.

(七) 會員驟增　新會員及函請入會者,日益衆多,現計中歐美三處,共有名譽會員三人,會員五百八十四人,仲會員一人,共五百八十八人.

(八) 年會　十四年九月,假杭州省教育會開第八次年會.泉唐湖山景物明美,杭州會員又異常熱忱,會程佳勝,空前未有.修改會章規定董事權限,提高會員資格,是爲第四次之修改.又通過議案多件.國內開會,歷來成績,此推第一.

美國分會,本年增設旅行及公益兩法定股,其他各股均進行甚利.會員新加入者,凡八十人,現額達一百八十人以上.年會仍分東中兩部舉行.

第九年度之會務(民國十四年至十五年)

總會職員,均由第八次年會即杭州大會中選定.舊職員多屬蟬聯,駕輕就熟,和衷共濟,每月集會,刻實任務,少議論而多成功.其進行之精神,誠不讓第一年度.而鞏固會基一端,尤足多焉.舉其犖犖大節如下:

(一) 募捐建設工業材料試驗所　本會鑒於上年所辦材料試驗,收效甚宏.本年度又於杭州即省立工業專門學校,設立分股,聯絡進行,成績斐然.惟以假地妨礙,殊難充分發展,因於十四年九月常會,議決集款五萬圓,自建築工業材料試驗所於上海.內部暫分材料,機械,及理化,試驗三部.其集款方法,約分(甲)會員募捐,(乙)徵求永久會員,及(丙)請撥庚款.三種均由會長徐君陶兼任委員長.募捐又分現款及建築材料設備兩種.永久會費章程,原定一百元,先收五十元.年終結算,募收現款已繳者共洋三千一百二十元.募到建築材料,如啓新洋灰,泰山磚瓦,益中電動機等七八處.又募收永久會費九百元,惟各國退還庚款,屢請指撥,尙無效果.

(二) 增設分股擴充會務　會中法定股,原設編輯,會員,材料試驗三委員股.本年度先後增設(甲)工業材料試驗所籌款委員會,(乙)職業介紹股,(丙)名詞審查股,與中國科學名詞審查會相輔而行,審查工程譯名,(丁)建築條例股,研究各地建築情形.編訂標準條規,及(戊)工程敎育研究會,邀集各省區工科大學與工業專門學校代表,在北京年會時共同組織討論工程敎育一切改進方法.

(三) 發展分會分部及廣加會員　本年函請留德留英留法各老會員,在柏林倫敦巴黎等處徵求會員,并爲將來各該國分會之預備.美國分會則益形發達.杭州分部於十五年一月成立,有會員十餘人.靑島分部於是年二月抄成立,有會員十六人.連北京天津上海三處,至是國內分部有五處.國內外會員,按十五年三月抄重編會員錄統計,共六百八十四人.(內名譽會員三人,仲會員三十人,學生會員七人).

(四) 董事部組織成立　自總會遷回國內,格於舊章,董事兼跨兩國,散處各方.通信旣難,集會更難,形同虛設.全會會務,幾操於執行部.第八次年會亟提出此層修改會章,本年度始照新章選舉董事七人以會長兼董事部長,其餘如與會長同處一地者,常川必能出席其不能出席,及駐在外埠者,必由其推一代表,務使隨時開會均可蒞會.此次董事部於十五年二月成立,自後與執行部恆開聯席會議,對於督促會務,益為猛進.

(五) 發行會務特刊　本年度議决,由總會通信書記編發會務特刊,每月一期,以發表會議錄,各股報告,及各地會員消息,以補會報季刊之不足.而全會精神,更易貫徹一致.

(六) 第九次北京年會　十五年八月杪,在北京歐美同學會舉行第九次年會,并於天津舉行附會.地點雖距總會較遠,而會員踴躍北上.加以北京分部各會員之設備周密,首都之饒有歷史上興趣,赴會者均歡暢逾恒.而成績亦斐然可觀.其最要通過之議案,有第五次之修改會章,决定會徽,通過熊希齡及李祖紳二君為特別名譽會員,及組織工程教育研究委員會,添設機關會員等項.京師各學術團體,各著名學校,均開會歡迎,表示與本會攜手合作.本會對外之聲譽,自此可謂一躍千丈.

第十年度之會務(民國十五年至十六年)

本屆總會職員雖多新選,然皆熟諳會務,老成練達.每月與董事部舉行聯席會議.對於第九次年會議决各案,按步推行,其成效易覩.擇其首要歷舉如下.

(一) 工業材料試驗所募捐進行情形　籌款委員會仍由徐佩璜君任委員長.惟徵求永久會員事,另立專股,以張延祥君主之.購地及建築,另設專股,以李鏗君主之.籌款股照青年會分隊募捐辦法,并印發試驗所正面圖樣,函會交接,進行甚力.據十六年四月查報,募收捐款已繳者共洋四千五百十二元,未繳者不計甚多.又收永久會費共洋一千九百五十元,并募到瑞士阿摩司辣公司三十公斤衡力試驗機一部,暫寄存南洋大學試驗室.

(二) 增設分股　本年會除原有前屆各委員股外,又於十四年九月增設(甲)永久會員徵求股,(乙)工業材料試驗所購地及建築股,專備建設工業材料試驗所,及(丙)會員分科股,以討論將會員專長,分門別類,儲才待用.又於十二月增設出版股,專任會報等印刷品出版及登報新聞.新設各股,與原有編輯,會員,籌款材料試驗,職業介紹,名詞審查,建築條例各股,均努力進行各委員長并出席每月常會.惟工程教育研究會,因時局關係,各工業團體之入會爲機關會員者,祇有四處,未能積極進行.

(三) 聯合上海分部租設會所 上海分部感於會務發達,而無固定會所之不便,租定甯波路七號香港國民銀行樓上爲分部及總會共同辦理之處.凡屬會員,均可隨時到會詢信瀏覽書報,或休息約會,其經費由總會撥助一百五十元,其餘則以分部會費移充,又徵求維持會員補足之.自後董事部執行部聯席會議,恆在此會所舉行,異常簡捷.

(四) 組織分部及增加會員 武漢會員,於十五年四月組織漢口分部,有會員二十餘人.至是凡京,津,滬,漢,四大名埠,及青島,杭州,均有分部.南京廣州分部,正在籌設,不久可以成立.據十六年五月份,重編會員錄,統計會員七百七十六,又機關會員四處,較上年又增加百餘人.

本會第十一次年會：　地點・首都南京　日期・八月杪

中國工程學會會刊

▲中華郵政特准掛號認爲新聞紙類▼

THE JOURNAL OF THE CHINESE ENGINEERING SOCIETY

第三卷　第四號　★　民國十七年七月

Vol. III, No. 4.　　July, 1928

中國工程學會發行

總會註册通訊處：上海中一郵區江西路四十三B號

中國鐵工廠股份有限公司

專造

各式布機
各式紗錠
搖紗機
絡紗機
經紗機
摺布機
捲布機
鋼領圈
織綢機
絡絲機
併絲機
牽經機
搖紓機
打線機
皮棍羅拉
粗細牙子
以及各種
紡織機械
用品

事務所　上海愛多亞路八〇號　電話中央六五八四號　電報掛號〇九四五號

總經理　陸成爻

顧問總工程師　王小徐

製造廠　吳淞蘊藻浜　電話吳淞八〇號

本廠製造布機除使出貨能力充分外猶注意於

(一)動作靈敏
(二)結構精巧
(三)構造簡單
(四)用料堅固

現在本廠所出之機已經大批購用者分列如下

上海　溥益紗廠
上海　厚生紗廠
上海　大豐紗廠
上海　內衣布廠
上海　三友實業社
上海　華東織造廠
漢口　裕華紗廠
長沙　機械織工廠
營口　甡甡染織廠

請聲明由中國工程學會『工程』介紹

中國工程學會會刊

季刊第三卷第四號目錄 ★ 民國十七年七月發行

本刊文字由著者各自負責

中國工程學會發行

總會通訊處：— 上海中一郵區江西路四十三號B字

總會辦事處：— 上海中一郵區甯波路七號三樓二〇七號室

電　　話：— 一九八二四號

寄售處：— 上海商務印書館

定　　價：— 零售每册二角　預定六册一元

郵費每册本埠一分　外埠二分　國外八分

中國工程學會會章摘要

第二章　宗旨　本會以聯絡工程界同志研究應用學術協力發展國內工程事業爲宗旨

第三章　會員

(一)會員　凡具下列資格之一由會員二人以上之介紹再由董事部審查合格者得爲本會會員

(甲)經部認可之國内外大學及相當程度學校之工程科畢業生幷確有一年以上之工業研究或經驗者

(乙)曾受中等工業教育幷有五年以上之工程經驗者

(二)仲會員　凡具下列資格之一由會員或仲會員二人之介紹並經董事部審查合格者得爲本會仲會員

(甲)經部認可之國内外大學及相當程度學校之工業科畢業生

(乙)曾受中等工業教育幷有三年以上之工程經驗者

(三)學生會員　經部認可之國内外大學及相當程度學校之工程科學生在二年級以上者由會員或仲會員二人之介紹經董事部審查合格者得爲本會學生會員

(四)永久會員　凡會員一次繳足會費一百元或先繳五十元餘數於五年内分期繳清者得被推爲本會永久會員

(五)機關會員　凡具下列資格之一由會員或其他機關會員二會員之介紹並經董事部審查合格者得爲本會機關會員

(甲)經部認可之國内工科大學或工業專門學校或設有工科之大學

(乙)國内實業機關或團體對於工程事業確有貢獻者

(六)名譽會員　凡捐助巨款或施特殊利益於本會者經分會或總會介紹並得董事部多數通過可被舉爲本會名譽會員舉定後由董事部書記正式通告該會員入會

(七)特別名譽會員　凡於工程界有成績昭著者由分會介紹並得董事部多數通過可被舉爲本會特別名譽會員舉定後由董事部書記正式通告該會員入會

(八)仲會員及學生會員之升格　凡仲會員或學生會員具有會員或仲會員資格時可加繳入會費正式請求升格由董事部審查核准之

第四章　組織　本會組織分爲三部(甲)執行部(乙)董事部(丙)分會(本會總事務所設於上海)

(一)執行部　由會長一人副會長一人紀錄書記一人通信書記一人會計一人組織之

(三)董事部　由會長及全體會員舉出之董事六人組織之

(七)委員會　由會長指派之人數無定額

(八)分　會　凡會員十人以上同處一地者得呈請董事部認可組織分會其章程得另訂之但以不與本會章程衝突者爲限

第六章　會費

(一)會員會費每年五元入會費五元

(二)仲會員會費每年二元入會費三元

(三)學生會員會費每年一元

(五)機關會員會費每年十元入會費二十元

中國工程學會職員錄

總　會

董事部：　惲　震　南京常府街軍事交通技術學校
周　琦　上海江西路四十三號B益中機器公司
李屋身　上海北站滬甯滬杭甬管理局
李熙謀　杭州報國寺浙江大學工學院
吳承洛　南京成賢街大學院
茅以昇　南京工商部

執行部：（會　長）　徐佩璜　上海南市毛家衖農工商局
（副會長）　薛次莘　上海南市毛家衖市工務局
（記錄書記）　胡　蔚　上海黃浦灘六號孟阿恩機器橋樑公司
（通信書記）　胡端行　上海徐家匯第一交通大學
（會　計）　裘燮鈞　上海四川路二十九號彥記建築事務所

分　會

美國分部

（部　長）張潤田　1832 Francis Ave, Troy, N. Y.
（副部長）鬫兆祁　49 Wadsworth Terrace, N. Y. C.
（書　記）孔祥鵝　303 Seneca St., Turtle Creek, Pa.
（會　計）王　度　500 Riverside Drive, N. Y. C.

北平分部

（幹　事）陳體誠　北平東單二條京漢鐵路工務處
王季緒　北平京師大學
陸鳳書　北平東單二條京漢鐵路工務處

上海分部

（部　長）黃伯樵　上海新西區市政府路公用局
（副部長）支秉淵　上海甯波路七號新中工程公司
（書　記）施孔懷　上海南市毛家弄農工商局
（會　計）凋實齡　上海圓明園路愼昌洋行

天津分部

（部　長）楊　毅　天津津浦鐵路機務處
（副部長）李　昶　天津海大道九十號華昌貿易公司
（書　記）顧穀成　天津津浦路局機務處
（會　計）邱凌雲　天津法租界拔柏葛鍋爐公司

青島分部

(部　長) 王節堯　青島膠濟路工務處
(書　記) 嚴宏淮　青島工程事務所
(會　計) 張含英　青島青島大學

杭州分部

(部　長) 李熙謀　杭州報國寺浙江大學工學院
(副部長) 朱耀廷　杭州市工務局
(書　記) 楊耀德　杭州報國寺浙江大學工學院
(會　計)

南京分部

(委　員) 吳承洛　南京常府街軍事交通技術學校
徐恩曾　南京常府街軍事交通技術學校
陳立夫　南京國民革命軍總司令部機要秘書處

武漢分部

(委　員) 繆恩釗　漢口美孚洋行建築部
周公樸　漢口電話局
張自立　漢口既濟水電公司
吳國良　漢口京漢鐵路局機務科

奉天分部

(委　員) 方頤樸　奉天北陵東北大學
盛紹章　奉天兵工廠

太原分部

(部　長) 唐之肅　山西太原育才煉鋼廠
(副部長) 董登山　山西兵工廠計核處
(文　牘) 劉文藝　山西建設廳

梧州分部

蘇州分部

(委　員) 沈百先　蘇州大郎橋太湖流域水利工程處
裴冠西　蘇州市政籌備處
魏祖庠　蘇州吳縣建設局

中國工程學會梧州分會攝影

上海閘北水電廠灌塡廠基工程

其一

其二

參觀389頁

瑪耶攝

黃浦江中清除港道之工作

(一)海興漁船出水情形

(二)起吊同升沉船鐵壳之一部份

參觀390頁　　瑪耶攝

上海陸家浜溝渠工程

陸家浜在前市公所時代，已開始填塞築路，惟路下溝渠，祗有斜橋至迎勳路一段，且埋置不甚合法，宣洩不暢，市民苦之。上海特別市工務局成立之初，即行從事計畫該項工程，以費用較鉅，不易實現，幾經籌措，方克開工。先從外灘至迎勳路排置新管，新管工竣，掘再整理舊管，一面鋪設煤屑路面及砌做彈街人行道及雙側石，一俟路基稍堅，再行改做沙石路面，務使該路成爲南市之模範馬路。（寬定八十尺）此即外灘一段之新管，（管徑三十六寸）工程也。 劭禹襄

翻修完工後之上海謹記路

謹記路爲通徐家滙及龍華之幹路。每屆春期市民之作遠足郊外遊者，莫不羣趨龍華，車龍馬水，盛極一時。工務局鑒於該路之重要，即於十六年十二月，開始興工翻修，改做柏油路面及水泥方塊人行道。現落成已久，濃蔭夾道，路平如砥，駕車馳騁，不啻身入畫圖中也。 劭禹襄

中國工程學會

民國六年　成立於美國

民國九年　總部遷至上海

對於社會努力進行之事業

1. 審查工程名詞　本會組織工程名詞審查委員會，前與中國科學名詞審查會合作。現在另組委員會，積極進行。

2. 發刊雜誌　本會印行季刊一種，名曰工程，每年四期，發表論著，學說，及國內建設事項，以供工程界之研究，促工程事業之進步。

3. 材料試驗　搜集國內工業建築上各種材料，詳細試驗，審定品質，并代商家試驗物品，給與證書。近更竭力籌集款項，建設規模完備之試驗室，作有秩序的研究，以期於工程上有可貴的貢獻。

4. 工程教育　本會對於工程教育，研究不遺餘力，以期我國工程學校之課程，無沿襲歐美日本制度之流弊，而適合於我國之情形，庶幾工程學生與社會需要能翕合無間。

5. 介紹人才　各機關團體，或商務公司，經營事業而須聘用人才者，本會代爲物色羅致。以求事業與人才配置適當，各得其益。

6. 代表我國工程界　與世界各國工程人士聯絡，以增進國際上的地位。

本會現有會員一千餘人，包含土木建築機械電氣礦冶化工等各科工程師，切實從事建設事業，分佈全國。

工程季刊

每年四期

對於閱者諸君

本刊爲吾國工程上唯一刊物。發揮建設事業之偉論。研究工程實施之經驗。探討工程科學之新理。報告各地工程之消息。

本刊爲吾國工程界之喉舌。閱者諸君。有深奧的學理。實驗的記錄。準確的新聞。良善的計劃。務望隨時隨地。不拘篇幅。寄交本會。刊登本刊。使諸君個人之珍藏。成爲中華民族之富源。

對於廣告商家

本刊除分發本會一千餘會員工程師外。寄贈全國各機關各團體各學校各報館各藏書樓各工程局所等。并託各大書坊寄售。銷數甚廣。

披閱本刊之人。均屬力行建設。具有購買力量指揮權能。在本刊上之廣告。能將其所欲推銷之物品。直提表於現購買者之眼前。效率之高。非他種廣告所能比擬。

機車鍋爐火面之材料問題

著者：張蔭煊

料學術語，我國尚無標準譯名.本篇所用，間有與普通譯名不同，特附英文名稱，以備參攷.又本篇取材，多出自京漢鐵路，各種單位，全用萬國權度制.(International System)

機車强弱之分別，在機力.機力發生於熱能力(Heat Energy)故同一時間，機車鍋爐吸取煤料之熱量多者，其機力必大.同式機車，優劣之區別，在乎吸取熱量之高低，此自然之理也.求理論之實現，不得不兼顧事實上之便利.事實上最要之問題，莫過乎經濟.若某車之吸取熱量率，已較增高，而其所發生機力之代價，隨增至不利時，決不能仍以學理之目光，定該車爲佳良.是可知機車鍋爐火面之材料，於機車自身，及事實上之利弊，有切要關係焉.

鍋爐火面，分二部.曰直接火面，包括火箱內各種着火面積.曰間接火面，包括火管，燄管，超熱汽管之面積.今日機車鍋爐，旣具面積極大之爐墊(Grate)，復用燃煤銳速之火箱(Fire Box)，直接火面之增多，當無疑慮.有火箱面積，在十六平方公尺以上，而每小時每一平方公尺，蒸發水量三百餘公斤者，其火燄出火箱時之溫度，尙在一千左右，及經行火管，至吹進烟箱時之燄氣，其溫度不過四百，此項熱量之利用，莫非火管(Fire Tube)，燄管(Flue)，超熱汽管(Superheating Elements)等，間接火面之功也.

第一圖
賽爾佛鋼管橫截面

歐洲機車之鍋爐，其直接火面，皆用紅銅爲之.間接火面，在一八九〇年前，除超熱汽管外，咸以黃銅Brass(Cu—70%, Zn—30%)製造.一八九〇年，法國試用賽爾佛(Serve)鋼管(如第一圖)，頗著成效.自後各邦先後採用,同時普通鋼管,亦多採用.故新機車除黃銅管外,賽爾佛管,及普通鋼管亦常見之.

美洲機車,其直接火面,以鋼製者爲多.間接火面,昔時有紅銅,黃銅二種.一八七一年,始採用鋼管.現時火箱,豎爐鍋火管等,全爲鋼質.

京漢機車,共有二百二十九輛,其間購自歐洲者,計一百六十七輛,來自美洲者,計六十二輛.其火箱,有紅銅鋼質二種.火管,有黃銅鋼質二種.歐機採用紅銅火箱,其利有六:—(一)傳熱鉅速;(二)易於工作;(三)破舊廢料,有較高價值;(四)水中污物,不易附着;(五)質柔韌,對於冷熱之急變,富有抵抗力.(六)鋼火箱,經多次試用,未得佳果.至於起用黃銅管,及賽爾佛鋼管之理由,亦有六:—(一)水中污物不易附着,(二)廢料有較高價值,(三)鋼管在行程十二萬公里(約二年)後,須抽出修理,而黃銅管,可六年後,始行修理,(四)黃銅管,修理時,若厚度尙充足,截去兩端破碎片,用伸管機,伸長一百公釐,復可應用,而鋼管,非接銲不可,(五)鋼管易攔持水中污物,尤以鍋管板,與火管接合處爲甚,若積叠稍厚,管口易爲火燒燬,發生漏弊,因管面與管板間,在燒燬時,留有鐵養化合物之故,此弊難於治理,(六)熱量之傳授,恃乎二道,曰散射(Radiation),曰接觸(Contact),接觸之傳授力,百數倍於散射,故同直徑之火管,接觸面多者,傳熱量必大.賽爾佛鋼管,卽據此理製造,是故同火面之機車,用賽爾管者,火管之長度,必較用普通火管者爲短.因而逃出烟氣之阻力減小,蒸汽筒(Steam Cylinder)之出汽(Exhaust Steam),亦得流暢而出,背壓(Back Pressure)藉以減低,熱能效率(Thermal Efficiency)較爲增高.

美機取用鋼火箱及火管之利,有八:—(一)來源多,而價低廉,鋼價與紅銅價之比率,常爲一與一・九五.(二)力量充足,破斷拉力,每平方公釐,四十公斤,伸長百分之二十五.(三)燒用硬煤(Anthracite)之機車,紅銅火箱,每致燒燬,而鋼質者,較爲耐用.(四)鋼火箱,用於客車,可供五十萬公里之行程,在貨車,可四十萬公里.(五)美洲慣例,凡機車用足十年者,必棄作廢件,故高貴之物料,爲經濟所不許.(六)在本息爾文尼鐵道,有鍋爐,經加意維護,曾應用二十年,而鋼火箱,祇換二次.(七)美洲機車,採用之負載量甚大,因是材料之重量,成爲重大問題之一,用鋼火箱,重量可減輕.(八)用鋼火管,則鍋管板之漏水,及裂縫等弊較少.

夫風土氣質各國不同.一國有一國之特性,不能彼此符合.即就煤水而論,其佳劣剛柔之分類,何止十數.他如經濟及工商業之如何發展,各國有互異之程度.區區鍋爐火面,同一物料,有利於彼,而不利於此者,追亦種因於此乎.回顧我國,工業尚在萌芽時代,物料工具,類皆仰給他邦,孰利孰弊之識別,固當務之急需.在路言路,爰就歷年京漢路修機之經過,將歐機美機之鍋爐火面,在我邦之狀況,提要述之,而後或有所結斷乎.

(甲)直接火面　紅銅火箱,應用四年至五年後,須將左右內牆板底部三分之一割去,補釘新板.又三年,復補釘三分之二,以至四分之三.此時鍋管板(Tube Sheet),往往發現裂縫,亦須更換.再三年,左右牆板,及頂板等,須全部換新.故紅銅火箱之生命,計頂板十年後牆板十年,左右牆板四年,鍋管六年.鋼火箱頂板六年,後箱板六年,左右牆板二年至三年,火箱左右牆板,時有裂縫發生.紅銅者,裂縫係由螺撑(Stay)孔中心,向四圍發射.鋼板之裂縫,係發生於螺撑孔之間.鍋管板之裂縫,亦常發生於各管孔之間,並頂部彎角處.

(乙)黃銅管　黃銅管用後,在管內頂部,發生消蝕,久之,頂部厚度,大爲減損,時有破裂之虞.修理時,必權其輕重,定分等級,以便去留.計一等管,重十一公斤.二等管,重九公斤半.三等管,重八公斤半.七公斤以下者,爲廢管.平均每管可供用七年.新管及一等管,用三年至四年後修理.二等管,二年至三年後修理.三等管,祇足一年之用.

按上述銅管,係外直徑五十公釐長三公尺半者.

(丙)賽爾佛氏鋼管　賽氏管用後,無消蝕現象,惟時有麻面銹蝕(Pitting)及堅厚物之石灰物附着.佳者可修接二次,平均每管足供六年之用.新管用三年後修理一次,初次接管,用二年.二次接管,用一年.

(丁) 普通鋼管 此類鋼管.平均每管足供五年之用.佳者亦得接焊二次.計新管用二年至三年後,修理一次.初次接管,用二年.二次接管,用一年.

(戊) 新料價值 黃銅管,每根三十元.賽氏鋼管,每管十六元.普通鋼管,每根十二元.紅銅板,每公斤九角五分.鋼板,每公斤五角.

(己) 舊料價值 黃銅一等管.每根九元七角.二等管,每根七元二角.三等管,每根四元八角.廢銅管,每公斤三角五分.接焊鋼管,每根一元五角.廢鋼管,及廢鋼料,每公斤二分五釐.廢紅銅,每公斤六角.按鋼管,在美國,可供行程八萬哩至十二萬哩.銅管,可供二十四萬哩至三十六萬哩之行程(約十二年).可知鍋管在本路駛用之情形,比之外國,已有異矣.

選取物料,必先知物理化學上物料之特性,與夫應用時之環境,而後相互比較,觀利弊之何由發生,定採取之所適從.火面之物料,有紅銅,有黃銅,有鋼質,已如上述.孰是孰非之判別,固尚有待於下述各點焉.

(一) 力量與溫度之關係

在平常空氣溫度中,並載重之時間,不甚久長者,例如在試驗機上,作拉力之試驗,其載重時間,不過一二分鐘.則鋼之破斷拉力,每平方公釐.可自三十四公斤(每平方吋五萬磅)至四十四公斤(每平方吋六萬四千磅).而紅銅祇自二十二至二十七公斤(每平方英吋三萬二千磅至三萬九千磅).在高溫度而載重之時間甚久長者,如實際之應用,則鋼之破斷拉力 (Ultimate Strength)不見少,而紅銅則減低甚多.在二百度(壓力每平方公分,十六公斤,或每平方吋,二百三十二磅下之蒸汽溫度) 並受力之時間尚未延長時,紅銅破斷力,爲每平方公釐,自十九公斤至二十三公斤 (每平方吋二萬七千五百磅至三萬三千四百磅). 在三百五十度 (普通起沸熱汽之溫度),而受力之時間延長時,則紅銅之拉力,達七公斤半,至九公斤.(每平方吋一萬零九百磅至一萬三千磅) 時,已告破斷.

(二) 漲縮率,傳熱率,密度.

	漲縮率 Coefficient of Expansion	傳熱率 Thermal Conductivity	密度 Density
紅銅	〇・〇一七	〇・九一八	八・九一
黄銅	〇・〇一九	〇・三〇〇	八・五〇
鋼	〇・〇一一	〇・一一六	七・八〇

(三) 直接觸及水火發生之劣弊

鋼類受猛火之撲,其組合分子,往往失却活動,發生裂縫.紅銅接觸猛火,易燒燬,久之厚度減損.鋼類與水接觸,因水質之不同,發生麻面銹蝕 (Pitting),電流消蝕(Galvanic Reduction),養化銹蝕 (Corrosion) 等.而紅銅對此等消蝕之抵抗力甚強,且污水及硬水中之污物,或石灰物,易附着於鋼類者,在紅銅,則甚難附着.高雷氏(Collet)曾驗得石灰物與各物質粘合之相比力量,其間有謂『若石灰物與鐵之粘力爲一,則與紅銅之粘力,爲十分之四』.可見其堅實鬆散之不同.石灰物之附着 (Scaling),尤關重要.久之厚度加增,非特減損傳熱能力,有時竟能使水與傳熱物完全隔離,於是傳熱物受火燄之逼迫,而紅軟,而彎曲,而破裂,致發生鍋爐爆裂等事.

由上述(一)項之理,可知超熱汽管,及超熱送汽管,决不能用紅銅,此固事實上所公認也.至若火箱,在同壓力之機車,鋼火箱之牆板.頂板,鍋蓋板等,必較紅銅者爲薄.查左表所示今日事實上所用火箱板之厚度,更可證實.

	鋼質厚度(公釐)	紅銅厚度(公釐)
火箱牆板	八至十	十二至十三
鍋管板	十三至十七	二五至三十

厚度差異如此,價值及傳熱率之差別,又如彼,各有所長,各有所短,爲求簡略之結斷,不得不有左列之推算:—

紅銅火箱牆板厚十三公釐,鋼火箱牆板厚八公釐

以傳熱量之算式 $Q=\frac{(\text{溫度相差})\times(\text{傳熱率})\times(\text{面積})}{(\text{厚度})}$ 將同情形下之相比傳熱量 $Q=\frac{K\times(\text{傳熱率})}{(\text{厚度})}$ 推算之如下

(1) 紅銅火箱板每小時之傳熱量 $=\frac{K\times0.918}{13}=0.0706$ K. cal.

(2) 鋼火箱板每小時之傳熱量 $=\frac{K\times0.116}{8}=0.0145$ K. cal.

(3) $\frac{\text{紅銅火箱板之傳熱量}}{\text{鋼火箱板之傳熱量}}=\frac{0.0706\text{ K}}{0.0145\text{ K}}=4.87$

(4) 重量＝(體積)×密度＝R×密度×厚度……若長闊相等

(5) 紅銅火箱板重量＝R×8.91×13＝115.83 R公斤

(6) 鋼火箱板重量＝R×7.8×8＝62.40 R公斤

(7) $\frac{\text{紅銅火箱板之重量}}{\text{鋼火箱板之重量}}=\frac{115.83\text{ R}}{62.40\text{ R}}=1.85$

(8) 紅銅火箱板料價＝115.83 R×0.95＝110.04 R元

(9) 鋼火箱板料價＝62.40 R×0.50＝31.20 R元

(10) $\frac{\text{紅銅火箱板料價}}{\text{鋼火箱板料價}}=\frac{110.04\text{ R}}{31.20\text{ R}}=3.5$

(11) 設火箱牆板料價爲一,每次修理料價爲½

(12) 紅銅火箱牆板在年內所費之料價爲 X

X＝(1+½+½+½)×110.04R＝2.5×110.04 R＝275.1R元

十年內折舊銀(作算1½倍於原本之重量)＝

115.83R×1.5×0.6＝104.247 R元

紅銅火箱板十年內淨費料價＝275.1R－104.247R＝170.853 R元

紅銅火箱板每年淨費之料價 $=\frac{170.853}{10}=17.1$ R元

(13) 鋼火箱板每費之新料價(同前理)＝Y

Y＝(1+½+½+½)×31.20 R＝78 R元

六年內折舊銀＝62.4 R×1.5×0.025＝2.34 R元

鋼火箱六年內淨費料價＝78 R－2.34R＝75.66 R元

$$鋼火箱每年淨費之料價 = \frac{75.66\,R}{6} = 12.6\,R\,元$$

$$(14)\quad \frac{紅銅火箱每年淨費料價}{鋼火箱每年淨費料價} = \frac{1.71}{1.26} = 1.357$$

(15) 設 h＝每年行車之小時

e＝紅銅傳熱之效率

m＝鋼板傳熱之效率

(16) 紅銅火箱板每年之傳熱量 $= 0.0706\,K \times he = 0.0706\,Khe.\ cal.$

(17) 鋼火箱板每年之傳熱量 $= 0.0145\,K \times hm = 0.0145\,Khm.\ cal.$

$$(18)\quad 紅銅火箱板每一熱單位所費之料價 = \frac{17.1\,R}{0.0706Khe}\,元$$

$$(19)\quad 鋼火箱板每一熱單位所費之料價 = \frac{12.61\,R}{0.0145\,Khm}\,元$$

$$(20)\quad \frac{紅銅火箱傳熱所費之料價}{鋼火箱傳熱所費之料價} = \frac{\frac{17.1\,R}{0.0706\,Khe}}{\frac{12.61\,R}{0.0145\,Khm}}$$

$$= \frac{17.1R \times 0.0145\,Khm}{0.0706Khe \times 12.61R} = \frac{0.248\,m}{0.890\,e} = \frac{1}{3.59} \cdot \frac{m}{e}$$

按事實上因上述(三)項石灰附着,故m必小於e,(20)之最大數,爲$\frac{1}{3.59}$,足證鋼火箱板傳熱所費之料價,三倍半於紅銅火箱板傳熱所費之料價也。

統觀上述各節,機車鍋爐直接火面之物料,以京漢路現狀觀之,可謂用紅銅最適宜。此外如紅銅易於工作,則工作率較高,工價因而減輕。鋼火箱,螺撑多係鋼質,用後無日不受銹蝕之損失,破斷之事,較易發生。尤以石灰物之易於附着,阻害極重要之傳熱能。且我國今日製鋼事業,尙未發達,廢料無亦大用,其較損於紅銅,甚明顯也。雖然,由上述二項漲縮率觀之,紅銅與鋼之漲率,相差甚大。紅銅火箱板等,在應用時,伸漲較外殼爲大,且伸漲時,頂及左右牆板之移動,必向頂部左右前三面彎角處。此處旣無螺撑,誠漲縮之緩衝區也。於是火箱左右面頂部之螺撑,即發生撓曲。螺撑之地位,與頂部愈近,則所受之撓曲亦愈甚.不得不爲螺撑安全上一大障礙.至若鋼火箱,其漲率與外殼所差甚微,此項近頂部之螺撑,較爲安全,然則每日紅銅火箱頂部之螺撑,多係紅銅及錳之混合金,其拉力量,可每平方公釐三十三公斤（每平方吋四萬八千磅（Cu—95% Mn—5%）,引長百分之三十三.力量充足,用時不有銹蝕之損耗,斷折之事,自可免除,於採用上,仍未有重大障礙也.

黄銅管,每根用七年,價三十元,修理三次,每次作算修理料價一元,折舊時,重量七公斤,折舊銀爲（7 × .35）二元四角五分.十年內,淨費料價爲每根(30+3—2.45)三十元五角五分.合每根每年淨費料價$\left(\frac{30.55}{7}\right)$四元三角六分四.

鋼管每根十六元,用六年,修理三次,每次料價五角,折舊時,作算重四公斤,折舊銀爲(4 × 0.025)一角.六年內每根淨價爲(16＋1.5—0.1)十七元四角.每年合計消費料價$\left(\frac{17.4}{6}\right)$二元九角.

黄銅管與鋼管,消費上相較,約成一與二之比,復由上述（二）項漲率觀之,則長一公尺之黄銅,在增一百溫度時,須伸漲一・九公釐,同長度之鋼條,在同樣溫度增高中,伸漲一・一公釐.故每增一溫度,黄銅之漲率爲〇・〇一九公釐.鋼之漲率,爲〇・〇一一公釐.設有一鍋爐,火管長五公尺,升火前,水之溫度爲十五.升火後,水溫增高至一九七度.加增溫度爲(197—15)一八二度.此時五公尺長鍋爐之圓筒部(Barrel)(鋼質如第二圖),伸漲(182×0.011×5)十公釐.至於火管之溫度,在生火前亦爲十五度,生火後,與火燄接觸,其溫度在進管時,當爲一千一百左右,出管時,爲四百.惟鍋管熱量被水吸收之速率,百倍於自火燄吸入之速率,故鍋管確實之

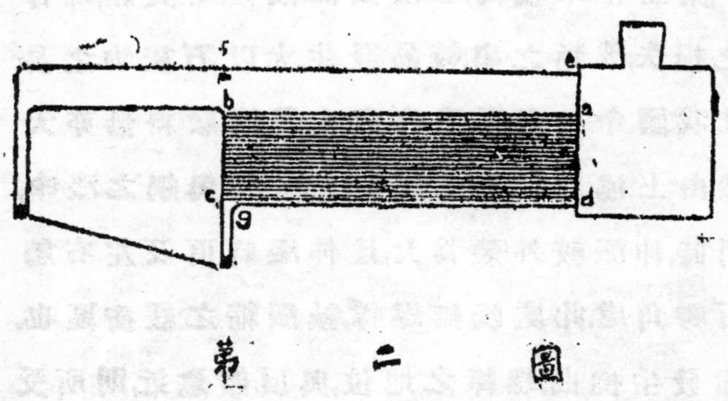

第　二　圖

溫度,必較高於水溫而較低於火燄溫.今以二一五度爲例,其溫度之加增爲(215—15)二百.黃銅管之伸漲爲(200 × 0.019 × 5)十九公釐.如是火管部(badc)多伸漲於圓筒部(fedg)(19—10)九公釐.此種伸漲之不等,發出一種推力.在火箱一端,因溫度較高,此推力必較大,烟箱一端,溫度較低,此推力亦較小,於是發生下列諸弊.

(一)火管前之管板,發生向後凸出之現象.

(二)火管兩端,發生沿鍋管板,管孔間移滑.

(三)若管板甚堅厚,足抵制其後凸之趨勢,同時火管兩端緊漲於管板,未能鬆移,火管即起彎曲.

(四)鍋管板所有之火管,其緊鬆決不能一律,職是之故,二三較緊之管,其推力獨大,使管板在此二三管之附近發生局部之撓曲(Local Bending).管板各管孔間之裂縫,莫非由此而發生也.

(五)火箱頂板伸漲時,以後部有螺撑持撑堅固,其趨向,必從無螺撑之鍋管板頂部.此時管板被火管推向後移,而火箱頂板,推向前進,惟是火箱頂板(Crown Sheet)前面部彎角處,發生極大之撓曲.

若此時火箱之火,忽告熄滅,則反應諸弊,又如左:—

(一)若管板在高熱時已向後凸出,今受冷必向前凸出,後面即有發生裂縫之可能.

(二)火管在管板孔內來往移滑,必起消磨,漏隙於以發生.

(三)甲管在高熱時向下彎曲,冷時或未克復原,同時附近乙管,在熱時作與甲管同向之撓曲,冷時復爲反向之行動,而碰觸甲管.此碰觸之處,難免消蝕.

至若應用鋼管,則漲縮與圓筒部相等.雖亦有溫度之不同,相差甚微.上述諸弊,大可免除.此鋼管之長也.且鋼管對於酸類之侵蝕,高速率飛飄煤屑之擦磨,其抵抗力,較黃銅者爲強.證之往事,更爲明顯.此又鋼管之長也.綜核前後所述,賽爾佛鋼管之頗足採用,固甚瞭然,即普通鋼管,亦無不較勝於銅管,惟火箱,則仍以銅質者,遠勝於鋼質者也.

1911

鋼軌內部發生裂痕及橢圓形斑點之臆測

著者：沈亮

吾人試於意象中，思量極短之鋼軌一小段，（例如長三生的米突）可想見有無量數之微細紋絲，按照軌條縱向線上，互相粘結，而成此軌。則其各部分之勻淨性，可分下列四種：—

甲　屬於化學上者，　即軌條之化學組織，於無論何點，均屬相同。

乙　屬於熱力方面者，　即鋼汁凝結時之熱力情形，於軌條上各點，均屬相同。

丙　關於物理上者，　即煆鍊時情形，於軌條各部分均相同。

丁　關於力學方面者，　即軌條各部分，無內心漲縮力。

上述各種勻淨性，實際上存在之程度，至爲淺鮮。甲種之關於化學上勻淨性，即首先不易實現。乙種之關於熱力方面者，尤無實現之可能。蓋鋼汁凝結時，由熱而冷之次序，勢必自外而內。因是而力學上勻淨性，亦僅能爲學理上之一種擬議。因鋼質熱度低落時，軌條上各部分之漲縮力，隨其所保存之熱力而異。又因各該部分，均在同一物體之上，故在熱度較高部分，必有伸漲力。（無形伸長）而在熱度首先低落之處，則有內部收縮力，至物理上勻淨性，亦非於實際上所可得見也。

軌條各部分上，雖有各種不同性質，吾人爲便利研究計，可於理想中認爲在同一紋絲上之各點，均完全具有前述四種勻淨性。至各紋絲間之互相比較，則可有相當不同之點也。

前述各種勻淨性，可以圖線表出之。若就軌條橫部面中心線上各紋絲而論，則可有下列各線：—

E　彈性限度，

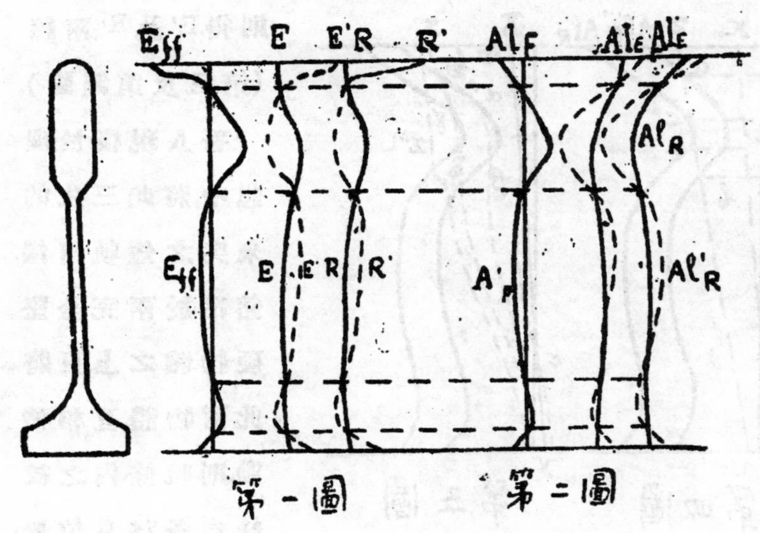

R　碎斷時抵抗力,
ALE 最高彈性伸漲度,
ALR 碎斷時總伸漲度.
此外尚有關於內心力之圖線,即 Eff 右偏漲力 ALff 爲因 Eff 而發生之意象伸漲度,即若就一紋絲而論,設無 Eff 所表示之牽引力,(或壓迫力)換言之,設使此紋絲與其他一切紋絲相脫離,則有一相當之收縮,(或伸漲)其度量即由 ALf 線上關於該絲之點表出之.

茲略論各該曲線之特性如下:—

(一) 鋼汁凝結力,恒以鋼塊中心處爲最大.在鋼軌上,則此中心處,即爲軌頂與軌腰相連之處,故 R 即以該點爲最大.

(二) 軌條四週,因鋼質熱度首先低落,故鋼粒較細,其 R 及 E 因而較大.

(三) 軌條之已經使用者,其頂面已受車輛之壓力,故其 R 亦較大.

(四) 軌條所受之力,一部分消滅於軌頂之變化,其餘則轉遞於軌條下層,因而有內心力之發生.

(五) 軌條出煅鋼機時,其熱度最高處,在軌頂中心點,故收縮力以該點爲最大,其內心力亦因而最大.而 Eff 亦然.至軌底中心點之 Eff,亦因同樣理由而較他處爲大.

AL_E 及 AL_R 兩線,係指示鋼軌完全靜定時之情形.惟因有內心力,故其實在之伸漲力,須由 AL_E 及 AL_R 內減去內心意象漲率 AL_F.茲以 AL'_E 及 AL'_R 兩線表出之.以下所論,即以此兩線爲根據,又由同樣理由,於 E 及 R 內減去 Eff,

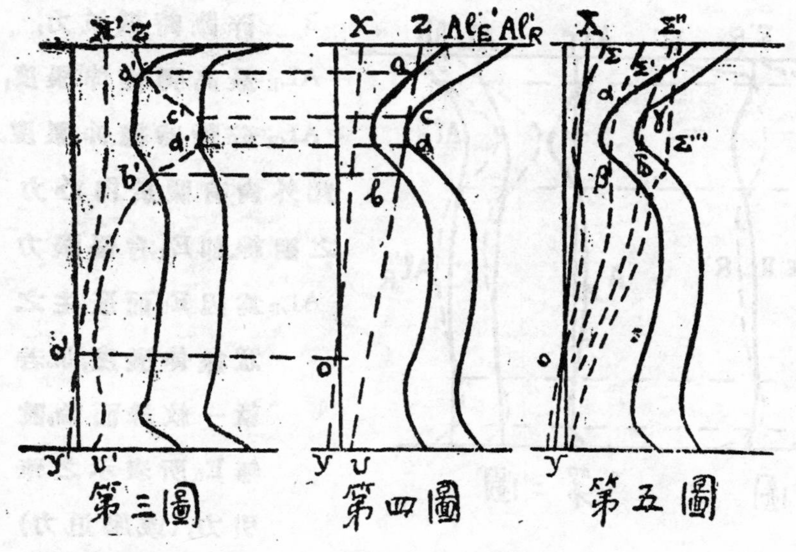

第三圖　第四圖　第五圖

則得E'及R'兩線(第三及第四圖).

吾人現復於理想中,將此三生的米突之短軌兩端,鎔冶於兩完全堅硬物體之上.更將此兩物體,互相移動,則軌條內之紋絲,均各移易位置.例如原來之截面中心線,移至Xoy處也.

若將前述物體,繼續移動,使軌條中心線移至ZU地位,則ab間之絲紋,又有超過其彈性伸漲度者,而cd間之絲紋,則超過其碎斷時之伸漲度,故軌條必有碎裂之處.惟吾人之移動物體,僅至此而止,不再繼續,則此項碎裂,僅限於局部矣.

吾人若根據『每一伸漲度之發生,必因一相當力之存在』之原則,則可於第三圖上,繪出關於Xoy及ZU兩中心線之彈性線X'oy',及裂碎性線Z'U'.

實際上鋼料所受之力,鮮有能使其截面仍作平面形者,有之則僅於試驗軌條之抗抵衝擊力時.蓋作是種試驗時,軌條截面之在衝擊錘中心線上者,可仍視爲平面形,此實一特殊例外情形也.

實際上與前此所述之理論上,既有若此區別,自應加以糾正.試將Xoy中心線以Σ曲線代之,該曲線於兩物體之移動中,先後變作Σ'及Σ''兩線.軌條在Σ'線作Σ''線時,αβ間絲紋,超過其彈性伸漲度,及物體移動增加,而Σ''作Σ'''時,γδ間之絲紋均超過其碎斷伸漲度矣.此後是項絲紋,不再受力,而由其他絲紋分代受之,而全段軌條,仍有繼續變動.Σ'''應以兩線連成之Σ''''線代之,兩項之間,可臆想一裂度不再加劇之時期.

上述情形,可以解釋鋼軌橫面裂痕,及橢形斑點之發現.至其發現之原因,則鋼質中既無他種弱點,僅能視為因鋼質無匀淨性之故也.

現應略論鍊鋼時釀成弱點之各種原因:—

(一)法國鐵路工程師法蘭蒙氏,(Fremont)研究橢形斑點之結果,稱在一損壞之鋼軌上,發現橢形斑點二處,互距約一一五公厘,並呈一凝結軸之狀態.軸中有小孔甚多,其四週聚集各種雜質.故此種小孔,並非冶鋼時所留存之空氣所釀成.因此種小孔之直徑,在軌條截面上者,較在其他任何方面者為小;且各小孔均羅列於此橫剖面上,故其發生原因,完全為鍛鍊之結果;而使吾人得作下述之臆測.於鋼條未鍊畢之前,其中軸已先較外層為堅,及經過一次之鍛鍊,其外層因先被擠軋而延長及變薄,而中軸則因抵抗力較大,故僅略為縮小,惟因其連結於外層,故亦同樣伸長.故此中軸,實受極大之縱向伸長力,而其內部遂不免有空虛之處,因此可決定羅列小孔之橫剖面,乃鍊鋼時鋼條承受最大伸漲力處也.

(二)今再參閱第一第二兩圖,應注意內心力線E_{ff}各點,均在斷裂力線R各點之下,又意象伸漲度線AL_F,在斷裂度線AL_R之下.若此兩項不能實現時,則鋼汁需要之收縮力,既較大於斷裂伸長力,而又無收縮之可能,則勢必釀成碎裂之痕矣.

(三)鋼條於鍛鍊時,不僅有外層及中軸之區分,即中軸上各部分之堅硬程度,亦隨處而異.故設使中軸與外層之位置為第六圖之ABC FKL及abc…,則經過一次鍛鍊後,abc…或作第七圖中a'b'c'…之形狀.嗣後

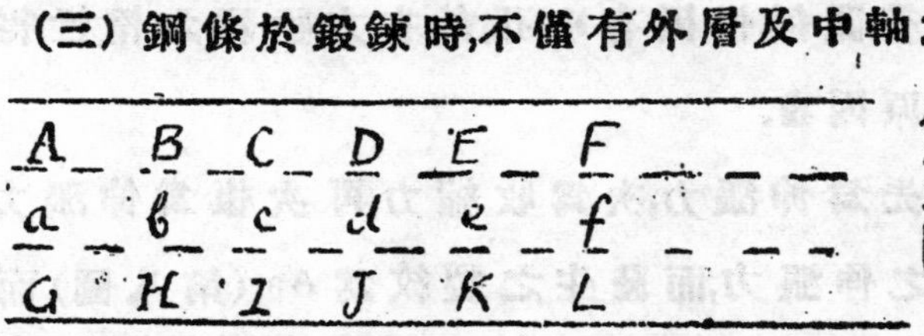

A B C D E F
a b c d e f
G H I J K L

第六圖

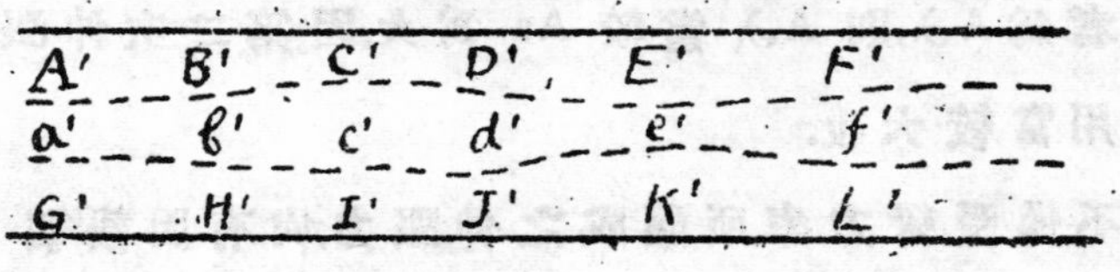

A' B' C' D' E' F'
a' b' c' d' e' f'
G' H' I' J' K' L'

第七圖

每經過一次之鍛鍊,則中軸之變易形狀亦增加一次,而同時鋼汁愈趨堅結.故中軸與外層間,或且有脫離之處.惟此項脫離狀況,不能達劇烈程度,因軌心與軌頂軌底,有互相鉤結之力.然此種情形,亦足以解釋軌頂與軌心間之碎裂也.

鋼軌敷設於枕木之上,其受車輛壓力之情形,無論吾人就二枕木間之軌段,或就枕木上之一小段而論,均可分三時期.第一爲受伸漲力之時期,其次爲受壓擠力之時期,其三復爲受伸漲力之時期.蓋例如就軌條在枕木上之一小段而論,當車力漸近該處時,枕木發生反抗力.此反抗力逐漸加大,而軌條勢須伸長.及車力達枕木上時,枕木約略下墜,然枕木僅受車力之一部分,而其他部分則由鋼軌傳遞於鄰近之枕木.當此短促期間,鋼條有縮短之傾向.此後車力漸離枕木而行,則又如第一時期之狀況矣.惟枕木間之軌條,與枕木上之軌條,受力情形,實有不同之點二,即

(一) 枕木上之軌條,其軌頂所受之最大伸漲力,較在枕木間軌條之軌頂所受者爲大.

(二) 在同一車力行動速率時,枕木上軌條受力之速率爲較大.

因以上兩點之故,軌條裂痕於枕木上較易發現,且易達劇烈程度也.

設使軌條內部,於鄰近枕木處,有一小孔,若其左方物質,因受力而左移,則沿小孔四週牽動右右物質,而亦使之左.惟吾人應注意左方物質之惰性,蓋若無小孔,則左右兩方物質,有聯帶關係,惟因有小孔,故右方物質之惰性,得肆其作用.此亦造成裂痕之一種原因也.

軌條於車力經過時,所受之力,先爲伸漲力,次爲收縮力,再次復爲伸漲力,已如前述.設使軌條因受第一次之伸漲力,而發生之裂紋爲Aa,(第八圖)而因受第二次之伸漲力,而發生者爲Aλ,則Aλ當較Aa爲大.因第二次伸漲力,緊接於收縮方之後,故其作用當較大也.

此項區別,至爲重要,蓋軌質不僅受彎力率所釀成之伸漲力,尚有因截切

力而產生之沿邊力.而此力之方向,乃視車力與發現裂痕部分之位置而轉移.故若將此力與垂直之內心力相組合,則裂痕之傾向,時左時右,亦視此力之方向而轉移.總之裂痕之部位,乃傾向於最大力之所在,故裂痕發現之點,與車力移動之向,至有關係也.

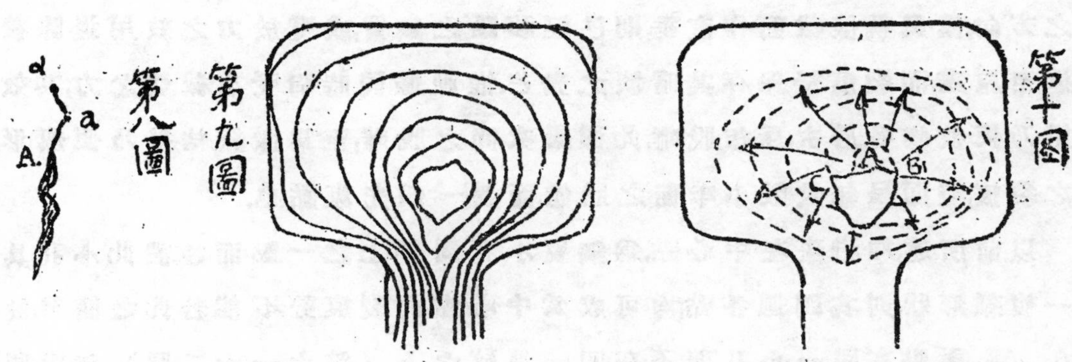

裂痕之形狀,乃基於鋼質之變遷狀況,軌條中心線之鋼質變遷已可於第一至第五圖中得之.關於其他各點,吾人亦可繪成同類之曲線,惟形狀或有不同耳.現若將軌條截面上各點之具有圖線上同等情形者,聯成曲線,則可名爲『同等質圖線』,例如關於 AL_R 之同等質圖線,作第九圖中之形態也.凡裂痕發生之第一點,恒爲各同等質線之中心點,故裂痕初發生時,其傳遞情形,對於各方面均屬相同,而成圓形之狀.旣而逐漸變成橢形,其大軸常與軌底之平面相平行.因裂痕之發展,往往先向上部推行,及抵最優鋼質,卽逐漸減少其傳播程度也.若遇鋼質中有小孔,如 B C 等點,(第十圖)則成爲次等裂痕中心點,而助成裂痕之爲橢圓形矣.

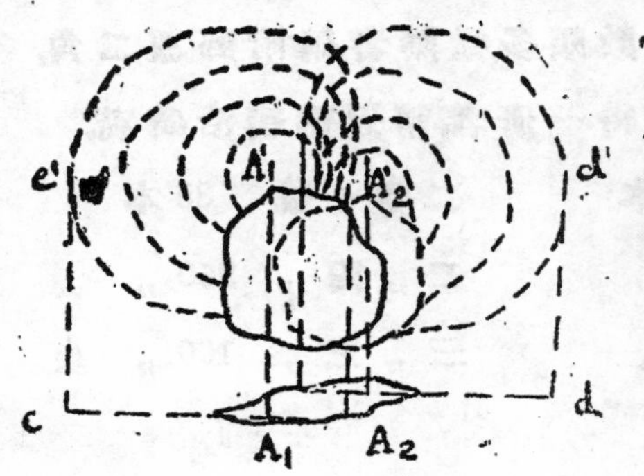

第十一及第十二圖　複雜斑點影射圖

若發生裂痕之中心點,位於軌頂之邊部,則裂痕之發展不能如上述之圓到,因中心點上部之鋼質,較爲堅硬,故裂痕不易向上部發展,而趨向中部也.軌條截面於車力經過時所受之伸漲及收縮力情形,已如前述.今設有八輪機車二輛,以每小時行七十二公里之速率,駛於其上,則在枕木處之截面,於一秒半鐘時間內,應受伸漲力三十二次,收縮力十六次.且此項伸縮力,均屬動力,故於每次有收縮力時,必發生一種衝擊也.又若軌條所受力之方向,僅與軌條截面作直垂,則已經移動之鋼質,或可於力之效用退除後,返至原處,而裂痕得保存其暗淡之光芒.惟軌條同時尚受有截切之力,其效用乃使軌條各層次,互相脫離.此種層次間之脫離,至為微細,結果乃使橢形之裂痕,變而呈無量數小平面之狀態,而成一銀光斑點也.

以前所述,均指斑在中心點,為鋼質小孔周圍上之一點而論.設此小孔具一複雜形狀,則其四週各點,均可成為中心點,而裂痕勢不能若此之簡單.設 A_1 A_2 兩點在同一小孔,而不在同一軌紋之上(第十一十二圖)每點釀成一裂痕;而此二裂痕中,有一公共部分,此公共部分上之鋼質,因受特殊疲力,能於軌條未達完全碎裂時期,卽已脫離.否則當於碎斷後,在斑點中發現一鋼粒甚粗,及銀色燦爛之處,卽複雜斑點是也.

徵求:「工程」一卷三號,四號,本會已無存本,且急需應用;如願割愛者,請卽郵寄本會甯波路七號事務所為禱. 炎

餘存:下列各號「工程」,本會存有冊數頗多,欲購者,請附郵票二角,卽行奉上.再如有機關團體藏書樓學校等,欲得一冊者,請通函接洽為荷.

一卷一號 183本	一卷二號 172本	二卷一號 85本
二 „ 二 „ 21 „	二 „ 三 „ 210 „	二 „ 四 „ 260 „
三 „ 一 „ 57 „	三 „ 二 „ 147 „	三 „ 三 „ 100 „

炎

離心式抽水機之効率

著者：支秉淵

本篇所論，祗及單級雙進水螺旋形之抽水機而言。如遇他種式樣，單級或雙級，須仿其理而斟酌改變之。

凡購用邦浦，卽抽水機，開行情形，各處不同，而欲知其効率之高低，下列方法，最爲簡便，而切實用。

離心邦浦之効率，以速率，水頭，及出水量三者相互之關係而定，而以出水量所關爲最鉅。

戽同量之水，水頭愈高，則効率愈大。其故由於水頭高，邦浦所出之水馬力亦大。同時機械之磨阻耗失之力雖稍增，但不與水頭作正比例，僅爲機力之一微小部份。以是入少出多，邦浦之效率，因之增高。

至於邦浦之出水量，其關效率，遠勝於以上二項，故有時邦浦之效率，竟僅以水量之大小而估計之。水量與效率之關係，有如圖中A線所示。此線之作，依據多數試驗之結果，及前人之經歷，包容各式各類大小不同之邦浦，其所示祗可視爲平均之數，非特指某種邦浦而言也。

計邦浦之效率，而單視其出水量之大小以爲衡，固太草率。爲補其弊，另制一方式，將速度，水頭，出水量三者，兼容而並畜之，以算得Ns，曰正則速度。其如何得此，則引證極長，玆從略。其式如右：

$$Ns = \frac{N\sqrt{Q}}{H^{3/4}}$$

如上式中

Ns＝正則速度

N＝實在速度，每分鐘若干轉。

Q＝出水量，每分鐘若干伽侖。

H＝水頭，自下水至上水直量若干尺及內部阻力。

正則速度與效率之關係，可於圖中B線求之，此線亦根據經驗而定者也。

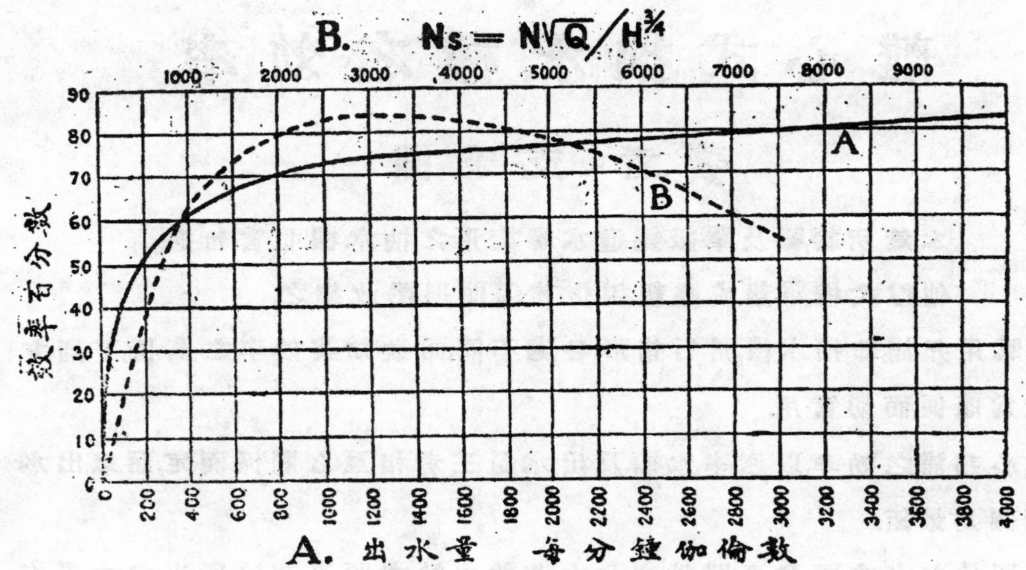

尋常通用之邦浦, Ns 之變遷,自五〇〇起約至五〇〇〇止.然亦未必爲一切邦浦之限程也.按圖,可知效率隨正則速度而增.約至三千之點,爲最高之數,三千以上,效率又降.欲解其故,須知製造極高正則速度之邦浦,必得將翼輪之外週徑減小,俾得在一定水頭之下,速轉加增.因此輪之翼子減短,其導水之功亦減,水理上之耗損大,而效率不得不低.

此圖示正則速度三〇〇〇時,效率在百分之八十以上.就實際言,此僅在出水量大之邦量可有之,見A線.故單就Ns推算,不足以定最高效率之數,以出水量亦與有深切關係也.參酌二線,而取其小者,近似矣.

凡升提少量之水,以達高處,旋轉舒緩,是屬於低正則速度之輪.認別之法,則爲外週與內週之比例甚大,輪體扁薄.

凡翼輪之外週徑僅較內徑稍大,週邊出水道甚寬者,則大都歸於高正速之類.此種翼輪,升巨量之水,上較低之水頭,及轉較快之速度.在此二類之間,更有無數折中之輪,均視 Ns 而識別之.

用上方式算 Ns, 須注意水量與水頭二數之選擇.宜在一定速度之數,而合乎最高效率時之情狀者,取而代入之,方可.不然,任取二數而用之,其得數無甚意義也.

凡單面進水之輪,大概扁大而轉緩,屬於低 Ns 之類.雙面進水,速度可高,輪小而寬, Ns 之數大,故效率較高.是以雙進水之邦浦,較單進水者為優.

作者在新中工程股份有限公司所製邦浦,在管徑四吋以上.均屬雙進水高正速者,以其効率較高,最合於低水頭農田灌溉之用也.

新訂本刊投稿章程

(一) 凡本會會員或非會員以工程文字賜登者,不論國文西文,均所歡迎.

(二) 來稿如用國文,不拘文言或語體文.但須橫寫清楚,並加新式標點.

(三) 文中圖畫,須用中國墨水(鉛筆及西洋墨水均不宜製鋅版)畫就,尤貴明晰整潔.

(四) 本刊編輯,對於來稿有去取及修改之全權.但不願修改者,得預先聲明.

(五) 來稿錄用後,暫定酌贈本刊,以示謝意.

(六) 來稿不登者,照例概不退還.但若附以郵資,可以寄還.

(七) 來稿於本刊登錄後,本刊有版權.轉載時,須聲明錄自本刊.

(八) 來稿之末,請註姓名住址,以便通信.至於揭載時如何署名,聽作者自定.

(九) 來稿請寄上海甯波路七號本會總辦事處可也.

本期「工程」季刊,各項事務,由下列諸人主持.

編　輯: 陳　章　南京常府軍事交通技術學校

印行校對: 黃　炎　上海江海關新屋濬浦總局

廣　告: 朱樹怡,黃　炎,馮寶齡,李屋身,支秉淵,顧道生,費福燾,魏　如,吳達模.

1921

電光工程述要

著者：柴志明

導言

自一八〇一年德斐氏(Humphry Davy)發現炭弧(Carbon Arc)以後,科學家咸焦思竭慮,欲發明電燈以便日用.降至今日,凡百餘年,各種電燈之次第發明者,已不下十餘種矣.約言之,可分為弧光燈(Arc Lamp)及白熱燈(Incandescent Lamp)兩類.弧光燈發明較早,三四十年前曾盛行於街衢之中,用作路燈.白熱燈經美人愛迪生氏精心改良,日臻完善.自採用鎢質作燈絲以後,白熱燈之進步,一日千里,遠駕弧光燈而上之.其應用之廣,遠非弧光燈所能望其項背.大者可以探海,小者可作玩具.常人談及電燈,卽指及鎢絲白熱燈,不復知有弧光燈矣.

歐美各國電燈(指鎢絲燈,以下仿此)事業之發達,固不待言.卽就我國而言,亦有蒸蒸日上之勢.今將三十年來電燈事業之進步,列表以明之.

第(1)表 全國電燈公司歷年總數*

年份	公司總數	增加率	年份	公司總數	增加率
民國紀元前廿二年	1	—	民國紀元前二年	47	24%
前十二年	2	100%	前一年	50	64%
前十一年	5	150%	民國元年	54	8%
前十年	5	0	二年	62	15%
前九年	6	20%	三年	76	23%
前八年	6	0	四年	91	20%
前七年	12	100%	五年	105	15%
前六年	17	41%	六年	119	13%
前五年	21	24%	七年	140	19%
前四年	32	52%	八年	156	10%
前三年	38	19%	九年	164	5%

1922

第(2)表　各省電燈公司總數(民國九年)*

省別	總數	省別	總數	省別	總數
江蘇	35	吉林	11	江西	4
廣東	26	湖南	10	河南	2
浙江	19	湖北	8	四川	2
奉天	18	廣西	6	雲南	2
直隸	13	山東	5	黑龍江	2
福建	11	安徽	5	山西	1

*由前商務印書館出版第一回中國年鑑中採集編成

就第一表觀之,電燈事業之發達,正方興未艾.民國九年,全國電燈公司之資本,已達六千七百萬元之鉅.逆料近數年來,新組織之電燈公司,爲數必更不少.祇以調查困難,未能列入表中耳.

國人固習用電燈矣.然則能善用電燈乎?夫以電燈與煤油燈相較,不啻天壤;然以善用電燈與不善用者相較,其結果之優劣,又何不相去千里哉!鄙人有見於此,謹就管見所及,將選用電燈之法,從工程方面立論,述之如次:

光學測量

光學測量乃電光工程之基本學術.談電光工程而不及光學測量,是猶爲方圓而不依規矩也.德法英美諸國,均特設光學標準局,專司其事.一九〇〇年,世界各國曾組織國際委員會,討論光學測量標準問題.光學測量之重要可知矣.

光學測量之主要器具爲目.目能辨別光之強弱,至爲精密.科學家嘗發明各種器具以代目,卒不能離目而獨存.蓋目能見之輻射,(Radiation)始謂之光.光之成立,全賴有目.苟世人俱盲,則無所謂光,輻射而已.

今將光學測量各種專門名辭及其應用,述之如下.

(一)光流線 (Luminous Flux),簡稱流線 (Flux),光學測量採用此名,僅三十年事耳;法人布隆得爾氏 (Blondel) 首先用之.一九二〇年,國際電光委員

1923

會曾下定義曰,凡目能見之輻射,其流率謂之光流線 F. "Luminous flux is the rate of flow of radiant energy evaluated with reference to visuol sensation." 譬如空球面上滿鑿小孔,盛水其中,加以壓力;則水由小孔併流而出,謂之水流線,光流線亦猶是也.電燈藉用電能,變爲輻射熱能;輻射熱能,由燈絲各方流出,其目能見者,謂之光流線.

流明 (Lumen) 乃光流線之單位名稱,每一光流線稱爲一流明.

(二) 光線強度 (Luminous Intensity), 係每立體角度所包含之光流線,隨方向而不等,蓋光流綫之密度,各方不同也. "Luminous intensity is the flux per unit solid angle from the source in the direction considered." 例如第(1)圖中S爲光源,CD爲立體角度,F爲光流線,若 CD= 0.01 立體度 (Steradian), F=0.1 流明,則在P之光線強度爲 $\frac{0.1}{0.10}=10$ 燭.燭者,光線强度之單位名稱也.燭雖僅爲光線強度之單位,實乃光學測量之基本.各國曾特製燭一種,而以其燭之光線強度,定爲一燭.故各國之光線強度單位雖同稱一燭,而其值未必相等.美國標準局有鑒於此,特定單位一種,稱爲國際燭.每一國際燭 $=\frac{1}{0.9}$ 黑夫納.黑夫納者,德國光線強度之單位也.

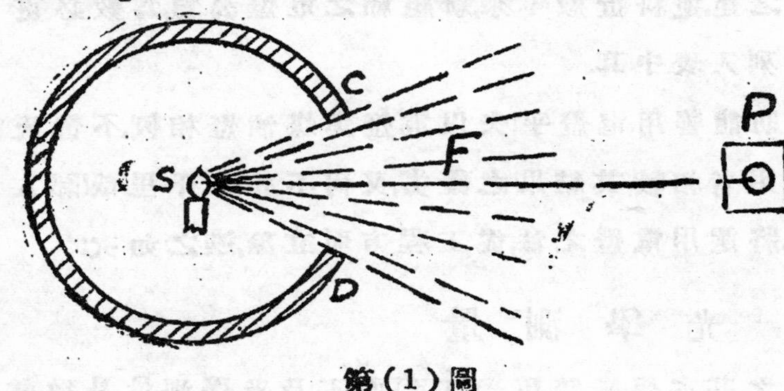

第(1)圖

光流線與光線強度之關係: 光流綫之單位爲一流明.光線強度之單位爲一燭.二者關係如下.凡光源之一立體角度中,其光線強度爲一燭,則此角度內所包含之光流線爲一流明.是故光源各方之光線強度均爲一燭,則此光源之流光線共有 4π 流明.蓋每一球面共得 4π 立體角度也.欲求電燈之光流線,先求其光線強度若干燭,再以立體角度數目乘之卽得.

(三) 光線密度　簡稱密度 (Illumination) 每一單位面積所受之光流線謂之光線密度.光線密度之單位名稱有二,其值則同.一稱 L. P. F.² (Lumon per sq. foot), 每一方呎之流明數.一稱燭呎,(Foot Candle) 其定義爲凡受光表面與光流線之方向成直角,距光源一呎,且其光線強度爲一燭者,則其光綫密度爲一燭呎.譬如受光表面爲一球面,而光源爲球之中心點,若半徑爲1呎則球面面積爲 4π 方呎,球形立體角度爲 4π 度.若光源之光流線爲 4π 流明.則光線強度爲 $\frac{4\pi\ 流明}{4\pi\ 度}=1$ 燭,光流密度爲 $\frac{4\pi\ 流明}{4\pi\ 方呎}=1$ L. P. F.², 又=1燭呎 (從燭呎之定義得來).

光學定律

光學定律,關於電光工程,其重要者有二,平方反比律及餘弦律是也.

平方反比律: 凡受光表面與光流線成直角,則此表面上之光線强度與光源距離成平方反比例.譬如表面A距光源2呎,其光線密度爲3燭呎,若表面B距光源4呎,則其光線密度爲 $3\times\frac{2^2}{4^2}=\frac{3}{4}$ 燭呎矣.

餘弦律: 凡受光表面與光流線不成直角,則光線密度與光流線及表面垂線所成之角度餘弦成正比例.譬如光流線由AB經過而射在CD表面上,(見第(2)圖) C'D係另一表面與光流線成直角者.若C'D表面上之光線密度爲E,則CD表面上之密度爲E cos θ.

θ=光流線及表面垂線所成之角度.

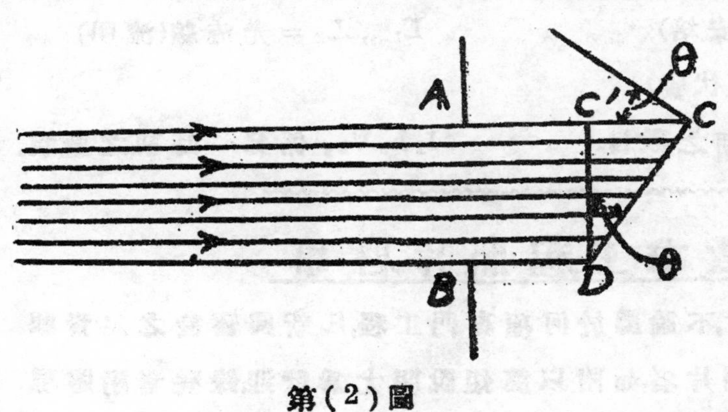

第(2)圖

電燈

鎢絲燈乃白熱燈之一種,其燈絲以鎢質爲之,故名.一九一〇年,美人始以馬斯大燈 (Mazda Lamp), 作爲鎢絲燈之商名.鎢絲燈又有眞空盛氣之別.前者稱爲馬斯大B燈.後者稱爲馬斯大C燈.盛氣燈較真空燈爲大,適用於大規模的照耀.真空燈則適用於一般房屋中之應用.

電燈當製造時,假定顧客用於一定之電壓,如美國之電壓爲110伏脫,我國上海之電壓爲200伏脫,(法租界爲110伏脫),若以110伏脫電燈,用於200伏特電路上,則電流增多,燈絲熱度增高,光流線因以加多,而生命亦因以減少矣.此中情形,甚形複雜.科學家研究試驗,結果甚多.而以美國標準局科學報第二三八號所發表之公式,爲最可靠,其公式如下:—

$Y_1 = 0.918 X^2 - 2.009 X + 0.07918$　　$Y_2 = -0.946 X^2 + 3.592x$

$Y_3 = -0.028 X^2 + 1.583x$　　$Y_4 = -0.028 X^2 + 0.583x$

式中, $X = \log$ 電壓比

$Y_1 = \log$ 每燭所用瓦特數(W. P. C.)　　$Y_2 = \log$ 燭之比例

$Y_3 = \log$ 瓦特之比例　　$Y_4 = \log$ 電流(安培)之比例

以上公式化簡如下,

$$\frac{I_1}{I_2} = \left(\frac{V_1}{V_2}\right)^t \cdots\cdots\cdots\cdots(1)$$

$$\frac{L_1}{L_2} = \left(\frac{V_1}{V_2}\right)^k \cdots\cdots\cdots\cdots(2)$$

式中 I_1 或 I_2 = 電流(安培)　　L_1 „ L_2 = 光流線(流明)

V_1 „ V_2 = 電壓(伏脫)

$I_1 L_1 V_1$, 係同一時期之數目.　　$I_2 L_2 V_2$, 係另一時期之數目.

眞空燈則 $t=0.58$　　　$k=3.51$

例如某燈之電壓爲115伏脫時,其電流爲0.43安培,其光流線爲480流明若電壓降至110伏脫,問電流及光流線若干.

應用(1)(2)二公式,

$$\frac{.43}{I_2}=\left(\frac{115}{110}\right)^{0.58}\qquad I_2=0.41\text{ 安培.}$$

$$\frac{480}{L_2}=\left(\frac{115}{110}\right)^{3.51}\qquad L_2=412\text{ 流明.}$$

爲計算便利起見,以上公式可繪成曲線如第(3)圖.各項數目,均用百分數計算.此圖以10流明/瓦特作爲百分效率100%,蓋尋常眞空燈中效率最高者也.如圖中電壓增高10%,則電阻(歐姆)增高4%,電流(安培)增高6%,電工率(瓦特)增高16%,光流線增加39%,流明瓦特增加20%.餘可依此類推.

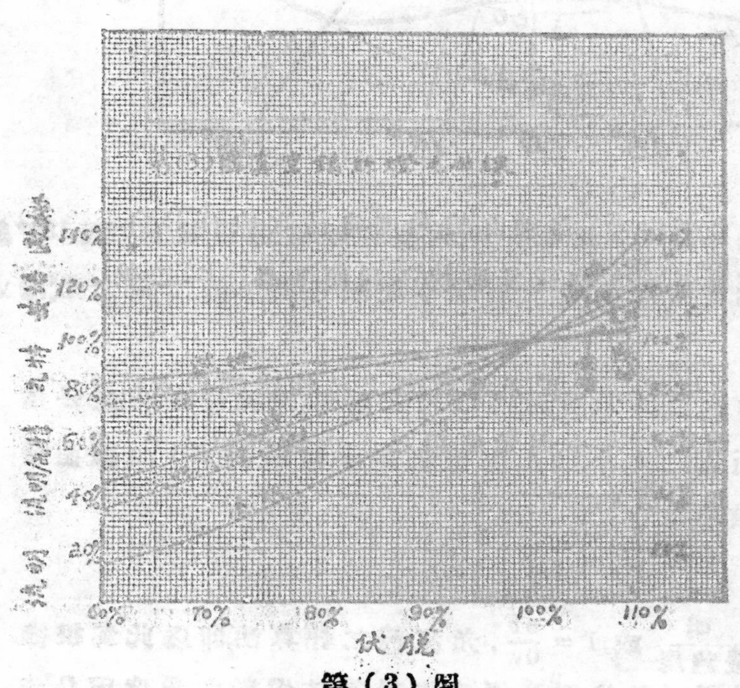

第(3)圖

氬氣燈之特性與眞空燈稍異.此圖不能代表之.若計算不求精確,此圖亦可應用也.

第(4)圖中曲線,稱爲分佈曲線,(Distribution Curves)所以代表光源各方光

第(4)圖分佈曲綫

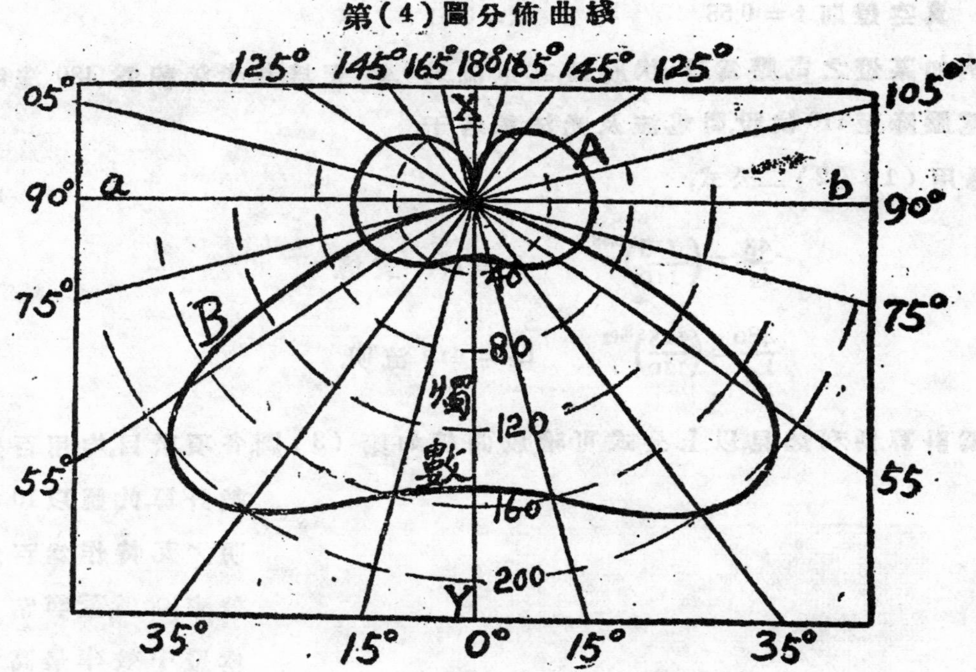

線强度之分佈也.ab 爲地平線,XY 爲垂直線,角度自垂直線算起,自0°至180°為止.分佈曲線之形狀因燈罩之物質及形狀不同而各異.AB 二線之光源相同,惟燈罩各異耳.

分佈線之用處,在表示燈罩反光,折光,或散光之特性,選擇燈罩時,憑分佈曲線選擇可矣.分佈線面積之大小,與光流線之多少無關.如 AB 二線面積相差甚遠,而光流線則相等是也.

光流線計算法:

依定義言之,燭 = $\frac{\text{流明}}{\text{立體角度}}$ 或 $I = \frac{dF}{dw}$. 光流線之計算法,即以此爲根據.法先將分佈線之燭數列下,(見後例).復次則計算該燭數之角度.因分佈線所用之角度,乃平面角度,而今所應用者乃立體角度也.由平面角度求立體角度之公式如下:

$$dw = 2\pi(\cos a - \cos b),$$

dw 爲立體角度,a 與 b 爲分佈曲線上之平面角度,如 a=0°, b=10° 或 a=20°, b=30° 之類.既得立體角度,然後將燭數乘立體角度,即得流明.其總和即全燈之光流線也.

例. 試求B分佈曲綫之光流線爲若干流明.

平角 a	平角 b	燭數 (l)	Cosa	Cosb	立體角度 (dw)	流明 (dF)	流明總數
0	15	152	1	0.9659	0.2125	32	
15	35	180	0.9659	0.8192	0.9150	165	
35	55	195	0.8192	0.5736	1.4700	287	
55	75	80	0.5736	0.2588	1.9600	156	
						640	640

燈光之佈置

僅用燈泡而不用燈罩,則光耗費而不適於用.燈罩不僅可以反射燈光使之聚,且能擴之使散,收之使淡.是故燈光之佈置,共有三法:曰直接法 (Direct); 大部分燈光直接由燈罩反射室中.曰間接法 (Indirect); 燈光被燈罩先射至頂棚,然後反射室中.曰半直接或半間接法 (Semi-direct or Semi-indirect); 燈光一半直接反射室中,其他一半先射至頂棚,再射至室內.間接宜用於白色頂棚之大廳中,其優點爲燈光普遍,無燈影之弊;然耗電甚多.直接法宜用於有色頂棚及牆壁之室中.其優點爲射光方向可以任意改變,用電較省也.普通家庭,商店,工廠中,均用直接法,取其省電也.

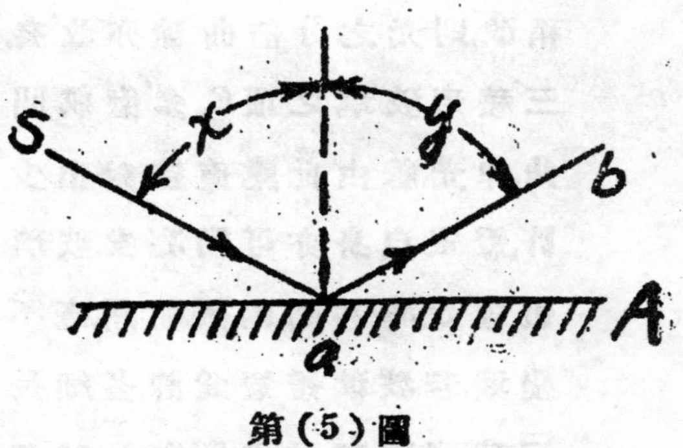

第(5)圖

燈罩質料

金屬鏡面 設 A (第(5)圖) 係金屬鏡面,其面磨光, S 係光源.光由 S 循 Sa 方向射至鏡面 a 處,遂反射,循 ab 方向射出. x 爲射入角, y 爲反射角,二角相等,x=y.故欲使光線射至任何方向,止須變換入射角可矣.射出之光線恆少於射入之光線.設有100流明射至磨銀質鏡面,則射出之光線得88流明,易以磨面鉛質鏡面,則僅得62流明矣.其餘光綫盡被鏡面吸收.苟鏡面蒙塵或腐蝕生銹,其反射效率當然更低.

水銀玻璃鏡面　B(第(6)圖)係水玻銀璃鏡面.光由光源S射至鏡面Sa,其小部分立即反射ab,其大部分經過玻璃ac至水銀面,然後反射出來cde.設射入之光量爲100流明,則8流明直接由玻璃面反射,12流明被水銀面所吸收,5流明被玻璃所吸收,75流明由銀面射出.共計之,射出之光線爲83流明,餘者爲玻璃所吸收.玻璃吸收光線之多寡,視其質料而定.

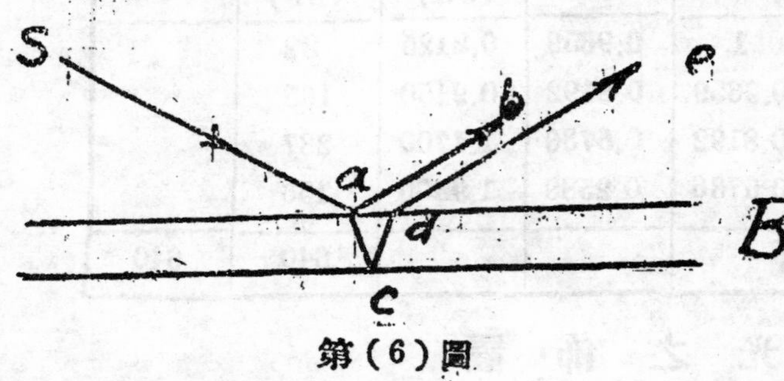

第(6)圖

三稜形玻璃　三稜形玻璃有兩種用法.

甲種　應用全反射原理(第(7)圖),光由S射進玻璃至bc面,反射至ac面,然後射出玻璃,若三稜形玻璃稍偏,則光線之方向亦稍變.若三稜形玻璃之曲度(Curvature)稍改,則光之分佈曲線亦改矣.三稜形玻璃之頂©,多磨成圓角,俾光線由此處直接射出少許,燈罩自身亦可明亮矣.玻璃燈罩效率甚高,經久耐用,毫不變壞,若玻璃燈罩爲許多細長三稜形玻璃結成,則其抗強爲

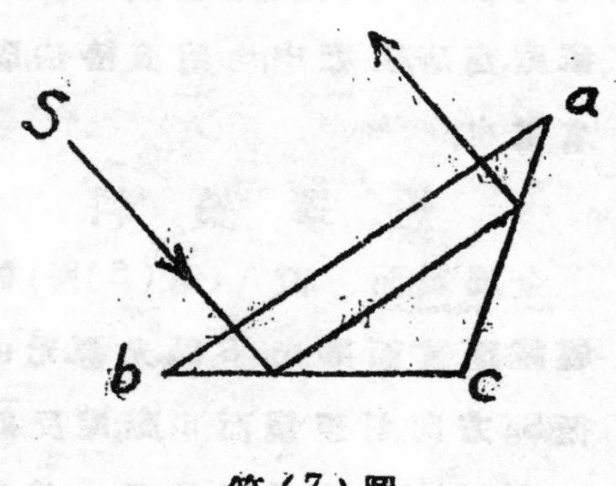

第(7)圖

光高璐.

三棱形玻璃乙種用法,係應用折射原理(第(8)圖).

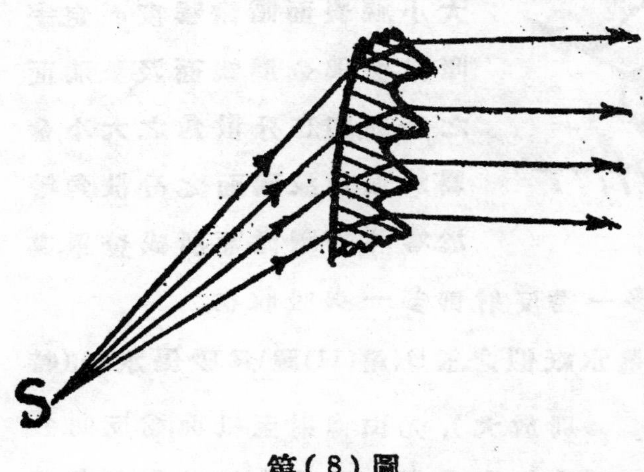

第(8)圖

光由S射出,經過三棱形玻璃,折成並行光線.凡燈光之分佈須廣遠者,其燈罩恆用此種玻璃.如燈塔之燈,街道之燈,及汽車之前燈是也.(汽車前燈之內有反光鏡,其橫截面爲拋物線,亦係使燈光成平行也).

蛋白色玻璃:　蛋白色玻璃,應用甚廣,因其能反射又能折射也.其構造似尋常玻璃,僅和以白色粉粒而已.C(第(9)圖)爲蛋白色玻璃.光由S射至上面a,一部分立即反射ab.其餘部分射入玻璃,若遇粉粒,則光線向各方擴散(如圖).其未遇粉粒之光綫,則被折射a'b'.光線直接透過蛋白色玻璃(如Saa'b')之多寡,視蛋白色玻璃內粉粒之疏密而定.凡能透過百分之十者爲密,百分之六十者爲疏.球形蛋白色玻璃罩之效率,約80%.其中60%係直接透過者,其他20%係罩內之光再經折射透出者.

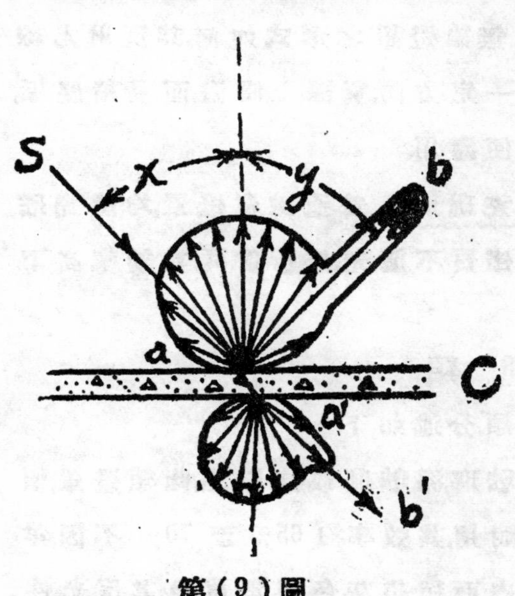

第(9)圖

半暗澹之面(Semi-matte Surfaces):

凡不甚光亮之面,謂之半暗澹面;如普通鐵質燈罩面上塗鋁是也.光射至其上,金部並非向同一方向反射(如第(10)圖),各光線之反射角,雖不大相同,然

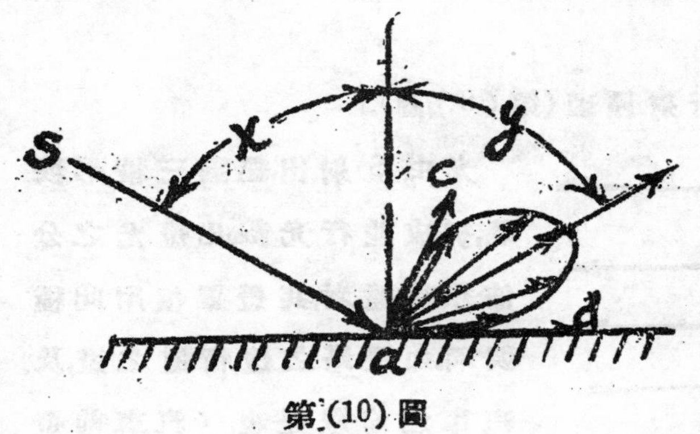

第(10)圖

其總共之反射角y,猶等於入射角x也.∠cad名爲分散角,其大小視表面暗澹程度而定.半暗澹面與金屬鏡面及玻璃面之分別,卽在分散角之大小,金屬鏡面及玻璃面之分散角等於零耳.半暗澹面所成燈罩,其率較低,因光綫向各方反射,而多一番反射卽多一次吸收也.

暗澹面: 暗澹面毫無光澤,吸墨水紙似之.設D(第(11)圖)爲吸墨水紙,(特別放大),光由S射至紙面,遂反向各方射出,最好之吸墨水紙,其反射光線約得百分之八十.苟用暗澹面製燈罩,則無論燈罩之形式如何,其反射光線無一定方向.實際上暗澹面易積塵垢,不便應用.

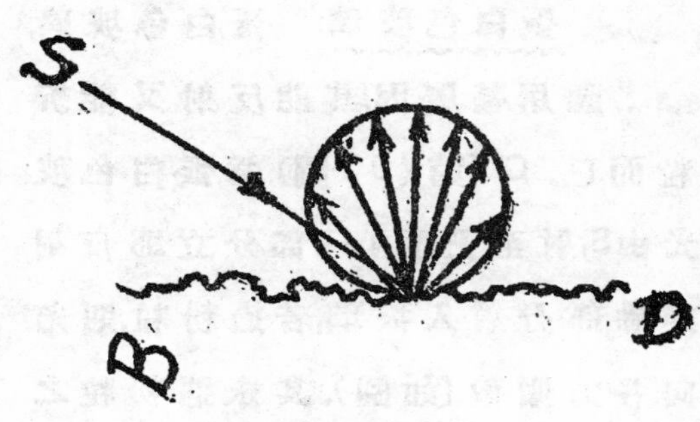

第(11)圖

瓷琺瑯: 普通鐵質燈罩,均塗瓷琺瑯,瓷琺瑯性質與蛋白色玻璃頗相似,惟鐵質不透光,無折射耳.其効率高下不等,總之不及他種質料也.

燈罩種類

燈罩種類甚多,可分爲鐵質,玻璃兩大類.分述如下:—

鐵質燈罩. 鐵質燈罩內面必塗以瓷琺瑯,漆琺瑯或塗以鋁.此類燈罩,價廉物美,應用最廣.瓷琺瑯較其他兩種更耐用,其效率約65%至70%不因年久而降低.漆琺瑯及塗鋁兩種,不能經久,內面稍帶灰色或帶黃色,其反光性較純白者相差遠甚.鐵質燈罩,有下列各式:—

平頂式. 此式通行最早,其頂平形,宜用於路燈之上,因其光四周平行射出,可以致遠.家室中不宜此式,因光線射至牆上多被吸收,毫無實用,且燈罩不能將燈泡遮蔽,耀光特甚,使人眩目也.

盤式. 盤式燈罩,(第(12)圖)能遮沒燈泡使眼睛不受燈光眩耀.其反光效率僅爲65%.光綫不能平均擴散於全室之中,故有燈影,是其缺點.此式多用於書桌工桌之上,蓋其目的爲局部光明耳.

圓頂式(Dome Type) 此式通行者有二種,一爲淺平圓頂式,(第(13)圖)一爲RLM圓頂式(第(14)圖)(RLM爲Reflector and Lamp Manufacturers' Standard之縮寫) 淺平圓頂式之形狀,介於平頂式及盤式之間,故二者之長,兼而有之.效率爲75%至80%.

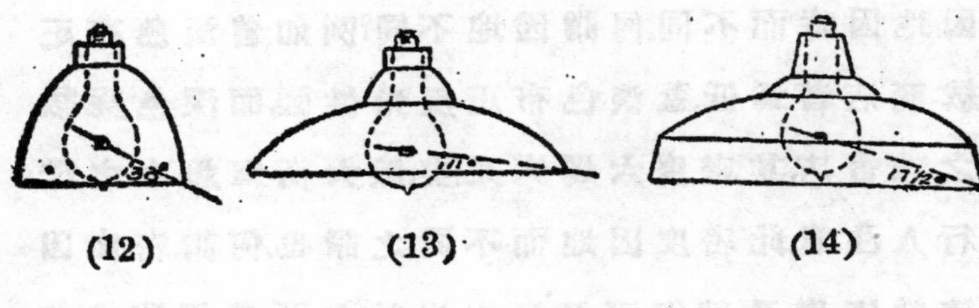

(12)　(13)　(14)

RLM圓頂式乃最新式之鐵質燈,耀光少而效率高,應用最廣.

斜角式第(15)圖,工廠中常用之,欲以照耀特別部分也.餘如公佈牌,商店招牌四周,亦常用之.

(15)

玻璃燈罩. 鐵質燈罩不透光,僅能反光,故祇用於直接法.玻璃燈罩則直接,間接,半直接三法均可用之.樣式複雜,今將其主要者分述如下:

盤式. 多用蛋白色玻璃爲之.其反光性與瓷琺瑯略同,惟蛋白色玻璃能透光而瓷琺瑯不能耳.此種燈罩,大概直徑甚小,光角不大,故光綫不能充分擴散,致發生燈影,爲其大弊.蛋白色玻璃較尋常玻璃易碎,不宜低懸.

全包式 此式燈罩,將燈泡全體包住,故名.樣式不一,其最普通者,有球狀及盆狀兩種.球狀燈罩,則上下四面之光綫强度平均.盆狀燈罩,則下面强度較大.全包式燈罩,能使全室通明,有如白晝,大廳中用之.

1933

半包式. 半包式燈罩,其一部分燈光,由燈罩下部透出.其餘燈光,被燈罩反射向上,至頂棚或其他反射面,再反射而出.其效率較小,然其光照範圍甚大,是其優點.半包式燈罩易積塵,宜時常清潔.

間接法燈罩. 凡濃蛋白色玻璃,鏡面玻璃,三稜形玻璃,鐵質塗琺瑯,均可做間接法燈罩.燈光由燈罩反射至頂棚,再反射至全室,故其效率最低.惟燈光擴散至於極度,無燈影之弊.此種燈罩,以鏡面玻璃所製者通行最廣.

電燈計劃法

燈光密度. 燈光密度因地因時而不同.何謂因地不同?例如售淡色布疋商店之密度,比售深色呢絨商店者爲低.蓋淡色布疋反光性强,而深色呢絨吸光性强也.又如小街中之珠寶店,其密度六燭呎足矣,然大街輝煌中之珠寶店,非十燭呎不足以使行人注意.此密度因地而不同之謂也.何謂密度因時而不同也?現今所謂之適當密度,乃就經濟及目力以言之耳.費用務求節省,目力又須保持健全.節省經費則降低密度以減少電量,保持目力,則又須提高密度.二者折中,遂成所謂適當之密度.一旦電力賤售,則密度即可增高矣.今將歐美各國公認之電燈密度及標準摘錄如下:—

第(3)表　歐美密度標準

地方	密度(燭呎)	地方	密度(燭呎)
影戲攝製房	(500—2000)	理髮店,火車中,健身房,	
商品樣子間	(10—100)	圖書館,閱書室,飯館,	
醫院手術台	(75)	博物院,學校課室,自修室,	(8)
繪圖間		中等商店及小商店	(6—8)
牙醫間		大會堂,戲園,廁所,	(5)
彈子台	(15)	俱樂部,跳舞場,升降機,	
室內游戲		游泳池,醫院,圖書館藏書處	(4)
縫紉室		教室,影戲園(未開演時)	(3)
百貨商店,銀行,辦公處,		甬道,樓梯	(2)
學校試驗室及工廠,照相店,	(10)	醫院(夜間)影戲園(開演時)	(0.1)

1934

燈之地位

室內燈光,務求均勻.二燈距離不宜過遠,過遠則燈光不均.亦不宜過近,過近則耗費太大.下表乃根據實驗所得,可作計劃地位之用.

第(4)表　燈之地位

光源距離*		燈與燈之最大距離	燈與牆之最大距離		頂棚至燈罩之距離(間接法)
距工作平面	距地板		(甲)	(乙)	
4 呎	6.5 呎	6 呎	3 呎	2 呎	1 呎
5	7.5	7.5	3.5	2.5	1¼
6	8.5	9	4.5	3	1½
7	9.5	10.5	5	3.5	1¾
8	10.5	12	6	4	2
9	11.5	13.5	6.5	4.5	2¼
10	12.5	15	7.5	5	2½
11	13.5	16.5	8	5.5	2¾
12	14.5	18	9	6	3
13	15.5	19.5	9.5	6.5	3¼
14	16.5	21	10.5	7	3½
15	17.5	22.5	11	7.5	3¾
16	18.5	24	12	8	4
18	20.5	27	13.5	9	4½
21	23.5	31.5	15.5	10.5	5¼
24	26.5	36	18	12	6
27	29.5	40.5	20	13.5	6¾
30	32.5	45	22.5	15	7½
35	37.5	52.5	26	17.5	8¾
40	42.5	60	30	20	10

附註　* 直接法之光源爲燈泡,間接法之光源爲頂棚.

(甲) 牆邊爲通道或貯藏所者.

(乙) 牆邊有寫字檯或工作檯者.

此表無論直接法,間接法,均能適用,惟末項專爲間接法而備.

總而言之,燈距頂棚較近,則二燈距離可較遠,燈總數可減少,費用可減少.燈泡距頂棚最少爲一呎,否則無地位裝燈罩諸物矣.懸燈太高,不甚美觀,然亦不可太下.

計劃時,先繪室中平面圖,次假定光源距離,然後由上表查得燈之距離,再在平面圖上,劃各燈地位,務求各方平稱,若不平稱,可換光源距離,以平稱爲止.

燈泡之大小

燈泡之大小,可由下列三式求之.

(1) $\frac{\text{地板面積 (方呎)}}{\text{燈總數(盞)}}$ = 每盞燈之地板面積(方呎)

(2) $\frac{\text{燈光密度} \times \text{陳舊因數}}{\text{利用係數}}$ = 每方呎之流明數

(3) 每盞燈之地板面積 × 每方呎之流明數 = 每盞燈之流明數

燈總數因燈之地位而定,已如上述.

燈光密度可向第(3)表查考,再就地方情形,斟酌而定.

陳舊因數,(Depreciation Factor) 爲預防將來燈泡燈罩陳舊後發光不足之用.其値爲 1.3 或 1.5. 前數用於淸潔地方,後數用於污穢或多塵之處.

利用係數,(Coefficient of Utilization) 所以表示若干燈光可以利用者也.燈光由燈泡射出,經過反射,擴散,然後射至利用燈光之處.設燈泡發出 100 流明,僅能利用 40 流明,則利用係數爲 0.40. 故此係數視燈泡,燈罩,牆壁,室之大小,高低,及室中器具,顏色而定,至爲複雜.大槪言之,燈光之佈置用直接法,則利用係數自 0.3 至 0.5 不等.若燈光之佈置,用間接法,則利用係數自 0.1 至 0.3 而已.

每盞燈之流明數既得,即可定燈泡電工率之大小,或用一泡,或用數泡,視情形而定.今將燈泡電工率與流明數之關係,列表如下:—

第(5)表　普通鎢絲燈發射流明數

燈泡之瓦特數	110—125伏脫 眞空式	110—125伏脫 盛氣式*	220—225伏脫 眞空式	220—225伏脫 盛氣式
	流明數			
10	80	—	—	—
15	130	—	—	—
25	240	—	195	—
40	400	—	—	—
50	500	—	450	—
60	620	—	—	—
75	—	880	—	—
100	—	1,300	945	980
150	—	2,100	—	—
200	—	3,000	—	2,500
300	—	4,900	—	4,300
500	—	9,000	—	7,800
750	—	14,500	—	12,500
1000	—	20,000	—	18,000

* 俗稱『哈夫』燈泡.

補白：黃炎先生大鑒.久仰高明,識荊無由,常引爲憾.………近來工程著作,多空言計劃而少實地觀察及經驗,其缺點亦爲弟所深悉.然所收之稿,實情如此.若此類稿件,拒而不登,則恐一年止能付刊一或二期.此中困難,想兄深悉.至於向工程學者徵求稿件,凡弟相知,均有公私函件請求,前後發出二月內已有五十多封.恐個人交際有限,所望同人通力合作,共負責任。總會印有徵稿函件,請兄隨時向程君取用分發　令友爲盼.

後學弟陳章手上　十七年五月二十五日

1937

灌溉工程概論

著者：黃　炎

米糧供給,吾國目下最切要之一問題也.近年以來,米價逐步高漲.雖自去秋迄今,其價大跌,然係暫時趨勢,恐難永久.良以本國所產,已有不足給養全國人口之虞,而災歉干戈,尤足使產量減殺.今人口增多,生生不息,時局混亂,無復已時.吾國食糧供給缺乏之情形,年甚一年,是則勢所必然者也.夫食爲民天,舉世間一切事業,何莫不與此息息相關.政治也,教育也,工商實業也,固當世之急務也.若與此維持生命之食糧,相提並論,第覺其爲無足重輕之事而已.是以處今之世,凡能增進農產之方法,保養稼穡之規謀,實全國人民之利賴.業工程者所不當忽視者也.

欲增進農產,以應全國之需要,不出下列三途:—

一. 開墾荒地　　二. 改良種植　　三. 防免災患

吾國土地廣博,未經墾種之地甚多.開墾荒地,移民實邊,實經國之要圖.然至今未有能行之者.改良種植,農學家事.應用科學知識,與以改良,或能收增加農產之効.然非經長時期之試驗不爲功.惟防免災患,使禾稼不受損害,實爲最易實行而最切要之途,工程家所優爲者也.

災患分水旱二種.水災由於雨水太多,水道淤塞,泛濫橫溢,冲毀廬舍,淹沒禾稼.防免之法,不外疏治河流,講求排洩.此屬濬河導水之工程,本篇不具論.

旱災之成,由於雨水不足,或雨時與種植所需之時不相値.吾國地處溫帶,雨量甚充.僅有時農田需水,而天旱不雨,枯燥過甚,減損收穫.若由人力調劑,旱時而施以水,自不致成爲災歉.是以灌溉之術,農業上之要務也.

1938

近世學術昌明,灌溉之事,自成爲專門之學,工程偉大,效用宏遠.其最著者,如印度,如美利堅,如埃及等國,均悉心經營,田無旱熯,地無遺利.吾國灌溉之法,由來甚古,多賴人力.以視各國近世所舉行之灌溉事業,未免相形見拙矣.

雖然,一國有一國之特殊氣候,地勢,土性,種植,習尙,人情.他國之善法,一經移用於吾國,往往不能收良好之效果.近世灌溉之法,其在他國,固屬效驗卓著.然能施行於吾國而得同等之效與否,則須經試驗之後而始可知也.

上海米價表　(以廠機北幇白粳每石市價爲標準)

年份	最高價	最低價
光緒末葉	5.00 元	
民國八年八月	8.50	8.10 元
九年	15.00	13.00
十年	11.60	11.10
十一年	14.10	12.80
十二年	14.53	13.45
十三年	17.00	12.10
十四年	13.50	12.60
十五年	19.70	17.60
十六年	13.00	10.80

灌溉工程性質分類

凡水利灌溉之工程,自其性質上言,可分二類:

一.生產工程　二.救濟工程.

其他氣候亢旱,雨水稀少,設無人爲之灌溉,即不能種植.如美之西部,印之北部,均屬沙土不毛之地,經鑿渠引水灌注之後,始能開墾.此種工作,屬於第一類.其在雨水較多之地,地上本可種植.惟數歲之間,難免有久旱不雨之年,五穀槁死,而致災荒.或每年雨水之時,與植物需要,不能同時,難免缺水,以致收成減折.苟有灌溉之工作,則可免意外旱荒之損失,是屬於第二類者也.

救濟工程,尚有一解.卽當某地經過旱災之後,政府或地方人民,籌集鉅款,以賑災民.於是熟察所以致災之由,而興舉工程以防免之.一面以工代賑,使災民得以効力以求食.一面則因所舉辦之工程,使當日所受之災患,不再發現.既救當時之急,亦濟將來之困也.

屬於第一類之工程,多能自給.因其地非水不植,農戶必須購用,故工程經費,得以取償.如他種營業然,可將本而求利也.屬於第二類者,工程之設,以備不虞,本非必不可少者.僅在急要之時,或一用之,平時用途固甚鮮也.故其費用,往往不能取償,經濟上多歸失敗,故必須以公款爲之.

在氣候炎熱而少雨之區,灌溉工程,多屬第一類.在溫帶足雨之國,多屬第二類.

外米輸入表

年份	進口數量(擔) 萬	進口價值(關平銀) 萬
民國元年	270,0391	1168,0462 兩
二年	541,4896	1838,3719
三年	677,4266	2184,3253
四年	847,6058	2533,6328
五年	1128,4023	3378,9045
六年	983,7182	2958,4093
七年	698,4025	2277,6933
八年	180,9749	830,0291
九年	115,1752	536,2455
十年	1062,9245	4122,0998
十一年	1915,6182	7987,4788
十二年	2243,4963	9819,8591
十三年	1319,8054	6324,8721
十四年	1263,4624	6104,1505
全國每年產量約	4,0000,0000 擔	

中外情形之不同

吾國地處温帶,得天然之惠獨厚,北起蒙古,南迄廣東,雖其間寒煥不齊,然莫不可墾植.他國規模宏大之灌溉工程,多在亢旱之區,轉不毛之地,爲生產之田.如印度之北部,美國之西部,均全賴灌溉,以耕以種.此關於地位之不同者,一也.

吾國濱太平洋,海風吹送,雨量充足.江河交錯,農田所需,在在可引.他國雨水稀少之處,有年僅得數寸者,故水甚可貴,其來源之考察,積貯之方法,施用之手續,莫不深加研求,甚爲詳盡.如澳大利亞洲,地面之水,悉行存貯,供給農田之需.人畜飲料,盡取給於地下之泉,從自流井中得之.此關於雨量之不同者,二也.

我國北部多種麥豆高粱之屬.長江流域,及南部各省,多種稻.稻之生長,全賴水之營養,不可斷缺.他國所種,多爲旱作,藝稻者甚少.稻所需水量,遠過於旱作.此關於種植之不同者,三也.

世界各國灌溉田畝表

夏懷夷	60,0000 畝	菲律賓	78,0000 畝
加那大	240,0000 „	澳大利亞	270,0000 „
秘魯	384,0000 „	埃近丁那	600,0000 „
暹羅	1050,0000 „	爪哇	1800,0000 „
意大利	2080,0000 „	埃及	3210,0000 „
法蘭西	3600,0000 „	日本	4200,0000 „
俄羅斯	4800,0000 „	美利堅	9000,0000 „
印度	2,4400,0000 „		

中國水田	2,5600,0000 畝
旱田	9,2000,0000 „
園圃	9800,0000 „
共計	12,7400,0000 „

水田均須灌溉,旱田有不需溉者,有無水可溉者,灌溉畝數,不能估計.

吾國種旱作之地,往往不須灌溉,而得收穫.植稻之田,則自下種以至收刈,時養以水.雖其間有時乾涸,惟不數日便須灌潤.故稻田灌溉,甚爲頻繁,荒旱之年,有須灌水十餘次而始得熟者.印度分夏冬二熟.夏熟灌溉,共爲二次,一在耕地之前,一在下種之後.冬熟則在耕前,貯水於田,待其飽足,然後耕種.埃及之田,四圍有圩.冬令引尼羅河之水,畜於田中,深三四尺,河泥留澱,清水放洩,春間耕種,收溉糞之利,此關於灌溉方法之不同者,四也.

吾國墾植耕作,歷數千年,以迄今茲,賴人力畜力以灌溉.邇來講求改良,採行新法,以期地力水利,更盡其用.他國如北美之西部,全係荒地,施行工程,引水得達以後,方可開墾.此關於墾溉先後之不同者,五也.

吾國各種農工實業,爲吾立國之要素者,無不分散經營,各自爲謀.故農業亦爲小田制.一戶之所耕種,平均不過十餘畝,從未有一戶耕數千畝者.故今言灌溉之改良,須合乎小田之制,庶能普及而收宏效.他國之舉辦灌溉,胥由政府或大公司任之,未可望於今日之中國也.故言吾國之灌溉,原動在下.他國之灌溉,施行自上.此關於施行之不同者,六也.

吾國原有之灌溉方法

我國水利之學,發明甚早.考之古,有溝洫畎澮,以治田水.書云,濬畎澮距川是也.逮夫疏鑿已遠,井田變古,後世引以爲渠,以資沃灌.按史記秦鑿涇爲渠.又關西有鄭國白公六輔之渠,外有龍首渠,河內有史起十二渠,范陽有督亢渠,河北有廣戾渠,鄖州有右史渠,懷孟有廣濟渠.俱各溉田千百餘頃,利澤一方.降至今日,以上各渠之存廢,不得而知.惟陝西四川,尙有古渠,可資灌溉.先賢之遺澤也.

長江流域及南部各省,多種稻.水田灌溉,端賴龍骨翻車.或以人力,或以牛力.數日不雨,桔槔之聲,達於田野,聲嘶力竭,辛苦備嘗.然全國二萬六千萬之水田,胥賴此機爲之灌溉.龍骨車之功用,不亦偉哉.

近世盛行之新法,有引水灌溉與戽水灌溉二制.吾國實早已應用,歷數千年.惟西法精確,新器利便,遠勝吾國舊制.益以其他與水利相關之學術,日漸精進,而水利之效用,因以益彰.故吾國灌溉方法,在理固無遜乎人,而其用則不及遠甚.今採人之所長,以濟吾之短,則有刻不容緩者矣.

吾國川流交錯,設渠引水,在在可以沃田.形勢便利之處,工程之費用不多,而利甚溥.且北部河流,數千年來,隄防增築,河底淤積.往往高出兩岸平地.若仿美國人引用密西西比河水之法,堤上網過山龍,水自能流向田間,必甚便利.又黃河滹沱等水,渾沙中含礦質之肥料甚富,引之溉田,兼得施肥之益.夫河泥肥沃,爲西方學者所公認.埃及尼羅河渾水肥田之利,尤爲顯著.我國古時,有涇水一石,其泥六斗,既溉且糞,長我禾黍之歌.以水潤田謂之溉,以泥肥田謂之糞.北方渾水之中,實有巨量之富源存焉.

東南數省,吾國財賦之區.禹貢揚州,厥土泥塗,厥田下下而已.經南宋偏安,錢繆割據,農田水利,經營不遺餘力.五里一橫塘,十里一縱浦,水旱有備,災患不生,地力既盡,生產日富.降至今日,蘇浙皖三省,爲全國產米之區.而以皖省所產爲尤多,每年產額,約八〇〇,〇〇〇〇擔.設遇豐年,而米不出省,則皖人可有五年之食.然而經營稻田,車水澆灌,農人辛苦備至.近年以還,人工日貴,米價日增.人工貴,則車水之簡單工作,不得不採他種方法,以代人力.米價高,則田水之灌潤,尤須充量而及時,以增產量.是以方法之改良,與夫機器之採用,實當今之急務也.

近世灌溉法

今世西國號稱科學的灌溉法者,不出下列二途.

(一)引水灌溉 水源高於田而遠於田者,鑿渠以引之,使達於田也.法於流之上游,築壩攔塞之使高.旁開大渠,導行地上.疏以分渠水路,分散於田.壩上有閘,可資啓閉.渠口有閘,可資宣節.過山用龍,跨流築橋.設備完善,操縱如若.無不足之雨,無過剩之水.視種植之所需,於適當之時,施適當之量.歲歲豐稔,永無荒歉.其在雨少之區,則常於河之上游,深山之間,築其壩以封口,俾虛谷變爲巨澤.積無用之雨,作潤苗之霖,一成之後,永遠利賴.惟種種工程,爲費動輒數千百萬金.必於昇平之世,作福國利民之謀,方能興此遠大之業也.

(二) 戽水灌溉. 水卑於田而近於田者,設機械以升之,使入於田也.古時取水以戽,今之機械,猶夫戽也.機械之構造多繁複,大抵可分爲二.一戽水部份.二發力部份.戽水者統名爲邦浦,(Pump)卽抽水機.發力者,或爲透平,或爲引擎,或爲馬達,要皆利用天然之力爲人服役之具也.至於所用之力,有風水,電,蒸汽,煤氣,以及火油柴油燃燒爆炸之別.戽水之量,可小可大.小者溉數十百畝,大者可數百萬畝.其費用則以發力故,較引水之制爲昂.而其設備,成本,則較簡省.且平衍之地,非戽無以致水也.近年以來,北美印度諸邦,亦多行之者.

上述二種灌溉制度,並非截然分界,亦可隨地勢之變異而兼用之.蓋在引水制中,遇水不能直上之境,則可用機戽升之.戽水制中,而欲範圍寬廣,尤非於區域內經營水渠不爲功.近年來,北美印度均有大規模之灌溉工程.二制兼有者也.茲節錄美國工程新聞紀錄(Engineering News-Record),以資借鑑.

南印度之基斯那河,行經盤愼大地方,分爲二支,間生小島,曰地味,面積約一千方里.孟特蘭政府爲開墾此膏腴之島地,特建一戽水站,挽升河中之水,而灌溉之.站設島之上端,高據遠注,可及之田,計三〇,〇〇〇〇畝.機械之設備,爲八組一百六十馬力地賓耳引擎,直接三十九吋徑離水抽水機,排列兩行.進水有兩地道通,達引擎間下.出水爲兩道三和土製之渠,在引擎間之兩旁.最高水頭,計十七尺.灌溉之費,年年不同,大抵每畝自〇.二〇至〇.二五.羅比,合龍洋僅一角三分至一角七分之數. 第九十卷七百〇二頁

美國米你陀加灌溉工程,所溉田計二七,六〇〇〇畝.水自河到田,達九十呎,分三站戽起.每站升高三丈,第一站起水每秒八〇〇立方呎.第二站六五〇立方呎,第三站四三〇立方呎.美國政府舉辦之戽水灌溉,共計之有一百五十處.水頭自二呎半以至二百呎.各處發動機自五馬力以至二七六〇馬

力不等,合計一,七五〇〇馬力.發動機種類,為電氣馬達,蒸氣透平,水力透平,煤氣引擎等.抽水機則為離心式.惟有三處,係用水輪.戽水費用平均每畝每年自七角至一元.機器折舊與利息,不計在內.　第九十一卷一百四十頁

開渠要義

渠口所處之地點,須在上游,以渠成之後,其所引之水,能週遍其所溉全區為度.設某河之斜勢,每英里趨下一尺.其兩岸田地,高出河面一尺,而斜勢相同.今新開一渠,沿河而下,而其斜勢為每英里僅半尺.則自渠口下二英里處,渠水即與地平矣.

渠口工程,為(一)攔河之壩.使河水漲高,以便內灌,壩有刷泥閘.(二)渠口之節水閘座,閘有門.若在泛流渠,河漲則渠滿,無此項工程也.若渠取給於水庫者,則僅一節水閘而已.

渠之所經之路由,必須提綱挈領,灌注全部之地面,通幹渠者有支渠,通支渠者有分渠,大小相授,脈絡相貫.然後從分渠之旁,隔若干丈開一水路,以達於田.鮮有直接取水於幹支各渠以溉田者.

凡專為灌溉而設之渠,須行經高處.蓋渠身高則(一)據建瓴之勢,泉流四達.(二)與區域內天然瀉水之道,不相阻絕.(三)無須巨堤,既省工程之費,復免潰決之虞.任何一處地面,莫不有山陵溪谷,與夫高岡低澗之可尋.灌溉之渠,大抵循岡陵之勢而設.或左之,或右之,以求直綫.或繞崗而行,以免穿鑿.或去而之他,以免偏僻.是則在乎臨時相擇者矣.雖然,渠之地位,亦不能全隨地勢.必須處於地帶之中,俾得左右分注,方為經濟.不然,僅就一邊輸灌,水路必長,耗漏必多也.

分流之處,叉角不宜過小.過小則兩流相距不遠,幾近平行,渠工必費.然亦不宜作丁字交而成正角,若然則水流不順.

為減少水之滲漏遺失計,渠岸及底與水接觸之面積,愈小愈佳.故水之流送,宜聚而不宜散.設非為地勢所阻,分渠之水,左右能達六里之遙.故水路之

長,當爲六里以外.分渠之尾,不必直達區域之邊境,更不必與他處水渠相接連.

凡巨河經過平廣之流域,近河一帶,得累次大水時泥沙之沉積,其地轉較遠處爲高,有向內地傾斜之勢.故離河稍遠之地段,從河邊近處引水,即可流潤.若將沿河之田,與沿山之田,而兼灌之,則上游引水,在所必需.如在埃及,常見於河之高處,開引一渠,然後分爲二支,其一支沿河而下,以溉河邊一帶之田,其另一支繞麓而行,以溉沿山一帶之高田.二渠間卑下之田,另設法以溉之.

每渠分流之處,須設節水閘.如大渠分於小渠,僅於小渠口立一閘.若一渠分爲二支,而支之大小相若,則於分叉口各立一閘,是爲雙閘.

渠之轉灣處,足以增加阻力,有淤積細泥之虞.然寬緩之灣,其害亦甚微.若轉甚急,則防成灘流,冲毀渠岸,在速流之處,堤坡上加以石砌,以資防護.

幹渠須有放瀉廢水之口.蓋渠水盛流之時,偶逢大雨,田間之需要驟減,致渠中留水過多.如欲截住進口,又以路途遙遠,勢難應急.救濟之道,惟有將過剩之水,從廢道放入江河,或溝洫之中,以免渠岸潰毀.此種廢道,常設在幹渠分叉之處,或設於支渠中最長者之尾,通於河溝,或引至低窪之地,築圩圍之而成澤藪.

施行灌溉之後,全境排水情形,亦須兼顧.蓋地中水位,往往因灌溉而升高,其近渠者,由於渠水漏滲,其遠處之地,多由農民濫用水之故.地中積水過多,種植若非水作,必受損害.故須注意溝洫便利排洩.凡水渠與溝洫交錯之時,必須設法上過或下過,勿使相犯.

各渠之口.宜立水則以示深淺.

灌溉功績表 (Duty of water)

功績云者.謂每秒鐘一立方呎晝夜不息之長流所能灌溉成熟之畝數也.英美人稱之曰水之義務.(每秒 1 立方呎＝每分 449 美伽侖)

國別	功績	附記
意大利	330 — 420 畝	
西班牙	270 —1230 〃	
美利堅西部	360 — 900 〃	
南加利方尼亞	900 —1800 〃	
印度	318 — 720 〃	夏熟
印度	612 — 924 〃	冬熟
埃及	120 — 150 〃	水深三呎歷四十日
我國江浙一帶	400 — 500 〃	新中工程公司之經驗

機械灌溉之肇端

引水之制,既如上述,然適用於崎嶇之地.若夫東南各省,地勢平衍,舍機械戽升外,別無良法.今者太湖流域,機械灌溉,已甚流行.考其由來,則當五六年前,上海之機器行商,沿滬寧線各處,推銷引擎抽水機,用於農事,問津者極鮮.旋在常州無錫等處,售去數具,試用之下,功効甚著.於是農民競相購辦.益以常州戚墅堰震華電氣公司之提倡,設立桿綫,通電力於四鄉,以轉動抽水機.農民得此便利,更樂於採用.從此功效既彰,靡然從風,不數年間,江浙皖贛,大江南北,多有採用之者.

機械灌溉之所以肇端於常錫一帶者,亦自有故.交通便利,機械新器,易於輸入,一也.人工物價,均較他處為昂.故機械之需要較殷,二也.地勢平衍,水道縱橫,田皆種稻,非灌不可,故機械易為用,三也.且無錫實業,冠於各區,一經提倡,尤易推行也.

常州一帶之田,皆賴運河以資灌溉.通例自運河起水,注於漕河,再由漕河,分灌各田.運河低於漕河,可二三丈,漕河低於稻田者,數尺至十餘尺不等.每年插秧之期,每畝灌水,須用人力一工半至二工,計工費四角至六角.待插秧後以至成熟,尚須加水四五次,以至十餘次不等,隨雨水之多寡而異.但每次所加,不如前次之多,約二三寸即足,每畝每次約須人力半工.綜上計算,一畝之田,昔由人力灌溉者,其費用即在雨暘時若之年,亦須在二元以上,一遇亢旱,費用增至四五元,而猶難期全獲焉.

無錫情形,與常州相似.稻田需水,仰給於漕河,漕河乾涸,仰給於運河.各漕河狹小而短,資以灌漑之田,自一二百畝以至千餘畝不等.雨後漕河積水,農人踏車,便能取水.迨漕河告罄,須先設車,自運河起水,暫貯漕河,然後車灌田中,費用與常境,不甚懸殊.

自新式機械流行後,自運河起水,多改用邦浦,滿貯漕河,由各農戶任意車取.機械爲公司或農社所置備,取費按畝計算,每年每畝約二元.

各處所辦機械,爲農戶獨購或數家合置者,固不少,而爲一種灌田公司之經營,尤居多數.蓋鄉間社會,有一種智識較高,才能較富之人,見此項機械,有利可圖,遂起而合集資本,組成公司,專以包灌稻田爲業.凡著手之始,卽向農戶分頭接洽,取得定洋.然後採辦機械,從事灌漑.此項公司,大率事簡利厚.例如包灌稻田一千餘畝,即可收入定洋千餘元,以之置備小引擎離心抽水機管子另件等等,不敷無幾矣.嗣後一面灌水,一面陸續向農戶收款,其進出相抵,不敷者無幾.至於第二年,除開消外,償淸購機餘數,尙有餘利,而機械之成本,則已完全賺得矣.

公司有向本地官廳立案者,劃定某區爲其營業範圍,不得另立他公司,在其範圍內作同樣之營業.是則灌水一項,迨亦與電燈自來水長途汽車等共同事業一般,得有營業特權,而受法律之保障矣.

機械種類

近來稻田灌漑之機械,其種類可分別之如下.

一. 火油引擎與木車

二. 電氣馬達與離心邦浦

三. 火油或黑油引擎與離心邦浦

抽水機出水量與灌溉面積對照表

出水量		灌溉以畝呎計			附記
每分鐘美伽倫數	每秒鐘立方呎數	每小時	每日(十二小時)	每晝夜(二十四小時)	
100	0.22	.11	1.3	2.6	畝呎者，畝數與水深呎數之乘積也．如田一畝，灌水一呎．為一畝呎．田二畝灌水半呎，亦為一畝呎．餘類推．
200	0.45	.22	2.7	5.4	
300	0.67	.33	4.0	8.0	
400	0.89	.45	5.4	10.8	
500	1.12	.56	6.6	13.2	
600	1.34	.67	8.0	16.0	
700	1.56	.78	9.3	18.6	
800	1.78	.89	10.6	21.2	
900	2.01	1.00	12.0	24.0	
1000	2.23	1.11	13.3	26.6	
1200	2.68	1.33	16.0	32.0	
1400	3.12	1.55	18.6	37.2	
1600	3.57	1.78	21.3	42.6	
1800	4.01	2.00	24.0	48.0	
2000	4.46	2.22	26.6	53.2	

第一類,用吾人原有之龍骨木車,貫以鐵軸,皮帶,繫以二四半馬力之小火油引擎.在嘉善及江北二處多見之,此為採用新式機械之第一步.成本甚輕,原有車具,可以應用,是其利也.車中龍骨,不堪引擎之速轉,耗損極易,機件太多,修理費錢傷時,是其弊也.

第二類,電氣馬達直接轉動離心邦浦,此為常州戚墅堰震華電氣公司所提倡推行,由電廠備設桿綫,通達八鄉,農民自備或租用馬達邦浦.現有戽水站四十所,受溉田三萬七千餘畝.馬達與邦浦均利於速轉之機械,直接轉動,最為便捷之辦法,美國植稻之區,多採此法灌溉.惟邦浦散處田間,裝設桿綫,經費甚鉅也.

第三類,用引擎拖動離心邦浦.引擎燃料,或為火油,或為黑油.燃火油者成

五吋徑離心抽水機　　　　電氣馬達

本較廉而油費甚昂，苟常用之，不如黑油引擎之爲合算也.

引擎與邦浦之接連，分用皮帶與直接二種.凡引擎與邦浦之轉數不同者，必須用大小適當之皮帶盤與皮帶以拖動之.引擎與邦浦轉數相同者，可用

新中工程公司製

火油引擎　　　　十吋徑離心抽水機

考不合直接.直接省地位,省皮帶,省機件,如底盤皮帶盤等.如引擎與邦浦分二處購買者,鮮能配合同速.須一廠製造,專為此用者方可.

引擎邦浦,大都裝於河旁岸上,然亦可裝於船中.如所灌之田,聚在一處,自將機械裝設岸上為佳.如田各處散地,而有水道可通,則將機械設在船上.游行灌溉,甚屬便利.

民國四年,作者與友人組織新中公司,鑒於農田灌溉之重要,與國產機械之缺乏,設廠製造,以資提倡.至今製成離心雙面進水式抽水機若干種,管徑自四寸以至十二寸不等.黑油引擎有五馬力,八馬力,十二馬力等數種,專用於農田灌溉.惜乎機廠甚小,製造未宏,影響於社會者尚淺.然而機械灌溉之利益,日益彰明,農人之採用者,年多一年,將來於農業進化上,自可有相當之成效也.

新中工程公司製

十二吋徑離心抽水機

黑油引擎開行費用

馬力	6	9	11	12 ½	15	18	20	28	35
引擎價值，照外國定價	613	784	852	988	1125	1262	1432	1840	2320
每月黑油噸數	.495	.717	.860	.961	1.132	1.336	1.46	2.15	2.50
每月費用：250小時算									
利息每年 7%	3.57	4.57	4.97	5.77	6.56	7.36	8.36	10.74	13.52
折舊 „ 12%	6.13	7.84	8.52	9.88	11.25	12.62	14.32	18.40	23.20
黑油，每噸 Tls. 32—	15.38	22.20	26.65	29.80	35.10	41.40	45.30	66.70	77.50
車油	5.00	6.70	7.20	7.50	8.10	8.70	9.00	13.30	15.50
他項物料	.60	.90	1.10	1.25	1.50	1.80	2.00	2.80	3.50
薪工	8.00	8.00	10.00	12.00	14.00	16.00	18.00	22.00	28.00
共計銀，　　兩	38.68	50.21	58.44	66.20	76.51	87.88	96.98	133.94	161.22
每馬力每小時費用，分	2.58	2.23	2.12	2.12	2.04	1.95	1.94	1.91	1.84

抽水機水頭馬力對照表

水頭 / 抽水機	6 尺	8 尺	10 尺	15 尺	20 尺	25 尺	30 尺
徑 4 吋	1.0馬力	1.0馬力	1.0馬力	1.5馬力	2.5馬力	3.0馬力	4.0馬力
„ 6 吋	1.5	2.0	2.0	3.0	5.0	7.0	8.5
„ 8 吋	2.5	3.0	3.5	6.5	10.0	14.0	18.0
„ 10 吋	4.0	5.0	5.5	10.0	16.0	22.0	28.0

抽水機灌田畝數表

抽水機	每小時出水擔數	每日灌田畝數(廿四小時算)			
		水深二吋	水深四吋	水深六吋	水深一呎
徑 4 吋	1200	52 畝	26 畝	17 畝	8.7畝
„ 6 吋	2600	112	56	37	18.7
„ 8 吋	5200	224	112	75	37.3
„ 10 吋	8200	353	176	118	58.8

1952

卑窪之地

採用機械抽水,不僅足以灌現在之稻田已也,推而廣之,可使昔之地勢卑下,終年積水者,轉成良田.考江南之圍田,原屬低地,圍以圩岸,屏外來之水而田者也.圍內雨水過多之時,則車升而去之.惟人力車挽僅能排小量之水,過數尺之圩.若量大而圩高者,力旣有所未逮,費亦過於耗損.是以地勢不甚卑下,土質肥美者,早已耕種成熟.其更卑於此者,則非人力所能制,棄而不耕.以故國中汙卑荒廢之地,尙不可勝計也.苟裝置機械以排水,則地面不僅其廣大,(荷蘭六十六萬畝之地,全賴機器之排洩,可爲先例).圩岸不僅其高峻,今之患潦之廢地,似莫不可經營使成良田也.

築圩圍田,不在技術上能行不能行,而在實行後經濟不經濟.苟舉行之,而其費用過昂,入不抵出,則亦終歸失敗已耳.今推算之如下.

假定有卑汙地一千畝,土質宜稻,須四週築一丈高圩,方可免潦.今一〇〇

抽水機設備功效費用表

組合 引擎	5 馬 力		8 馬 力			10 馬 力	
抽水機	6 吋	8 吋	6 吋	8 吋	10 吋	8 吋	10 吋
最高水頭	20 尺	12 尺	25 尺	16 尺	13 尺	20 尺	15 尺
每日灌田畝數水深二吋	110 畝	180 畝	120 畝	192 畝	250 畝	220 畝	300 畝
機器成本	850 元	950 元	1150元	1200元	1300元	1350元	1500元
每日費用連折舊利息	3.85元	4.00元	5.50元	5.65元	5.90元	6.58元	6.95元
每畝費用	3.5 分	2.2 分	4.5 分	2.9 分	2.4 分	3 分	2.3 分
本組能灌熟畝數	600—700	900—1100	700—800	1200—1400	1500—1700	1300—1500	1700—2000

注意: 會員諸君,如有調移職業更改地址者,請立即通知上海寧波路七號本會總辦事處,庶幾寄送通訊,免致貽誤.　炎

〇畝＝七二六,〇〇〇〇平方呎,假作正方形,每邊長二七〇〇呎,四圩共長一,〇八〇〇呎.圩制頂寬三呎,高十呎,坡豎一橫,一·五,兩面同.如是圩每呎需土一方八角.如其地軟,防下沉,加十分之二,計圩每呎爲二方二角.挑工每方五角算,則每呎合洋一元一角.全圍共需洋一,一七〇〇元.

在圍內一隅,設一水庫.潦時,用機將田中之水,抽存庫內.旱時,庫水放入田間,過剩之水,則洩之圍外.今以百畝之地爲庫,深二丈餘,可貯水二〇〇〇畝呎,增築圍圩一七〇〇呎,計洋一八七〇元,放水閘門可五〇〇元.

綜上數項,建設之費,共一,四〇七〇元.

地畝損失,水庫一〇〇畝,圩岸六〇畝,水道四〇畝,共二百畝.可耕之田,實計八〇〇畝.一,四〇七〇元之建圩費,以八〇〇畝平分之,每畝不過十七元六角而已.

水庫之旁,裝設引擎邦浦,費用不過二〇〇〇元.

每年戽水之費,與平常灌溉相同,每年每畝不過一元至二元而巳.

此種卑下之田,未經墾種者,吾國甚多.單就淮河流域言,約計五百萬畝以上.現地價每畝不過十元左右.經營之費,照上估算,每畝不過二十元左右.共不過三十元左右.墾種之後,年收二熟,利益之厚,可見矣.

上述預算,隨意設例以明理,并無所指也.用千畝立算者,因範圍不過廣,經費不甚鉅,中人之產,亦能任也.若地面更寬,築圩經營,尤爲經濟矣.

斥鹵之地

機械灌溉,可以化斥鹵之地而成良田.所謂斥鹵地者,因土壤內含有多量鹽類物質,受土中水分之溶解,積聚土中,隨時蒸發地面.如分量過多,必致妨害植物之生長.歐美各國,在所常見,在我國北省,亦有之.

江蘇沿海之地,昔時全爲鹽灘.數十年前,灘地逐漸伸長,海水不及,鹽場廢由,弛張謇倡始組織公司,從事墾植.至今沿海跨通海七邑之境,盡爲各公司新經營之墾地,共計不下五○○,○○○○○畝.又天津大沽之間,田連阡陌,一望荒蕪,此二處之斥鹵地,其成因與尋常斥鹵地不同.以其所含之鹵性,係昔

全國農田統計表(據農商部調查)

省區	農田	園圃	統計
	萬	萬	萬
河北	9000,5870	617,7160	9618,3300 畝
奉天	4474,8170	103,8970	4578,7140
吉林	8357,8060	268,0910	8625,8970
黑龍江	3760,0390	126,5200	3886,5590
山東	1,0284,8430	216,0770	1,0500,9200
河南	3,4885,1960	5102,4890	3,9987,6850
山西	4980,9480	95,9560	5076,9040
江蘇	7931,1920	491,5260	8422,7180
安徽	3969,6690	216,9290	4186,5980
江西	3631,5100	452,6910	4084,2010
福建	1184,5580	153,0770	1337,6350
浙江	2699,3650	419,8670	3119,2320
湖北	1,5488,6830	689,6150	1,6178,2980
湖南	1870,4950	331,9150	2202,4100
陝西	3003,3910	56,6980	3060,0890
甘肅	2649,9440	41,4690	2691,4130
新疆	1072,6230	130,0550	1202,6780
四川	5631,8400	6911,4320	1,2543,2720
廣東	2290,5620	309,6270	2660,1890
廣西	7840,4740	500,0980	8340,5720
雲南	1045,6700	104,0150	1149,6850
貴州	133,6510	13,4520	147,1030
熱河	1579,2130	105,1210	1684,3340
綏遠	601,1420	27,0850	628,2270
察哈爾	1197,1300	1,7610	1198,8910
總計	13,9565,3480	1,7487,1790	15,7052,5270

日海水淹沒時所遺留土中者也.

凡斥鹵之地,開墾之後,經雨水之洗濯,鹽質逐漸向地中下滲.待地面植物根生長之層,冲淡無害,始成良田.南通天津兩處之地,在南通者,雨水充足,鹵質易於滲濾,開荒若干後,減少至一定程度而止.在天津雨水稀少,一年中,雨量只有陰歷六七月為多,滲濾之作用缺少,鹵質甚難排除.有時反因地面乾燥,地下鹵質,源源上昇,而增其鹵性.故南通天津兩處,同屬海灘斥鹵,亦有不同處也.

鹵質之傷害作物,人所盡知.而斥鹵地一旦改良,即為極肥美之地,最宜量麥棉花之屬.但鹵質一日不去.作物一日不得豐獲.雖地中原有肥分,足供應用,亦復何益.至於改良之法,則灌溉與排洩而已.

天然改良之法,為雨水降落田中,將面上鹽質溶解,挾之下滲.惟雨水不多,改良甚緩,有時甚至無效.灌溉者,以人工施水,而速鹵質之消滅也.天津農家,多有知灌溉之法,足以制止鹵質者.故當地人云,新墾之地,必須灌水六七次,始可種植.第一二年所種,必為水稻,以後方可栽種他種作物.四五年,又必須栽種水稻一年,否則鹵質上昇,重有傷害.由此可知灌溉為補救斥鹵地之必要方法矣.

灌溉又須與陰溝排泄並行,方見功效.若單行灌溉,僅能將田面一部份之鹵質,排至溝渠,其量有限而地上之鹵質,且將上昇.因地中之水位,反因之增高故也.故妥善之法,宜於地下深埋瓦管陰溝,管之大小與溝之疎密,視需要而然.小管通於大管,復達於大溝以放於海.如是則田中之水,下滲集聚於管溝而去,土中之水位,自然降低.地中遺留之鹵,不致侵及植物之根,不能為害.是以藉灌溉之法,以溶解鹵質,復藉管溝之用,以排除污濁.二者並行,斥鹵化為膏腴矣.

考現今之所謂墾殖公司者,規模頗皆宏大.而調查其辦法,概多為小農制.將公司地畝,分為小段,佃於農戶,任其耕種,而公司按畝收租而已.故於改良土質,水利工程,大率皆不完備.此實非適當之道也.爲公司利益計,宜採用大農之法,多用機械,以代人工.而尤以灌溉所需,購置新式機器,以澆灌廣大之面積,注溉全部之地畝,而收潤澤與去鹵之功用也.

全國荒地統計表(據農商部荒地調查)

省區	官有	公有	私有	共計
	萬	萬	萬	萬
河北	419,7020	226,9460	95,6960	742,3380畝
奉天	168,3240	1,8060	1582,5860	1752,7160
吉林	3172,9870	970,4450	2173,5730	6316,7050
黑龍江	7749,4060	552,7820	6,0420,9980	6,8723,1860
山東	220,6030	18,0500	12,2170	250,8700
河南	60,2220	7,5050	170,9100	238,6370
山西	61,8330	1,6610	386,6980	450,1920
江蘇	91,6570	19,3090	131,6130	236,5790
安徽	150,5960	19,3540	256,9790	426,9290
江西	4,1930	1,1860	265,4720	270,8510
福建	3,2260	5,9840	67,9930	77,2030
浙江	43,4050	7,0600	107,4570	157,9220
湖北	4,2510	7,8430	389,6720	401,7660
湖南	5,5710	—	243,0780	248,6490
陝西	33,5470	38,3630	82,4090	154,3190
甘肅	1271,2490	8,2430	205,7650	1485,2570
新疆	742,6020	7140	16,0660	759,3820
四川	42,5300	—	2145,9970	2188,5270
廣東	281,0350	55,6930	53,4630	390,1950
廣西	409,2500	—	1016,6810	1425,9310
雲南	18,2120	—	233,8050	252,0170
貴州	4480	—	2,7270	3,1750
熱河	40,8040	4,1110	84,9300	129,8450
綏遠	14,5930	590	5,4560	20,1080
察哈爾	183,5020	1,8330	68,7460	254,0810
總計	1,5193,6420	1942,7450	7,0220,9930	8,7357,3800

以上之地,或因交通阻塞,或因灌溉排水不便,以致荒廢.苟設法改良,便可耕植.

增加產量

採用機械灌溉,田稻產量,可以增加.黃炎培十五年九月二十七日調查常州電力灌田報告云,人力既省,可專於其他工作,故稻之收成,每畝六擔者,增爲七擔.如用人工,則當農忙時,每工大洋五角.且農家例須畜牛,以備車水之用,每日飼料二角.即使天多雨水,此費仍不可少.今用電力,每畝計可減省百分之七十云云.

吾國每年產米之量,約計四,〇〇〇〇,〇〇〇〇石.若全國通用機器以灌溉之,照上述可望增收六分之一,卽六六〇〇,〇〇〇〇石.卽以每石價十元計,年可增加生產六,六〇〇〇,〇〇〇〇元.換言之,每人食米,平均每年假定二石,則可供三三〇〇,〇〇〇〇人口之食,豈非至可驚人之數乎.

以上所言,係指尋常收穫之年而論.至於凶年,專恃人力者,收成減半,甚或粒米無收.若用機械灌溉,益以保存水源之工程.則旱荒可免.國內各處旱災或三年一遇焉,或五年一遇焉,或七年一遇焉,甚或十餘年二十餘年而一遇焉.自有其似可解而不可解之循環數理.各地之荒期,至不一致,荒之程度,亦不一律.今假定每七年遇旱一次,旱時收穫減半,則每七年之內,米量之損失,當爲二,〇〇〇〇,〇〇〇〇石.若用機器溉田,則此項損失可免.平均每年又可增三〇〇〇,〇〇〇〇石矣.

吾國現今產米區域,爲長江流域及南部各省.北省則因雨水較少天氣較冷之故,多屬旱作.卽在此長江流域及南部各省,亦僅於地勢平衍,灌溉利便之地,然後植稻.其爲旱作之地,及未經開墾者,面積甚廣.若採用機器,則水之利用範圍,可推廣數倍.何以言之.人力翻車,高不過二丈.機器邦浦,可達百尺以上.翻車之水,遠不過二三里.機器掣取,水量既巨,水道修備,則不難周流數十里.水之利用既增,則稻田之面積,隨之推廣,亦必然之勢也.

北部諸省,非絕對的不宜稻者也.此層可從數方面觀察而證明之.吾華民族,周秦時代,集中於黃河流域.宋以前,稻以黃河流域為根本地.迄宋室南遷,始渡江而下.而稻之種植,年代久遠.吾民族在黃河流域,亦必種稻.故山陜之間,廢渠舊堰,在在有之.此自歷史上觀察,知北省非不可種稻也.

有清雍正年間,京畿輔近,講修水利,營治稻田.經官營成者,六千餘頃.勸民營治者,稱是.一時米產豐足,米價低廉.雍正九年以後,逐漸廢弛.考其原因,由

農作物收穫比較表(民國十一年在江蘇青浦縣之調查)

每戶管業	人數		作物收入						價值		雜收入項
	全戶	能作工者	稻	麥	豆	其他	共計	每畝	共計	每畝	
畝	人	人	石	石	石	石	石	石	元	元	元
75	14	6	180.0	90.0	0.2	14.0	284.2	3.78	1180	15.84	180
29	7	3	45.0	19.5	4.0	—	68.5	2.36	308	10.60	93
60	21	11	96.5	90.0	—	20.0	206.5	3.44	871	14.51	119
80	19	14	125.2	172.2	—	32.5	329.9	4.12	1508	18.84	244
45	8	5	67.2	63.0	—	85.0	188.2	4.18	621	13.79	150
14	6	2	24.3	—	21.3	—	45.6	3.25	250	17.84	97
50	31	14	75.0	60.0	24.0	—	159.0	3.18	699	13.98	231
90	16	12	315.6	—	—	—	315.6	3.56	947	10.52	144
25	6	6	54.0	24.0	—	16.0	94.0	3.78	319	12.76	99
13	4	3	32.1	—	9.5	—	41.6	3.20	146	11.20	95
山東西部少雨區域之調查											
24	未詳		小麥,大麥,豆,甘薯,棉花,菸草,高粱,小米落花生等為主要作物,數量未詳.						160	6.66	72
27									160	5.92	91
14									100	7.14	58
72									520	7.22	210
12									100	8.33	61
調查膠澳鄉村四十七家之平均數											
5.45	8.98	35.3	3.49種,							10.99	14.50

於雨水稀少,北農不習升挽之勞,米價太賤,不足以酬灌溉之苦.然則水田之營治,雖不久旋廢,而非不宜於稻,則彰彰矣.

至於今日,陝西灌溉便利之處,有小規模之稻田.東三省種植旱稻,年來尤稱發達.綜此以觀,北部各省之不種稻,實係水利之關係.苟機器行而灌溉便,則今之種旱作者,可改種稻,農家收入可望豐多.米之產量,又可增加矣.

節錄農桑通訣灌溉篇

昔禹決九川距四海.濬畎澮距川.然後播奏庶艱食.蒸民乃粒.此禹平水土.因井田溝洫以去水也.後井田之法.大備於周.周禮所謂遂人匠人之治.夫間有遂.十夫有溝.百夫有洫.千夫有澮.萬夫有川.遂注入溝.溝注入洫.洫注入澮.澮注入川.故田畝之水.有所歸焉.此去水之法也.若夫古之井田.溝洫脈絡.布於田野.旱則灌溉.潦則泄去.故說者曰.溝洫之於田野.可決而決.則無水溢之害.可塞而塞.則無旱乾之患.又荀卿曰.修隄防,通溝洫之水潦.安水藏以時決塞.則溝洫之利.豈特通水而已哉.考之周禮.稻人掌稼下地.以水澤之地種穀也.以瀦蓄水.以防止水.以遂均水.以列舍水.以澮瀉水.此又下地之制.與遂人匠人異也.後世灌溉之利.實昉於此.

天下農田灌溉之利.大抵多古人之遺跡.如關西有鄭國白公六輔之渠.關外有嚴熊龍首渠.河內有史起十二渠.自淮泗及汴通河.自河通渭.則有漕渠.鄖州有右史渠.南陽有召信臣鉗盧陂.廬江有孫叔敖芍陂.潁川有鴻隙陂.廣陵有雷陂.浙左有馬臻鏡湖.興化有蕭何堰.西蜀有李冰文翁穿江之迹.皆能灌溉民田.爲百世利.

各溝渠陂堨.上置水閘.以備啓閉.各塘堰之水.必置㵎竇.以便通泄.此水在上者.若田高而水下.則設機械用之.如翻車筒輪,戽斗,桔槔之類.挈而上之.如地勢曲折而水遠.則爲槽架連筒陰溝浚渠陂柵之類.引而達之.此用水之巧者.

若不灌及平澆之田爲最.或用車起水者次之.或再車三車之田.又爲次也.

1960

其高田旱歲自種至收.不過五六月.其間或旱.不過澆灌四五次.此可致其常稔也.傳子曰.陸田者.命懸於天.人力雖修,水旱不時.則一年功棄.（若用抽水機器,可致常稔）水田制之由人.人力苟修.則地利可盡.天時不如地利.地利不如人事.此水田灌漑之利也.

夫海內江淮河漢之外.復有名水萬數.枝分派別.俱可利澤.或通爲溝渠.可蓄爲陂塘.以資灌漑.安有旱暵之憂哉.復有圍田及圩田之制.凡邊江近湖.地多閑曠.霖雨漲潦.不時淹沒.或淺浸瀰漫.所以不任耕種.復有各處富有之家.度視地勢.築土作堤.環而不斷.內地率有千頃.旱則通水.澇則洩去.故名曰圍田.又有據水築爲堤岸.復疊外護.或高至數丈.或曲直不等.長至瀰望.每遇霖潦.以圩水勢.故名曰圩田.內有溝瀆.以通灌漑.其田亦或不下千頃.此又水田之善者.

各處陂渠川澤.廢而不治.不爲不多.倘能循按故迹.或創地利.通溝瀆.蓄陂澤.以備水旱.使斥鹵化爲膏腴.汚藪變爲沃壤.國有餘糧.民有餘利.庶灌漑之事.爲務農之大本也.

我國面積人口表　（人口據民國十年郵局統計）

省別	面積方哩	人口	每方哩人口	省別	面積方哩	人口	每方哩人口
江蘇	3,8600	3379萬	875	浙江	3,6700	2204萬	600
山東	5,5900	3080	550	河南	6,8000	3083	454
湖北	7,1400	2717	380	廣東	10,0000	3717	372
江西	6,9500	2447	353	湖南	8,3400	2844	341
安徽	5,4800	1983	337	河北	11,5800	3419	295
福建	4,3300	1316	284	四川	21,8500	4978	228
貴州	6,7200	1122	167	廣西	77,2000	1226	158
山西	8,1800	1108	134	陝西	7,5300	947	125
雲南	14,6700	984	67	甘肅	12,5500	593	47
東三省	36,3700	1370	37	新疆	55,0600	252	5
蒙古	136,8000	未詳		西藏	46,3300	未詳	
共	427,4600						

擬定中華民國權度單位制意見書

著者：劉晉鈺
陳徹庸

（一）總論　我國權度之載於典籍者，莫先於虞書之同律度量衡。其製造法，本乎黃鐘以秬黍起度，而律度量衡首冠以同者，即以至不齊者，而使之齊也。漢晉以降，雖代有定制，但對於社會從未加以取締，於是人民爾詐我虞，自成風氣，城市鄉鎮，各不相同，竟有一地方而有權度數十百種，人心風俗，尙堪問耶。故爲今之計，欲挽救國民已墮落之道德，首當確定權度制度，推行全國，使國民去貪詐而趨於正直之途，則民國之興也勃矣。

（二）民國權度行政之沿革　前清末造，與各國訂立條約，有統一度量衡之規定。於是光緒三十四年，農工商度支兩部會奏俗遵定制，以營造尺漕斛庫平爲準則，設立度量權衡局，並開辦製造廠一所，規模粗具。改革事起，因之停輟。民國三年，農商部成立，議決採取二制並用，一爲營造尺庫平制，一爲萬國通制，於四年一月由參議院議決權度法，及其附屬法規，公佈施行。是年九月設立權度檢定所，辦理京師區劃一權度事宜。又開辦製造所，製造各種標準器，及民用器具。惜歷年以來，內亂頻仍，政令不行，當時議決十年統一全國權度之計劃，完全不能實行。民國八年，山西省劃一權度，但自十二年後，因軍費浩繁，將各縣檢查員裁撤，迄至今日，民間所用權度器具，又復參差不齊矣。

（三）世界現行單位情形　世界各國現行單位，以人口爲比例，可分四種。

	國數	人口	世界人口%
(一)完全用米突制	49	482,000,000	27%
(二)米突已經法定但實際上尙未普及者	2	195,000,000	11%
(三)用本國制度同時准用米突制者	21	1,060,000,000	59%
(四)完全不用米突制	8	58,000,000	3%

(四) 世界現行單位之缺點　世界各國現行單位最重要者,為米突制,與英美制.但英美制俱非十進,又無系統,不適用於科學家.雖通用於本國工商業界,而計算複雜,諸多不便,故有兼用米突制者.然米突制亦有缺點.茲分述如下:—

(1) 系統不一致.就物理學而論,共分五種.

A. 最初制度　Mètre Kilogramme Poids, Seconde Kilogrammetre Chival.

B. 基本制度　Metre Kilogramme-masse, Seconde, Joule, Watt,

C. C.G.S.制度　Centimetre, Grammes, Seconds, Dyne, Erg.

D. M.T.S.制度　Mètre, Ampere-masss, Seconde, Kilojoule, Kilowatt.

E. 電學實用制度　Ohm, Ampère, Volt, Farad.

設欲計算交流電機,先用A制算得馬力,(工率)繼用D制折成基羅瓦特(Kilowatt),再用E制定電位差若干伏脫(Volt),電流若干安培(Ampere),再進而定磁流,則用C.G.S.磁電單位制,定電容則用C.G.S.靜電單位制,每換一制度,須用複雜之系數,稍有不慎,即易錯誤.

此種分歧之原因,緣法國定米突時在一七九五年,其時科學尚在幼稚時代.嗣後電學日益進步,由米突推演而出之單位,嫌太大,由生的米突推演而出之單位嫌太小.

(2) 十進不完全　角度與時間非十進制,故文天測地航行等計算,頗覺煩雜也.

(3) 標準已失原有意義　最初定米突制時,地球徑線等於四千萬米突.後經準確之測量,始悉地球經線為40,007,472 m 又最初一 Kilogramme-masse 等於一 Oitre 純水之體質 (4°C), 故純水之最高密度等於一.但依巴黎現所藏之標準,純水之最高密度則為0,99997 y.

(五) 重訂新單位制之必要　就前節所述觀之,米突制與科學界既有缺點,欲用之於我國普通社會,亦不相宜,因與現用權度相差甚多.英美制度,完全不適用於科學,且非十進制,亦無採用之理由.至於我國現用之權度,一市之中,種類數十,實難擇一保留,爲正本淸源之計,非重訂新制不可.

（六）訂定新單位制之原則

(A) 宜盡量取十進制,以便計算.

(B) 所定單位,須有一貫系統.

(C) 同時適用於科學界及工商業.

(D) 與現行權度相差不遠.

(E) 對於萬國通用之電學單位如 Volt, ohm, Ampire, Watt 等等,宜盡量保留,因其分量,實際上甚爲適用耳,均以十爲進退.

（七）計算新單位制之程序　新單位制之計算,根據上述原則,先定下列諸單位:—

（1）工率單位＝＝10 Watts＝10^8 C. G S.

（2）密度單位＝$\frac{1}{1.000027}$ C. G. S. 水之最高密度

（3）時間單位＝0.72 Seconde 即一日十二時（二十四小時）

一時百分一分丁

設 P 爲工率　M 爲質量　C 爲工　r 爲加速率　t 爲時間

D 爲密度　F 爲力　V 爲容量　L 爲長

依物理學公式

$$P=\frac{C}{t}=\frac{FL}{t}=\frac{MrL}{t}=\frac{DrVL}{t}=\frac{DL^3Lt^{-2}L}{t}=DL^5t^{-3}$$

或 $P=\frac{DL^5}{t^3}$　　故 $L^5=\frac{Pt^3}{D}$

故 $L^5=\frac{10^8\times(0.72)^3}{\frac{1}{1.000027}}=10^8\times(0.72)^3\times1.000027$

故 $L^5=0.3732530777\times10^8$

故 $L=32.689016\,\text{Cm.}=12''\frac{7}{8}$ Approx.

命名正尺,即爲長之單位

長之單位旣定,則依 $M=Dy=DL^3$ 之公式,可定體質之單位如次,

$$M=DL^3=\frac{1}{1.00002.7}\times(32.689016)^3$$

故 $M=34,929.6$ Gramme-massse

即爲體質之單位,命名爲鏊.

其千分之一命名爲正兩

長質量時間三基本單位旣定,則依物理學公式,推演其他單位,甚屬容易.(參看附表)

(八)新單位制之優點

(1)新單位制之基本單位爲正尺,正兩,與百分秒,與吾國及英美各國人民所產之度量衡相差甚少,可以見諸實行.惟時之分度稍有變更,一小時六十分,改爲五十分,而一日仍爲二十四小時,實際上無大妨害,而科學上計算便利多矣.

(2)新單位制完全十進,工商界用之,計算甚便.

(3)新單位制應用於科學界,所有單位,由力至磁,系統一貫,以前常用之系數,可以删除,米突制之缺點,藉此更正.

(九)結論　我國政府如能採用此制,訂定權度法規,推行全國,並非難事.至民國四年所定營造尺平制,係前清帝國遺制,於科學上毫無根據,國民政府不當沿用此舊制也.

英美各國人民,對於本國所用之權度,常有改革思想,其議論於歐美雜誌中時有發表,而終未見變更者,因無適宜之單位制也.使我國能實行此制,歐美人民,見其便利,亦將採用,則世界統一權度之起點,發端於中華民國,不亦榮乎.至於此制之推行步驟,當爲二期.第一期先釐定長與質量之標準,第二期乃次第改革時間及其他單位.在第一期中常數表未備,學者不得不兼用米突制,迨至常數表備,則學校課題,可用此制,再進而儀器備則其用可及於應用科學界矣.

曩者一七八九年,法國革命,而有米突制之產生,至今為人稱道.但法國革命後,科學驟然發達,故該制已為時代之落伍者.今中國革命應運而興,而新制亦因時代之需要而出,法之革命不能專美於前矣.夫以順潮流之產物,乘革命之機會,由四萬萬大民族倡議之,必曰無普及之可能,而兢兢然倚傍他人之緒餘,以為除米突制外,別無新途徑可尋者,似非民族自尊之道,與革命之獨立精神,及科學之進取原則,亦容有未合焉.

附 錄

擬定新單位制之經過情形　先是震旦大學物理系主任法人費德朗君常以米突制應用於科學上,時見弱點,思有以改良之而無從着手.一日,晉鉦語以中國古代及現行單位情形,費君即曰,設以中國單位為根據,保存其優點,改良其缺點,或可成一新單位制,較米突制為適用,亦未可知.於是與費君從事調查計算,經年以後,將研究成績於科學誌雜工程雜誌及申報等,先後登載.其時主張以三分之一米突為一尺,以37.05格蘭姆為一兩,分一日為十二時,一時一百分,一分一百秒.(參考科學雜誌雜八卷第十一期)時民國十二年也.此論發表後,頗引起科學家研究單位之興趣,胡剛復先生即發表意見,謂如新創一制至小須與現今通行之電學實用單位 Volt, Ampere, Watt 等成一簡比例.同時儆庸在北京與晉鉦通函討論結果,意見一致,乃各從事計算製造標準.至民國十五年新單位制擬成,胡剛復先生錫名曰原人制,(Systeme Homo)以其適合於人生之需要也.儆庸名其度之單位曰正尺,衡之單位曰正兩,取公平正直之義,藉以區別一切舊單位也.

國際單位制與米突制及英美中現行比較表

性 質	符號及公式	國際單位制	米 突 制	英 美 制	本 國 制
長	L	1	32,6890 Cm	12" ⅔	約一營造尺
質 量	M	1	34,9296 Kg	77 lb, av.	約 半 擔
時 間	T	1	0,72 Sec	0.72 sec	0,72 秒

1966

面　積	L^2	1	10,68572 dm^2	1,17 sq. ft.	約一營造方尺
容　積	L^3	1	34,93056 dm^3	0,99 bushel	約 三 斗 半
速　率	LT^{-1}	1	45,4014 Cm. sec.	1,015 Mile per hour	約一點鐘三里
加速率	$Y=LT^{-2}$	1	63,0575 Cm. sec.^{2}	24,88 in. 1 sec^2	約每秒二營造尺
力	$F=mv$	1	22,0257 10^5 dynes	4,95 pound av.	約 3 ¾ 斤
工(能)	$W=FL$	1	7,2 Joules	5,3 ft-lb	
工　率	$P=\frac{W}{T}$	1	10 watts	$\frac{1}{74.6}$ H.P.	
壓　力	$P=\frac{F}{S}$		2061,23 $\frac{\text{dynes}}{\text{Cm}^2}$	$\frac{1}{500}$ Atm.	

國際單位制(或原人單位制)與米突制對於人體度量之比較

	國際單位制 Systeme Homo	M. T. S.	C. G. S.
人之普通體長	5	1,65 M.	165 cm.
人之普通體重	2	0,07 tonne	70000 gr.
人之普通負荷	2	0,07 tonne	70000 gr.
步行之平均速率	2,45	1,10 M : sec.	110 cm : sec
工人之工作率	1,1	0,5 M : sec.	110 cm : sec
普通人之工率	4,54	0,10 Sthine	01^7 dynes
	5	0,05 Kw.	5010^7 $\frac{\text{erg}}{\text{sec.}}$

基本單位表 (Foundamental Units)

(a) 長度單位(Units of Length)

	十　引	1000　尺	326,89 meters
引	十　丈	100　尺	32,689 meters
丈	十　尺	10　尺	3,2689 meters
尺	十　寸	1　尺	32,689 Centimeters
寸	十　分	0,1　尺	3,2689 Centimeters
分	十　厘	0,01　尺	3,2689 Millimeters
厘	十　毫	10^{-3}　尺	0,32689 Millimeters
毫	十　絲	10^{-4}　尺	32,689 Microns
絲	十　忽	10^{-5}　尺	3,2689 Microns
忽	十　沙	10^{-6}　尺	0,32689 Microns
沙		10^{-7}　尺	3,2689 Angstroms

每正尺 = 1,021278 營造尺

(b) 面積單位 (Units of Area)

方引	百方丈	10000	方尺	10.6857 ares
方丈	百方尺	100	方尺	10.6857 m²
方尺	百方寸	1	方尺	10.6875 dm²
方寸	百方分	10^{-2}	方尺	10.6875 cm²
方分		10^{-4}	方尺	10.6875 mm²
(註)	畝 60 方丈	6000	方尺	6.41142 ares
	步弓 0.25 方丈	25	方尺	2.671425 m²

(c) 體積單位 (Units of Volume)

稷,立方丈	十 筥	1000	立方尺	34.93 m³
筥	十 鏽	100	立方尺	3.493 m³
鏽	十 釜	10	立方尺	349.3 dm³
釜,立方尺	十 瓶	1	立方尺	34.93 dm³
瓶	十 碗	0.1	立方尺	3.493 dm³
碗	十 琖	0.01	立方尺	349.3 cm³
琖,立方寸	十 匕	10^{-3}	立方尺	34.93 cm³
匕,立方分		10^{-6}	立方尺	34.93 mm³
註	石 約 300 碗	3	立方尺	104.79 eiters
	斛 約 150 碗	1.5	立方尺	52.396 eiters
	斗 約 30 碗	0.3	立方尺	10.479 eiters
	升 約 3 碗	0.03	立方尺	1.0479 eiters

(d) 質量(及重量)單位 (Units of mass and weight)

擎	十 提	1000	兩	34.9296 Kilog.
提	十 鎊	100	兩	3.493 Kilog.
鎊	十 兩	10	兩	349.3 gram.
兩	十 錢	1	兩	34.93 gram.
錢	十 分	0.1	兩	3.493 gram.
分	十 厘	0.01	兩	349.3 mg.
厘	十 毫	10^{-3}	兩	34.93 mg.
毫		10^{-4}	兩	3.493 mg.
	(註) 每正兩 = .936425 庫平兩			
擔	二 擎	2000	兩	69.86 Kilog.
鈞	五 提	500	兩	17.46 Kilog.

(e) 時間單位(Units of time)

一日	十二時 24小時	120000 時秒	24 hours	86400 sec.
一時	十刻	10000 時秒	2 hours	7200 sec.
一刻	十時分	1000 時秒	12 min.	720 sec.
一時分	百時秒	100 時秒	1.2 min.	72 sec.
一時秒	十時毛	1 時秒		0.72 sec.
一時毛				

(註) 一小時,五十分, 5000秒, 1 hour, 3600 sec, 毛即毫時讀毛

(f) 角度單位 (Units of Alngle)

一圓周	十二宮	120000 宮秒	360°	1296000″
一宮	十宮度	10000 宮秒	30°	108000″
一宮度	十宮分	1000 宮秒	3°	10800″
一宮分	百宮秒	100 宮秒	18′	1080″
一宮秒	百芒	1 宮秒		10″8
一芒		0.01 宮秒		0″108

劃一度量衡意見書

著者：周 銘
施孔懷

擬用米突制在過渡時期內輔以副制：

(一)總論 吾國權度制度，省自爲政，邑自爲風，種類繁多，久未劃一。以權言，有庫秤，漕秤，廣秤，關秤等制。即就同一秤制而論，每斤自十二兩至二十三兩不等。以度言，有營造尺，魯班尺，海關尺等制。即就同一度制而論，有九八，九七，九五等名目。若在通商大埠，更有英制及米突制，紊亂錯雜，可稱極矣。其害則墮落交易之信用，誘起市民之貪詐，自非改革不可。但承舊制紊亂之後，驟令民間改遵新制，必感不便，爲政者宜調劑於其間，以期推行無礙，收改革之成效，其庶幾乎。

(二)採用米突制之理由 劃一權度，須先確定標準，然後有所根據。竊思立國地球之上，當具獨立精神，整理國事，原不必附和他人。惟念國際間苟有通行之善良制度，擇善而從，誰曰不可。例如我國向用陰歷，國際上以爲陽歷便利，遂倣行至今已十餘年。猶如德人見米突制之簡便，毅然採用，而德人之愛國精神，仍不因此稍減。誠以世界日進大同，未可聰明自囿。不然，以德人之精神智慧，豈欲創一獨立權度制而不能乎。作者不敏，本此原則，主張採用米制，爲我國權度標準，更進而說明之。

(A) 米突制十進便利。

(B) 世界文明各國，科學書籍，科學儀器，均係米突制。至於工程機器，德，法，比，意，瑞士等國，全屬米突制。英美兩國，關係電學機器，亦係米突制。東鄰日本，近幾全用米突制，故爲便利研究及應用計，非採用此制不可。

(C) 我國自通商以來，外人在華商場，勢力偉大，無可諱言。英制米突制，交易通用，目下除能控制外人惟命是從，或恢復前閉關自治狀況外，若另創新制,勢必三制並用,更加煩雜,欲免此弊,惟有採用簡易之米突制.

(D) 據劉君晉鈺統計,世界各國現行單位以人口爲比例,可分左列四種.

1. 完全用米突制者,有四十九國,佔全世界人口百分之二十七.

2. 米突制已經通行,但實際上尙未普及者,有二國,佔全世界人口百分之十一.

3. 用本國制度,同時准用米突制者,有二十一國,占全世界人口百分之五十九.

4. 完全不用米突制者有八國,占全世界人口百分之三.

依此統計,可知米突制殆爲國際通用制度,雖有全世界百分之三人口,完全不用,然爲數旣微,將來逐漸推行統一,又意中事也.

(三) 採用副制之理由　我國國有鐵路及郵政局,均採用米突制,惟民間沿用,仍係我國舊制.如一時改用米突制,推行不易.故爲劃一計,在過渡時期內擬本比較,適合民間習慣而與米突制有一簡單比例之原則,確定副制如左:—

度制　按本年八月國民政府財政部訓令各省政府各市政府測量土地,以公尺(METER)爲標準,期脗合萬國權度計算.時以一萬方公尺等於營造尺制十六畝二分七厘六毫,是則營造尺爲我國畝分所據,比較適合民衆習慣,可無疑義.因定該尺長度爲過渡度制單位,其與米突制關係如左:—

一尺等於三十二CENT=METFR………(一尺 = 32 cm)

一公尺等於三點一二五尺………………(一公尺 = 3.125 尺)

尺與公尺爲八與二十五之比………………(尺:公尺 = 8:25)

量制　營造尺一升,原等於1.0354688公升,(LITER)今定升爲過渡量制單位等於一公升,相較少0.035耳.

衡制　我國出納款項,向以庫秤爲準,一兩等於37.301克.(GRAM),海關收稅,載在條約,以關秤爲準.一兩等於37.783125克.(GRAM)因取二者平均

約數爲過渡衡制單位,計

一兩等於37.50克(GRAM)

一斤等於16兩等於600克(GRAM)

斤與公斤KILOGRAM爲6與10之比

如是科學工程方面,用米突制,民間方面用副制,推行無阻,可以預卜.若將來副制認爲有廢棄之必要,則一切度量衡折合米突制,簡易便利,自無問題,此在過渡時期主張採用副制之理由也.

(四)結論 我國工業幼稚萬分,嘗聞吳稚暉氏之言曰,歐美各國,物質文明,已達成人之地步,我國尙屬一狗.又聞馬君武氏之言曰,國民革命成功與否,關鍵在物質建設.然則欲使我國由獸類而進化人類,由次殖民地變而爲自由平等之國家,端在採取西方之科學發明,從事建設.嘗謂度量衡之於科學,譬之文字.採米突制,無異科學書用本國文字,編輯者原爲明瞭易解,事半功倍,換一異於米突制之新制,不啻科學書之用外國文字纂集者也.無數青年學子,朝斯夕斯,致力研究,勞精竭神,其效率,勢必低微,且有阻礙國家工藝之發展.難者曰,如新制優良,甚或能超出於米突制,其採用之乎?竊以爲度量衡原則,以能推行劃一爲貴,其於社會,譬之法律民衆,旣已樂從通行,豈可輕易更張,卽如論者批評米突制,時間與角度非十進,致於天文測量航行等計算複雜,此亦祗可用十進對照表以圖補救.緣時間分秒與角度分秒,均以六十進,全世界一律,且致力於天文測量航行事業者,究屬少數.倘以應用於某種學術,小有不便,卽另創新制,無論未必定能較米突制高妙,卽使自認爲善良,而求通行於全國,其如國際孤立何.倘希望全世界各國舍米突制而用我國新制,不特我國貧弱工藝幼稚,力有不能,勢所不及,卽各國有意採行,恐亦不爲經濟所許.善哉,某法人之言曰,美國如舍現行制而改用米突制,所需費用,當爲歐戰戰費數倍,吾人讀此可以喻矣.總之權度事業,關係國家大計,極須審愼周詳.不可率爾從事,際玆凡百更新,進行建設之秋,劃一權度,列爲要政,故不揣愚陋,略抒管見,是否有當,尚希邦人君子有以教之.

米突制之定位表

長度

Millimetre 公厘 〇•〇〇一公尺　Decarmetre 公丈 一〇公尺

Centimetre 公分 〇•〇一公尺(一〇公厘)　Hectometre 公引 一〇〇公尺(一〇公丈)

Decimetre 公寸 〇•一公尺(一〇公分)　Kilometre 公里 一〇〇〇公尺(一〇公引)

Metre 公尺 單 位

地積

Centiare 公厘 〇•一公畝　Hectare 公頃 一〇〇公畝

Are 公畝 單 位(一〇〇方公尺)

容量

Millilitre 公撮 〇•〇〇一公升　Decalitre 公斗 一〇公升

Centilitre 公勺 〇•〇一公升(一〇公撮)　Hectolitre 公石 一〇〇公升(一〇公斗)

Decilitre 公合 〇•一公升公　Kilolitre 公秉 一〇〇〇公升(一〇公石)

Litre 公斗 單 位

一〇〇〇立方公分爲一公升

重量

Milligramme 公絲 〇•〇〇〇〇〇一公斤　Hectogram 公兩〇•一公斤

Centigramme 公毫 〇•〇〇〇〇一公斤　Kilogramme 公斤(單位)

Decigramme 公厘 〇•〇〇〇一公斤　Myriagramme 公衡 一〇公斤公

Gramme 公分 〇•〇〇一公斤　Quintal 公石 一〇〇公斤(一〇公衡)

Decagramme 公錢 〇•〇一公斤　Tonne 公噸 一〇〇〇公斤(一〇公石)

副制之名稱及定位表

長度

毫	○·○○○一尺	步	五 尺
厘	○·○○一尺(一○毫)	丈	一○尺(二步)
分	○·○一尺(一○厘)	引	一○○尺(一○丈)
寸	○·一尺 (一○分)	里	一八○○尺(一八○丈)
尺	單 位		

一尺爲米突制三十二公分,卽尺與公尺爲八與二十五之比

地積

毫	○·○○一畝	畝	單 位(六○○○方尺)
厘	○·○一畝(一○毫)	頃	一○○畝
分	○·一畝(一○厘)		

米突制一公頃(一○○○○方公尺)等於十六畝二分七厘六毫

容量

勺	○·○一升	斗	一○升
合	○·一升	斛	五○升(五斗)
升	單 位	石	一○○升(一○斗)

一升等米突制一公升

重量

毫	○·○○○一兩	兩	單 位
厘	○·○○一兩	斤	一六兩
分	○·○一兩	擔	一六○○兩(一○○斤)
錢	○·一兩		

一兩等於米突制三十七公分半卽斤與公斤之比例爲六與十.

劃一上海度量衡意見書

著者：施孔懷

(一) 現在度量衡制度之紊亂　我國現時度量衡制度之紊亂,人人得知之,人人能言之,省與省不同,縣與縣不同,市與市不同.即在同一市中,同一度也,有所謂魯班尺,營造尺,海關尺者.美人曾在廣州,福州,上海,天津,北平,山西諸城,收得尺八十四種.最長者合一六•八五英寸,最短者一一•一四英寸.同一量也,大小不同.歐人曾在廣州,上海取所用之升,與英量比較,一爲一•七二巴篤,一爲•九一九巴篤,一爲一•八五巴篤 (巴篤想爲Quarter之譯名). 同一衡也,有所謂庫秤,漕秤,關秤,廣秤者.民間所用之度量衡,尚未計也.若在通商大埠,更有所謂英制,米突制者.名目繁多,定制不一,其爲紊亂,可稱極矣.

(二) 統一之必要　考度量衡爲農工商日常所必需,緣交易貨物,非度即量,非量即衡.他如裁製衣服,製造舟車,建築道路,丈測土地,非度不行.是度之應用於工藝,大矣廣哉.今吾國度量衡制度之紊亂,既如上述.其在交易也,常因度量衡之不統一,發生爭執,妨礙交易.狡黠者且得藉此利用度量衡之大者購進,小者售出,從中取利,誠實者不明其故,因而受欺,影響市場,實非淺鮮.其於工藝也,緣本國之無標準可用,致工業人士不得不採用英制或米突制,有時竟須互相折合,費時不便,莫此爲甚,統一度量衡,誠方今之要務矣.

(三) 主張採用各種標準之意見　我國度量衡制度之紊亂而急須統一,既如上述,然欲達統一之目的,非先訂定標準不可.標準一層,有主張用英制者,有主張用米突制者,有主張加以劃一而用吾國舊制者.主用英制者,謂英美商業冠五洲,舉凡我國商埠,皆有英美人營業,工商方面,用其制度者甚多.且爲時久遠,擇其標準,推而行之,劃一可期.主用米突制者,謂米突制俱以十進,計算便利,且世界文明各國,除英,美,日外,如法,德,意,荷,葡,瑞士諸國,多用米突制.爲便利計,爲國際間度量衡統一計,當採用米突制.主用我國舊制者,謂吾國度量衡雖屬紊亂,惟其制度十進.彔之自殷周以來,有數千年之歷史,民衆沿用,已成習慣.且其弊祇紊亂而已,劃一而通行之可也,何必舍己從人.

(四)民國四年公布之權度 考民國四年一月六日,北京政府公布權度法,以萬國權度公會所制定之鉱鉑公尺公斤原器爲標準,權度分甲乙兩種.

(甲)營造尺庫平制,長度以營造尺一尺爲單位,重兩以庫平一兩爲單位,營造尺一尺等於公尺(METER)原器在攝氏百度寒暑表零度時首尾兩標點間百分之三二.庫平一兩,等於公斤(KILOGRAMME)原器百萬分之三七三〇一.

(乙)萬國權度通制,即米突制,長度以一公尺爲單位,重量以一公斤爲單位,一公尺等於公尺原器在攝氏百度寒暑表零度首尾兩標點間之長,一公斤等於公斤原器之重.

營造尺庫平制名稱及定位

長度	毫	0.0001	尺		釐	0.001	尺	(10毫)
	分	0.01	尺	(10釐)	寸	0.1	尺	(10分)
	尺	單	位		步	5	尺	
	丈	10	尺	(2步)	引	100	尺	(10丈)
	里	1800	尺	(180丈)				
地積	毫	0.001	畝		釐	0.01	畝	(10毫)
	分	0.1	畝	(10釐)	畝	單	位	(6000方尺)
	頃	100	畝					
容量	勺	0.01	升		合	0.1	升	(10勺)
	升	單	位		斗	10	升	
	斛	50	升	(5斗)	石	100	升	(10斗)

31.6立方寸爲1升

重量　毫　0.0001 兩　　　釐　0.001 兩　(10 毫)

分　0.01　兩　(10 釐)　　錢　0.1　兩　(10 分)

兩　單　位　　　斤　16　兩

在攝氏百度寒暑表四度時之純水,一立方寸之重量,爲 0.878475 兩.

營造尺庫平制與萬國權度通制比較表

長度

(甲) 營造尺庫平制折合萬國權度通制　(均絕)

毫	0.000032 公尺——0.032 公釐		釐	0.00032 公尺——0.32 公釐
分	0.0032 公尺——0.32 公分		寸	0.032 公尺——0.32 公寸
尺	0.32 公尺		步	1.6 公尺
丈	3.2 公尺——0.32 公丈		引	32 公尺——0.32 公引
里	576 公尺——0.576 公里			

(乙) 萬國權度通制折合營造尺庫平制

公釐	0.003125 尺——3.125 釐		公分	0.03125 尺——3.125 分
公寸	0.3125 尺——3.125 寸		公尺	3.125 尺
公丈	31.25 尺——3.125 丈		公引	312.5 尺——3.125 引
公里	3125 尺——1.736111 里(不絕)			

地積

(甲) 由營造尺庫平制折合萬國權度通制　(均絕)

毫	0.006144 公畝		釐	0.06144 公畝——6.144 公釐
分	0.6144 公畝		畝	6.144 公畝
頃	614.4 公畝——6.144 公頃			

(乙) 由萬國權度通制折合營造尺庫平制　(不絕)

公釐	0.0016276 畝——0.1627604 釐		公畝	0.1627604 畝
公頃	16.27604 畝——0.1627604 頃			

容量

(甲) 由營造尺庫平制折合萬國權度通制

勺 0.013547 公升——1.0354688 公勺　合 0.1035469 公升——1.0354688 公合

升 1.0354688 公升　斗 10.354688 公升——1.0354688 公斗

斛 51.77344 公升——5.177344 公斗　石 103.54688 公升——1.0354688 公石

(乙) 由萬國權度通制折合營造尺庫平制

公撮 0.0009657 升——0.09657461 勺　公勺 0.0096575 升——0.9657461 勺

公合 0.0965746 升——0.9657451 合　公升 0.9557461 升

公斗 9.657461 升——0.9657461 斗　公石 96.574614 升——0.9657461 石

公秉 965.746143 升——9.6574614 石

重量

(甲) 由營造尺庫平制折合萬國權度通制

毫 0.0037301 公分——0.37301 公毫　釐 0.037301 公分——0.37301 公釐

分 0.37301 公分　錢 3.7301 公分——0.37301 公錢

兩 37.301 公分——0.37301 公兩　斤 596.816 公分——0.596816 公斤

(乙) 由萬國權度通制折合營造尺庫平制

公絲 0.0000268 兩——0.26808933 毫　公毫 0.0002681 兩——2.6808933 毫

公釐 0.0026809 兩——2.6808933 釐　公分 0.0268089 兩——2.6808933 分

公錢 0.2680893 兩——2.6808933 錢　公兩 2.6808933 兩

公斤 26.8089327 兩——1.6755583 斤　公衡 16.7555829 斤

公石 167.555829 斤　公噸 1675.55829 斤

(五) 擬採之標準及制度　第三節主張用三種權度標準者,皆言之成理,持之有故.竊度量衡爲交易準則,工藝界必須應用,所定標準,當以便利及適應環境爲要素.英制以十二進十六進,間有奇特之比例,如尺與碼之比例爲三,碼與落奪(ROD)之比例爲五點五,其不便利孰甚.且用者祇係通商大埠工商民衆之一部份.以一部份之通商大埠工商民衆,與全國內地民衆之數相比較,孰多孰少,不言可喻.且國際間用英制者祇英美兩國而已.其不適應環境於此可見.然則英制既不便利,又不適應環境,其不宜採作標準,無容疑矣.主用米突制者,所稱米突制之便利,及國際間通用,確係事實.吾國舊制都係十進,計算時除斤兩外,亦極便利,劃一而通行之,期適合我國習慣,名言至理,亦未可忽視.第四節所述民國四年公布權度法採公尺公斤原器為標準,吾國舊制及米突制並用,取吾國里制畝制,量制多根據營造尺,故度以營造尺為準,取官私出納多用庫平,故衡以庫平為準,採兩制之所長,而避其單用之弊,法良意美.然猶未盡善也.緣營造尺庫平制及萬國權度通制之關係,為

1 尺 = 32 公分 (Centimetre)

1 兩 = 37.301 公分 (Gramme)

1 升 = 31.6 立方寸 = 1.0354688 公升 (Litre)

雖尺與公分之比例,為一與三二,折合便利,惟兩與升,折合至公分與公升,極為煩瑣故也.嘗考度制之制定,根據地球之子午周,以萬國權度通制言之,為*四〇,〇〇〇,〇〇〇公尺.以營造制言之,為*一二九,六〇〇,〇〇〇尺.是則一公尺等於三・二四尺,即一尺等於三〇・八六公分.光緒三十四年農工商部會同度支部定一公尺等於三・一二五尺,即尺與公尺為八與二五之比.即一尺等於三二公分,三〇・八六與三二兩數相差之比例,為百分之三・五六.民國四年公布之權度法,採用三二之數,計算便利.兩與公分之關係,若援度制前例,將三七・三〇一改至三七・五,兩數相差之比例,不過百分之〇・五三,則一斤等於六〇〇公分,斤與公分為一與六〇〇之比,折合極簡.升與公升之關係,若將一點〇三五四六八八,改至一,則兩數相差之比例,亦不過百分之三・五五,一升即等於一公升.折合之簡,莫與倫比.兩制改

*此二數根據趙秉良,杜亞泉,駱師曾三人合著之中外度量衡幣比較表第三頁該書係商務印書館出版.

更後之關係,爲

1 尺 = 32 公分 (Centimetre)

1 兩 = 37,5 公分 (Gramme)

1 升 = 1 公升 (Litre)

今將兩制更改後之容量與重量比較表列左,(長度及地積表同前,故不另列.)

容量

(甲) 由營造尺庫平制折合萬國權度通制 (均絕)

勺	0.01 公升——1 公勺		合	0.1 公升——1 公合	
升	1 公升		斗	10 公升——1 公斗	
斛	50 公升——5 公斗		石	100 公升——1 公石	

(乙) 由萬國權度通制折合營造尺庫平制 (均絕)

公撮	0.001 升——0.1 勺		公勺	0.01 升——1 勺	
公合	0.1 升——1 合		公升	1 升	
公斗	10 升——1 斗		公石	100 升——1 石	
公秉	1000 升——10 石				

重量

(甲) 由營造尺庫平制折合萬國權度通制 (均絕)

毫	0.00375 公分——0.375 公毫		釐	0.0375 公分——0.375 公釐	
分	0.375 公分		錢	3.75 公分——0.375 公錢	
兩	37.5 公分——0.375 公兩		斤	600 公分——0.6 公斤	

(乙) 由萬國權度通制折合營造尺庫平制(此項折合,數雖不絕,惟兩與公兩之比,爲三與八,斤與公斤之比爲三與五,甚屬簡單).

公絲	0.000027 兩——0.266667 毫	公毫	0.000267 兩——2.666667 毫
公釐	0.002667 兩——2.666667 釐	公分	0.026667 兩——2.666667 分
公錢	0.266667 兩——2.666667 錢	公兩	2.666667 兩
公斤	26.666667 兩—1.666667 斤	公衡	16.666667 斤
公石	166.666667 斤	公噸	1666.666667 斤

觀以上所定單位之關係及比較表,比例簡單,折合便利,似可採用.今將所擬之標準及制度列下:

標準　萬國權度公會所制定之鉱鉑公尺公斤原器.

(甲) 營造尺庫平制,長度以營造尺為單位,重量以庫平一兩為單位,營造尺一尺等於公尺原器在攝氏百度寒暑表零度時首尾兩標點間百分之三二,庫平一兩,等於公斤原器萬分之三七五.

(乙) 萬國權度通制,長度以一公尺為單位,重量以一公斤為單位,一公尺等於公尺原器在攝氏百度寒暑表零度時首尾兩標點間之長,一公斤等於公斤原器之重.

(六) 權度式樣之大概　權度之標準及制度業已擬定,式樣之大概,得略言之.吾國權重之器,有秤有天平.萬國權度通制,則有天平及平檯秤 (Platform Scale), 權貴重物品,極須準確,當用天平.權體積小而重量大如煤鐵等物,為穩便起見,宜用平檯秤.權體積大而重量小如花衣等,為便利計,為適合我國習慣計,當用吾國秤式.故權器式樣可分天平,平檯,及我國秤式三種.我國舊式之秤刻斤兩,平檯秤斤兩及公斤公兩公錢公分對照,天平備斤制及公斤制兩種法碼,度器可分營造尺,對照尺,及捲尺三種.營造尺刻尺寸分.對照尺之一邊刻尺寸分,一邊刻公尺公寸公分.捲尺分布製鋼製兩種,尺與公尺對照.至於體積可分尺制量制兩種,尺制以一〇〇〇立方公分為單位,即一公升也.量制仍我國升斗斛石之名稱,器分升斗斛三種.此權度式樣之大概,為應特別需要起見,當可增製其他式樣也.

(七) 權度之製造檢定及推行 權度之劃一,既刻不容緩,爲救急計,可先由上海特別市農工商局購置標準,製造副標準,其人民欲以製造修理權度器具爲業者,須經農工商局特許,惟所製所修之權度器具,須經農工商局檢定,以期劃一.人民既感權度不劃一之痛苦,一旦便利通行之權度新制公布施行,未有不樂用者.惟難免有頑固狡黠者流,抗不奉行,或陽奉陰違,若有此等情事,政府當從嚴取締,科以罰金.

(八) 結論 權度之紊亂,各國亦常有之事,例如法蘭西在十八世紀革命之後,方能劃一.是故紊亂不足患,能決心更改,終可統一.惟我國於民四所公布之權度法,雖有一二單位,折合不便,苟推而行之,全國亦能統一.然除國有鐵道而外,用之者殊屬寥寥,且有大多數人士,尙未知吾國於民四曾公布權度法者,前政府之無實行劃一權度之毅力,於此概可想見.吾國民政府以革命之精神,改革一切惡制,適應人民需要,定能於最短時間,在上海特別市實行劃一權度,以爲全國倡.謹就管見所及,草擬大概,有當與否,尙希邦人君子,有以教之.

補白:子獻學長老兄如見拜讀惠書不遺在遠曷勝感荷日前在「工程」得讀定海路橋一文可謂會刊中特出之傑作至爲欽佩近諗會刊事卽由我兄擔任爲會中慶得人關於會刊癥結之所在來書可謂洞見隱微凡屬會員皆不能辭其咎每見某某計畫書某某意見書皆屬空洞之譚結撰未嘗不精於 閱者得益有幾 國人毛病在乎不肯以自已辦事經驗貢獻於同人 卽機關中每有極有價値之材料乃秘而不宣學術之進化可得而知矣 兄謂應使實行指揮工程者撰述文字確是要圖如撰述者確係工界知名之士而其文又係有益於同道之文則會刊價値不期而增高矣……廣西之事頗有興趣其好處在於百端待舉機會甚佳(市工一項如馬路橋梁河堤碼頭自來水塡塘開山色色皆有)其壞處在於地方太閉塞消息太不靈通辦事方面好處在於信用甚專毫無掣肘壞處在於過欲速成不甚有秩序弟以此間甚覺安定小才小用藉以藏拙亦甚安之

弟制 淩鴻勛上 六月十五日

中國度量衡制度標準之研究

著者：吳承洛

(甲) 中國度量衡制度標準之過去

(乙) 中國度量衡制度標準之將來

(丙) 各制及各擬度量衡制度標準之比較

(丁) 中國度量衡制度標準採用之討論

(按本會曾於十六年九月第十屆年會在上海開會時,組織有度量衡標準委員會,進行研究.當有兩種制度,提出上海市政府,轉請國民政府,擇一頒行.此篇復將所有新舊各制,詳為分析比較,結果以直接採用萬國公制為最要當之辦法.現在英國工程界正為採用公制於工程界之運動,日本亦有採用公制之大規模宣傳,則我國應知取法矣.)　編者誌

(甲) 中國度量衡制度標準之過去

中國權度制度之不統一,一基於國家法令之未實行,一基於奸商之舞弊營私,而在法律上,及同業上,亦未嘗無規定標準,可分述之:

(A)度制　(一)橫黍尺　據壽孝天著中外度量衡幣比較表,尺制之起,原本於秬黍,以秬黍之穀子適中者,度其廣為一分,橫累十黍得一寸,是為古尺.

(二)縱黍尺　度其縱為一分,直累十黍得一寸,為清朝定制,準此,則縱黍尺八寸一分,合橫黍尺一尺.

(三)律尺　殷之世用律尺,周用之,唐時亦用之;按縱黍尺七寸二分九釐,即橫黍尺九寸,為黃鐘之長,為殷律尺一尺,周尺為殷尺之五分四,較短,唐尺為殷律尺四分之五,較長.

(四)清初工部營造尺　清尺為縱黍尺,由工部製造,頒行各省,以準度營

造,故謂之工部營造尺,省稱部尺.據鄒伯奇遺書圖式,部尺合三一·八二一公分,遊會典圖式,部尺一尺合三二·一四三公分,李善蘭疇談天,據數理精蘊載,在天一度,在地二百里之文,又以英尺所計赤道周之密率,以三百六十度等分之,推得一部尺等於三〇·九〇七九〇四公分,而一公尺等於三·二三五四二,約爲三·二四部尺.苟以子午周等於四〇,〇〇〇,〇〇〇公尺,合三百六十度,即合七二,〇〇〇里,即合一二九,六〇〇,〇〇〇部尺,而推算之,得一公尺應合爲三·二四部尺,並無奇零.

(五) 海關尺 咸豐四年,與外國訂通商條約,列爲專條,法約中所列,海關尺一尺,合三五·八公分.

(六) 淸末標準部尺 光緒三十三年,淸廷依律呂正義之圖,及倉塲中之鐵斗,爲部尺之標準,頒定新制,定爲部尺一尺,合三十二公分.即一公尺合部尺三尺一寸二分五釐,卽子午周四〇,〇〇三,四二三公尺,應合一二五,〇一〇,六九七部尺,故部尺卽子午周一二五,〇一〇,六九七分之一長,自是始有標準之度制.此外民間之尺,尙有多種,如

(七) 蘇尺合三四·四公分

(八) 杭尺合三四·七公分

(九) 廣尺合三七·二五公分

(十) 北方裁尺合三三·五公分

(十一) 魯班尺又名木尺合三四公分

(十二) 裁尺合三五·五六公分

(B) 量制 (一) 黍龠 量之起原,據壽孝天所著書,以秬黍之種子適中者一二〇〇粒之究積爲一龠,二龠爲合,十合爲升,十升爲斗,十斗爲斛.

(二) 部制 今制以三十一立方寸,又六百五十立方分爲一升,十升爲斗,十斗爲石,五斗爲斛,部制仍之,故一立方尺,等於三一·六五升.

此外民間所用者,頗有出入,如

（三）海砠斛　爲上海仁穀堂公所之標準米斛，據上海特別市之較準，平均爲五九・一三五五六公升．

（C）衡制　（一）舊制　以金屬爲標準，中國舊衡制，依會典所載，赤金一立方寸之重，爲一六・八兩，卽爲一斤，但純金一立方部寸，合重六三一・一一一六八公分重，而一兩應重三七・五六六一七公分．

（二）部制　以水密爲標，定部尺一立方寸之純水重量八錢七分八釐四毫七絲五忽爲標準，比金屬推算，較爲正確．

（三）庫秤　我國官私出納，皆以庫秤爲計，庫秤一兩，合公制三七・三〇一公分，一斤合五九六・八一六公分．

（四）關秤　爲海關收稅所用，載在條約，一兩合公制三七・七八三一二五公分，一斤合六〇四・五三一公分．

（五）漕秤　民間通用頗廣，一斤合五八六・五〇五六公分．

（六）廣秤　一斤合六〇一・一六九六公分．

此外各地各業用秤，參差不一，如

（七）上海敦和公所魚秤　據上海市政府核量，平均一斤，合五六七・四五公分．

（乙）中國度量衡制度標準之將來

茲將各家對於權度之提議，節錄於左：

（一）民國元年工商部工商會議，議決採用米突制，卽萬國公制．

（二）民國四年北京農商部制，以萬國權度公會所制定鉢鉑公尺公斤原器爲標準，以營造尺庫平制，與萬國權度通制並行，稱前者爲甲制，後者爲乙制．乙制之單位，定名爲公尺公畝公升公斤，而甲制之單位，則定如左：

（1）長度以營造尺一尺，等於公尺原器，在百度寒暑表零度時，首尾兩標點間百分之三二，卽三十二公分（生的米突）長．

（2）地積以六千平方營造尺爲一畝，合六・一四四公畝．

(3) 容量一升,合一・〇三五四六八八公升.

(4) 重量一斤,合五九六・八一六公分,其十六分之一爲一兩,合三七・三〇一公分.

(三) 上海震旦大學費德朗(法人)劉晉鈺陳儆庸之國際單位制,又稱ABC制,或原人單位制,欲推翻萬國公制,並指出其系統不一,致十進不完全,原準已失原有意義等種種缺點.擬根據工率單位等於十瓦德,密度單位等於水之最高密度.反覆推算,所得結果,頗與中國舊制,及英美通行制相去不遠.創制之意,並擬改造所有科學上之單位値量,公式計算,除時間單位以一日爲十二時,一時百分,一分百秒,以及電磁兩學之單位定値,均行變更,茲不另贅舉外,

(1) 長度以三二・六八九公分爲一正尺,計合英尺十二寸又八分之七寸近於英尺之長,以十進.

(2) 地積以六千平方正尺爲一正畝,等於六・一四一一四公畝.

(3) 容量以一立方正尺爲單位,稱爲一釜,合三四・九三〇五六立方公寸.又稱一立方寸爲錢,合三四・九三〇五六立方公分.此外一升定爲百分之三立方尺,合一・〇四七九公升.

(4) 重量以三四・九二九六公分爲一正兩,三四九・二九六公分爲一鎊.

(四) 周銘施孔懷,擬採用公制,在過渡時期內,輔以副制.本比較適合民間習慣,而與公制有簡單比例之原則,以便民間推算.其

(1) 度制,即爲舊部制,一尺等於三二公分,即一公尺等於三・一二五尺.尺與公尺,爲八與二十五之比.

(2) 畝制,即爲舊部制以六千方尺爲一畝,卽以十六畝二分七釐六毫,合一萬方公尺,十六年八月,國民政府財政部,曾訓令各省市測量土地,以公尺爲標準之折合.

(3) 量制,舊部制營造升一升,原等於一・〇三五四六八八公升.今即以此爲過渡單位,與公升相較,只少百分之三・五.

(4) 衡制,我國出納款項,向以庫秤爲準,一兩等於三七・三〇一公分.海關收稅,載在條約,以關秤爲準,一兩等於三七・七八三一二五公分,因取二者平均約數,爲過渡衡制單位,計一兩等於三七・五公分.一斤合十六兩,等於六百公分,斤與公斤,爲六與十之比.

(五) 阮志明本主張採用公制,在過渡時代,亦主張我國舊制各單位,須與公制成一簡單之比例,惟所根據者爲光之速度.

(1) 長度以光之速度系數爲準,規定之公分爲一寸,三〇公分爲一尺.(光之速度每秒鐘合 3×10^{10} 公分).

(2) 質量,根據水之密度等於一以計算,以二十七公分爲一兩,適等於銀幣一圓之重,即七錢二分四釐,人人可有代用之標準.

(六) 徐善祥吳承洛,以爲我國度量衡制度之應採用萬國公制,正如歷制之應採用陽曆.民國肇造之第一新猷,即爲規定陽曆.度量衡問題,未始不可同樣解決.惟按民國四年所定,公尺過長,公斤過大,不合國民習慣與心理,而其間無簡單之比例以表之,故舊制仍未革除,統一仍未成事實.擬定在過渡時期所適用之輔制,可名爲一二三制.

(1) 長度以公尺之三分一長,爲我國之過渡尺.則一過渡時期之通用尺,等於一.〇〇四一七營造尺,其長度乃介於舊部營造尺與海關之間,苟以一公尺摺之爲三,即爲一過渡通用尺.

(2) 地積以六千平方過渡用尺爲一畝,即以公畝合百分之十五過渡用畝,而舊畝與新畝之比率,爲一六二八與一五〇〇.

(3) 重量以公斤二分之一重爲過渡用斤,合一三・四一庫平兩,其重量介於英磅與漕秤之間.以十分一斤爲一兩,即一過渡用兩,等於五十公分,一斤等於五百公分.

(4) 容量卽以一過渡用升爲等於一公升,與舊營造升相差,至爲幾微.

(七) 吳健劉蔭茀採納徐善祥吳承洛之建議,惟長度與畝制,略有變通.

(1) 長度以公尺之四分一爲一新尺,折算更爲便利.卽一新尺等於二十五公分.且中國最短之尺,亦有等於二十四公分者,又法國亦有以公尺四分一爲便宜尺者.

(2) 畝制,中國一畝,原合六一四・四平方公尺,卽爲二四・七之平方積數,卽約等於二五之平方積數.今新尺旣以二十五公分爲一尺,則以一萬平方新尺爲一新畝,與舊畝之面積,相差至爲幾微,又係完全百進(一○○乘一○○等於一○,○○○).

(八) 高步旦段育華,極端贊同徐善祥吳承洛之建議,以爲所擬與舊習慣旣略相近,與公制又有最簡單之比例,極易記憶,此制果能實現,無形養成米突制之觀念,推行自易,且後來改用米突制時,度量衡用具不必更張,於經濟上亦大有關係,並提及日本正在滿街張貼推行米突制之圖畫文告.又計畝方法,以六千平方尺爲宜,每公頃等於十五新畝,所差亦至幾微.至於新里,應爲一千五百尺,卽以公里等於二新里,又新制旣係暫用,似可逕稱爲暫用尺或臨時尺,以示無永久性質.

(九) 陳儆庸另擬以萬國公制爲整數折合之法,並主張新制須較長或較大於舊制.

(1) 度器,以新尺等於四十公分爲單位,與營造尺比較長五分之一,與裁尺比較長十分之一,用以折合物價,祗須加一計算.

(2) 畝制,舊畝制以六千方尺爲一畝,今以新尺計算,合四千八百方尺爲一畝,卽以此數爲畝之單位,可免折合之繁.

(3) 里制,採用公制,卽以公里計,合二千五百尺.

(4) 容量,採公升之容量,爲新升之單位.

(5) 衡器,按舊衡器以兩爲單位,並非以斤爲單位,今擬以新兩等於四十公分,較漕秤兩大十分之一,取十進制,以四百公分爲一斤,較漕秤斤小四兩四錢,以之折合物價,亦頗便利.

(十)錢理不贊同徐善祥與吳承洛之建議,其反對萬國公制,亦同費德朗劉晉鈺陳儆庸,並主張度量衡三種單位制度之脈絡聯貫甚力.

(1)長度,擬以最近測定地球子午綫一億分之一爲度之單位,子午綫爲四○,○○三,四二三公尺,今以○·四○○○三四二三公尺,即合舊部尺一·二五尺,爲一新尺.

(2)地積,以百尺之平方,即一萬方丈爲地積單位,合一六·○○二七公畝,即舊畝制二·六○五畝.

(3)容量,以一立方尺爲量數單位,合六四·○一七公升,即舊漕斛六·一八二四斗.

(4)重量,以十分一尺之立方,即一方純水於攝氏表四度時,在赤道上與空中之重量,爲衡數單位,合公制六四·一七公分,即舊庫平一·七一六兩.

以上所擬各制,概括言之,最有力之主張,不外二種:

(a)完全推翻萬國公制,而根據科學原理,與科學進步,並中國習慣,規定獨立國制,費德朗,劉晉鈺,陳儆庸,錢理,阮志明等屬之.

(b)完全採用萬國公制,並根據中國國民之習慣與心理,規定暫用輔制,以資過渡,而輔制與公制,應用最簡單之比率,周銘,施孔懷,徐善祥,吳承洛,吳健劉蔭茀等,以及陳儆庸之另制屬之.

(丙)各制及各擬度量衡制度標準之比較

上文已將各制及各擬標準,詳爲比較記述,各有長處,各有短處,要難以一概論,茲就各家自認互認之長處及短處,詳爲記述,以資比較.

(A)應採用萬國公制即米突制而無須另創新制之理由

(一) 世界大同,國際上最稱便利,立國地球之上,本當具獨立精神,釐理國事,原不必附和他人.惟念國際間苟有通用之善良制度,擇善而從,理所當然.我國向用陰歷,國際上以陽歷便利,遂倣行之.德人見米突制之簡便,毅然採用,而於德人之愛國精神,仍不因此稍減.誠以世界大同,未有聰明自囿.不然,以德人之精神智慧,豈欲創一獨立權度制而不能乎.

(二) 各國多已通行.據統計世界上各國現行單位,以人口比例,可分四種.

(1) 完全採用米突制者,有四十九國,佔全世界人口百分之二十七.

(2) 米突制已經通行,但實際上尚未普及者有二國,占全世界人口百分之十一.

(3) 用本國制度同時准用米突制者,有二十一國,占全世界人口百分之五十九.

(4) 完全不用米突制者有八國,占全世界人口百分之三.

故米突制殆爲國際間通用制度,雖有全世界百分之三人口,完全不用,然爲數既微,將來逐漸推行,統一又意中事.

(三) 世界文明各國科學書籍,科學儀器,均係米突制,至於工程機器,德法比意瑞士等國,全屬米突制,英美兩國,關係電學機器,亦係用米突制,東鄰日本,在工程上近幾全用米突制,故爲研究便利及應用計,非採用此制不可.

(四) 度量衡之於科學,譬之文字,採米突制無異科學書用本國文字編輯者,原爲明瞭易解,事半功倍,若換一異於米突制之新制,不啻科學書之用外國文字而編輯也,無數青年學子,朝斯夕斯,致力研究,勞精竭力,其效率勢必低微,且有阻礙國家工藝之發展.

(五) 度量衡原則,以能推行劃一爲貴,其於社會,譬之法律,豈可輕易更張,至謂米突制時間與角度非十進,致天文測量航行等計算複雜,此亦祇可用十進對照表,以圖補救,緣時間分秒與角度分秒,均以六十進,全世界一律,且致力於天文測量航行事業者,究屬少數,倘以應用於某種學術小有不便,卽另創新制,無論新制未必定能較米突制高妙,即使自認爲善良,而求通行於全國,其如國際孤立何.倘希望全世界各國舍米突制而用我國新制,不特我國貧弱,工藝幼稚,力有不能,勢有不及,即各國有意推行,恐亦不爲經濟所許也.

(六) 我國自通商以來,外人在華商場,勢力偉大,無可諱言,英制米突制交易通用,目下除能控制外人使其惟命是從,或恢復前閉關自守狀況外,若另創新制,勢必三制並用,更加煩雜,欲免此弊,惟有採用簡易之米突制.

(七) 民國二年工商會議,已有完全採用米突制之議決案,祇因其時工商部改爲農商部後,部長張謇不允實行,致有民國四年新舊兩制並用之法令頒布,但交通部銳意改革,在鐵路上及郵政上完全採用公制,通行至今,並無不便之處.

(八) 國民政府治下之採用公制,曾在財政部於十六年八月,訓令各省市政府,測量公地,以公制爲標準,期合萬國權度計算,並明令以一萬六公尺爲等於營造尺制十六畝二分七釐六毫.

(九) 採用萬國米突公制,以統一國內度量衡,自是正確辦法,惟既用米突制,不容再事遷就舊有習俗,留生變通辦法,另生枝節.萬國公制,用之者衆,與其將來改正,不如現時實行,一次澈底變更,以免日後糾紛.

(十) 至於公制之十進便利,尤其餘事,所謂系統不一致,不過以尺或以寸爲單位之差異,而其基本上則並無不一致之處也.

(B) 不應採用萬國公制並應根據科學創造新國制之理由

(一) 米突制之系統不一致,就物理學而論,共分五種:

1. 最初制度　Metre. Kilogramme-poids, Kilogramme-metre, Cheval.

2. 基本制度　Metre. Kilogramme-Masse, Seconde, Joule, Walt.

3. C. G. S. 制度　Centimetre, Gramme, Seconde, Dyne, Erg.

4. M. T. S. 制度　Metre, Tone-mass, seconde, Kils.

5. 電學實用制度 Ohm, Apmere, Volt, Farad.

設欲計算交流電機,先用甲制,算得馬力,繼用丁制,折成 Kilowalt, 再用戊制,定電位若干 Volt, 電流若干 Ampere, 再進而定磁流,則得 C. G. S. 磁電單位制,定電容量,則用 C. G. S. 靜電單位制,每換一制度,須用複雜之系數,稍有不愼,即易錯誤.此種分歧之原因,緣法國定米突制時,在一七九五年,其時科學,尙在幼稚時代,嗣電學日益進步,由米突推演而出之單位嫌太大,由生的米突推演而出之單位嫌太小.

(二) 米突制之標準已失原有意義 最初定米突制時,地球經緯等四千萬米突,後經準確之測量,始悉地球經線爲四〇,〇〇七,四七二米突.又最初一 Kilogramme-masse 等於一立特純水之體質在攝表四度時之最高密度,定爲一,但依巴黎現所藏之標準,純水之最高密度則爲〇·九九九九三而非適等於一.

(三) 米突制十進不完全,角度與時間非十進制,故天文測地航行等計算,頗覺煩難.

(四) 米突制不適用於中國,其公尺過長,公斤過大,用之於我國普通社會,實不相宜,因與現行權度,相差甚多.

(五) 米突制多數民衆未能了解,直接採用,固不可能,間接採用,如暫用輔制,勢必每遇權度相互之計算,均須先轉成米突制而爲之,豈不更覺繁重.是農工商先須具有米突制之學識,而後可以應用間接制度,恐於所希望之便利,適得其反.

(六) 若謂吾國乃科學退化之國,提倡新制,領袖全球,恐難達到,其實不然,科學無祖國,秦非無人,若懼謀不見用,且領袖全球,一時即不能達到,苟在國內四萬萬人用之,則孰得而阻哉.至米突制自有其存在之價值,治科學者,不可不知,吾國學者,亦何能獨外.不過普通民衆,儘可用獨立之國有制度.世界上有二十一國,共十億萬人,佔世界人口百分之五十九,均照此辦法,即用國有之獨立制度是也.倘吾國新定制度,專以依傍米突制爲原則,開世界絕無僅有之例,實爲非計,且所謂與米突制發生簡單關係者,原無實際之意義在.

(七)若採用根據精密科學之新制,所有單位,由力至磁,系統一貫,以前常用之系數,可以減少米突制之弱點,藉此更正一大部份.英美各國人民,對於本國所用之權度,常有改革思想,其議論於歐美雜誌中,時有發表,而終未見變更者,因無適宜之單位制也.使我國能實行新制,不獨本國工商計算甚便,歐美人民,見其便利,亦將採用,則世界統一權度之起點,發端於中華民國,不亦樂乎.

(丁) 中國度量衡制度標準採用之討論

(A)採用萬國公制並同時兼顧國民習慣之辦法

就上文兩說,如果採用萬國公制,則無須另創新制,如果另創新制則不採用萬國公制.在三種新制之中,阮志明雖提議以光之速度爲根據,但不過爲學理上之一種研究,而並不主張創造新制.其言曰「學術不能獨立,單求權度制獨立,在國際上並沒有什麼光榮不光榮,而對於本國,則妨礙學術之輸入,故鄙人主張決心的採用米突制,而在過渡時代,則主張我國度量衡舊制各單位,須與米突制成一簡單之比例,愈簡單愈好」.

錢理之根據新測子午周,以四〇・〇〇三四公分爲一新尺,與陳儆庸之另制主張以四〇公分者,長度相做,取錢制則合乎科學原理,取陳擬則便於折合公制,孰取孰舍,茲不多贅.惟若取錢制,則將來科學進步,恐子午周眞長,又因測量方法,更較精密,或因宇宙上之種種天然變動,而有差異,則又不免須改革權度標準矣.

至於費德朗劉晉鈺陳儆庸之正制,根據力學以推算,名爲絕對十進制,由力至磁,系統一貫,然仍由萬國公制內瓦德胎化,其學理之高,謀慮之深,至爲欣佩,且劉君等亦主張採用甚力.至其長處,是否完全如所自認者,當然不敢臆斷,但所擬莒,鍾,釜,觚,碗,璲,匕,提,肇,鈞,弓諸名詞,其新穎正與其所根據之理論科學,同其深奧,爲不可及.深望由震旦大學法國教授,聯絡歐洲及英美科學名家,提出萬國權度標準會議,重加研究.如果經專家之研究,其理論完全無誤,則我國應當首先採用,以爲各國之倡.此則區區所厚望,以此制統一我國權,如能爲一勞永逸之計,深祈當局者加之意焉.

如果暫時不採用此新國際單位制,則惟有採用米突制,但亦有可商議者.今假使於採用米突制之前,而必須有相當之過渡輔制或暫用輔制者,則此輔制,必與米突公制,成簡單之比例,此種比例之建議,較有價值者,當爲:

(一) 周銘施孔懷等之主張,輔尺仍用舊部制,而輔斤爲關秤與漕秤之均數.

(1) 輔尺　三二公分　與公尺比率爲八比二五

(2) 輔斤　六〇〇公分　與公斤比率爲三比五

(3) 輔升　即一公升

(二) 陳儆庸另擬

(1) 新尺　四〇公分　與公尺比率爲二比五

(2) 新斤　四〇〇公分　與公斤比率爲二比五

(3) 新升　即一公升

(三) 徐善祥吳承洛吳健劉蔭茀所擬

(1) 暫尺　或¼公尺　與公尺比率爲三或四與一

(2) 暫斤　½公斤　與公斤比率爲二比一

(3) 暫升　即一公升

以三分一或四分一公尺爲長度之單位,以二分一公斤爲重量單位,以公升爲容量單位,成一二三或一二四制.若根據此標準,則中國權度不啻爲單一制度.論原理則完全萬國公制,設方法則合乎本國習慣,比他說之主張創造新制或兼顧舊制者,似有較易通行而裨實用之處.

故採用以萬國公制爲標準之單一制,並同時兼顧國民習慣與心理,以劃一全國度量衡之法,苟所擬比例,甚爲簡單,極易記憶,則實現後,無形中養成米突之觀念,推行自易,且後來改用米突制時,度量衡不必更張,於經濟亦有關係.

(B)直接採用萬國公制而無須過渡暫制之辦法

抑尤有進者,洛以爲中國度量衡制度,應即時採用曾經萬國權度公會所議決之萬國公制,其理由可列舉之.

(1) 科學上已完全採用公制,科學大同,已爲萬國權度大同之先鋒.

(2) 工程上已大部分採用公制,工程大同,不能僅因英美兩國之積重難返,我國亦退縮不前,而阻礙工程之大同,且英美對於公制,亦並行不背.

(3) 世界制度,漸趨大同,我國已毅然放棄陰曆而採用大同之陽曆,權度之事,新亦應採取革命手段.

(4) 萬國公制之採用,曾經民國二年工商部全國工商會議所議決,惜未實行.

(5) 民國四年農商部所頒布之權度法,亦已列萬國公制,爲中國權度之乙制,定名爲公尺公斤公升等,民間多已能認識者.

(6) 郵政局在中國最爲普遍,早已採用公制,鐵路亦已完全通用公里公斤,民間對於公制,未始無相當之觀念.

(7) 軍學訓練及其機關,對於遠近之推測槍炮口徑之紀載,均已早用公制.

(8) 丈量土地,去歲國民政府,曾經訓令採用公畝,惟註明折合舊營造畝若干.

(9) 今年大學院召集全國教育會議,亦因議決教育界首先推行萬國公制.

(10) 萬國公制在中國官營事業旣早已採用,惟在推廣,况世界上完全採用公制者已有五十國之多,其准用公制,而尚不能即時廢除本國制度者,亦有二十餘國,故萬國公制,其在各國社會上,亦已名副其實.

(11) 我國如不採用萬國公制,而另創他制,則必有礙於國際文化之輸入.且在國際的商業貿易上,因我國權度之無標準而制度互異時所發生之困難,不能解除.

(12) 我國在學術上之地位增高,應從實際發明研究與教育普及兩方面進行,不必在變更日常制度上下手.因日常制度,在取通用便利,統一可期,而不在乎絕對的科學精確與精密.因科學進步無窮,苟因科學進步,而必欲隨其進步而變更根據科學之制度,似非可能.

(13) 採用萬國權度公制,不應再事遷就舊有習俗,留存變通辦法,另生枝節,與其將來改正,不如現時完全實行,徹底變更,以免日後糾紛.

故既不主張另行創造新制,又不主張兩制並用,惟有痛痛快快的快刀斬亂麻一樣,請政府宣布萬國公制,令公私兩方,限日通行.在反對方面觀察之,則必謂公尺過長公斤過大,不合民間之習慣,不可冒昧從事.竊思快刀斬亂麻之方法,換言之,即以眞正革命手段,劃一權度,實爲今日最高當局應取之態度.我國今日須革命之處正多,一切事業,破壞繼以建設斯乎可.若權度者,建設方案,完全係現成的,其實絕無懷疑之必要.苟懷疑懷,遷延遷延,則民國元年總理於陽歷一月一日就任臨時大總統之時,必不能以改歷之政令,聳動全國.今我國民政府,二載以來,軍事方殷,本無暇顧及內政,惟現在北伐行將告成,訓政已令開始,七月一日,爲國民政府成立之二週年紀念.竊意可於是日,宣布採用萬國公制以示我黨本「天下爲公」之訓,施行政令,協和萬邦,與民更始,此實惟一之康莊大道也.

至於公尺之用法,似可製成三種長度.最長者爲一百公分,即一公尺;次者爲五十公分,即半公尺,最短者爲二十五公分,即四分一公尺.尺上只刻公分度數,最長爲由零至一百公分,亦可稱爲全尺.次者爲由零至五十公分,可稱爲半尺.短者爲由零至二十五公分,可稱爲季尺,(季字係指四分一意).尺上均須註明一百公分合一公尺,此尺即爲一公尺,或其二倍或其四倍爲一公尺等字樣.至於不及一百公分之長,均稱爲若干公分,一如萬國公制,並不另行刻成合於中國舊制之寸分等度數.至於坊間通用,亦爲二五公分之短尺,惟此爲二十五公分而非上文所主張之暫尺耳.此外衡制,則亦完全用公制之刻度.不及一公斤者,即刻成若干公分之度數,過於一千公分者,可爲一公斤二公斤三公斤四公斤五公斤等之稱,則隨地所欲可也.

洛與徐善祥先生,雖曾有採用萬國公制並同時兼顧國民習慣與心理以統一中國度量衡之意見書,以爲萬國公制與中國舊制之約略折合,對於大多數之民衆,不可不有最簡單之說明,此所以於完全採用萬國公制時,應有明令說明.即一公尺,合中國舊制各尺之平均及普通長三尺,一公斤合中國舊制各斤之平均重二斤,一公升合中國舊制各升之平均容一升,一公里合中國舊制各里平均遠二里,一公畝合中國舊制各畝平均地積之六分一.如本此意,以通令全國公私各方面,完全採用萬國公制,則民衆對於公制,可有具體之觀念,既無公尺過長,公斤過重之弊,又可以直接方法,無須什麼過渡的暫制,達到天下爲公之康莊大道上,豈不懿歟?竊思國內同志贊成此種革命手段者,必居多數,現大學院教育會議亦已本徐善祥吳承洛鄭貞文之提案,通過教育界絕對採用公制之議案,而交通界則早已通用,若在工商界與一般民衆之採用,則我國民政府所當早日採取民國二年工商部工商會議之議決案,明令公布並令工商部製成標準,會同內政部切實推行者也.

附表一　各種新舊尺度比較表

福州木尺	19.94	浙江象山魯班尺	20.32
浙江象山官尺	23.18	浙江慈谿布行用尺	23.56
蘇州營造尺	24.25	福州織物尺	24.85

名稱	數值	名稱	數值
吳健劉蔭茀之建議(公尺四分一)	25.00	浙江慈谿裁尺	26.97
浙江鎮海家常尺	27.81	上海大工尺	28.29
廈門金屬細尺	28.55	浙江象山營造尺	28.79
漳州造船尺	28.91	漳州染房尺	29.46
廈門彫刻尺	29.83	漳州石工用尺	29.95
汕頭木尺	29.97	阮志明之建議(據光之速度)	30.00
廈門木尺及造船尺	30.06	汕頭尺	30.29
日本法定尺	30.30	杭州魯班尺	30.45
附英尺	30.48弱	附俄尺	30.48
漳州棉木商尺及廈門裁尺	31.09	蘇州織物尺	31.18
象山裁尺	31.24	天津木尺	31.27
北京工部尺	31.50	天津裁尺	31.73
南閩裁尺	31.75	農商部營造尺	32.00
舊部尺	32.10	天津木尺	32.47
費德朗劉晉鈺陳儆庸正尺	32.69	漢口九五尺	33.20
徐善祥吳承洛建議(公尺三分一)	33.34	北方用舊官尺	33.35
上海收稅用紙	33.46	漢口疋頭用廣尺	33.56
漢口灘尺	33.78	魯班尺(木尺)	34.00
鎮海裁尺	34.00	天津裁尺(二)	34.10
漢口九八尺	34.34	天津布尺	34.37
蘇尺	34.40	北京綢尺	34.41
蘇裁尺	34.51	漢口綢緞尺	34.65
北京舊尺	34.83	山東裁尺	34.86
漳州天鵝絨用尺	34.92	或人擬	35.00
漢口欄杆尺	35.05	北京木尺	35.16
漢口算盤尺木尺湓尺	35.25	杭裁尺	35.28
漢口度尺(疋頭布尺)	35.56	海關尺	35.81
杭莊尺	36.67	廣尺	37.25
汕頭排錢尺	37.39	附日本鯨尺	37.88
汕頭舊官尺	38.15	天津舊官尺	38.18
舊裁尺	38.22	上海木尺	38.34
杭織尺	38.54	山東芝罘木尺	38.74
上海舊官尺	38.80	上海京貨尺	38.95

舊甯織尺	39.92	陳微庸另擬	40.00
上海造船尺	40.05	錢理(據新測子午週)	40.40
蘇織尺	40.52	蘇莊尺	46.61
或人擬(公尺之二分一)	50.00	上海板尺	55.82

附表二　各種新舊斤兩比較表

	每　斤	每　兩
阮志明擬	270.000(每公斤比爲整數)	27.0000(與公兩比爲整數)
劉晉鈺等正磅	349.296	34.9296
上海磅秤	351.903	21.9937
陳微庸另擬	400.000	40.0000
俄磅	409.500(與公斤比爲整數)	
英磅	453.593(每磅合十二兩)	37.800
上海磅秤	461.873	28.8667
上海折秤	469.204	29.3249
漢口加二秤	483.289	42.7044
上海茶食秤	493.350	31.1577
徐善祥與承洛擬	500.000(與公斤比最簡數)	50.0000(與公兩比最簡數)
鎮海折秤	504.667	31.5417
鄞縣折秤	514.755	32.1721
慈谿折秤	同　上	同　上
上海新會館秤	527.855	32.9905
漢口蘇秤	533.837	33.4644
鎮海糴穀秤	537.936	34.2460
漢口公議秤	544.502	34.0315
上海燭秤	544.518	33.9069
上海折秤	556.180	34.8233
上海敦和公所魚秤	567.450	35.4656
漢口錢秤	568.910	35.5560
上海部秤	570.381	35.6841
慈谿行秤	570.705	35.6690
象山舖秤	同　上	同　上
上海老會館秤	571.843	35.7397

鎮海藥館秤	573.540	35.8462
象山平秤	578.910	36.1806
上海油餅秤	579.010	36.1877
慈谿藤館秤	585.625	36.6016
漕秤	586.506	36.6562
上海標準秤(又名上海天秤)	同上	同 上
漢口閘行秤	587.209	56.7001
庫秤	596.816	37.3060
杭州肥絲秤(一名業業公秤)	同上	同 上
慈谿家山秤	同 上	同 上
上海萊陽秤	597.543	37.5435
漢口浙甯秤	579.874	37.3674
杭州中勾秤	598.606	37.4129
周銘施孔懷擬	600.000(與口斤比爲整數)	37.5000
日本斤	同 上	同 上
廣秤	601.1696	37.5731
關秤	604.531	37.7831
漢口建帮秤	605.110	37.8127
漢口磅秤	612.136	38.2580
鄞縣老秤	615.317	38.4573
上海司馬秤	615.831	38.4890
上海公秤	623.162	38.8772
漢口加一秤	626.388	39.7488
上海扺秤	627.561	39.2221
杭州細絲秤	634.117	39.6322
漢口四帮秤	651.274	40.7041
象山街秤	656.497	41.0311
杭州買柴秤	671.418	41.9636

附表三 各種新舊畝制比較表

震旦劉晉鈺等正畝	(六千平方正尺)	6.141	公畝
營造畝卽舊部畝	(六千平方部尺)	6.144	

陳儆庸另擬	(四千八百平方擬尺)	約 6.144	公畝
吳健劉蔭茀擬	(一萬平方擬尺)	約 6.140	
徐善祥吳承洛擬	(六千平方擬尺)	6.667	
錢理擬	(一萬平方擬尺)	16.0027	

附表四　各種新舊里制比較表

劉蔭茀吳健擬	(二千擬長尺)	0.5000	公里
徐善祥吳承洛擬	(一千五百擬尺長)	0.5000	
舊部里或營造里	(一千八百部尺長)	0.5760	
震旦大學劉晉鈺等	(二千擬尺長)	0.6538	
公制	(一千公尺)	1.0000	
陳儆庸另擬	(二千五百擬尺長)	1.0000	
徐善祥吳承洛擬	(三千擬尺長)	1.0000	

附表五　各種新舊升比較表

徐善祥吳承洛周銘施孔懷等	一升折合	1.0000公升	或	27.0000立方寸
	一立方寸折合	0.037037升	„	0.037037公升
鎮海平斛	一升折合	1.009 公升		
舊部升	一升折合	1.03547公升	„	31.6000立方寸
	一立方寸折合	0.03165 升	„	0.02279 公升
費德朗劉晉鈺等正升	一升折合	1.04790公升	„	30.0000立方寸
	一立方寸折合	0.03334 升	„	0.03493 公升
上海廟斛(城隍廟)	一升折合	1.075 公升		
上海漕斛	„	1.075 „		
象山漕斛	„	1.075 „		
鎮海府斛	„	1.120 „		
上海海斛	„	1.183 „		
上海大斗	„	1.183 „		
無錫南門斛	„	1.321 „		
無錫西門斛	„	1.329 „		

電機工程科課程之編製

著者：許應期

依作者之意見,以前中國工程學校之課程,有下列諸點,可供研究.

一. 偏於繁多.其用意所在,因中國百業不振,畢業後不能盡必用其所學,所學愈多,則作事之範圍愈廣,而謀事問題較易解决.其意似無可厚非.然學生每週上課至三十餘小時,精神萎頓,思想昏沈,身體腦力,容有妨礙,而學問未免生吞活嚥,難於消化.聰明者尙覺竭蹶,資質稍次者,望洋興嘆.教員嚴者不得不黽勉從事,寬者惟有敷衍之一法.課已習畢,而課中應有之常識,尙有不知,固亦有之.若此則多又何益.且學問之道在精而不在多,苟能於基本工程智識,探其精奥,則自有靈敏之見解,尖銳之思力,觸類而旁通矣.固不必盡於學校內得之也.

二. 不注重根本理論.夫不重理論,學生於理化算學之根基不足,無創造能力,碌碌庸材而已.所貴乎工程師者,爲能於工程效率,有所增進,工程技術,有所改良耳.若以運用機器之能事較短長,則工匠固遠過於大學教授矣,何用工程教育哉.若根本學問充乎其中,則出校後,應用自能左右逢源,莫不如意.抑又聞之,中國工程事業,方在幼稚時代,而製造事業,又不發達.書本智識,出校後,毫無用處,故將書中切於實用者,擇要教授,卽此已足.是又不然.外國工程事業之發展,不過近四五十年事.如中國而甘於常作工程落後之國家則已,否則數十年後,誰能料其止境.此時之靑年,卽將來工程界之柱石.若無充分之智識爲預備,何以當此大任乎.外國工程教育之責任,學校與工廠共負之.各大工廠,往往不惜巨資,設立研究部,其貢獻至大.若中國則教育爲工程之先驅.工程開發之責任,惟賴教育,其責任不亦重且大乎.

三. 忽略於政治社會經濟各常識之訓練.於是其結果;則（一）粗率無文,使工程界在社會上所佔地位甚低.夫工程師須有忍苦耐勞,不畏汚穢之習慣,固也.然粗率時須粗率,文雅時亦須文雅,工程師固有異於一般工匠也.（二）不懂人情世故,不明了社會狀況,不識政治運動.因此缺乏管理及領袖能力.在實業界任事不能駕馭職工,經理全廠.在政界中則工業人才所能勝任愉快者,亦爲非工業人才所佔據.

四. 忽視個性之陶冶.各人之個性不同,出校後之應用亦異,校中教育,亦當使其稍有不同.因時制宜,依各人性之所近,可分爲（一）研究式,（二）適合於工廠管理及其他營業方面者,（三）適合於實地作工如製造裝置及管理機器者.第一項人才,須有較高之數學及物理爲基礎,第二項人才,須教以商業方面之智識,第三項人才,須知機械之製造.故課程之選擇,三者須稍有不同.

五. 忽視兵操.兵操之意義有三,（一）鍛練身體,（二）使學生將來服役於軍隊中者,如電信隊等略知軍事情形,（三）下級軍官之預備.如美國麻省理工所設.依余觀之,兵操之需要,毫無疑義.然而每一語及,人輒搖首非笑.思想不同,有如此者.夫苟學生朝夕伏居一室,埋首案頭,毫無活潑之生氣,奮發之精神,此等學生,豈配做工程師.

工程教育之目的,在使學生對於事理,或對於技術,有科學分析之眼光,有敏捷之判斷,研究學問,有獨力進行之能力,處理事務,則能肩負一切之責任.我工程學生,其爲新中國建設之中堅也.茲仿此意,編列課程,請讀者指正焉.

第一年

	每星期上課鐘點		每星期上課鐘點
高等公民教育	3	兵　操	3
物　理	5	物理試驗	3
化學及試驗	2	微　積	4
圖形幾何及圖畫	3	金工木工及鑄工	3
外國文	2		
		共	28

(註一) 高等公民教育,乃授以政治社會經濟之基本智識者也.上學期授議事法,(民權初步)及美國獨立起至今日世界之政治變遷.下學期授本國近百年來政治之變遷,外交之經過,與社會之經濟狀況,革命史,三民主義.本課每月使學生作文一次.

第二年 第一學期

		每星期上課鐘點		每星期上課鐘點
普通必修科:	高等公民教育	3	兵操及軍事學	3
	德 文	3		
選修科:				
電信系	磁電學	4	高等算學	3
	工廠實習*	3	應用力學*	4
	蒸汽工程	2		
電力系	磁電學及電機工程	5	蒸汽工程及試驗	4
	工廠實習*	3	應用力學*	4
自由選修科:	英 文(管理門)	3	經濟學(管理門)	3
	工作機械(工製門)	3	電子理論(研究門)	3
	電信系共	28	電力系共	28
	惟電力系管理門則共	29		

(註二) 高等公民教育授社會主義,斯密斯,馬克斯與列寧學說之大概.

(註三) 凡有*記號者爲電信系電力系同班.

(註四) 高等數學敎複數富利何級數及微分方程.

(註五) 自由選修科乃爲順應個性而設者也.凡選管理門者,高等數學,可以不讀.蒸汽工程,則讀電信系之蒸汽工程足矣.

第二年 第二學期

普通必修科與第一學期同.

		每星期上課鐘點		每星期上課鐘點
選修科:				
電信系	電機工程*	5	圖 畫*	3
	蒸汽工程	2	機械運動*	3
電力系	電機工程*	5	蒸汽工程及試驗*	4
	圖 畫*	3	機械運動*	3
自由選修科:	經 濟 學(管理門)	3	英 文(管理門)	3
	矢數解析(研究門)	3	模型及翻砂(工製門)	3

	管理門	研究門	工製門
電信系:	24	24	24
電力系:	„ 27	„ 27	„ 27

(註六) 高等教育授經濟學.凡選管理門者,可以不讀.

第三年　第一學期

	科目	每星期上課鐘點	科目	每星期上課鐘點
普通必修科:	高等教育	2	德　文	3
選修科:				
電信系	電機工程	4	電機工程試驗	3
	電　話	3	電　報	3
	電話電報試驗	3		
電力系	電機工程	5	電機工程試驗	3
	材料強弱學	4	測　量	3
自由選修科:	簿　記(管理門)	3	英　文(管理門)	3
	高等微積(研究門)	3	內燃機	3
	電信系:	24	惟管理門爲	25
	電力系:	23		24

(註七) 高等教育授簿記.選管理門者,可以不讀.

第三年　第二學期

	科目	每星期上課鐘點	科目	每星期上課鐘點
必修科:	高等教育	3	德　文	3
選修科:				
電信系	電機工程	4	電機工程試驗	3
	傳電學	2	長途傳電	3
	傳電試驗	3		
電力系	電機工程	5	電機工程試驗	3
	熱力學	3	水力學	3
自由選修科:	工廠管理(管理門)	3	商業法(管理門)	3
	高等微積(研究門)	3	電氣測定(研究門)	3
	汽　車(工製門)	3		
	電信系:	27	電力系:	27

(註八) 高等教育,授法學大意.

第四年　第一學期

	科目	每星期上課鐘點	科目	每星期上課鐘點
必修科:	高等教育	3	德　文	3

選修科：		每星期上課鐘點		每星期上課鐘點
電信系	電波振蕩與無線電	3	熱射眞空管與無線電	3
	試 驗	3		
電力系	傳電學	3	水力學	3
	工程材料	3		
自由選修科：	簿 記(管理門)	3	銀行學(管理門)	3
	電子理論(研究門)	3	磁電理論(研究門)	3
	電機設計(工製門)	6		
	電信系:	21	電力系:	21

(註九)高等敎育,授中外文學美術之派別源流.

第四年 第二學期

必修科：		每星期上課鐘點		每星期上課鐘點
	高等敎育	3	德 文	3
選修科：				
電信系	磁電波浪之發射	3	無線電工程	3
	試 驗	3		
電力系	中央發電廠	3	電汽鉄道	3
	電光學及試驗	3		
自由選修科：	國際滙兌	3	商情研究	3
	磁電理論	3	高等電路理論	3
	電機設計	6		
	電信系:	21	電力系:	21

結 論

此稿三四易,而卒未能十分愜意.甚矣理想課程之難編也,差誤之處,知所難免,國內工程敎育家加以改正,是所至幸.

此項課程,乃學校經濟寬裕時,始能舉辦.若經濟不甚寬裕,而欲求差合於此文所述編訂原則,以余所知,則浙江大學工學院李振吾吳玉麟兩先生所製,爲最善矣.玆將該課程表,附錄於此,以供參攷.

浙江大學工學院課程表

第一年

上學期			下學期		
軍事訓練		1	軍事訓練		1
物理		6	物理		6
物理實習		3	物理實習		3
用器畫		3	用器畫		3
工廠實習	木工	3	工廠實習	鍛	3
定性分析		3	工業分析		3
微積分		5	微積分		5
英文		4	英文		4
國文		2	國文		2
共計		30	共計		30

第二年

上學期			下學期		
普通教育		2	普通教育		2
電工原理(1)磁電線路		5	電工原理(2)直流電機		5
電氣測定(1)		3	直流機實驗		3
機械畫		3	關機運動(三講三圖)		6
工廠實習	全工	3	工廠實習	金工	3
應用力學		4	材料強弱學		4
微分方程		3	水力學		3
英文		3	英文		3
測量		3			
共計		29	共計		29

第 三 年

上學期

科目	學分
普通教育	2
電工原理(3)支流線路	5
電氣測定 (2)	3
機械設計(二講四圖)	6
工程實驗	3
工程材料	3
熱力工程	5
共 計	27

選 科

科目	學分
英 文 (1)	3
德 文 (1)	3

下學期

科目	學分
普通教育	2
電工原理(4)交流電機	5
交流電機實習	3
機械設計(二講四圖)	6
工程實驗	3
建築理論	3
熱力工程	5
共 計	27

選 科

科目	學分
英 文 (2)	3
德 文 (2)	3

第 四 年

上學期

科目	學分
普通教育	2
電工原理(5)交流電機	3
交流電機實習	3
共 計	8

選 科

科目	學分
磁電理論	3
電 報	3
內 燃 機	3
直流機設計	5
無線電信 (1)	講 3
原動力廠	3
電力鉄道	3
德 文 (3)	3
電 光 學	2

下學期

科目	學分
普通教育	3
電工原理(6)電力輸送及分配	3
電氣測定(3)	3
共 計	8

選 科

科目	學分
磁電波浪之發射	3
電 話	3
水電工程	3
交流機設計	5
無線電信(2)及實習	5 講二
原動力廠設計	
電 力 廠	3
德 文 (4)	3
長途傳電	3
眞空管及實習	3

梧州市市政工程現在之概況

著者：梧州市工務局長 凌鴻勛

本市市政工程現在之概況，（截至十七年二月底止）可就下列數項分述之：

(一) 道路及溝渠　(二) 公園

(三) 公共建築　(四) 對於民間建築之取締

(一) 道路及溝渠

本市現有新式街道之總長，計11663英尺，約合六華里.道路總面積爲497,126平方英尺，（內邊路面積 172,469 平方英尺.）路面大多爲地瀝青式及水結馬克當式，其爲水泥三合土者祇一路.至瀝青面馬克當路，則尚無有，蓋受對於港粵路政觀感上所得之影響.詳細統計如下：

車路	水泥三合土	41,984	平方英尺
	地瀝青	139,997	"
	水結馬克當	142,686	"
	共計	324,667	"
邊路（卽人行路）	水泥三合土	128,209	"
	磚砌	26,900	"
	實泥	17,360	"
	共計	172,469	"

各街道天然之路床，因本市瀕臨撫大兩河，泥質鬆軟，難受重載.是以築路時，多先用蒸汽壓路機，輾壓結實.遇有過軟處，並掘起鬆土，塡以碎磚，然後上鋪路基.

路基之做法，水結馬克當路面下，多用碎石，碎磚.地瀝青及水泥三合土路面下，用馬克當式 (Macadam Foundation)，或提路科式 (Telford Foundation)，務求堅實.

本市各街道路床路基,既如此堅結,路面又多用優良之式,是以築路費之單價較貴,而路之生命,則可保其較久.此本市道路之特點也.

現有邊路面,三分之二爲水泥三合土.且除鐵柱碼頭一路外,其餘各路,均屬兩旁各寬十尺.路面既平滑舒適,闊度又寬暢有餘,是以市民對之,頗具好感.此又本市道路之特點也.

本市各街道之溝渠設備,分明溝暗渠兩項.明溝(Gutter)卽邊路旁之路面卸水溝.此間工人,普通以之連同邊石(Curb)合呼之曰人字渠.蓋因本市邊石明溝二者,常用水泥三合土同時做成,故混稱之也.

暗溝分兩類三種.甲類爲宣洩雨水及路旁舖戶汚水之用.計分兩種,其一名旁渠,係築於邊路之下.其一名大渠,卽遇有旁渠入地過深流量過多之處,兩旁邊路下之旁渠,卽會合匯流於車路路基下之大渠.此爲甲類暗渠設置之用意也.乙類爲宣洩路面下水(Underground Water)之用,稱之爲洩水渠.洩水渠多築於車路中線路基之下,沿洩水渠幹管每六七十英尺乃至百英尺處,旁設支管,與幹管作四十五度之角,以便集收全路面下之水.

本市現有明溝,其總長度與邊路之長度相差無幾.蓋以本市凡有舖砌之邊路,均有明溝也.玆將大約數與各種暗渠之總長,列表於左:

大渠	3,017 英尺	洩水渠	11,164 英尺
旁渠	25,164 英尺	明溝	17,000 英尺(約數)

至本市街道現在建築之中,而卽將於三月初告成者:計有南環路,長約九百五十英尺,面積約有七百英井.此外長生驛前上珠璣中段,均在進行建築之中,不久亦當告成也.

(二) 公園

本市公園,現祇有北山公園一處.該山處本市東北,適擁熱鬧市區之背,山多樹木,有小道可通.本市登山遊園,甚爲便利.是園創始於國民十四年.現設管理員一人,專司園中規劃布置及指揮蒔藝等事.園之四周.遍栽花木.園之北部,新闢道路多條.園之西部南部,臨熱鬧市區處,建有涼亭數座,以供遊人憩息賞玩之所.幷有小樓一座,兼作辦事處.此北山公園目前之概況,離全園完成之期尙遠.然以園之規模甚大而經費特少,現雖正在多闢道路,至欲圖早日觀成,非多籌臨時款項不辦也.

(三) 公共建築

本市公共建築,現尙不多.其由工務局管理者,計原有舊菜市三處:一在城隍廟碼頭,一在學前街,一在塘基街.舊果市一處,在書院碼頭.均係舊式建築.城隍廟碼頭之菜市,現已拆去.預備遷往下珠璣路舊甓菜塘之地位,定爲第一菜市.至學前塘基二菜市,在最近之將來,亦當悉改爲新式建築,或並另擇相當地點.

(四) 對於民間建築之取締

市政之整頓,首當注意市民之安全.是以工務局對于市民建築事項,定有嚴格取締之手續與章程.凡新建舖戶,當繪圖先呈報本局.由局長轉飭設計取締兩課,分別派員查勘,其屋址是否突入路線侵及公地,其房屋形式是否整齊,建築方法是否穩固而適合衞生等項.有一不合,即禁止動工.倘市民未經本處批准,竟先自建築者,本局即照章處罰,自五元至一百元之罰金.若其擬建房屋地址,確係有契而計劃布置于穩固衞生方面亦無謬誤者,則本局卽派員簽定其地址,發給建築憑照,准許開工.惟尙恐市民未盡遵守,致所建房屋,或不照本局所簽定之地址而任意出入,故特另定覆簽辦法,卽于建築竣工之後,業主須再呈報查勘,由局派員覵其是否按照前所簽之界址,如有侵佔照章處罰.此本局取締民間建築物所定之手續也.至于取締章程,雖已頗爲詳明,尙須擴充更改,以求完善,現正在修訂中也.

蘇州滸關農田機器戽水之調查

著者：費福燾

近三載來,中國農學之有特殊進步者,厥推戽水.例如去歲蘇州滸關一帶之高田戽水,畝數至一萬六千畝之多.茲將不佞調查所得,略述如下,或亦關心農事者所樂聞也.

(一)路線布置

蘇州電廠自辦瑞士卜郎比三千六百基羅瓦特透平發電機後,電量充實.分線五路,曰南路,北路,閶路,中路,長途路.其南,北,閶,中,四路,大都供給城內外電力電燈之用.至長途一路,則經蘇州胥門廠中之二千開維愛變壓器,自貳千三百伏脫,升高至一萬六千伏脫後,西通西津橋鎮,至金山,達木瀆,供給電燈,並管理戽田水兩區.因在本題範圍之外,茲不贅述.其至滸關一路之高壓一萬六千伏脫,總線則直達滸墅關,至蘇錫交界之望亭爲止點.滸關又經六百四十開維愛變壓器降低至二千三百伏脫,分支線五路.第一支線至蘇屬黃埭鎮,供給無錫縣屬之爆爆電燈公司電燈之用,沿途并供給農田車水.第二支線南至黃花涇,管理農田一區.第三支線北至望亭,管理農田一區.第四支線東達包興鎮,管理農田一區.第五支線西至通安橋,再從各區,因分佈戽水而定車口位置.

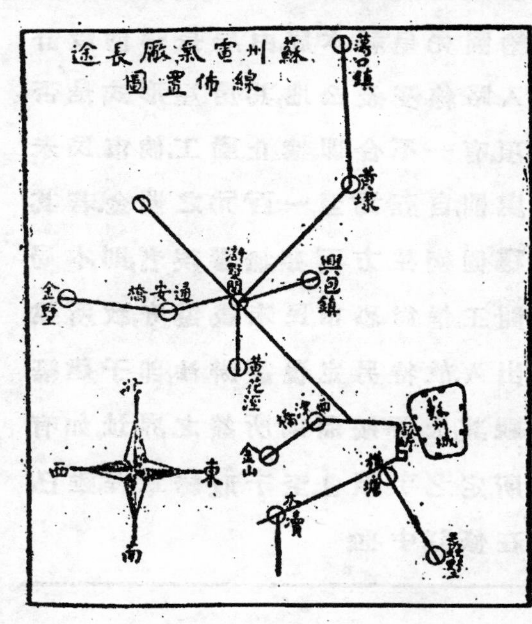

第一圖

(二) 設備費用

滸關一帶週四十華里,水泥線桿三百廿根,連電線裝工,一應在內,約每支百元,合三萬二千元.木桿路線一千六百根,連電線裝工,每支約三十元,合四萬八千元.各處事務所房屋約二萬元.各處變壓器約二萬元.打水帮浦馬達,大都用自製六寸離心式抽水帮浦,及瑞士卜朗比廠造三相交流十四匹馬力馬達,每組約八百元,管理農田四百畝.今田一萬六千畝,共用馬達帮浦四十組,約三萬二千元.故資本總額為十五萬二千元.其計算如下:—

水泥線桿三百廿支,每支百元,	三萬二千元.
木質線桿一千六百支,每支卅元,	四萬八千元.
事務所房屋,	武萬元.
大小變壓器,	武萬元.
馬達帮浦四十組,每組八百元,	叁萬二千元.
資本總額,	十五萬二千元.

第二圖 馬達帮浦出發前在河邊試驗

(三) 帮浦馬達裝置之研究

是項調查係在民國十六年.忙種之時,灌溉農田一萬六千餘畝.每船載戽水機一組,搖曳隴畝之間,選定適當地點,是為車口.至機器之裝於船上,係適合於當地情形.緣水源取給於河,抽水機在船上,則就近汲水,阻力減少,進水管復可簡省,於成本較爲經濟.其利益之更進一層,則救濟較易.設甲車損壞,乙車卽能搖往帮助,待甲車修理完竣,乙車還原,旣得工作互助之益,又無耗費時間之弊.若裝置陸地,須擇平準地位,堅實底脚,務免機身震蕩.落田土鬆動,不能承載機重.且鄉間地面崎嶇不平,裝置旣屬費事,搬運又屬爲難.而一有損壞,調動不易,非集五六人之工率不可.鄉間工人難於招募,而廠中常備是項工人,經濟又屬不貲,自以裝在船上,最爲妥當.再該種農田帮浦之構造,須適宜於抽泥水之用,一因鄉間河濱水,不甚潔淨,一因田稻之水,須帶淤泥,俾予農田以天然之肥料.（本國製造者,上海甯波路七號新中公司出品,甚爲合用.）如帮浦久用後,葉子中嵌有淤泥,可將帮浦殼子兩旁之螺絲卸去,將內中葉輪洗淨.鄉間河濱中,時有魚蝦等物,因帮浦之吸力,每易塞沒蓮蓬頭,故蓮蓬頭之外,須再罩一竹片形之罩,如雞罩然.

第三圖　帮浦裝置船中以便游行灌溉

(四) 工人分配

機工十人爲一班,設領班一人,每班率小工十二名,管理機器十部,戽田四千畝.約分大小車口三十五個.每日以二十小時爲度.二十二人,循環工作.機工負管理機械及臨時修理之職.

(五) 打水畝數及田稻收成

該年共打水一萬六千畝强,其用電力戽水者,照民國十五年比較,每畝可增收一

每畝收成之數約三石.用人力牛車者,每畝約收二石而弱.

(六) 每畝電價

農人之來接洽電力戽水者,計畝不計電.因農民對於電度等名辭,不甚瞭解,自以承包畝數爲便利.其值每畝約一元六角,戽水直接送至田中.

(七) 馬達與人力牛力之比較

農人負擔	器械成本	每畝均價	管理畝數
電力	由廠供給	一元六角二分	四百畝
牛力	全副約三百元	連戽水七元一角 不連戽水三元五角半	連戽水貳十畝 不連戽水耕四十畝
人力	全副約一百廿元	連戽水十二元八角 不連戽水六元四角	連戽水五畝 不連戽水耕十畝

新中公司贈

第四圖　　人力

結論

照以上觀察,用十五匹馬達六寸抽水機爲標準,以價目計與牛力比較,農民每畝可減輕負擔約四倍餘,與人力比較,則可減至八倍,其有益農民,可以

新中公司贈

第五圖 牛力

想見.但就電廠方面觀,鄙意照上述容量之帮浦,尚未用至全量.倘帮浦計劃適宜,有良好之效率,適當之佈置,根據水頭約15呎,每分鐘當可出一千美國加倫.按每畝灌田水深一寸,應須四千五百美國加倫.今從寬計算,以每日工作十小時,水頭15尺,每畝灌水深六寸,得下列之推算.

每畝汲水高一寸,須四千五百加倫.

每畝假定須六寸之水,則爲式萬七千加倫.

六寸帮浦用每分鐘一千四百五十轉,十四匹馬力馬達拖動,每分鐘應出水一千加倫.

每日工作以十小時計算,全年忙種時期,設爲五十天,則每只帮浦,每日可出水六十萬加倫,卽五十天可出水三千萬加倫.

每畝六寸之水,須水二萬七千加倫.

是則每組帮浦在五十天,至少可灌田一千畝.較之現在每組管理四百畝者,超出兩倍半.據鄙意人工足敷分配,無添增之必要,而電廠每年平添兩倍半之收入,倘酌量減輕電費,直接減輕農民負擔,於民生經濟,兩受其益焉(附蘇州電廠馬達打水簡章,以備有志農田灌溉者之參考.)

新中公司贈

五吋徑帮浦

第六圖 放水入田

蘇州電氣廠有限公司新訂馬達打水簡章

（十五年秋重訂施行）

(一) 本公司有鑒於年來物力之艱難,雇工之昂貴,並遵官廳之提倡勸導,于是暫從高區試辦馬達帮浦,打水農田,供給全年電力,以資節省人工,而期永免旱潦災荒,其利益之大,豈有涯涘,爰定簡章如右.

(二) 各田畝需用水量,須先期向本公司隔年預定,以便每屆需水過田時候,按照節氣忙種之前,得臨時供給打水.並應先立承攬,妥覓殷實商店兩家以上保證爲憑,商保須取得本電氣廠同意行之.

(三) 凡在本公司放植桿綫地方者,連借用馬達幫浦,每田一畝,距河港岸頭最底處,取費洋一元五角.其距離較遠較高圩岸,及當年三月以前來定者,每畝一元六角至一元七角.倘必須植桿而在十桿以外者,酌量分別遞加植桿手工等費,每畝加費洋二角至四角.

(四) 供給電力打水,至少以四五百畝,團圓一方爲一區,每區田岸,務須劃清界限加以標誌爲斷.如有鄰田臨時情願過水者,亦須先向本公司具有承攬,方可照辦,否則即以竊電論.

(五) 每區打水,於港頭進水河道,如堆積泥土,圍築高阜,順流灌溉至蠹頭地方,此項人工及茶水伙食,歸承色人公攤.以田之多少各自担任,並應服從本公司之指揮行之.

(六) 每區須由用戶臨時供給本公司安置機器面積三四分地方,浮建房屋,其屋內桌椅傢具,及工匠住宿處所,以資應用.惟適宜地點,須由本公司指定之.

(七) 租用打水電力年限,先以一年爲期,由承包人開具細戶,訂立草攬,須繳保證金每畝洋二角,以憑復查.此項證金,須至年滿後,憑據取還,凡有包不足額者將證金充罰.

（八）收費期間,以每年全數分爲三期,第一年成立正式承攬時,預交是年第一期三分之一費,在忙種以後,陽歷六月分內,交第二期三分之一費,在秋熟以後,陽歷十月分內,交第三期三分之一費.新舊各戶在陽歷十二月分,如有續訂續包者,預交下年之保證金費,其有不能預期照繳,及發現有意外事者,得向具承攬人負責追繳交涉認賠.（成立正式承攬,須視造繳田佃細數先後時間爲包價之標準)(其有以前訂定承包者,卽照以前優先書面辦理.)

（九）此項承包人既有殷實商保,並擔承招攬收費,責任重大,供應照料,化費亦鉅,得酌量津貼使用費,每年電費,承包田數在千畝以上者,提酬六點至八點,五千畝以上者,提酬一成.一萬五千畝以上者,提酬一成半,二萬五千畝以上者,提酬二成,五萬畝以上者,提酬三成.不滿千畝者,提酬五點.酬金於第三期內扣付,此外均須面議,惟繳款概須十足現洋,如期蒐交.

（十）以上舉其大略.先從吳境各市鄉中,舊長境最高區域,植桿試辦,行有餘力,陸續推廣至舊吳境,及舊元境地方.如有臨時請求救濟挂綫送電,則亦須預先半年商定年限,出具若干代價證金,具有書面契約,方可入手進行,否則事出倉猝,手續材料,均來不及,理合先行聲明.如屆時或有未盡事宜,應請提前雙方洽商,或改良辦法,隨時提出修正之.

最新會員錄已出版

本會對於會員通訊地址,力求準確,以期消息靈通,接洽便利.會員錄自去年第五次重印以來,不過一年,其中變更,已不勝枚舉.故特詳細校訂修正重印,現已出版,分寄各會員.然而人數逾千,散處各地.本會辦事人員,雖竭力校正,終不免有遺漏錯訛之處.諸君如有未經收到或發現其中錯處者,請卽函知上海甯波路七號本會辦事處可也. （黃炎）

國產植物油類之重要及其將來

著者：徐名材

吾國出口物品，向以絲茶為大宗，但近十年來絲為日奪，茶為印擠，較昔時已減少。而價值最多之出口貨，實為豆類及其製品，輸出歲值一萬四千餘萬兩。此外如桐油，如芝麻，如花生及生油，亦復為輸出大宗。核計油產品總值，占輸出總額四分之一强，其重要概可想見。推原其故，實由種類至繁，用途甚廣，舉其大者，約有數端——

(一) 食用　油類含熱量，較之糖及蛋白質，加一倍餘。故動植物油為食用必需，由來尚矣。但動物食料，仍須取給植物，不如仍用植物油之便利。且近來製造方法，逐漸改良，植物油產，品質優美，較之動物脂肪，有過之無不及。需要擴增，此為一因。

(二) 製皂　油類可供製皂用者，不勝枚舉。但因食用需要激增，動物脂肪及上等植物油，價值昂貴，不復合用，不得不物色他種油代之。油類用途，因之增大。

(三) 油漆　製造油漆，向以亞麻油為最合用。近因價貴，競以桐油豆油等物代用。嗣經研究結果，知他油效用，有勝于亞麻油者。因之用途擴充，而需量亦激增。

(四) 滑機　各項機器，須用滑油，以減磨擦。向本取給動植物油，後以石油製品，價廉質良，羣相改用。但仍有數種機器，非參用動植物油不可。故滑油仍為大宗用途。

此後工業日興，植物油需要，將有增無減。化學進步，雖日新月異，而人製油類之發明，尚須待諸將來。數十年內，工業需要，仍不能不取給於植物油子，可以斷言，其重要正方興未艾也。

油產種類,無慮百餘,其額量較多者,約十五六.而爲吾國輸出大宗者,凡七.以產量言之,最要者爲豆及豆油,產東三省各地,長江流域亦有之.次爲花生,產地以山東爲最,河南直隸廣東江蘇等省次之.三爲桐油,出產最多者爲四川湖北湖南三省.四爲棉子,產地極廣.五爲芝麻及菜子,產長江流域及東三省河北等處,輸出者多,製油者少.再次爲茶油以廣西湖南爲著.贛產雖多,僅足自用,輸出不甚多也.茲就其輸出額量,貿易中心等項,列表于左:—

第一表 油產輸出概況

名稱	輸出量	輸出值	重要輸出地			重要輸入國及其百分數%		
	千擔	千兩						
豆類	20602	73141	大連			俄(35)	日(27)	
花生	895	4336	青島	上海		法(28)	荷(22)	
生仁	2054	12937	青島	南京		美(23)	西班牙(20)	
芝麻	528	4117	上海	漢口		日(46)	意(14)	
菜子	786	3459	蕪湖	上海		日(96)		
棉子	590	1403	天津			日(98)		
豆油	1989	20387	安東			俄(27)	英(25)	
桐油	894	17450	岳州	漢口	萬縣	美(80)	德(7)	英(4)
生油	588	7635	青島	上海		香港(38)	美(20)	
棉油	36	370	上海			英(74)		
茶油	12	176	漢口	温州		日(66)	美(21)	
麻油		35	漢口	鎮江		香港(55)		
豆餅	20662	49469	大連			日(81)	俄(12)	
生餅	145	352	上海	青島		日(89)		
菓子餅	617	1149	漢口	蕪湖		日(98)		
其他油子		41560	大連			日(56)	俄(10)	
其他油類	51	400	牛莊	漢口		日(40)	美(39)	
其他油餅	1180	2598	上海	甯波		日(97)		

上表所述,僅就吾國油產之輸出狀況言之,其重要已不待言.若更就世界

各國油產輸出額比較參觀,其他位重要,更顯而易見.據美人調查所得,吾國油子輸出,占全球第一位,合各國總輸出額百分之二十.油類輸出亦居第一位,占總額百分之二十七.其輸入額量極有限,油子及油,各占世界總輸入額千分之三四,其地位爲二十二與十七.足徵吾國爲植物油之出產地,世界各國,固莫與吾比也.今再就吾國出產之油類計算,其在各國貿易中之比較數及其地位,列表如左:—

第二表　各國油產貿易比較(據一千九百二十年計算)

名稱	輸出總額	國產位置	國產百分數	重要輸出國
	千担			
豆類	1000000(約)	第一	90	日
芝麻	274165	第一	83	印度　蘇丹
花生	169086	第二	34	印度
棉子	67123	第三	8	埃及　印度
菜子	31586	第二	7	印度
亞麻子	13537	第四	1	阿根廷　印度　坎拿大
其他油子	91740	第一	67	英
豆油	228414	第一	60	美　英
生油	110169	第一	64	法　日
桐油	72095	第一	99	南洋羣島
棉油	12046	第三	5	美　英
茶油	3285	第一	100	
麻油	497	第五	3	法　荷　日　印
菜油	24	第五	0.1	英　荷　印
其他油類	5709	第四	12	比　英　荷

由上表觀之,吾國油產,其輸出額占各國第一位者計六種.其總量占九成上者爲桐油,茶油,及大豆,八成上者爲芝麻,六成上者爲生油及豆油.棉爲各國大宗出產,棉油爲英美大工業,吾國瞠乎其後,原無足怪.菜子芝麻,輸出甚多,而油產出口,未能與之相埒,即工業未興之明徵也.

全球各國,除吾國外,油產輸出最多者,實推印度,阿根廷,埃及,菲律賓諸地.印度產花生,阿根廷產花生及亞麻,埃及以棉子著,菲律賓以椰子勝,土地異宜,各有專長;而吾國特產,實有四五種之多,不可謂非厚幸也.此後人口增加,銷額日擴,科學進步,用途愈繁,其在工商業上之地位,必與時而俱進.得此天產,宜如何設法振興,以應世界之需要,固吾人所宜注意者也.

各項油類,在國內原有相當銷路,第能達今日地位,實外人研究之功居多.玆就上述各油,分國內舊用途,及國外新用途二項,列表如左.其效用之廣,及其在工業之位置,亦概可見矣.

第三表 油類之用途

名稱	國內舊用途	國外新用途
豆油	燃燈,烹調,滑機,油紙油布,印墨	調味,製皂,油漆
生油	燃燈,烹調	調味,假猪油,製皂,滑機
桐油	油料,油紙,燃燈,印墨,藥用	油漆,假橡皮,乾劑
棉油	燃燈,烹調	製革,製皂,假洋乾漆
茶油	燃燈,烹調,烘餅	調味,假豬油
麻油	烹調,藥用	調味,製皂,假牛油,滑機,香料
菜油	燃燈,烹調,滑機	調味,淬鋼,製皂,製燭,留聲機片等

至將來發展希望,竊以爲不外三端,請分別言之:—

(一)推廣種植也. 油子種植,比較簡便,加以提倡,產額自增.豆菜等品,各地均有者無論焉.日俄戰起,軍隊就地徵糧,滿州廣植大豆,戰停而銷路頓塞,不得不以外國爲尾閭.英美試用有效,遂成今日之盛況.河南本產芝麻,運銷廣東,後漸爲蘇產所擯,迨京漢路竣,交通便利,而產額大增.山東爲花生特產地,而新種起源,實得諸美國之加省.足徵油子之產生何地,非盡關於土宜,強半實由人力所致也.卽如桐油一品,運銷遍全國,向爲上江特產,實則浙省杭紹諸地,頗多種植,銷售本地,特外間不之知耳.近年湘蜀等省,軍事紛擾,收購不易,市價漲落靡定,購用者視爲莫大困難,美人已自行試種,效果甚佳.吾人若在沿海諸省,廣事種植,不徒爲地方興利,實足爲國家保絕大利源也.至於國產油品,銷售海外者,尙有多種,特其額量較少,不爲人所習知耳.其較要者表列如下.

名稱	產地	用途
蓖麻油	東三省	藥,皂,滑機,染色用精煉油
亞麻油	東三省	油漆,皂,印墨
蘇子油	東三省	油漆,油布,印墨,烹調
向日葵油	江北　東三省	烹調,製皂
大麻油	四川　東三省	油漆,皂

利用適當,亦可成重要商品也.

(二)擴充製造也.　吾國油子輸出,其額量較油多四倍,製造之利,供手授人.日人採辦多量油子,復以提出之油,輸出英美,如豆油,如生油,如棉油,菜油,蘇子油,莫不如是,其明證也.不甯惟是,食用滑機製皂等需,均須提煉純潔,方能適用.吾國出口,多係粗油,若能提淨,或製成用品後,方行輸出,獲利更優也.

(三)擴展用途也.　桐油豆油等品.能成今日之盛,實西人研求之功.若能仿其意,從事研究提油以外,副產亦可利用,其前途猶不至是.即以大豆一物而論,除提油食用,爲吾人所習知外,西人或取其皮炙粉,以作飲料,或提其質以製假象牙等品,效用甚溥.準斯以談,利用無窮.中山先生欲以黃豆製造之肉,乳,油酪,輸入歐美,以代肉食,誠一偉大計畫,吾人不宜一日忘也.

油產輸出,爲吾國非常利源,觀上所述,可無疑義.所惜者輸出總值,豆及製品,實占六成,而自大連等處出口者,達十之九,營業權利,實爲日人所把持.吾人欲謀此大利,急起直追,刻不容緩,不能不於提倡種植,及發展製造,兼營並進.而欲求此二者之有實效,非用科學方法研究不爲功.中國工程學會年來急急以試驗所爲務,異日幸而告成,願勿忘此占全國輸出重要部位之植物油產也.

自來水之調查

黃炎

本篇內調查各處公用事業之價目章程辦法等項,於本刊陸續登載,以供參考.惟作者見聞,囿於一方,如蒙各地同仁,賜稿續增,不勝歡迎.

上海公共租界

(Shanghai Water Works Co., Ltd.)

包戶水價　洋房寫字間　按每月房租收水費　百分之二　2%

洋房住宅　〃〃　百分之四　4%

中式住宅　〃〃　百分之五　5%

住宅內僅以家常之用爲限.不得以之灌園鍋爐及供給他人之需.

冲水糞桶	一只或二只	每月收費	$	1.00
〃	每添加一只	〃 增收	〃	0.30
小便水箱	三加侖箱	每月收費	〃	4.00
〃	二加侖箱	〃	〃	2.70
救火龍頭	2 ½" 管,	每只每年收費	〃	20.00
〃	五只或五只以上	〃 至多	〃	100.00
〃	1 ½" 管,	每只每年收費	〃	10.00
〃	五只或五只以上	〃 至多	〃	50.00
噴水器	Sprinker,	每只每年收費	〃	0.10
	或總管上每一接頭,	每年收費至多	〃	100.00

表戶水價　住宅,寫字間,噴水器等,均可裝水表,量水計值如下.

每月用水在　20,0000 加侖以下者,每千 1000 加侖　$　0.40 算

〃　20,0000 加侖以上,至 50,0000加侖止,念萬以上之增加水量,每千 1000 加侖　〃　0.35 算

〃　50,0000 以上,其增加水量,每千1000 加侖　〃　0.30 算

例外用戶　沿福煦路,海格路,在法租界一邊之用戶,用水以每千 1000 加侖 $0.45 計算.

上海法租界

(Compagnie Francaise de Tramways et d' Eclairage Electriques de Changhai)

供給水量,均須經過水表,照量取費.水表係公司裝置,不另取費,用戶須爲負責保管,不付租金.

水　價　每立方米突　計規元銀八分七厘五毫.Tls.0.0875

按一立方米突=264.2加侖,Tls. 0.0875 = $0.1215

合每千1000加侖,洋$0.46

如遇特殊情形,水公司可與用戶商訂特別辦法.

上海閘北

(商辦閘北水電股份有限公司)

包戶水價	中式房屋	1幢		每月收費	$ 1.50
	„	2 „	1廂	„	„ 3.00
	„	3 „	2 „	„	„ 4.00
	„	5 „	2 „	„	„ 6.00
	„	5 „	4 „	„	„ 8.00
	„	5 „	以上者另議.		

每幢龍頭一只爲限,添裝每只每月收費　„ 1.00

表戶水價	每月用水在1,0000加侖以下,每千1000加侖			„ 0.53 算
	„ 1,0000	„ 以上,	„	„ 0.48 „
	„ 5,0000	„ 以上,	„	„ 0.45 „
	„ 10,0000	„ 以上,	„	„ 0.42 „

普通住宅,由用戶自由擇定包水或裝表外,有爲公司認爲不合包水之規定者,應一律裝表計算.

接水工料費　凡用戶關於用水應裝各件裝置完竣,報由公司檢查認可後,由公司收取接水工料費如下.

中式房屋	1幢		收接水費	$ 2.00
„	2 „	1廂	„	„ 4.50
„	3 „	2 „	„	„ 8.00

„	5	„ 2	„	„	„ 12.00
„	5幢以上10幢以下				$ 20.00
„	10	„ 20	„	„	„ 30.00
„	20	„ 30	„	„	„ 40.00
„	30	„ 40	„	„	„ 50.00
„	40	„ 50	„	„	„ 60.00
„	50	„ 另議			

特別洋房,層數較多者,按其間數計算.

龍　頭　放水龍頭,無論大小多少,概由公司代裝.

½",	四分口徑,價洋	$ 1.30
¾"	六分 „ „	„ 2.00
1 "	一寸 „ „	„ 5.00

龍頭損壞,由公司派匠修理,所需橡皮圈螺絲等件,均不取值.更換龍頭,舊者由公司收回,新者照價由用戶備負.

太平龍頭,由公司用鉛印封閉,非至必要時,不得開用.

水　管　水管口徑之大小,以房屋幢數及需要多寡為標準.用戶事前報由公司派員查勘審定後,應遵照裝設,不得更改.

總管與支管間,公司與用戶各裝開關一只.裝有水表者,公司開關,裝在表之後,用戶開關,裝在表之前,並在用戶開關與表之間,另設一龍頭,以便隨時較驗水表.

自馬路總水管至公司開關之支管,由公司裝設.自公司開關以外之支管,由用戶自備.

凡在未設水管之處,要求公司設管通水者,須津貼公司是項建設工料,總費三分之一.距離過遠者另議.

冬令水管冰裂,報知公司修理,工料等費,減半收取.

押　櫃　各用戶須預繳足整兩個月水費之保證金,作為押櫃.

凡因建築工程用水者,須繳足整三個月水費為保證金.

繳付水費　包水契約簽定後,自接水之日起,第一個月,按日計費,以後均照全月收取.

停止用水,須於三日前報明公司,拆卸龍頭.在十五日以前,照半月收費,十六以後,全月計算.裝水表者,按加侖計算.

水費須按月付清,如拖欠一月以上者,除停水外,以押櫃金撥抵.

裝置手續　凡欲裝設水管及其他水具者,須招領有執照之裝管鋪戶,按照定章,如式裝置,工竣後,依照購水契約所載各節填明,會同包裝鋪戶簽字蓋章,附房屋平面圖二份,連同接水工料押櫃等費,送由公司派員檢查.如設備合法,爲之接管通水.

用戶於原有房屋外添造新屋,手續同上.

簽定契約後,如需添裝或改裝各件者,先報明審核幷補繳費用.

近十一年來上海雨量表　(吋數)

中華民國	六年	七年	八年	九年	十年	十一年	十二年	十三年	十四年	十五年	十六年	十七年
正月	0.18	—	2.81	0.98	0.89	2.50	0.25	1.59	2.36	0.90	0.83	3.48
二月	0.66	0.49	1.77	4.48	1.61	3.49	3.42	3.77	1.30	1.34	4.37	1.72
三月	1.34	4.21	4.82	2.68	3.27	1.81	3.18	2.78	2.80	2.20	4.83	2.96
四月	0.94	2.62	1.84	4.27	6.80	1.84	4.52	0.73	1.10	2.24	4.82	2.65
五月	3.02	1.85	2.51	3.74	4.67	1.89	4.62	5.23	6.68	1.98	1.71	0.53
六月	10.17	8.29	11.32	7.23	8.24	7.16	7.38	10.55	2.10	9.39	7.66	7.70
七月	5.80	5.06	12.17	6.70	2.09	2.50	8.14	0.28	6.83	5.82	4.27	
八月	3.94	4.45	2.54	1.57	9.77	3.42	2.75	1.32	3.53	8.17	6.86	
九月	2.03	5.47	2.83	3.06	11.15	11.52	1.30	13.66	4.85	9.16	3.65	
十月	2.15	0.75	1.22	1.09	1.68	2.26	0.19	2.50	0.19	2.07	0.99	
十一月	2.23	7.85	1.09	1.14	1.37	0.80	2.97	0.72	2.16	2.65	1.26	
十二月	0.62	5.21	1.00	5.39	1.05	0.09	0.34	0.19	0.44	3.28	0.35	
共	33.08	46.25	45.92	42.33	52.59	39.28	39.06	43.32	34.34	49.20	41.56	

工程新聞

本刊自本期起,特闢工程新聞一欄,專載國內外新興工程事業,工程界團體或個人消息,凡讀者見聞所知,賜以短篇者,均所歡迎.——編者附誌

(甲) 國內

(一) 首都中央黨部創設廣播無線電台

南京國民黨中央黨部,為宣傳黨義促進黨治起見,特擬創設廣播無線電台於首都.機器已向滬開洛公司購定.電力為 500 瓦特.地址已擇定現在中央黨部(前江蘇省議會)後面,現正鳩工興造,以期早日能成立播音云.

(二) 首都電燈廠歸建設委員會接辦

南京電燈廠,年久失修,燈光暗淡;現已由國民政府建設委員會接辦,從事整頓,派該會技正本會會員陸法曾君積極指導.陸君於電廠工程,經驗宏富,必能措置裕如,以副首都市民之望.聞其計劃分治標治本二項:治標則將城內電壓,升高為 6600 伏脫,購狄塞爾引擎發電機 200 基羅瓦特兩座,以替代城內現有電機,藉便修理.治本則擬購1000 基羅瓦特汽輪發電機,以為日後負荷增加後之備;并擬減低電價,以期符合民生主義也.

(三) 上海中山路已開工

上海南北兩市,向無直貫要道,極感不便.總理生前有大上海的計畫,當局努力從事建設事業,中山路之建築,是實現大上海建設計畫中之最重要工作.其興利除弊之重要意義,簡單的可說:第一,避免事故發生之際,南北兩市因租界之橫亘,交通梗阻而感隔閡;第二謀收水電設備整齊劃一之效;第三防止外人越界築路之覬覦,不致喪失主權.有此鉅大重要意義,市政府因亟亟於完成斯路.路線已擬定,自閘北交通路起,越滬甯鐵路,沿滬杭甬鐵路之西北,過太浜許家宅,跨吳淞江,經梵王宅,過法華巷林肯路大西路,經光華大

學前,至何家角,穿虹橋路,經金碧山莊周家宅艾家宅,跨蒲肇河,至小閘周家宅間,越鐵路,經斜土路喬家宅石氾灣天鑰橋路,達龍華禪寺.計長十三公里,約二十二華里.寬二十四公尺.爲現在上海最長之路,亦即上海市空前未有偉大的馬路.經市工務局測繪地形完竣,並由市土地工務兩局,分別籌辦收地遷墳,以及興工事宜,並於三月二十六日舉行開工典禮.路之成功,指顧間矣. (楊元技)

(四) 中山新陵工程狀況

中山墓在南京朝陽門外紫金山之陽,離省立造林場北三四里.工程之浩大,匪可言喻.工人足有三四百人.環墓並敷有運料鐵路,以推運建築材料.自山足拾級而登,上祭台之台階,凡三四百級,均用花石砌成,至形美觀,尙有一小部分未竣工,聞係上海姚新記承包.台階之上爲祭堂,雄壯宏麗,工程已完其三分二.再進爲安放總理遺骸之處,四周圍以紫銅欄杆.屋頂用香港花剛石砌成,青天白日旗,徘徊瞻仰,起無限敬意.全部工作,約竣其三分之一.玆將建築所需材料錄下,以資參考:—

建築材料

平台踏步		蘇州金山石
祭堂	底脚	鋼骨三合土
	外牆	香港花剛石
	椽子	紫銅
	平頂大料	五色磁磚鋪花
	地板及四周裝修	意大理石
	圓柱	內用鋼骨三合土外用青島黑石
	門窗	紫銅
墳墓	底脚及圓內殼	鋼骨三合土
	圓頂	香港花剛石
	地板及欄杆	大理石

	天窗	反光鏡
	門口	紫銅保險門
圍 牆	底脚	鋼骨三合土
	牆身	蘇州金山石
	壓頂	香港花剛石

(楊元技)

(五) 浙江省修築公路進行情形

1. 修築程序 浙江全省應修築公路約長八千里,擬分四期施工,第一期因修築伊始,關於經費工程辦理,均較困難,定二年爲期,第二第三兩期各定爲一年半,第四期定爲一年,計四期共爲六年,屆時全省八千里左右之公路,均可完成矣.

2. 路線支配 第一期修築路線有二千里左右,各線擬定如下.

(甲) 杭長線 由杭州經武康吳興長興至江蘇宜興縣交界處止,計長一百八十里.

(乙) 杭平線 由杭州經海甯海鹽平湖乍浦至江蘇金山縣張堰界,計長一百六十五里.

(丙) 杭昌線 由杭州經餘杭臨安於潛昌化至安徽歙縣界,計長一百四十里.

(丁) 新溫線 由新昌經天台臨海黃巖至溫嶺縣,計長一百七十五里.

(戊) 新甯線 由新昌至甯海縣止,計長一百八十里.

(己) 桐衢線 由桐廬經建德蘭谿湯溪龍游至衢縣,計長三百四十五里.

(庚) 衢常線 由衢縣至常山縣,計長八十里.

(辛) 衢江線 由衢縣經江山縣至二十八都,計長一百九十五里.

(壬) 永溫線 由永嘉經樂清至溫嶺縣,計長一百九十里.

(癸) 永麗線 由永嘉經青田至麗水,計長二百七十里.

以上十線,共計長二千零二十里,至第二第三第四各期路線,現正在計畫中,杭長杭平桐衢三線工程隊,已組織就緒,定六月一日出發.

3. 工程經費　公路工程,擬先築成土路.蓋因成功速而經費廉,每里連同橋樑涵洞等約需工料銀二千元.第一期公路,約共需銀四百零四萬元,已由省政府決定由各縣地丁抵補金帶征建設經費一成附捐,每年收入有六十萬元,即用以作公路債劵還本付息基金,由省政府發行公路債劵二百五十萬元,再由建設經費項下補助一百二十萬元,總計有三百七十萬元.其不敷支出之三十四萬元,即在公路債劵基金贏餘項下,撥款補足.　(董開章)

(六) 閘北水電新廠近況

閘北水電公司,在軍工路剪淞橋建設新廠,規模宏大,設備完善.關於水供各項工程,如水池水塔,水管,抽水機等,早已安設完全,開始送水.該廠基址,共一百三十餘畝,處地卑下.去冬與濬浦局訂立合同,由該局承辦用黃浦江中挖起之廢泥,灌上填高.入春以來,積極進行,目下已完工云云.(參觀封面照片)　(炎)

(七) 錢塘義渡建築碼頭

杭州南星橋龍王廟前,原爲過江之渡頭,而僅用挑板,搭架水面,往來行旅,非常不便.浙省建設廳爲改良江渡,便利交通起見,決於兩岸建築渡船碼頭,伸出江中.計在杭岸者,築造土堤上鋪路面,長 260'.再建木架橋,與土堤相接,長 540'.再接活絡板橋,長 60'.外泊方船一只,長 80',寬 20'.其在對江西興岸者,土堤 60',架橋 54',活絡橋 60',方船同.橋路面寬 16',架橋用方木樁,每檔四根,孔 18'.聞此項工程,早已詳細規劃,製成圖繪,招人承造.估計工料,在三萬金以上.惟錢塘江中怒潮洶湧,風浪猛烈,建築之困難必多,且從未有相似之工程,可供借鑑.建設廳以上海濬浦局爲吾國水利上最有經驗之機關,特派員持函,前往諮商.該局亦樂於相助,俟派遣工程師到施工地點,踏勘考驗後,與以切實的貢獻云.　(炎)

(八) 黃浦江中打撈沉船之經過

黃浦江中,船隻往來如織,撞擊沉沒,時有發生.如二月間,有三興公司之鋼質漁輪一艘,名海興者,在吳淞鎮附近,與東洋船相撞,立致下沉.業主呈請濬浦局,設法打撈.當由該局派小輪,駁船,起重機,泅水匠等等,到出事地點施工.並雇用耶松船之起重機船相助.歷一星期之艱難工作,逐漸將沉船之破口封沒,艙內之水,用抽水機打去.同時用粗鐵鏈從船底套過數道,繫於數隻起重機之巨鉤.一面起吊,一面排水,沉船始漸漸上升,從三丈之深水中,重行浮出水面.(參觀封面照相).

同升輪在周家嘴下陳家嘴對下之浦江中心沉沒已將三載.爲往來航運之阻.起初由日人海事公司承撈,將船中之上部拆除吊起.至去夏,尙留船底兩層,陷於泥中.日人見工作艱難,無利可圖,遂棄而不顧.於是爲清除航道計,由濬浦局派工,繼續打撈.將艙底週圍之泥,用機挖去.遣泅水匠安放炸藥於鐵板之下,將巨塊艙底,毀成小片,然後用起重機吊起.至本年四月,始克完全起去,不遺片鐵.此種工作,艱難而耗費.潮水,風浪,浮泥,均爲大敵.炸藥之效率,亦甚低微,泅水匠下水後,目不見物,全賴兩手摸索,故工作極緩.此處費用,共計三萬餘兩云.(參觀封面照相). (炎)

(九) 翻造寶山路工程

現在上海特別市所辦最巨之工程,爲重造寶山路.其工作最難者,爲路面以下之部份.如安設巨大陰溝,最深處,須掘下一丈六尺.馬路兩旁之房屋行人路面下之自來水管,煤氣管,舊陰溝管,地底電線等等,無一不爲興工障礙.其餘路面建設工程,如鋪大石子柏油路面,行人道,側石等,較易着手.路北有鋼骨水泥橫浜橋一座,亦同時建造.工成以後,將爲上海市自辦第一優良馬路,可與租界內馬路抗衡,實爲我國市政工程界之曙光.聞全部工程,由中南機器建築公司承包,本會會員徐芝田金士成二君主持云. (炎)

(乙) 國外

(一) 國際工程師協會開會消息

日本工程界爲促進世界各國工程合作聯絡情誼起見,由日本工程學會(The Engineering Society of Japan)負責召集國際工程師協會.(World Congress of Engineers),將於一九二九年十月在日本東京開會.世界各國,咸被邀請,爲空前未有之創舉.(按曩昔雖時有科學或工程國際會議,均偏於一科,或限於一隅,如此大規模者,實爲第一次.)各國當局,皆重視此會.美國出席代表,已由商務總長霍佛氏(Hoorer)委定代表若干人,內有Elihu Thomson, Thomas A. Edison, John Hays Hammond, Charles M. Schwab, 及 Orville Wright, 諸人,均爲該國工程知名傑出之士.其他各國亦將陸續派定.我國忝列國際,本會又爲國內最大工程團體之一,及早準備,實全體會員之責也.(編者)

(二) 國際無線電會議在華府開會紀略

國際無線電會議(International Radio-convention)於去年十月四日在美國首都華府開會,參加者七十三國.我國由北京政府代表張宣出席,共計全體會議凡九次,分組會議凡二百五十餘次,議定條項若干,歷時凡四十一日,於十一月二十五日閉幕,(按關於該會議議定事項,汪君啓堃有專文論述,將於下期發表)(編者)

(三) 美國電能力統計之可驚

美國爲世界各國電力事業最發達之國,近年每年電能力之產額,增加11%.一九一六年總額,爲74,000,000,000基羅瓦特小時.一九一七年爲81,000,000,000基羅瓦特小時.平均全國人口,每人每年共用700基羅瓦特小時.除上述之數量外,近年美國電力事業之發達,尙有一可注意之點:即全年用電率,漸趨平均是也.往年用電額,夏日因晝長夜短,用量常較冬日爲少.近因電冰箱,無線電及家用電器之盛行,用電率冬夏幾無分別,是又經濟上一大增進也.(編者)

附錄日本工程學會召集萬國工業會議之第一次佈告

本學會特發起召集萬工業會議,於昭和四年(一九二九年)十月下旬,在東京開會二星期,敬請各國工業方面有關係之官署,大學,學會,協會以及個人涖會參加會議,是所感荷.

本會議所討論,均係關於工程學及工業上各項問題,(參閱英文下表),研究各項工業種種方面,藉以增厚全世界工業界之親善友誼及促進國際的協調,實所企禱.

至於詳細情形,以後陸續發表,凡關於本會議之通信及照會請寄東京World Engineering Congress, Nihon Kogyo Club, Marunouchi, Tokyo

昭和二年八月

工學會理事長男爵古市公威敬啓

1. General problems concerning Engineering:
   Education, Administration, Management, Statistics, Standardization, International Co-operation of Engineers, etc.
2. Engineering Science:
   Strength of Materials, Thermodynamics and other Scientific Researches.
3. Public works:
   Railways, Highways, Harbour Engineering, River Engineering, Canals, Municipal Engineering.
4. Communication and Transportation:
   Ocean and Inland Navigation, Aerial Navigation, Telegraph, Telephone. etc.
5. Power:
   Resources, Production and Distribution.
6. Architecture and Structural Engineering.
7. Mechanical and Electrical Engineering.
8. Chemical Industry.
9. Textile Industry.
10. Ship-building and Marine Engineering.
11. Aeronautical and Automotive Engineering, Road Vehicles.
12. Mining and Metallurgy.
13. Engineering Materials.
14. Fuel (Solid, Liquid, and Gaseous) and Combustion Engineering.
15. Water works, Drainage, Heatineg and Ventilation, Illumination, Refrigeration.
16. Scientific Management.
17. Miscellaneous.

本刊三卷論文總目

(一) 土木工程項

(二) 機械工程項

(三) 電機工程項(無線電工程附)

無線電波前進之新解說	倪尙達	1	4	263—268
日本電氣事業之今昔	陳紹琳	1	4	282—287
Light Wares and Others	L. A. Hawkins	1	4	288—291
電燈淺說	吳玉麟	1	4	292—294
無線電傳電之重要及其提倡方法	倪尙達	2	1	23—31
石家莊電燈廠機件使用狀態之改良經過	彭會和	2	1	32—33
美國畢志堡城西屋電機製造公司送音台之概況	倪尙達	2	2	81—91
中國電界應通用一種週率之商榷	張惠康	2	3	155—159
Modern Electric Elevators	W. Amsler	2	3	124—129
美國紐傑水省公衆服務電氣公司之密樂街自動支電廠	張惠康	3	1	17—25
商榷電機工程譯名問題	孔祥鵝	3	1	40—44
新中國無綫電工程建設芻議	倪尙達	3	1	52—55
廣州無線電台工程概況	陳　章	3	2	149—157
電傳動影的新發明	孔祥鵝	3	2	163—165
The Equivalent Network of A Bridge Circuit	朱物華	3	3	187—193
反抗電壓與直流電機設計	許應期	3	3	194—197
短波無線電學	朱其清	3	3	198—204
整理南京電燈廠計劃書	吳達模	3	3	244—247
整理無錫市電力事業之商榷	譚友岑	3	3	248—251
電光工程述要	柴志明	3	4	280—295
電機工程科課程編制之商榷	許應期	3	4	360—366
蘇州滸關農田機器戽水之調查	費福燾	3	4	370—376

(四) 化學工程項

論文題	著者	卷	期	頁
創辦化學工廠之管見	陳調父	1	3	192—202
用煤常識	徐名材	1	4	300—304
中國石炭之新分類	王崇植	2	3	165—167
練絨(人造絲)工業略論	陳德元	3	2	74—103
國產植物油類之重要及其將來	徐名材	3	4	377—381

(五) 冶金及採礦工程項

(六) 工程通論及記事

本會與科學社聯合歡迎全國教育會議代表記事

本年五月間,全國教育會議,在南京開會,是月廿五日,本會及科學社在成賢街科學社會址,開會歡迎出席全國教育會議代表與會者凡百餘人,先由科學社代表竺可楨,及本會代表惲震,相繼致歡迎辭,分誌於下.

竺君演說辭　今日代表諸君百忙中抽空到這裏來,我們非常榮幸.中國科學社成立已十三年,有科學雜誌發表言論,有圖書館可資搜討,南京方面,還有生物研究所,最近擬在上海建築會址,預備辦理化研究所.本社有今日的地步,其間着實費了不少的人力,還請諸教育家加以指導.

惲君演說辭　今天我們同科學社,得開會歡迎代表諸君,異常欣幸.工程學會成立十年,由美國移回中國,會員現共八百餘人.有工程雜誌刊行,及工業材料試驗所,分設在上海南洋,及浙江工業兩個學校裏,專事試驗建築材料,幾年來很具成績.所以我們想建築一座房子,專門為研究所用,已由會員募集了兩萬元,俟北伐成功就開始建築.惲君并舉述本會創辦職業介紹所之緣起,以及想辦圖書館而限於財力兩端,因辭長不備錄.繼即由教育會議代表諸君,紛起致辭.

福建教育廳長黃琬君演說辭　我們一向擁護科學與工程的,現在要進一步作事實的表示.我們應該在各省省政府教育經

黃琬君說福建准撥五千元。

楊杏佛君說大學院亦准撥三萬元。現在出席全國教育會議的,計有十六省,各省五千元,共有八萬元,連大學院共拾壹萬元。歸兩學術團體攤派。辦法應由兩團體備文呈請大學院,大學院根據呈文,轉行各省,請在教育費項下照撥,望到會各省代表回省時,先行報告,并盼協助。尚有馬君武,王雲五,蔡元培諸君演說,語多精警,限於篇幅,不能詳載。

閉會後茶點攝影,同赴海洞春晚餐,賓主盡歡而散。

本刊的兩個元勳

本刊自民國十四年春創刊以來,蒙諸同仁通力合作,盡心扶持,或著作,或編輯,或主印刷,或招廣告,均能不避艱苦犧牲光陰以赴之。至今本刊已繼續三年,完成三卷。其中文字,篇數雖不甚多,然而敘述經驗,闡發新理,在吾國學術上,自有其相當的價值,而不可磨滅。惟此成績,固屬諸同仁共同之結晶,然其間有二人焉,其所盡之心力與犧牲之光陰,均較他人獨多,因表而出之,以誌感佩。

(一)王崇植　此君任本刊總編輯之職,自十四年春季刊一卷一號起,至十六年春季刊三卷一號止,主持筆政,徵集稿件。在吾國目下工程幼稚之時代而創刊若斯之雜誌,主筆者之勞瘁,可以想見。

(二)張延祥　此君歷任廣告主任,出版主任,會計,總務等職。名稱雖異,其實則一。蓋本刊業務上之事,概由張君主持之也。故排稿付印製圖校對招攬廣告發行交換等等繁雜事務,間有他人爲之助,要皆以張君之力爲多。

是以本刊之生命,受二君腦漿之灌注而長成。去年王君已將主筆之席,讓與鮑君國寶,鮑君又轉讓與陳君章。至今春張君又因公赴梧,與本刊暫時告別。用特附誌數言於此,以勵既往而勗來者。　(黃炎)

民國十七年四月至六月本會收到各種刊物表

出版者	書名	地址	卷數	出版日期	收到日期
中國旅行社	旅行雜誌	上海四川路114號	第二卷	春季	六月三日
太湖流域水利工程處	太湖流域水利季刊	蘇州大郎橋	第一卷第三期	四月	五月三十日
中華鑛學社	鑛業週報	南京鋼銀巷	創刊號	四月廿一日	四月卅日
仝上	仝上	仝上	第二至四號	四月廿八日 五月廿六日	五月十二日 六月十三日
中華婦女學社	婦女旬刊	杭州	第271—2號合訂	五月卅日	六月十五日
中華職業教育社	教育與職業	上海辣斐德路442	第九十四五期	四月一日 五月一日	四月九日 五月十五日
浙江大學工學院	浙江大學工學院月刊	杭州報國寺	第三期	五月	六月八日
江蘇大學秘書處編輯委員會	教育行政週刊	南京	第卅五六期	四月二日 九日	四月九日 卅日
仝上	仝上	仝上	第卅十九期	四月卅日	六月五日
東亞同文書院支那研究部	支那研究	上海海甯路14號	第十六號	四月	四月十九日
江西省立工業專門學校編委	工專月刊	江西	創刊號	四月十五日	六月八日
梧州市工務局	梧州市市政工程概況	廣西梧州		三月編	六月九日
廣西建設廳	建設委員會第一次會議決議案	廣西南甯		五月	六月九日
商業雜誌社	商業雜誌	上海法界辣斐德路成裕里七號	第三卷第四號	四月	四月十六日
經濟討論處	經濟半月刊	上海博物院路20號	第二卷第十一期	六月一日	六月廿五日
電氣報社	電氣	江西路B字43號	一卷一至五期	四月二十日 六月二十日	四月廿一日 六月廿一日
中華職業教育社	生活	上海法界辣斐德路442號	第三卷三十至三十二期	六月十日 廿四日	六月十一日 廿六日
美亞期刊社	美亞期刊	上海西門斜橋西美亞織綢廠	三十二期 三十五期	五月一日 六月一日	五月四日 六月八日

青島大學	青大旬刊	青島青島大學	第十三期	五月廿日	六月八日
仝　上	仝　上	仝　上	第十、十一期	四月廿、卅日	五月四日
工商新聞報館	禮拜六	四馬路望平街	第二六〇至二三期	六月九、廿三日	六月十一、廿五日
仝　上	工商新聞	仝　上	仝　上	仝　上	仝　上
Experimenter Publishing Co	Radio News	230 Fifth Ave. New York.	Vol. 3 No. 12 Vol. 10 No. 1	Jun. 1928 Jul. 1928	Jun. 8 1928 Jun. 25 1928
American Soc. of Civil Eng.	Proceedings	33 Thirty-Nine Street, New York, N. Y.	Two parts part 1	April, 1928	April, 30, 1928
„	„	„	Three Parts part 1 part 3	May, 1928	Jun. 8, 1928
SIEMENS Zeitschrift	Jahr. Heft	24 Kiangse Rd. Shanghai.	8-1 8-3 8-4	Janunar Marez. 1928 April	Jun. 15, 1928
Brown Boveri & Co., Ltd.	The Brown Boveri Review	22 Kiukiang Rd. Shanghai	Vol. XV No. 5	May, 1928	Jun. 8, 1928
J. E. Stterley Publisher	IMPORTERS GUIDE	101 west 31st St., New York. N. Y.	Vol. XXV No. 5.	May, 1928	May. 16, 1928
	Compressed Air Magazine.	London N. Y. P.	Vol. XXXIII No. V	May, 1928	Jun. 3, 1928

編輯部啓事

敬啓者,本會爲國內著名之工業學術團體,季刊又爲本會惟一之研究工程刊物.年來會務日形發達,本刊所負使命,亦日見重大.同人等謬承執董二部之委託,主撰本刊.自維庸陋,敢不奮勉.惟編輯之職,雖屬敝部同人,而教正之責,端賴會員全體.現在本刊經濟方面,幸能獨立,所感困難者,厥惟缺乏稿件.

素仰　台端學術湛深,對於工程,研究有素,倘蒙將　鴻文鉅著,源源賜下,以光篇幅,曷勝感幸.

惠件請寄上海甯波路七號本會可也.專此佈達,順頌

撰祉

中國工程學會季刊編輯部敬啓

十七年三月十日

中國工程學會各地會員人數統計

(依據十七年六月第六版會員錄)

地方		分數	總數
江蘇			344人
	上海	239	
	南京	59	
	各處	46	
河北			126
	天津	75	
	北平	41	
	各處	10	
湖北			50
	武漢	42	
	各處	2	
浙江			42
	杭州	37	
	各處	5	
東三省			40
	奉天	29	
	各處	11	
山東			31
	青島	27	
	各處	4	
廣西			30
	梧州	20	
	各處	10	
廣東			29人
	廣州	20	
	香港	6	
	各處	3	
河南			13
山西	太原		13
福建			11
	厦門	6	
	各處	5	
四川			7
湖南			6
雲南			6
江西			1
安徽			1
國外			165
	美利堅	156	
	英吉利	5	
	德意志	4	
待查	通信處未詳		74
共計			989人

此外尚有新會員二十餘人,業經董事部通過,以時間匆促,未及編入會員錄內.故會員總數已過一千人.

工程師建築師題名錄

中南機器建築公司 徐芝田　　陸成爻 金士成 愛多亞路 80 號 電話中 7679 號	同濟建築公司 丁燮坤　　顧鵬程 愛多亞路 80 號 電話中 4824 號
牟同波 北四川路吟桂路 銀樂里 7 號	沈亮 海寗路南林里 101 號
唐兆熊 江海關營造處 電話中 685 號	容啟文 北山西路康樂里 653 號
惠勒公司 陸敬忠 南京路 12 號 電話中 6514 號	東亞建築工程公司 宛開甲　　李鴻儒 錢昌淦 江西路 22 號 電話 2392 號

安記工程司
姚長安
江西路63號
電話626—8號

南洋建築公司
陸承禧
漢口路兆福里406號
電話中1065號

朱樹怡
東有恆路愛而考克路轉角120號
電話北4180號

凱泰建築公司
楊錫鏐　黃元吉
黃自強　鍾銘玉
繆凱伯
北蘇州路30號
電話北4800號

裕和洋行
周樂熙
廣東路A13號
電話中918號

公利營業有限公司
顧道生
福州路9號
電話中3683號

陳嘉賓
南站滬杭甬鐵路滬嘉段
工程處

大興建築事務所
李鏗
四川路112號
電話中6328號

建華公司
黃季岩
江西路60號
電話中7706號

建築師陳均沛
江西路六十二號
廣昌商業公司內
電話中央二八七三號

實業建築公司
無錫光復門內
電話三七六號

馬蘭舫建築師
營業項目
專理計劃各種土木建築工程
上海香烟橋全家菴路六七五號

顧樹屏
建築師，測量師，土木工程師
事務所
地址{上海老西門南首救火會斜對過中華路第一三四五號

華海建築公司
建築師 王克生
建築師 柳士英
建築師 劉士能
九江路河南路口 電話中央七二五一號

建築師陳文偉
上海特別市工務局登記第五〇七號
上海法租界格洛克路四八號
電話中央四八〇九號

水泥工程師
張國鈞
上海小南門橋家路一零四號

卓炳尹建築工程師
利榮測繪建築公司
閘北東新民路來安里五十三號

俞子明
工程師及建築師
事務所老靶子路福生路
儉德里六號

華達工程社
專營鋼骨水泥及鋼鐵工程
及一切土木建築工程
通信處老靶子路福生路
儉德里六號

施長剛
新華建築公司建築師
專繪學校醫院住宅演講廳
上海新閘路 B1058 號

唐寶桐

西武昌路527號

電話北2919號

馮雄

老靶子路福生路

儉德儲蓄會

新中工程公司

支秉淵 呂謨承

甯波路7號

電話中19324號

愼昌洋行

陳曾拉

圓明園路

電話中778號

彥記建築事務所

呂彥直 裘燮鈞

四川路29號

電話中7880號

施嘉幹

愛文義路永吉里1144

電話西6105號

泰康行

TRUSCON

規劃或估計 鋼骨水泥及工字鐵房屋等 發售建築材料如 鋼窗鋼門 鋼絲網 避水膠漿 水門汀油漆 大小磁磚 顏色花磚及屋頂油毛氈等 另設地產部專營買賣地產 經收房租等業務

上海廣東路三號 電話中四七七九 四七八〇號

沈理源

工程師及建築師

天津英租界紅牆道十八號

顧怡庭

萬國函授學堂土木科肄業

南市董家渡護守里六號

No 6 Wo Sir Lee

TUNG KAI DO, SHANGHAI

凡欲在本欄題名者

請與本會總務

黃炎君接洽

上海寧波路七號辦事處

分類廣告目錄

機器：

製造：

材料：

建築：

五金：

圖書：

呢絨：

其他：

工程名詞草案現已付印

(一)吾國工程名詞不統一，爲工程事業發展之大障礙，欲救其弊，須先編訂標準名詞，以供全國採用。

(二)編訂名詞之責，或屬於國家，或屬於學會，或由私人公司任之。

(三)本會成立之初，卽認淸此項重大之使命。近年以來，組織工程名詞審查委員會，策勵進行。且將與科學名詞審查會合作。

(四)本會現已編成工程名詞之一部份。屬於機械工程者，都凡二千餘則。屬於土木工程者，一千五百餘則，由程瀛章張濟翔二君擬訂。以各方待用甚急，現已付印，限本年八月底出版。

(五)初版一千本，裝訂二册。分發國內從事機械事業之團體個人及本會機械科會員，以備試用。

(六)工程名詞，原以切合實用爲主。本會委員，雖悉心編訂，然少數人識驗有涯，遺漏及欠妥之處，在所難免。

(七)凡學者，專家工程師及本會會員等，如於應用之時，發現遺漏及不妥善之處，請隨時通知本會，并請詳細指示較善及補充之新名詞。

(八)本會當彙集各方之貢獻，增訂修改，繼續發行第二版第三版以至數十版，與時俱進。以期個個名詞，切合實用。而工程上實在之事事物物，一一俱能在本篇內尋到標準的名詞。

黃　炎　十七年七月

Westinghouse

建設新中國之事業
威斯汀好司願負一部
份之責任

美國威斯汀好司電機製造廠乃世界電業之先進電力廠機件自七百五十華特之小發電機至十萬六千五百基羅華特透平發電機無不製造計劃精確質美工良不因成本之高而犧牲效率故巨大堅固之工程恆有威斯汀好司出品之地位

中國現已統一建設事業均在進行中威斯汀好司積四十餘年之經驗願襄盛舉焉

茂和公司經理
上海博物院路十五號

請聲明由中國工程學會『工程』介紹